Anatoli Makarov

Regelungstechnik und Simulation

Ein Arbeitsbuch
mit Visualisierungssoftware

Das in diesem Buch enthaltene Programm-Material ist mit keiner Verpflichtung oder Garantie irgendeiner Art verbunden. Der Autor und der Verlag übernehmen infolgedessen keine Verantwortung und werden keine daraus folgende oder sonstige Haftung übernehmen, die auf irgendeine Art aus der Benutzung dieses Programm-Materials oder Teilen davon entsteht.

Alle Rechte vorbehalten
© Springer Fachmedien Wiesbaden 1994
Ursprünglich erschienen bei Friedr. Vieweg & Sohn Verlagsgesellschaft mbH, Braunschweig/Wiesbaden, 1994
Softcover reprint of the hardcover 1st edition 1994

Das Werk einschließlich aller seiner Teile ist urheberrechtlich geschützt. Jede Verwertung außerhalb der engen Grenzen des Urheberrechtsgesetzes ist ohne Zustimmung des Verlags unzulässig und strafbar. Das gilt insbesondere für Vervielfältigungen, Übersetzungen, Mikroverfilmungen und die Einspeicherung und Verarbeitung in elektronischen Systemen.

Additional material to this book can be downloaded from http://extras.springer.com

Gedruckt auf säurefreiem Papier

ISBN 978-3-528-05278-2 ISBN 978-3-322-83997-8 (eBook)
DOI 10.1007/978-3-322-83997-8

Anatoli Makarov

Regelungstechnik und Simulation

vieweg
Informatik & Computer

Aufbau und Arbeitsweise von Rechenanlagen
von Wolfgang Coy

Mehr als nur Programmieren...
Eine Einführung in die Informatik
von Rainer Gmehlich und Heinrich Rust

Simulation neuronaler Netze
von Norbert Hoffmann

Regelungstechnik und Simulation
Ein Arbeitsbuch mit Visualisierungssoftware
von Anatoli Makarov

Modellbildung und Simulation
von Hartmut Bossel

Fuzzy-Theorie oder die Faszination des Vagen
Grundlagen einer präzisen Theorie des Unpräzisen
für Mathematiker, Informatiker und Ingenieure
von Bernd Demant

Computergrafik in der Differentialgeometrie
Ein Arbeitsbuch für Studenten inklusive
objektorientierter Software
von Eberhard Malkowsky und Wolfgang Nickel
herausgegeben von Kurt Endl

Fuzzy-Logik und Fuzzy-Control
Eine anwendungsorientierte Einführung mit Begleitsoftware
von Jörg Kahlert und Hubert Frank

Computersicherheit
von Rolf Oppliger

Formale Methoden und kleine Systeme
von Dirk Siefkes

Vieweg

Vorwort

Die Grundlagen der Regelungstechnik gehören weiterhin zum Grundwissen eines Ingenieurs und werden in seinem Berufsleben früher oder später von ihm verlangt.

Es gibt eine Vielzahl von Lehrbüchern zu diesem Thema, die diese Grundlagen von verschiedenen Standpunkten aus darlegen. Mit diesem Buch wird versucht, die grundlegenden Begriffe und Verfahren der klassischen Regelungstechnik darzustellen und durch das beigefügte Simulationsprogramm zu veranschaulichen. Damit wird dem Leser die Möglichkeit gegeben, nicht nur die Theorie zu studieren, sondern auch zu experimentieren. Durch die Simulationsexperimente soll dem Leser geholfen werden, die theoretischen Zusammenhänge tiefer zu verstehen und durch visuelle Präsentation besser zu verarbeiten. Durch zahlreiche und verschiedenartige Aufgaben kann sich der Leser die Anwendungsstrategien der betrachteten Verfahren aneignen.

Um die Inhalte des Buches zu verstehen, sind die minimalen Kenntnisse der höheren Mathematik erforderlich. Jedes Kapitel des Buches stellt eine Einführung in das jeweilige Gebiet dar. Ich habe dabei versucht, die theoretischen Grundlagen durch zahlreiche Beispiele zu illustrieren.

Im ersten Kapitel wird die Wirkungsweise einer Regelung erläutert. Die Kapitel zwei und drei behandeln die Analyse der linearen Übertragungsglieder im Zeitbereich, im Bildbereich der Laplace–Transformation und im Frequenzbereich. Dabei wird ausführlich auf wichtige Fragen wie das Aufstellen, Linearisieren und Normieren der Gleichungen und deren Lösung eingegangen. Hier wird das Fundament für weitere Betrachtungen gelegt.

In den Kapiteln vier und fünf werden die klassischen Ingenieurverfahren, die bei der Analyse der einschleifigen Regelkreise und beim Reglerentwurf meist eingesetzt werden, dargestellt: Einstellregeln, Frequenzkennlinienverfahren und Wurzelortskurvenverfahren. Zu diesen Themen sind zahlreiche Tabellen, Beispiele und Aufgaben angegeben.

Das Kapitel sechs wird für den Leser interessant, der sich mit den numerischen Problemen der digitalen Simulation von dynamischen Systemen beschäftigt. Hier werden die klassischen Integrationsverfahren kurz angesprochen und eine neue Konzeption der digitalen Simulation dargelegt.

Das Kapitel sieben stellt eine erste Einführung in das Gebiet der digitalen Regelung dar. Dabei wird in Form eines Überblicks die Analyse der Abtastregelkreise mit Hilfe der z–Transformation dargelegt. Mittels einer Gegenüberstellung von kontinuierlich wirkenden Regelkreisen und Abtastregelkreisen wird dem Anfänger der Einstieg in dieses Gebiet erleichtert.

Im abschließenden Kapitel acht findet man die allgemeinen Hinweise zur Installation und Durchführung der Simulationsexperimente mit dem beigefügten Programm VISU–RT. Im jeweils letzten Abschnitt eines jeden Kapitels sind die Aufgaben für die Simulationsexperimente und dies betreffende Hinweise angegeben. Der Leser kann mit dem Programm VISU–RT auch die Übungsaufgaben aus weiteren Lehrbüchern lösen.

Das Programmpaket zur Visualisierung der Regelungstechnik VISU–RT deckt im wesentlichen die Grundlagen der linearen Regelungstechnik ab. Mit seiner Hilfe können

- das Führungs– und Störgrößenverhalten,
- der Ortskurvenverlauf,
- der Frequenzkennlinienverlauf,
- der Wurzelortskurvenverlauf

für

- elementare und zusammengesetzte Übertragungsglieder,
- einschleifige Regelkreise,
- Kaskadenregelkreise

berechnet und analysiert werden. Für die Regelkreise mit einem digitalen Regler kann das Führungs– und Störgrößenverhalten simuliert werden.

Das Programmpaket hat eine grafische Benutzerschnittstelle. Der Lernaufwand zur Einarbeitung in das Programm ist minimal. Alle Informationen, die erzeugt werden, werden fachbezogen durch entsprechende regelungstechnische Standardsymbole graphisch dargestellt. Alle Aktionen werden mit Hilfe der Funktionstasten der Rechnertastatur ausgelöst. Das System ist blockorientiert. Zu den jeweiligen theoretischen Abschnitten werden jeweils die Standardblockschaltbilder vorgegeben. Durch die Änderung der Parameter einzelner Blöcke kann die Struktur an die jeweilige Aufgabe angepaßt werden.

Der wesentliche Unterschied dieses Simulationssystems besteht in den numerischen Verfahren zur Simulation des Zeitverhaltens. Es werden speziell dafür entwickelte analytisch–numerische Verfahren eingesetzt. Das erlaubt auch komplexe Regelkreise hoher Ordnung sehr schnell zu simulieren, so daß die Reaktionsgrenze für die iteraktive Arbeitsweise nicht überschritten wird. Sowohl das Blockschaltbild des zu simulierenden Regelkreises, als auch die Simulationsergebnisse können in Form einer Datei in HPGL–Grafiksprache abgelegt werden. Bei der graphischen Darstellung der Simulationsergebnisse auf dem Bildschirm kann der Benutzer mit Hilfe eines Cursors die zahlenmäßigen Werte des Kurvenverlaufs ablesen, ähnlich wie bei einem Speicheroszilloskop.

Das Programmpaket VISU–RT ist auf einem IBM–kompatiblen PC unter MS DOS und mit einer der gängigen Grafikkarten lauffähig. Es ist kein Coprozessor notwendig.

Ich möchte allen danken, die mir geholfen haben. Vor allem vielen Kollegen, mit denen ich auf fachlichen Vorträgen, Seminaren und Tagungen zusammengekommen bin, und die mich angeregt haben.

Mein Dank geht an drei junge Diplom–Ingenieure (FH), die mir mit Rat und Tat geholfen haben: Herrn A. Hermert, Herrn K. Kliem und Herrn H. Schuler.

Ich danke besonders herzlich meiner Frau Dipl.–Inf. N. Makarov, die mir bei der Erstellung des Manuskripts viel geholfen hat.

Herrn Dr. R. Klockenbusch und Frau M. Herrmann vom Vieweg Verlag danke ich für die geduldige und vertrauensvolle Zusammenarbeit.

Albstadt, im November 1993 Anatoli Makarov

Inhaltsverzeichnis

1 Grundbegriffe der Regelungstechnik

1.1 Struktur und Wirkungsweise einer Regelung

Die Regelsysteme sind unverzichtbare Bestandteile vieler technischer Geräte und Anlagen. Auch biologische, ökonomische und gesellschaftliche Systeme sind der Funktionsstruktur nach Regelungssysteme. Der Gründer der modernen Kybernetik, Norbert Wiener [66], befaßte sich mit der Untersuchung der Gemeinsamkeiten der Prozesse in Lebewesen und technischen Systemen. Als einer der Ersten kam er zum Schluß, daß hier und dort typische Rückführungsstrukturen im Informationsfluß (Bild 1.1) auftreten.

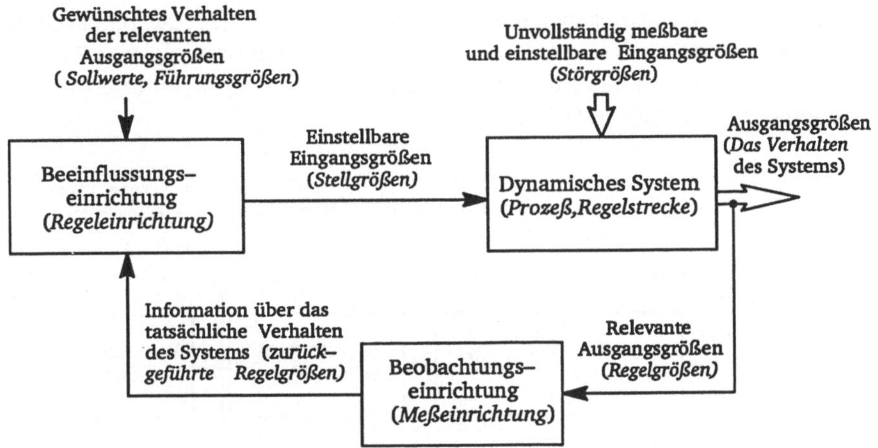

Bild 1.1: Allgemeine Regelungsstruktur

Ein jedes dynamisches System hat eine Reihe von Eingangsgrößen (Eingangssignalen), die es entsprechend seiner Eigenschaften zu Ausgangsgrößen (Ausgangssignalen) verarbeitet. Zum Beispiel bei einem Gleichstrommotor können die Ankerspannung, die Erregerspannung und das angekoppelte Lastmoment als Eingangsgrößen aufgefaßt werden. Deren Änderung bewirkt die Änderung des Zustandes des Motors, u.a. seiner Drehzahl, des Ankerstromes, des Antriebsmomentes und der Temperatur einzelner Teile. Das sind die Ausgangsgrößen.

Bei den Eingangsgrößen unterscheidet man zwischen einstellbaren und nicht vollständig einstellbaren und meßbaren Größen. So läßt sich die Ankerspannung und die Erregerspannung eines Motors in bestimmten Grenzen einstellen, dagegen kann sich das Lastmoment in unvorhergesehener Weise vom Leerlauf bis zur Überlast ändern. Solche Größen zählt man zu den Störgrößen.

Die Hauptaufgabe der Regelung besteht darin, den Einfluß der Störgrößen auf das System weitgehend zu eliminieren, so daß die Abweichung zwischen dem gewünschten und dem tatsächlichen Systemverhalten möglichst klein gehalten wird. Das wird erst durch eine Rückführungsstruktur mit einer Beobachtungs- und einer Beeinflussungseinrichtung möglich. Durch fortlaufende Erfassung relevanter Ausgangssgrößen und deren Vergleich mit dem gewünschten Verhalten (Ist–Sollwert–Differenzbildung) ist es erst möglich, in der Beeinflussungseinrichtung die gezielten Maßnahmen zur Beeinflussung der Ausgangsgrößen des Systems über die Änderung der stellbaren Eingangsgrößen zu ergreifen.

Eine solche Rückführungsstruktur nennt man *Regelung*. Daß "die Regelung ein universelles Prinzip ist, das überall und von allem Anfang an in der Natur vorhanden und wirksam war" [16, 12, 68], sollen folgende vier Beispiele verdeutlichen.

Beispiel 1.1. Manuelles Einstellen des Rundfunkempfängers auf einen Sender

Beim Einstellen des Rundfunkempfängers auf einen Sender tritt der Mensch als eine Beobachtungs– und Beeinflussungseinrichtung auf. Bild 1.2 zeigt das Blockschema dieses Vorganges, das bald schon zur Geschichte gehört, denn in modernen Rundfunkgeräten wird dies durch automatische Such– und Einstelleinrichtungen erledigt, die ebenfalls eine ähnliche Struktur aufweisen.

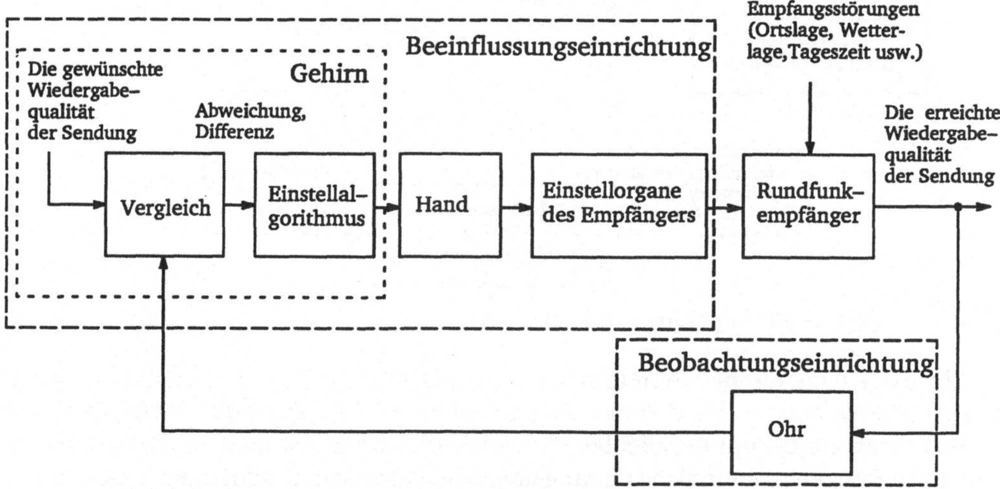

Bild 1.2: Blockschema der manuellen Einstellung des Rundfunkempfängers auf einen Sender

Über das Ohr wird das Frequenzspektrum des Rundfunkausgangssignals umgewandelt und ans Gehirn geleitet, wo der Vergleich der über das Ohr empfundenen Qualität mit der gewünschten Qualität erfolgt. Der menschliche Verstand wirkt nach einem Algorithmus der unscharfen Logik und erzeugt das Stellsignal zur Korrektur der Einstellung des Empfängers. Das geschieht solange, bis sich eine akzeptable Abweichung zwischen der gewünschten und der erreichten Wiedergabequalität einstellt. Wie jeder weiß, wirkt sich auf die erreichte Wiedergabequalität eine Reihe von störenden Einflüssen wie Ortslage, Wetter, Tageszeit, Empfängerqualität usw. aus. Diese Einflüsse lassen sich weder auf Wunsch ändern, noch *direkt* in den Einstellalgorithmus einbeziehen.

Da sie sich aber auf die erreichte Wiedergabequalität auswirken und diese mittels der Rückführung mit der gewünschten Wiedergabequalität verglichen wird, können diese Störungen erfaßt und dank dieser Kreisstruktur den Störeinflüssen entgegengewirkt werden. Man versucht den Rundfunkempfänger so einzustellen, daß die Störungen weitgehend eliminiert sind, fachgerecht gesagt *ausgeregelt* sind.

Beispiel 1.2. Problem der Umweltverschmutzung und die Rolle der Gesellschaft

Ein zur Zeit sehr aktuelles Problem der Menschheit ist die Umweltverschmutzung. Sie muß global gelöst werden. Richtiges Funktionieren der Gesellschaft in einem einzelnen Land kann dazu auch wesentlich beitragen. Im Bild 1.3 ist ein vereinfachtes Blockschema des Informationsflußes bei der lokalen Lösung eines der vielen Probleme der Umweltverschmutzung dargestellt. Die im Bild dargestellte Rückführung über die Informationsmedien ist nicht die einzige, aber wohl die wesentlichste.

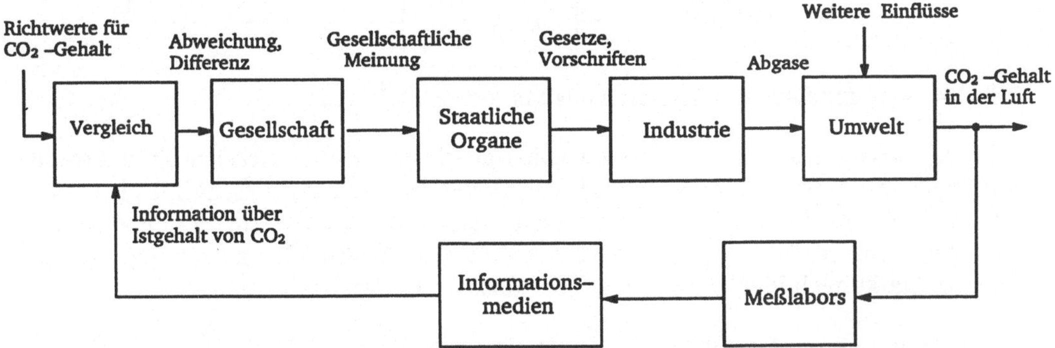

Bild 1.3: Blockschema der Regelung im Zusammenhang Umwelt/Gesellschaft

Aus diesem Bild ist besonders klar zu erkennen, was passieren kann, wenn irgendwo die Rückführung unterbrochen ist oder die Stellhebel der Gesellschaft auf die Industrie unwirksam sind. Hier ist es ebenfalls sehr wichtig, die weiteren Störeinflüsse zu erfassen und diesen entgegenzuwirken, denn die Umwelt ist ein komplexes System und erfordert demnach komplexe Lösungen.

Eine weitere wichtige Eigenschaft der Umwelt besteht darin, daß sie eine sehr große Zeitkonstante besitzt, mit anderen Worten, man muß sehr lange Zeit irgend einem schädlichen Einfluß entgegenwirken, damit dessen Folgen gemindert werden. Deshalb ist es besonders wichtig, keine großen Verzögerungen in anderen Elementen des Regelkreises zuzulassen.

Beispiel 1.3. Preisbildung auf dem Markt

Nach einheitlicher Auffassung der Regelungstechniker [12, 16, 34, 68] kann der Marktmechanismus ebenfalls als ein einschleifiger Regelkreis mit dem Marktpreis als Regelgröße aufgefaßt werden (Bild 1.4). Dabei hat die Industrie ein integrierendes Verhalten, d.h. bei einer Null–Differenz zwischen der Nachfrage und dem geschätzten Bedarf wird eine konstante Menge an Waren produziert. Wird die Differenz negativ, so wird die Produktion erhöht. Bei positiver Differenz wird die Produktion gedrosselt. Alle Arten des Imports und Exports von Waren beeinflussen auch den Warenpreis auf dem Markt, sind also als Störgrößen aufzufassen. Es ist ein stark vereinfachtes Modell des Marktmechanismus, denn hier wirken weitere wichtige Faktoren, wie z.B. die Staatspolitik, die Arbeitsmarktlage, Kursschwankungen der Währungen ein.

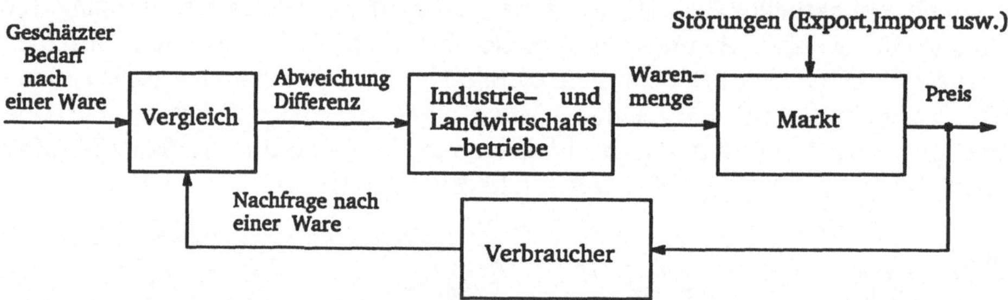

Bild 1.4: Vereinfachtes Blockschema des Marktmechanismus

Wenn man die Rückführung (die aktuelle Nachfrage) nicht berücksichtigt und somit den Regelkreis auftrennt, so ergibt sich das Modell für die Planwirtschaft. Eine solche Struktur nennt man *Steuerkette*, die in diesem konkreten Fall zur Kette für den Verbraucher wird, denn er ist dann gezwungen, den Preis und die Produkte zu nehmen, welche auf dem Markt nach Plan (Schätzung der Planstellen) vorhanden sind.

Beispiel 1.4. Automatische Kursführung eines Torpedos

Vor dem Start eines Torpedos (Bild 1.5a) wird der Kreiselkompass 1 eingeschaltet und auf die Kursrichtung gebracht. Er bleibt dann wegen seiner physikalischen Eigenschaften in diese Richtung ausgerichtet, unabhängig davon, in welche Richtung die Längsachse des Torpedos zeigt. Dadurch ist es möglich, auf eine einfache Weise die Winkeldifferenz zwischen dem Soll– und Istkurs zu ermitteln.
Ein Differenzwinkelgeber 2 wandelt die Winkeldifferenz e zwischen der Längsachse des Torpedos und der Achse des Kreiselkompasses in eine mechanische Größe – die Auslenkung S des um die Achse A schwenkbar gelagerten Strahlrohres eines hydraulischen Stellmotors 3 (Bild 1.5b) – um. Durch die Strahlrohrauslenkung nach rechts wird der Druck an der rechten Seite des Kolbens größer, auf der linken kleiner. Durch diesen Druckunterschied entsteht eine Verstellkraft, die den Kolben nach links bewegt. Somit wird das Ruder 4 des Torpedos betätigt. Das geschieht solange bis die Winkeldifferenz beseitigt ist. In diesem Fall nimmt das Strahlrohr, der Kolben und das Ruder die mittlere Stellung ein.

Es wird also jedem Versuch, den Torpedo vom vorgegebenen Kurs abzubringen, *selbsttätig* entgegengewirkt. Damit ergibt sich das Blockschema, welches im Teil c) des Bildes 1.5 dargestellt ist.

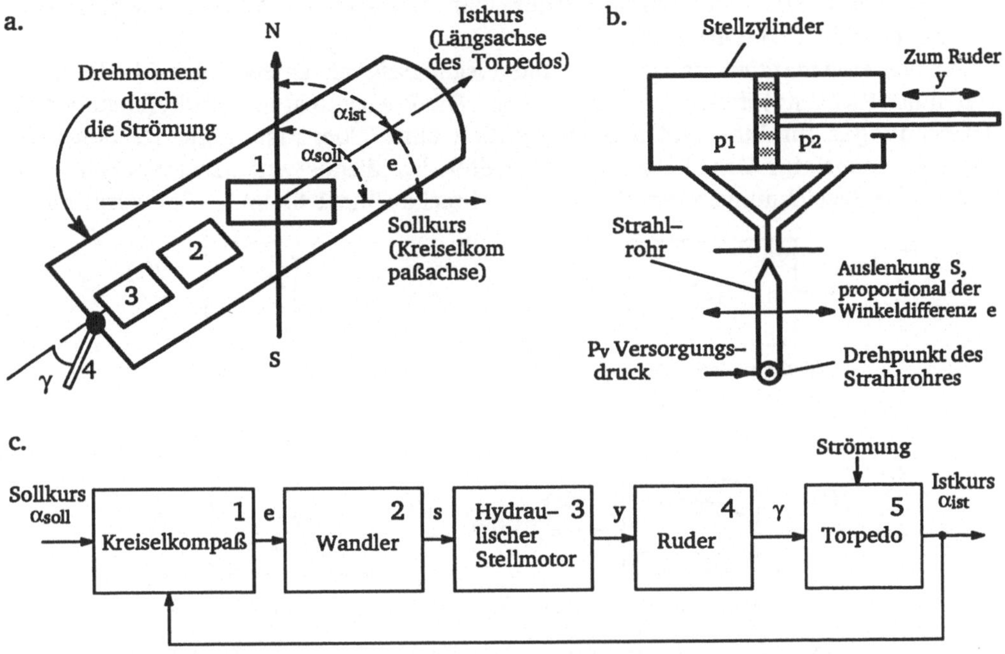

Bild 1.5: Blockschema der automatischen Kursführung eines Torpedos

Man könnte zahlreiche weitere Beispiele angeben. Aber auch anhand von diesen vier Beispielen kann man wesentliche Gemeinsamkeiten feststellen, die unabhängig von der physikalischen Funktionsweise einzelner Systeme sind.

1. Die Informationsträger im Regelkreis sind zeitabhängige Signale, deren Dimensionen im Regelkreis sich mehrfach ändern können. Es kann nacheinander als elektrische Spannung, Antriebsmoment, Stellung von Ventilen, Temperatur etc. auftreten.

2. Solche Wandlung von Signalen geschieht in einzelnen, funktionell zu trennenden Teilen eines Regelkreises, genannt *Übertragungsglieder* oder *Blöcke*. Im allgemeinen wird vorausgesetzt, daß die Übertragungsglieder *rückwirkungsfrei* sind, also nur Signale vom Eingang zum Ausgang (nicht umgekehrt) übertragen.

3. Das *Übergangsverhalten* einzelner Übertragungsglieder ist bei der Entwicklung eines Regelsystems mittels theoretischer und experimenteller Analyse zu untersuchen. Wie im Kapitel 2 gezeigt wird, kann das Übertragungsverhalten eines Gliedes durch eine oder mehrere mathematische Gleichungen, Funktionen oder Kennlinien, die Ein- und Ausgangssignale verknüpfen, quantitativ beschrieben werden. Sie werden als *mathematisches Modell* bezeichnet. Bei vielen Aufgaben der Praxis ist das Aufstellen des mathematischen Modells, welches wesentliche Eigenschaften des realen Systems wiederspiegeln soll, der schwerste Teil der Problemlösung.

4. Zur anschaulichen Beschreibung der Übertragungsglieder werden die Rechtecke verwendet (Bild 1.6) [DIN 19226].

Des weiteren markiert man das Ein- und Ausgangssignal des jeweiligen Gliedes durch Linien mit Richtungspfeilen und Buchstaben. Die Buchstaben u(t) und y(t) stehen als Bezeichnungen für Ein- und Ausgangsgrößen eines Übertragungsgliedes beliebiger physikalischer Natur. Das Übertragungsverhalten des Gliedes wird durch spezielle Sinnbilder oder Bezeichnungen innerhalb der Rechtecke (Bild 1.6b und 1.6c) vermittelt.

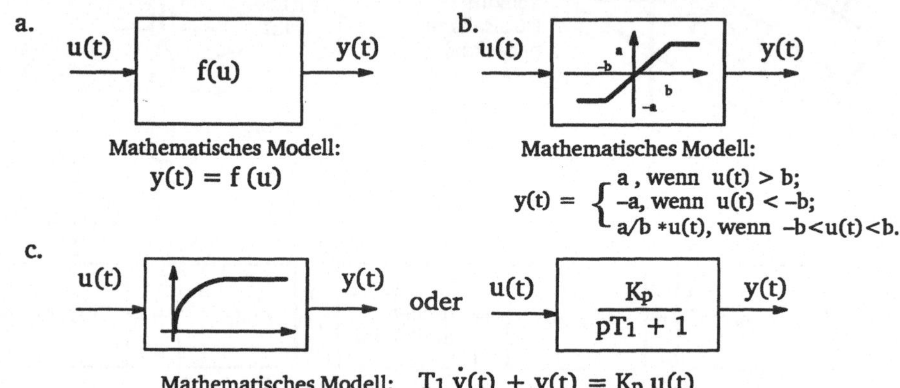

Bild 1.6: Blockdarstellung der Funktionalbeziehungen einzelner Übertragungsglieder

Eine Ausnahme bildet die Darstellung des Übertragungsgliedes zur *Differenz- bzw. Summenbildung* zufließender Signale. Es wird durch einen nicht ausgefüllten Kreis dargestellt (Bild 1.7a). Dabei verwendet man Minuszeichen, wenn der Wert des zufließenden Signals abgezogen oder invertiert werden soll.

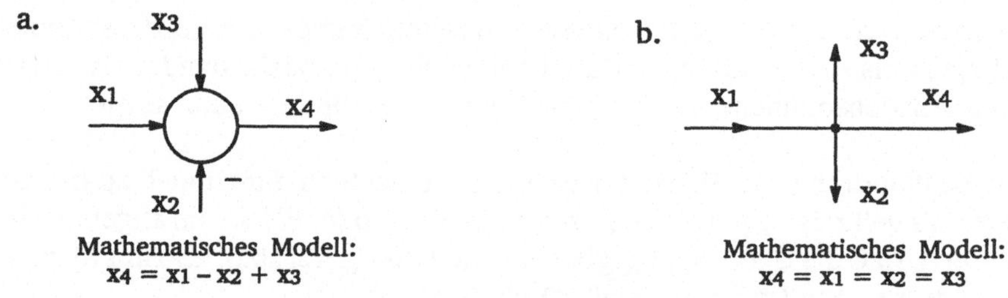

Bild 1.7: Darstellung des Summierers (a) und der Verzweigungsstelle (b)

Ein weiteres wichtiges Element eines Regelkreises ist *die Verzweigungsstelle,* die als Knoten dargestellt wird (Bild 1.7b). Im Gegensatz zur Elektrotechnik ist hier die Verzweigungsstelle anders zu verstehen und zwar folgendermaßen: alle von der Verzweigungsstelle ausgehenden Signale sind untereinander und dem dieser Stelle zufließenden Signal *gleich*.

5. Die Regelung erfolgt in einem *geschlossenen* Regelkreis. Die Struktur des Regelkreises (der Verlauf, die Richtung und die Verknüpfung von Signalen, die zwischen den

Blöcken übertragen werden) wird durch das *Blockschaltbild,* auch *Signalflußplan, Strukturbild* oder *Wirkplan* genannt, dargestellt. Dabei werden die unter 4 beschriebenen graphischen Symbole verwendet.

Es ist üblich, die Regelungen der Struktur nach in folgende Klassen einzustufen:

- *einschleifige Regelkreise,* bei denen nur eine einzige Ausgangsgröße des Systems zurückgeführt und mit dem Idealwert, genannt *Sollwert* oder *Führungsgröße,* verglichen wird;
- *einschleifige Regelkreise mit Störgrößenaufschaltung,* bei denen zusätzlich die wesentlichen Störgrößen gemessen und zur Regelung herangezogen werden;
- *mehrschleifige Regelkreise,* auch *Kaskadenregelungen* genannt, bei denen neben der eigentlichen Regelgröße weitere Hilfsregelgrößen in unterlagerten Regelschleifen geregelt werden;
- *Mehrgrößenregelungen,* bei denen mehrere untereinander verkoppelte Ausgangsgrößen des Systems gleichzeitig geregelt werden.

In diesem Buch werden wir uns fast ausschließlich mit den *klassischen einschleifigen Regelkreisen* beschäftigen (Bild 1.8).

6. Funktionell unterscheidet man im Regelkreis einige Komponenten [DIN 19226], die im Blockschaltbild (Bild 1.8) durch einen oder mehrere Blöcke dargestellt werden.

Als *Regelstrecke* bezeichnet man ein technisches Objekt, in dem die zu beeinflussenden Vorgänge ablaufen. Ihre Ausgangsgröße x(t) repräsentiert diese Vorgänge und wird als *Regelgröße* bezeichnet. Die Eingangsgrößen der Regelstrecke sind die *Stellgröße* y(t), mit der die Vorgänge in der Regelstrecke gezielt beeinflußt werden können, und die *Störgrößen* z(t), die unbeabsichtigt an verschiedenen Orten der Regelstrecke und in verschiedener Weise die Vorgänge in der Regelstrecke beeinträchtigen.

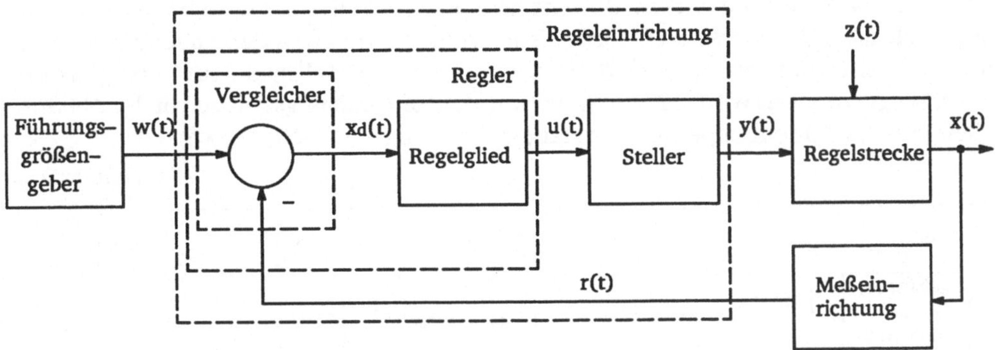

Bild 1.8: Blockschaltbild des einschleifigen Regelkreises

Die *Meßeinrichtung* erfaßt fortlaufend oder in kurzen Abständen die Regelgröße und stellt sie als geeignete physikalische Größe für die Weiterverarbeitung zur Verfügung. Ihre Ausgangsgröße r(t) wird als *Rückführgröße* oder *Ersatzregelgröße* bezeichnet.

Die *Führungsgröße w(t)* stellt einen konstanten oder zeitabhängigen Vorgabewert für die Regelgröße dar. Bei w(t) = const bezeichnet man sie als *Sollwert* und spricht von der

Festwertregelung. Ist dagegen w(t) eine zeitabhängige Funktion, so spricht man von einer *Folgeregelung*.

Der *Vergleicher* bildet die *Regeldifferenz* $x_d(t) = w(t) - r(t)$. Das *Regelglied* verarbeitet nach einem bestimmten Gesetz die Regeldifferenz $x_d(t)$ zur *Reglerausgangsgröße* u(t). Die Auslegung dieses Regelgliedes in einer Weise, daß der Regelkreis die gestellten Forderungen (Abschnitt 1.2) erfüllt, ist die Hauptaufgabe eines Regelungstechnikers.

Den Vergleicher und das Regelglied zusammen bezeichnet man als *Regler*.

Mit Hilfe der anschließenden *Stelleinrichtung* (Steller) wird unmittelbar in einen Massen– oder Energiefluß der Regelstrecke eingegriffen, um die Vorgänge in der Regelstrecke zu beeinflussen. Der Steller muß in den meisten Fällen eine höhere Ausgangsleistung erzeugen können, hierfür wird ihm die Hilfsenergie zugeführt.

Den Regler und den Steller zusammen bezeichnet man als *Regeleinrichtung*.

7. Eine zweite prinzipielle Möglichkeit, ein dynamisches System in gewünschter Weise zu beeinflussen, wird durch *Steuerung* in einer offenen Steuerkette (Bild 1.9) realisiert.

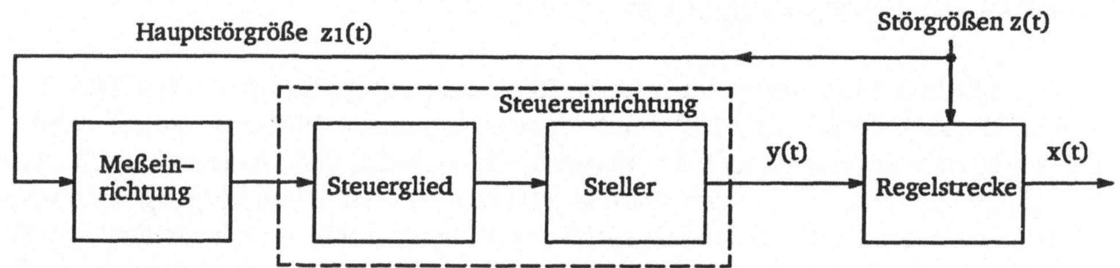

Bild 1.9: Blockschaltbild der Steuerung

Sie wird eingesetzt, wenn einige wesentliche Störgrößen, die problemlos erfaßt werden können, auf das System einwirken. Bei einer Hauptstörgröße wird die Steuerkette so ausgelegt, daß diese Störgröße $z_1(t)$ fortlaufend erfaßt wird und in der Abhängigkeit von deren Wert und vom verwendeten Steueralgorithmus ein Stellsignal zur Entgegenwirkung erzeugt wird. Das wird z.B. zur Steuerung der Hausheizungsanlagen in der Abhängigkeit von der Außentemperatur als Hauptstörgröße (Bild 1.10) verwendet.

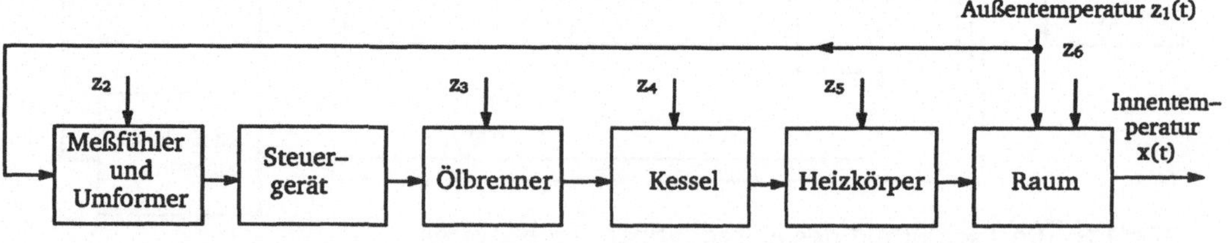

Bild 1.10: Blockstruktur der Steuerung der Innentemperatur in einem Raum

Die gesteuerte Größe wird also bei einer Steuerung gar nicht erfaßt, so daß sich weitere Störgrößen ungehindert auswirken können. Das ist ein wesentlicher Nachteil einer Steuerung.

1.2 Grundforderungen an die Regelung

Die Hauptaufgabe einer Regelung ist die selbsttätige Aufrechterhaltung der vorgegebenen funktionalen Abhängigkeit der Regelgröße von der Führungsgröße.
Dabei kann die Führungsgröße konstant sein (*Festwertregelung*) oder sich nach einem bestimmten vorgegebenen Programm ändern (*Folgeregelung*). Je besser diese Aufgabe gelöst werden soll, desto komplexer wird die Regeleinrichtung. Deshalb muß man in der Praxis beim Entwurf technischer Regelungen nach einem Kompromiß zwischen hoher Qualität der Regelung und geringer Komplexität suchen. Man unterscheidet folgende regelungstechnische Gütemerkmale einer Regelung:

- *Die Stabilität* heißt die Hauptforderung an eine Regelung. Die Rückführungsstruktur und die Trägheit einzelner Elemente der Regelung können dazu führen, daß bei konstanter Führungsgröße alle anderen Größen im Regelkreis eine Dauerschwingung oder einen aufklingenden Zeitvorgang aufweisen. Dann ist die Regelung funktionsunfähig und wird als *instabil* bezeichnet. Die Stabilität des Regelkreises muß auch dann gewährleistet sein, wenn sich die Parameter des Systems in bestimmten Grenzen ändern.
- *Genügende stationäre Genauigkeit.* Der Wert der Regeldifferenz x_d im stationären Zustand, der sich in einem stabilen Regelkreis nach Abklingen der durch Änderungen der Führungs- oder Störgröße verursachten Übergangsvorgänge einstellt, wird als *stationäre* bzw. *bleibende Regelabweichung* bezeichnet. Es bedarf wohl keiner Erläuterung, daß dieser Fehler den in den meisten Fällen vorgegebenen Wert nicht überschreiten darf.
- Zur Beurteilung des Übergangsverhaltens des Regelkreises, d.h. der Reaktion des Regelkreises auf Änderungen der Führungs- oder Störgröße, sind mehrere *quantitative Kenndaten des dynamischen Verhaltens*, wie z.B. Ausregelzeit – ein Maß für die Schnelligkeit des Regelkreises, Überschwingweite – ein Maß für die Dämpfung und Integralkriterien (siehe Abschnitt 4.1) definiert. Diese Kenndaten des dynamischen Verhaltens sollen ebenfalls die vorgegebenen Grenzwerte nicht überschreiten.

Bei der Definition dieser Kenndaten geht man von bestimmten zeitlichen Änderungen der Führungs- oder Störgröße aus. Dabei hat man sich auf einige wenige charakteristische Signalformen dieser Eingangssignale beschränkt. Durch Überlagerung dieser Testsignale läßt sich ein beliebiger determinierter Signalverlauf konstruieren. Sie sind mathematisch genau definiert und technisch, bis auf eine Ausnahme, leicht realisierbar.

1. *Die Einheitssprungfunktion* $\sigma(t)$ ist die wichtigste nichtperiodische Testfunktion in der Theorie und Praxis der Regelungstechnik (Bild 1.11a). Sie ist durch folgende Beziehung definiert:

$$\sigma(t) = \begin{cases} 0 & \text{für } t < 0, \\ 1 & \text{für } t \geq 0. \end{cases} \tag{1.1}$$

Die Multiplikation einer beliebigen Zeitfunktion f(t) mit der Einheitssprungfunktion $\sigma(t)$ bedeutet, daß diese Funktion f(t) nur für $t \geq 0$ existiert (Bild 1.11b) und für $t < 0$ gleich Null wird.

Die allgemeine *Sprungfunktion* der Höhe U_0 wird mit Hilfe der Einheitssprungfunktion ausgedrückt:

$$u(t) = U_0\, \sigma(t). \tag{1.2}$$

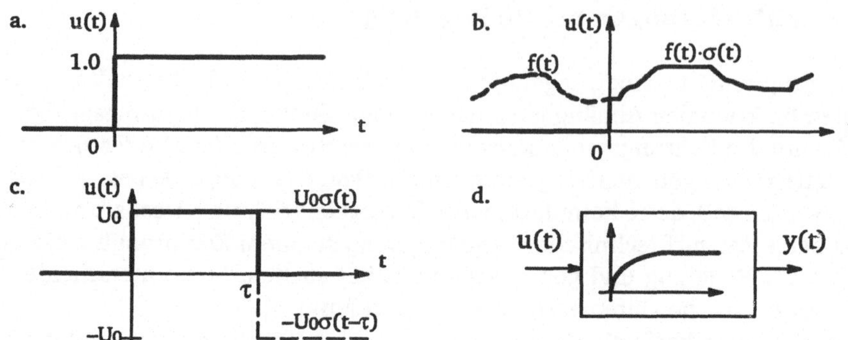

Bild 1.11: Die Einheitssprungfunktion (a) und ihre Eigenschaften

Diesem Testsignal entspricht z.B. die Abschaltung eines der Triebwerke eines Flugzeuges bei der automatischen Kursführung, die An– oder Abkopplung einer Last bei einer Motordrehzahlregelung. Entsprechend der Dimension des physikalischen Eingangssignals wird die Dimension der Sprungfunktion durch die Dimension des Parameters U_0 festgelegt.

Ein *Rechteckimpuls* (Bild 1.11c) kann mathematisch als eine Überlagerung zweier, um die Zeitspanne τ gegeneinander versetzter Sprungfunktionen unterschiedlichen Vorzeichens

$$u(t) = U_0 \, [\, \sigma(t) - \sigma(t-\tau)] \tag{1.3}$$

beschrieben werden.

Die Antwort eines Systems auf eine Einheitssprungfunktion am Eingang bezeichnet man als *Übergangsfunktion h(t)*. Sie wird zu der graphischen Kennzeichnung von Blöcken in Blockschaltbildern (Bild 1.11d) verwendet.

Die Verfahren zur rechnerischen Ermittlung der Übergangsfunktion werden im Abschnitt 2 eingehend behandelt.

2. Eine weitere vor allem theoretisch wichtige Eingangssignalform ist die *δ–Funktion*, auch als *δ–Impuls* oder *Dirac–Impuls* bezeichnet (Bild 1.12a).

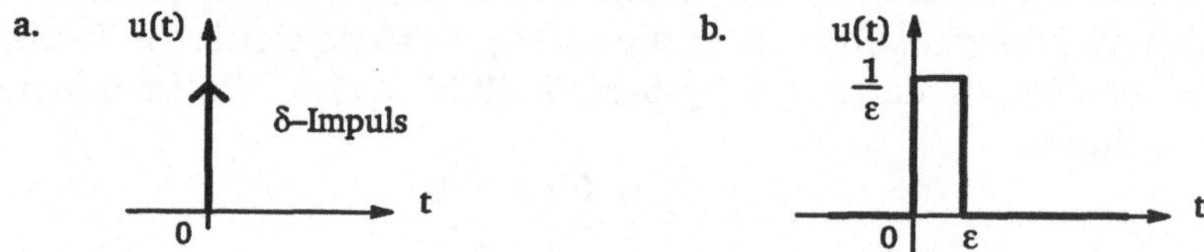

Bild 1.12: Impulsfunktion

Der δ–Impuls ist überall außer des Zeitpunktes $t=0$ identisch Null. Bei $t=0$ geht sein Wert gegen Unendlich. Seine wichtigste Eigenschaft besteht darin, daß die Impulsfläche gleich 1 ist

$$\int_{-\infty}^{\infty} \delta(t)\, dt = 1. \tag{1.4}$$

Daraus geht hervor, daß die δ–Funktion die Dimension sec^{-1} besitzt. Des weiteren besteht eine wichtige Beziehung zwischen der δ–Funktion und der Einheitssprungfunktion σ(t)

$$\delta(t) = \frac{d\sigma(t)}{dt} \; . \tag{1.5}$$

In der Regelungstechnik ist es üblich, den δ–Impuls als Grenzfall der Rechteckfunktion (Bild 1.12b)

$$\delta(t) = \lim_{\varepsilon \to 0} \frac{1}{\varepsilon} [\sigma(t) - \sigma(t-\varepsilon)] \tag{1.6}$$

aufzufassen. Diese Beziehung wird in der Praxis zur Simulation der Impulsfunktion verwendet.

Die Antwort eines Systems auf eine δ–Funktion am Eingang bezeichnet man als *Gewichtsfunktion g(t)*. Zwischen der Gewichtsfunktion g(t) und der Übergangsfunktion h(t) eines Übertragungsgliedes gelten ähnliche Beziehungen

$$g(t) = \frac{dh(t)}{dt} \qquad \text{und} \qquad h(t) = \int_0^\infty g(t)\, dt \; , \tag{1.7}$$

wie die zwischen den entsprechenden Testsignalen δ(t) und σ(t).

3. *Die Rampenfunktion* (Bild 1.13a) als ein Testsignal ist besonders für die Folgeregelungen, z.B. für Vorschubantriebsregelungen in den CNC–Maschinen, von Bedeutung.

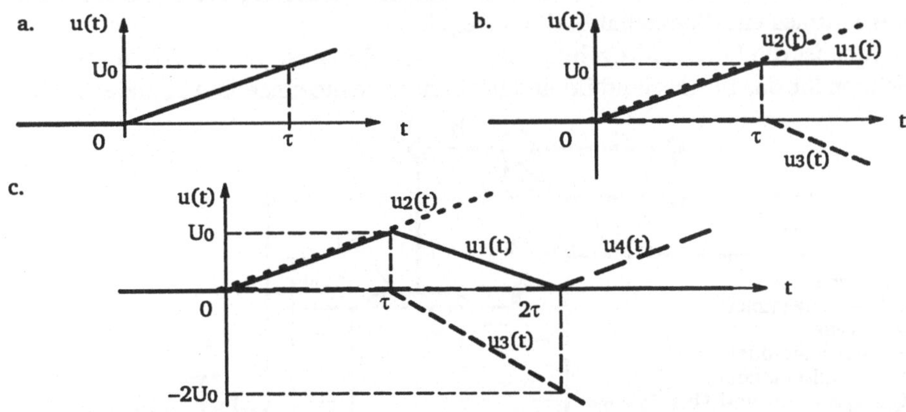

Bild 1.13: Rampenfunktion (a) und weitere Signalformen

Sie beschreibt ein Signal, das mit konstanter Geschwindigkeit U_0 vom Wert 0 proportional zur Zeit t ansteigt

$$u(t) = U_0 \cdot t \; . \tag{1.8}$$

In der Praxis kommen oft solche Eingangssignale, die Rampenfunktionen beinhalten, vor. So ist auf dem Bild 1.13b ein Signal $u_1(t)$ dargestellt, welches zuerst wie eine Rampenfunktion $u_2(t)$ verläuft und ab dem Zeitpunkt τ in einen konstanten Endwert A übergeht. Es ist aus der Zeichnung leicht zu entnehmen, daß dieses Signal durch eine Summe zweier Rampenfunktionen beschrieben werden kann:

$$u_1(t) = U_0\, t\, \sigma(t) - U_0\, t\, \sigma(t-\tau) = u_2(t) + u_3(t). \tag{1.9}$$

Eine ähnliche Zerlegung kann man für das Sägezahnsignal (Bild 1.13b) durchführen. Dies ist dem Leser zur Übung überlassen.

4. *Harmonische Testfunktion*. Die ungedämpfte Sinusschwingung

$$u(t) = A \sin \omega t \qquad (1.10)$$

mit der Kreisfrequenz ω [rad·sec^{-1}], der Periode $T_s = 2\pi/\omega$ [sec] und der Schwingungsamplitude A ist die wichtigste periodische Testfunktion, weil sie sehr leicht erzeugt und beobachtet werden kann. Vor allem aber deshalb, weil sich determinierte und stochastische Signale beliebiger Form in Sinussignale zerlegen lassen, deren Amplituden ein *Spektrum* bilden. Es gelten übersichtliche Beziehungen zwischen den Sinusschwingungen am Eingang eines Systems und den sich am Ausgang des Systems einstellenden Schwingungen (siehe Kapitel 3.1).

Kontrollfragen zum Kapitel 1

1. Nennen Sie die Bezeichnungen für die einzelnen Elemente eines Regelkreises.
2. Würde eine Regelung funktionsfähig, wenn im Vergleicher die Abweichung vorzeichenlos gebildet wird?
3. Überlegen Sie, welche physikalischen Störgrößen hinter den Bezeichnungen z_2–z_6 im Blockschaltbild der Steuerung der Raumtemperatur (Bild 1.10) stecken können?
4. Entwickeln Sie anhand des Blockschaltbildes der Steuerung der Innentemperatur eines Raumes ein Blockschaltbild der Regelung.
5. Gegeben ist die Füllstandregelung (Bild 1.14). Erklären Sie die Wirkungsweise, zeichnen Sie das Blockschaltbild und benennen Sie die einzelnen Signale und Blöcke.

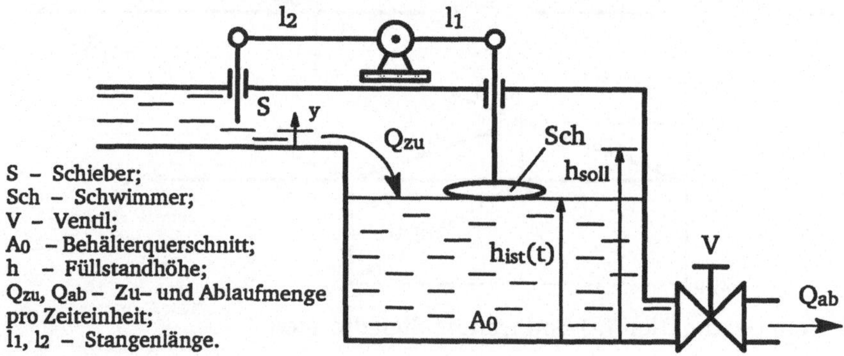

Bild 1.14: Füllstandregelung

6. Entwerfen Sie das Blockschaltbild der Füllstand*steuerung*.
7. Welche Forderungen werden an eine Regelung gestellt ?
8. Weshalb verwendet man eine begrenzte Anzahl von Testsignalen zur Beurteilung einer Regelung ?
9. Geben Sie eine mathematische Beschreibung des Sägezahnimpulses aus dem Bild 1.13c an.
10. Welcher Unterschied besteht zwischen einer Folge- und einer Festwertregelung ?

2 Mathematische Beschreibung linearer Übertragungsglieder im Zeitbereich

Bei der Analyse von regelungstechnischen Systemen geht man vom Gerätebild oder der Anlagenskizze aus. Für wesentliche Bestandteile des Systems werden auf Grund der physikalischen Gesetze die Gleichungen aufgestellt, welche zusammengenommen ihr dynamisches Verhalten beschreiben. Dieselben normierten Gleichungen können völlig verschiedene physikalische und konstruktive Elemente des Systems beschreiben. Für die theoretische Behandlung der Aufgabe sind es dieselben Übertragungsglieder. Deshalb werden die Übertragungsglieder in der Regelungstechnik ihrer Ein–Ausgangsgleichung nach klassifiziert.

2.1 Aufstellen, Linearisieren und Normieren des mathematischen Modells

Jedes Übertragungsglied vermittelt eine eindeutige Zuordnung zwischen dem zum Zeitpunkt $t=0$ einsetzenden Eingangssignal $u(t)$ und eventuell vorhandenen Anfangszuständen $\underline{x}_0$, die durch die Vorgeschichte des Systems festgelegt sind, und dem Ausgangssignal $y(t)$. Eine solche Zuordnung oder *Abbildung* der Eingangssignalfunktion auf das Ausgangssignal bezeichnet man formell als *Übertragungsoperator* und verwendet dafür folgende Schreibweise

$$y(t) = \Phi_t\{u(t), \underline{x}_0\}. \tag{2.1}$$

Hinter diesem Übertragungsoperator stecken die Eigenschaften des Gliedes ganz allgemein, er dient nur zur abstrakten Beschreibung der Vielfalt der Übertragungsglieder.

Wenn ein Übertragungsglied bei gleichem Anfangszustand $\underline{x}_0$ auf ein zeitlich um die Zeitspanne τ verschobenes Eingangssignal mit demselben, aber zeitlich ebenfalls um τ verschobenen Ausgangssignal reagiert

$$y(t-\tau) = \Phi_t\{u(t-\tau), \underline{x}_0\} = y(t), \tag{2.2}$$

dann handelt es sich um ein *zeitinvariantes Übertragungsglied.* Auf dem Bild 2.1a ist als Beispiel die Kennlinie eines statischen zeitinvarianten Gliedes dargestellt, dagegen wird ein statisches zeitvariantes Glied durch ein Kennlinienfeld (Bild 2.1b) mit t als Parameter beschrieben.

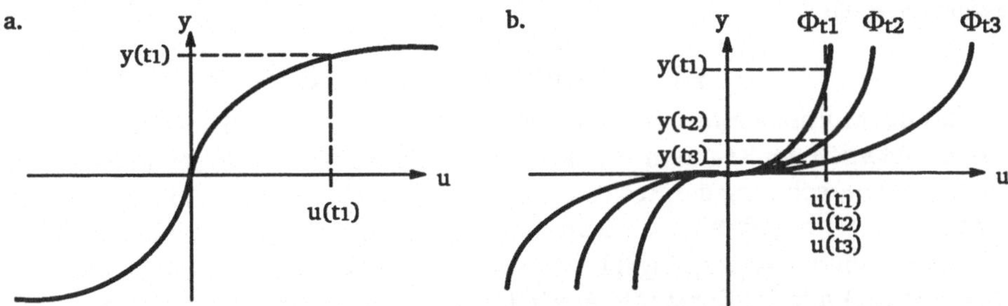

Bild 2.1: Kennlinie eines zeitinvarianten Übertragungsgliedes(a) und Kennlinienfeld (b) eines zeitvarianten Übertragungsgliedes

Aus Bild 2.1 geht hervor, daß bei dem zeitvarianten Glied einem bestimmten Wert des Eingangssignals $u(t_i)$ unterschiedliche von t_i abhängige Werte des Ausgangssignals $y(t_i)$ entsprechen. Die Übertragungsglieder, deren dynamisches Verhalten durch Differentialgleichungen mit zeitabhängigen Koeffizienten beschrieben wird, gehören ebenfalls zu zeitvarianten Gliedern.

Die weiteren Betrachtungen in diesem Buch werden, ohne besondere Hinweise, nur auf zeitinvariante Übertragungsglieder bezogen, deren Übertragungsoperator von t unabhängig ist:

$$y(t) = \Phi\{u(t), \underline{x}_0\}. \tag{2.3}$$

Drei weitere fundamentale Eigenschaften des Übertragungsoperators eines Übertragungsgliedes entscheiden über dessen Einteilung zu den *linearen* oder *nichtlinearen Übertragungsgliedern.*

Ein Übertragungsglied ist linear, wenn sein Übertragungsoperator folgende drei Prinzipien erfüllt:

1. *Superpositions– oder Überlagerungsprinzip*

$$y(t) = \Phi\{u_1(t)+u_2(t), \underline{x}_0\} = \Phi\{u_1(t), \underline{x}_0\} + \Phi\{u_2(t), \underline{x}_0\}, \tag{2.4}$$

welches die Reaktion eines Übertragungsgliedes auf ein Signal, das als eine Summe von Signalen dargestellt werden kann, als Überlagerung der Reaktionen auf jedes einzelne Signal berechnen läßt. Es ist eine sehr wichtige Eigenschaft, die vor allem analytische Berechnungen der Übergangsvorgänge entscheidend vereinfacht. Zum Beispiel, um die Reaktion eines linearen Übertragungsgliedes auf das Signal aus Bild 1.13b zu ermitteln, braucht man nur die Rampenantwort des Gliedes

$$y_r(t) = \Phi\{At, \underline{x}_0\} \tag{2.5}$$

zu bestimmen, denn die Reaktion auf das Signal (1.9) wird sich als deren Überlagerung entsprechend der Beziehung (2.4) durch $y(t) = y_r(t) - y_r(t-\tau)$ berechnen lassen.

2. *Verstärkungsprinzip*

$$y(t) = \Phi\{c\cdot u(t), \underline{x}_0\} = c\cdot\Phi\{u(t), \underline{x}_0\} \tag{2.6}$$

besagt, daß der Multiplikation eines beliebigen Eingangssignals $u(t)$ mit einer Konstante c eine Multiplikation der Reaktion auf das Eingangssignal $u(t)$ mit dieser Konstante entspricht. Bei der Berechnung der Reaktion eines linearen Übertragungsgliedes auf einen Sprung $u(t) = A\sigma(t)$ beispielsweise reicht die Kenntnis der Übergangsfunktion $h(t)$ (sie ist die Reaktion eines Übertragungsgliedes auf einen Einheitssprung $\sigma(t)$). Durch Multiplikation von $h(t)$ mit der Konstante A erhält man die gesuchte Sprungantwort

$$y(t) = A\,h(t).$$

3. *Zerlegungsprinzip*

$$y(t) = \Phi\{u(t), \underline{x}_0\} = \Phi\{u(t), \underline{0}\} + \Phi\{0, \underline{x}_0\}, \tag{2.7}$$

wonach der Übergangsvorgang in *einen erzwungenen Vorgang* aus dem Nullzustand $\Phi\{u(t), \underline{0}\}$, hervorgerufen durch das Eingangssignal u(t), und den *Eigenvorgang* $\Phi\{0, \underline{x}_0\}$, hervorgerufen durch den Anfangszustand $\underline{x}_0$, zerlegt werden kann.

Diese grundlegenden Eigenschaften erleichtern entscheidend alle weiteren Untersuchungen von linearen Übertragungsgliedern und Systemen. In der Praxis ist man bestrebt dies zu nutzen, indem man bei der Analyse eines nichtlinearen Systems die Linearisierung von nichtlinearen Übertragungsgliedern vornimmt [6, 16, 25, 49].

Eine weitere bedeutende Eigenschaft des Übertragungsoperators, nämlich die Auswirkung des Anfangszustands $\underline{x}_0$ auf den Übergangsvorgang, entscheidet über die Einteilung eines Übertragungsgliedes zu den *statischen* oder *dynamischen* Übertragungsgliedern.

Ein Übertragungsglied bezeichnet man als *statisch*, wenn sein Übertragungsoperator vom Anfangszustand unabhängig ist

$$y(t) = \Phi\{u(t)\}, \tag{2.8}$$

d.h. bei einem bestimmten Wert des Eingangssignals stellt sich am Ausgang ohne jegliche Verzögerung ein bestimmter Ausgangswert ein. Die statischen Übertragungsglieder werden durch algebraische Gleichungen oder Kennlinien (Siehe z.B. Bilder 1.6b, 1.7a und 2.1) beschrieben.

Dagegen wird das Übertragungsverhalten dynamischer Übertragungsglieder durch die Differentialgleichungen beschrieben.

Allgemein kann das dynamische Verhalten eines linearen zeitinvarianten Übertragungsgliedes $y(t)=\Phi\{u(t), \underline{x}_0\}$ für $t \geq 0$ durch eine gewöhnliche Differentialgleichung n–ter Ordnung der Form

$$\begin{aligned} a_n y^{(n)}(t) + a_{n-1} y^{(n-1)}(t) + a_{n-2} y^{(n-2)}(t) + \ldots + a_1 y^{(1)}(t) + a_0 y(t) = \\ = b_m u^{(m)}(t) + b_{m-1} u^{(m-1)}(t) + \ldots + b_1 u^{(1)}(t) + b_0 u(t) \end{aligned} \tag{2.9a}$$

oder in anderer Schreibweise

$$\begin{aligned} a_n \frac{d^n y(t)}{dt^n} + a_{n-1} \frac{d^{n-1} y(t)}{dt^{n-1}} + \ldots + a_1 \frac{dy(t)}{dt} + a_0 y(t) = \\ = b_m \frac{d^m u(t)}{dt^m} + b_{n-1} \frac{d^{m-1} u(t)}{dt^{m-1}} + \ldots + b_1 \frac{du(t)}{dt} + b_0 u(t) \end{aligned} \tag{2.9b}$$

beschrieben werden. Sie verknüpft die Ausgangsgröße y(t) und ihre zeitlichen Ableitungen $y^{(1)}(t),\ldots,y^{(n)}(t)$ mit der Eingangsgröße u(t) und deren zeitlichen Ableitungen $u^{(1)}(t), \ldots, u^{(m)}(t)$. Die Lösung dieser Gleichung bei vorgegebenen Anfangswerten der Ausgangsgröße $y(0), y^{(1)}(0),\ldots, y^{(n-1)}(0)$ und Eingangsgrößenfunktion u(t) liefert das gesuchte Übergangsverhalten y(t). Die Parameter $a_0, \ldots, a_n$, $(a_n \neq 0)$ und $b_0, \ldots, b_m$ sind von den physikalischen Eigenschaften des Übertragungsgliedes abhängig.

Die Ordnungszahl n ist in der Regel größer oder mindestens gleich der Ordnung m der höchsten Ableitung der Eingangsgröße u(t).

Der Weg vom zu analysierenden Element des Regelkreises zum mathematischen Modell der Form (2.9) beinhaltet im wesentlichen folgende Schritte:

1. Aufstellen der Gleichungen mit Hilfe der theoretischen Analyse der Zusammenhänge und/oder experimentelle Ermittlung dieser Zusammenhänge.
2. Normierung der ermittelten Gleichungen und Kennlinien.
3. Linearisierung der ermittelten Gleichungen und Kennlinien.

Aufstellen der Differentialgleichung

Die Vorgehensweise bei der Aufstellung der Gleichungen betrachten wir nun an einem Beispiel für ein oft vorzufindendes Element der Regelkreise.

Beispiel 2.1. Aufstellen der Differentialgleichung für einen Gleichstrommotor mit Fremderregung

Die fremderregten Gleichstrommotoren werden wegen ihrer ausgezeichneten Regeleigenschaften und hoher Zuverlässigkeit auf fast allen Gebieten der industriellen Antriebstechnik eingesetzt [31,52,54]. Zum Beispiel bei der Bahnsteuerung einer numerisch gesteuerten Werkzeugmaschine oder eines Industrieroboters wird für jede Bewegungsachse ein Gleichstromantrieb eingesetzt, um beliebige Konturen in jeder Ebene und räumliche Gebilde abfahren zu können [31]. Dabei wird jeder Gleichstrommotor von einem Regler (Bild 2.2) geführt, der die Aufgabe hat, der Führungsgröße U_s, die von der übergeordneten numerischen Steuerung vorgegeben wird, zu folgen. Die Spannung U_s ist direkt proportional dem momentanen Sollwert der *Winkelgeschwindigkeit* ω [sec^{-1}].

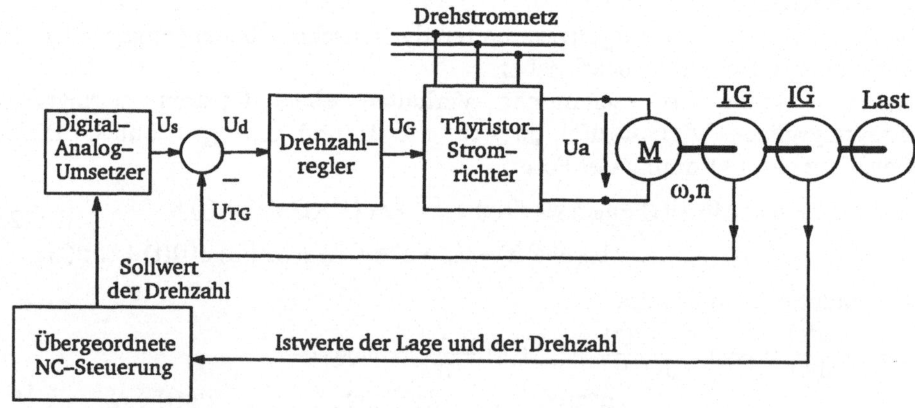

Bild 2.2: Drehzahlregelung eines Gleichstromantriebs bei übergeordneter NC–Steuerung

Die aktuelle Drehzahl des Motors

$$n\ [\mathrm{min}^{-1}] = 60\ \omega\ [\mathrm{sec}^{-1}]\ /2\pi$$

ist hier die Regelgröße und wird zweifach erfaßt. Einmal wird sie für die übergeordnete NC–Steuerung über einen Impulsgeber (IG), der pro Umdrehung eine bestimmte Anzahl von Impulsen erzeugt, erfaßt.
Des weiteren wird die Winkelgeschwindigkeit ω mit Hilfe eines Tachogenerators (TG), der auf der gemeinsamen Welle von Motoranker und Last angebracht ist, in eine proportionale Spannung U_{TG} umgewandelt. Die Differenzspannung $U_d = U_s - U_{TG}$ wird vom Regelglied zur Ansteuerung des Thyristorstromrichters

verwendet. Somit wird die Ankerspannung U_A in gewünschter Weise geändert. Die Ankerspannung ist eine der Eingangsgrößen des Gleichstrommotors, sie beeinflußt die aktuelle Drehzahl des Motors. Dasselbe kann man über das Lastdrehmoment sagen. Uns interessiert nun die Gleichung, die das dynamische Verhalten des Gleichstrommotors $\omega(t) = \Phi\{U_A(t), M_L(t), \underline{x}_0\}$ beschreibt.

Die Grundlage zur Gewinnung des mathematischen Modells in diesem Fall ist das Ersatzschaltbild des ungeregelten Antriebs gemäß Bild 2.3.

Nach dem 2.Kirchhoffschen Gesetz kann nun die Gleichung für den Ankerkreis

$$L_A \frac{di_A}{dt} + R_A i_A = u_A - e_M \tag{2.10}$$

aufgestellt werden. Die induzierte Gegen–EMK ist direkt proportional der Winkelgeschwindigkeit

$$e_M = c_M\, \omega, \tag{2.11}$$

wobei c_M eine bekannte Konstante des Motors ist, die dem Datenblatt des Motors zu entnehmen und in diese Gleichung mit der Dimension Vsec/rad einzusetzen ist. Setzt man e_M aus der Gleichung (2.11) in die Gleichung (2.10), kürzt man beide Seiten mit R_A und führt die elektrische *Zeitkonstante*

$$T_e\,[sec] = L_A\,[H]\,/R_A\,[\Omega] \tag{2.12}$$

des Antriebs ein, so erhält man

$$T_e \frac{di_A}{dt} + i_A = \frac{1}{R_A}(u_A - c_M\omega). \tag{2.13a}$$

Es ist eine gewöhnliche Differentialgleichung erster Ordnung (n=1, m=0)

$$a_1\, y^{(1)}(t) + a_0\, y\,(t) = b_0\, u(t) \tag{2.13b}$$

mit der Eingangsgröße $u(t) = u_A - c_M\omega$, der Ausgangsgröße i_A und den Parametern

$$a_0 = 1,\; a_1 = T_e,\; b_0 = 1/R_A.$$

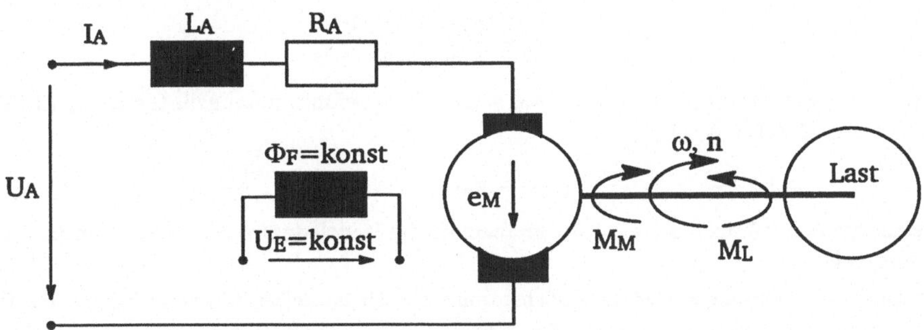

Bild 2.3: Ersatzschaltbild eines Antriebs mit einem fremderregten Gleichstrommotor

U_A zeitlich veränderliche Ankerspannung; e_M zeitlich veränderliche induzierte Gegenspannung im Motor (Gegen–EMK); i_A zeitlich veränderlicher Ankerstrom; R_A gesamter Ankerkreiswiderstand; L_A gesamte Ankerkreisinduktivität; ω Motorwinkelgeschwindigkeit; M_M Motordrehmoment; M_L Lastdrehmoment auf die Motorwelle bezogen; J Trägheitsmoment von Motor und Last; U_E Erregerspannung; Φ_F Erregerfeldfluß.

Die mechanische Bewegung des Motorankers mit der angekuppelten Last wird durch die Bilanzgleichung für Drehmomente entsprechend dem 2. Newtonschen Axiom

$$M_M = M_L + M_B \tag{2.14}$$

beschrieben.

Setzt man in diese Gleichung die Beziehung für das Beschleunigungsmoment

$$M_B = J \frac{d\omega}{dt} \tag{2.15}$$

und für das vom Motor erzeugte Drehmoment

$$M_M = c_M\, i_A \tag{2.16}$$

ein, so ergibt sich eine weitere gewöhnliche Differentialgleichung

$$J\,\frac{d\omega}{dt} = c_M\, i_A - M_L \tag{2.17}$$

erster Ordnung (n=1, m=0)

$$a_1\, y^{(1)}(t) = b_0\, u(t) \tag{2.18}$$

mit der Eingangsgröße $u(t) = c_M\, i_A - M_L$, der Ausgangsgröße ω und Parametern $a_0 = 0$, $a_1 = J$, $b_0 = 0$.
Hier ist die Motorkonstante c_M mit der Einheit [Nm/A] einzusetzen.

Setzt man in die Gleichung (2.12) i_A aus der Gleichung (2.17) ein, so erhält man eine gewöhnliche Differentialgleichung zweiter Ordnung

$$T_e\, J\,\frac{d^2\omega}{d^2t} + J\,\frac{d\omega}{dt} + \frac{c_M^2}{R_A}\,\omega = \frac{c_M}{R_A}\,u_A - M_L - T_e\frac{dM_L}{dt} \tag{2.19a}$$

mit den Eingangsgrößen M_L und u_A und ω als Ausgangsgröße. Alle Summanden in der Gleichung (2.19a) weisen die Dimension des Drehmoments [Nm] auf. Man kann die Gleichung (2.19a) so umformen, daß alle Summanden die Dimension der Winkelkreisgeschwindigkeit [sec^{-1}] aufweisen werden.

$$T_e\frac{JR_A}{c_M^2}\,\frac{d^2\omega}{d^2t} + \frac{JR_A}{c_M^2}\,\frac{d\omega}{dt} + \omega = \frac{1}{c_M}\,u_A - \frac{R_A}{c_M^2}\,M_L - T_e\,\frac{R_A}{c_M^2}\,\frac{dM_L}{dt}\;. \tag{2.19b}$$

Wird jetzt die mechanische Zeitkonstante des Motors definiert zu

$$T_m\,[sec] = \frac{J\,[kg\ m^2]\ R_A\,[\Omega]}{C_M^2\,[Nm/A]\,[Vsec/rad]}\;,$$

und die Übertragungsbeiwerte $K_{p1} = 1/c_M$ und $K_{p2} = R_A/c_M^2$ eingeführt, so kann die Gleichung (2.19b) in folgender Form geschrieben werden

$$T_eT_m\frac{d^2\omega}{d^2t} + T_m\,\frac{d\omega}{dt} + \omega = K_{p1}\,u_A - K_{p2}\,(M_L + T_e\,\frac{dM_L}{dt}\,). \tag{2.19c}$$

Jede der Gleichungen (2.19) stellt das gesuchte mathematische Modell des fremderregten Gleichstromantriebs in unnormierter Form dar.

Zahlenbeispiel: Ein dauermagneterregter Gleichstrommotor der Baureihe 1HU von Siemens hat folgende konstruktive Parameter: $R_A = 0.6\Omega$, $L_A = 6$ mH, $c_m = 1.3$ Nm/A bzw. Vsec/rad, und das Gesamtträgheitsmoment vom Motor und angekoppelter Last $J = 0.034$ kgm^2. Für diese Parameterwerte des Motors ergeben sich folgende Werte für die Parameter der Gleichung (2.19c):

$T_e = 0.006\ H / 0.6\ \Omega = 0.01 sec$,
$T_m = 0.034\ kg\ m^2 \cdot 0.6\Omega / 1.3^2 = 0.012 sec.$
$K_{p1} = 0.78\ rad\ sec^{-1} /V$
$K_{p2} = 0.6\Omega/(1.3\ Nm/A \cdot 1.3\ Vs/rad) = 0.355\ \ rad\ sec^{-1}/Nm.$

Anschließend kann die *Normierung* der Gleichungen vorgenommen werden, so daß die Eingangs– und Ausgangsgrößen *dimensionslos* in der Gleichung vorkommen und die Koeffizienten a_i die Dimension sec^i besitzen. Damit wird der physikalische Hintergrund des mathematischen Modells völlig versteckt. Man kann dann nicht einmal annähernd sagen, welches physikalische Objekt hinter der Gleichung steckt. Es ist für die weitere Analyse unbedeutend. Von Vorteil ist, daß die Normierung eine weitere rechnerische Behandlung vereinfacht.

Normierung der Differentialgleichung

Normieren bedeutet Beziehen einer Größe auf einen charakteristischen Wert gleicher Dimension. Zur Normierung einer Differentialgleichung sind folgende elementare Operationen durchzuführen:

1. Alle Summanden der Gleichung dividiert man durch eine Konstante, die die Dimension dieser Summanden hat. Diese Konstante kann z.B. ein Nennwert, ein Maximalwert oder ein vorgegebener Wert sein, der sich in einem stabilen System bei konstanten Eingangsgrößen nach Ablauf der Übergangsvorgänge im sogenannten *Beharrungszustand* einsetzen soll. Die Gesamtheit der *konstanten* Werte der Ein- und Ausgangsgrößen im Beharrungszustand bezeichnet man als *Arbeitspunkt*.
2. Für jede variable Größe, die in der auf diese Weise normierten Gleichung eine Dimension besitzt, wählt man einen konstanten Bezugswert, der ebenfalls ein Nennwert, ein Maximalwert oder Arbeitspunktwert sein kann. Die jeweilige Variable wird auf diesen Wert bezogen.
3. Für die einzelnen Koeffizienten und Variablen führt man neue Bezeichnungen ein.

Beispiel 2.2. Normieren der Differentialgleichung des Gleichstrommotors

In der Differentialgleichung des Gleichstrommotors

$$T_e T_m \frac{d^2\omega}{d^2t} + T_m \frac{d\omega}{dt} + \omega = K_{p1} u_A - K_{p2} \left(M_L + T_e \frac{dM_L}{dt}\right) \qquad (2.20)$$

haben alle Summanden auf beiden Seiten der Gleichung die Dimension der Winkelgeschwindigkeit [sec^{-1}]. Somit kann man beide Seiten der Gleichung durch z.B. die maximale Motorwinkelgeschwindigkeit im Leerlauf ω_{max} als Bezugswert dividieren. Man erhält damit die dimensionslose Gleichung

$$T_e T_m \frac{d^2}{d^2t}\left(\frac{\omega}{\omega_{max}}\right) + T_m \frac{d}{dt}\left(\frac{\omega}{\omega_{max}}\right) + \left(\frac{\omega}{\omega_{max}}\right) = \frac{1}{\omega_{max}\, C_M} u_A - \frac{R_A}{\omega_{max}\, C_M^2}\left(M_L + T_e \frac{dM_L}{dt}\right). \qquad (2.21)$$

Durch runde Klammern sind hier bereits normierte Größen hervorgehoben. In dieser Gleichung sind die variablen Größen u_A und M_L weiterhin dimensionsbehaftet. Wählt man die maximale Ankerspannung im Leerlauf U_{Amax} und das Nenndrehmoment M_N als Bezugsgrößen, so erhält man:

$$T_e T_m \frac{d^2}{d^2t}\left(\frac{\omega}{\omega_{max}}\right) + T_m \frac{d}{dt}\left(\frac{\omega}{\omega_{max}}\right) + \left(\frac{\omega}{\omega_{max}}\right) = \frac{U_{Amax}}{\omega_{max}\, C_M}\left(\frac{u_A}{U_{Amax}}\right) - \frac{R_A M_N}{\omega_{max} C_M^2}\left(\left(\frac{M_L}{M_N}\right) + T_e \frac{d}{dt}\left(\frac{M_L}{M_N}\right)\right). \qquad (2.22)$$

Somit stellt die Gleichung (2.22) die normierte Differentialgleichung 2.Ordnung für den Gleichstrommotor dar. Führt man folgende Bezeichnungen für die Ein- und Ausgangsgrößen

$$\begin{aligned} y(t) &= (\omega/\omega_{max}), \\ u_1(t) &= (u_A/U_{max}), \\ u_2(t) &= (M_L/M_N) \end{aligned} \qquad (2.23)$$

und für die Parameter

$$\begin{aligned} a_2 &= T_e T_m \, [sec^2], \\ a_1 &= T_m \, [sec], \\ a_0 &= 1, \\ b_0 &= U_{Amax}/\omega_{max} c_M, \\ c_0 &= -R_A M_N/\omega_{max} c_M^2, \\ c_1 &= -T_e R_A M_N/\omega_{max} c_M^2 \, [sec] \end{aligned} \tag{2.24}$$

ein, so hat man das mathematische Modell des Gleichstrommotors in der Form

$$a_2\, y^{(2)}(t) + a_1\, y^{(1)}(t) + a_0\, y\,(t) = b_0\, u_1(t) \;+\; c_1\, u_2^{(1)}(t) + c_0\, u_2(t) \tag{2.25}$$

aufgestellt.

Linearisierung

Ein weiteres wichtiges Problem, das bei der Ermittlung der mathematischen Beschreibung zu bewältigen ist, besteht in der Linearisierung der nichtlinearen Gleichungen, für die ganz allgemein folgende Schreibweise

$$F(u(t), y(t), y^{(1)}(t), \dots , y^{(n)}(t)) = 0 \tag{2.26}$$

verwendet wird. Hier wurde allerdings angenommen, daß in der nichtlinearen Gleichung (2.26) die einzige Eingangsgröße u(t) ohne ihre Ableitungen auftritt.
Die Voraussetzung für die Linearisierung einer solchen nichtlinearen Gleichung ist die Annahme, daß es im Beharrungszustand einen bestimmten *Arbeitspunkt*

$$F(u_{ap}, y_{ap}, 0, \dots , 0) = 0 \tag{2.27}$$

gibt, um den sich die Eingangs- und Ausgangsgrößen nur wenig ändern, und daß die Funktion (2.26) in diesem Arbeitspunkt mindestens zweimal differenzierbar ist. Unter diesen Voraussetzungen läßt sich eine nichtlineare Funktion (2.26) um den Arbeitspunkt linearisieren.
Dazu führt man neue Variablen, die Abweichungen vom Arbeitspunkt

$$\begin{aligned} \Delta u(t) &= u(t) - u_{ap}\,, \\ \Delta y(t) &= y(t) - y_{ap}\,, \end{aligned} \tag{2.28}$$

ein. Da im Arbeitspunkt alle Ableitungen gleich Null sind, sind die Ableitungen der Abweichungen um den Arbeitspunkt den Ableitungen der ursprünglichen Größen identisch

$$\begin{aligned} \frac{d\,\Delta y(t)}{dt} &= \frac{d\,y(t)}{dt}\,, \\ \frac{d^2\,\Delta y(t)}{dt^2} &= \frac{d^2\,y(t)}{dt^2}\,, \\ &\dots \\ \frac{d^n\,\Delta y(t)}{dt^n} &= \frac{d^n\,y(t)}{dt^n}\,. \end{aligned} \tag{2.29}$$

Bekanntlich [8,25] läßt sich eine stetig differenzierbare nichtlineare Funktion (2.26) durch die Taylor-Reihe

$$F(u(t), y(t), y^{(1)}(t), \dots, y^{(n)}(t)) = F(u_{ap}, y_{ap}, 0, \dots, 0) + \left(\frac{\partial F}{\partial u}\right)_{ap} \Delta u + \left(\frac{\partial F}{\partial y}\right)_{ap} \Delta y + \\ + \left(\frac{\partial F}{\partial \dot{y}}\right)_{ap} \frac{d\,\Delta y(t)}{dt} + \dots + \left(\frac{\partial F}{\partial y^{(n)}}\right)_{ap} \frac{d^n\,\Delta y(t)}{dt^n} + R_2 = 0 \tag{2.30}$$

darstellen. Mit R_2 ist hier das Restglied der Taylor-Reihe, das die Ableitungen der zweiten und höheren Ordnung beinhaltet, bezeichnet. Für kleine Werte der Abweichungen vom Arbeitspunkt kann das Restglied vernachlässigt werden.
Da $F(u_{ap}, y_{ap}, 0, \dots, 0) = 0$ ist, und die partiellen Ableitungen im Arbeitspunkt konkrete Werte haben, stellt die Gleichung (2.30) mit den Bezeichnungen

$$b_0 = -\left(\frac{\partial F}{\partial u}\right)_{ap}, \quad a_0 = \left(\frac{\partial F}{\partial y}\right)_{ap}, \quad a_1 = \left(\frac{\partial F}{\partial \dot{y}}\right)_{ap}, \dots, \quad a_n = \left(\frac{\partial F}{\partial y^{(n)}}\right)_{ap} \tag{2.31}$$

eine gewöhnliche Differentialgleichung n-ter Ordnung bezüglich der Abweichungen

$$a_n \frac{d^n\,\Delta y(t)}{dt^n} + a_{n-1} \frac{d^{n-1}\,\Delta y(t)}{dt^{n-1}} + \dots + a_1 \frac{d\,\Delta y(t)}{dt} + a_0\,\Delta y(t) = b_0\,\Delta u \tag{2.32}$$

dar. Sie beschreibt das dynamische Verhalten eines nichtlinearen Übertragungsgliedes um den gewählten Arbeitspunkt und gilt für genügend kleine Werte der Abweichungen $\Delta u(t)$ und $\Delta y(t)$ um den Arbeitspunkt.

Fassen wir die Vorgehensweise bei der Linearisierung von nichtlinearen Übertragungsgliedern mit einer Eingangsgröße u(t) in einem Algorithmus zusammen. Bei der Linearisierung um den *Arbeitspunkt* sind folgende Schritte durchzuführen:

1. Man bringe die Ein-Ausgangsgleichung des Gliedes auf die Form

$$F(u(t), y(t), y^{(1)}(t), \dots, y^{(n)}(t)) = 0. \tag{2.33}$$

2. Man lege den Wert für die Ausgangsgröße im Arbeitspunkt y_{ap}, der sich im *Beharrungszustand* einstellen soll, fest und setze diesen Wert in die Gleichung (2.33) ein. Gleichzeitig sind alle Ableitungen der Ein- und Ausgangsgrößen gleich Null zu setzen, da im Beharrungszustand alle Größen des Systems konstant sind. Somit ergibt sich die Bestimmungsgleichung für den Wert der Eingangsgröße im Arbeitspunkt

$$F(u_{ap}, y_{ap}, 0, \dots, 0) = 0\,. \tag{2.34}$$

Diese Gleichung ist nach u_{ap} aufzulösen. Oft kommt es vor, daß die Gleichung (2.34) nicht vorliegt, sondern das Übertragungsverhalten durch ein Kennlinienfeld $y=\varphi(u)$ in graphischer Form dargestellt ist. Dann ist u_{ap} graphisch zu ermitteln.

3. Man ermittle die partiellen Ableitungen

$$\frac{\partial F(u(t), y(t), y^{(1)}(t), \ldots, y^{(n)}(t))}{\partial u},$$
$$\frac{\partial F(u(t), y(t), y^{(1)}(t), \ldots, y^{(n)}(t))}{\partial y},$$
$$\frac{\partial F(u(t), y(t), y^{(1)}(t), \ldots, y^{(n)}(t))}{\partial \dot{y}}, \qquad (2.35)$$
$$\ldots$$
$$\frac{\partial F(u(t), y(t), y^{(1)}(t), \ldots, y^{(n)}(t))}{\partial y^{(n)}}.$$

und berechne ihre Werte im Arbeitspunkt. Sie können auch anhand der Kennlinien (Bild 2.5) ermittelt werden. Diese Werte stellen die Koeffizienten der linearen Gleichung (2.32) entsprechend (2.31) dar.

Führen wir nun die einzelnen Schritte der Linearisierung an einem Beispiel durch.

Beispiel 2.3. Füllstandstrecke

Die im Bild 2.4 dargestellte Füllstandstrecke mit einem Stellventil als Steller und Füllstandhöhe h(t) als Ausgangsgröße weist mehrere Nichtlinearitäten auf. Der Durchflußstrom Q_{zu} weist eine nichtlineare Abhängigkeit sowohl vom Öffnungswinkel des Stellventils u(t), als auch vom Versorgungsdruck p vor dem Ventil

$$Q_{zu}(t) = \varphi(u(t), p(t)) \qquad (2.36)$$

auf (Bild 2.5).

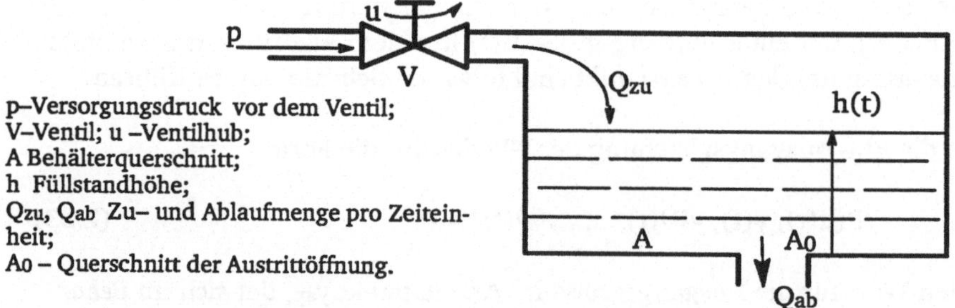

Bild 2.4: Füllstandstrecke

Des weiteren hängt der Abflußstrom Q_{ab} nichtlinear von der Füllstandhöhe h(t)

$$Q_{ab}(t) = A_0\sqrt{2gh(t)} \qquad (2.37)$$

ab, wobei $g = 9.81 m/sec^2$ die Erdbeschleunigung ist.

Zur Linearisierung des mathematischen Modells sind die oben beschriebenen Schritte durchzuführen.

1. Die Bilanzgleichung für die Volumenänderung im Behälter lautet

$$\frac{dV(t)}{dt} = Q_{zu}(t) - Q_{ab}(t). \qquad (2.38)$$

Wenn man in diese Gleichung die Beziehungen (2.36) und (2.37) und für das Volumen $V(t)=Ah(t)$ einsetzt, dann erhält man eine nichtlineare Differentialgleichung erster Ordnung

$$F(u(t), p(t), h(t), h^{(1)}(t)) = A\frac{dh(t)}{dt} - \varphi(u(t),p(t)) + A_0\sqrt{2gh(t)} = 0\,. \qquad (2.39)$$

Die Eingangsgrößen sind der Öffnungswinkel des Ventils $u(t)$ und der Versorgungsdruck $p(t)$, die Ausgangsgröße ist die Füllstandhöhe $h(t)$. Somit hat die Gleichung (2.39) die Form (2..33), und damit ist der erste Schritt getan.

2. Arbeitspunktfestlegung. Im Beharrungszustand soll die Füllstandhöhe 0.5m betragen. Damit ist der Arbeitspunkt für die Ausgangsgröße festgelegt $h_{ap} = 0.5$m. Der Behälterquerschnitt A betrage 60 cm² und der Querschnitt der Austrittsöffnung $A_0=0.5\ cm^2= 0.5\cdot10^{-4}m^2$.
Damit wird die Gleichung (2.39) im Arbeitspunkt folgende Gestalt annehmen

$$F(u_{ap}, p_{ap}, h_{ap}, 0) = 0.5\cdot10^{-4}m^2\sqrt{2\cdot9.81m/sec^2\cdot0.5m} - \varphi(u_{ap},p_{ap}) = 0\,.$$

Daraus läßt sich $Q_{zu}(t) = \varphi(u_{ap}, p_{ap}) = 1.57\cdot10^{-4}m^3/sec = 0.157$ l/sec = 9.39l/min errechnen. Dieser Zuflußstrom muß am Ventil eingestellt sein, damit die vorgegebene Füllstandhöhe von 0.5m sich einstellt. Als nächstes ist also der Öffnungswinkel u_{ap} anhand des Kennlinienfeldes für das Ventil festzulegen. Der Betriebsdruck des Versorgungsnetzes sei konstant und betrage 3 bar. Damit ist der Arbeitspunkt für p festgelegt $p_{ap}=3$ bar, und es gilt die entsprechende Kennlinie aus dem Kennlinienfeld (Bild 2.5). Um den Zuflußstrom von 9.39 l/min zu erreichen, muß der Öffnungswinkel 40⁰ betragen. Somit ist $u_{ap} = 40^0$, und wir haben den Arbeitspunkt vollständig festgelegt.

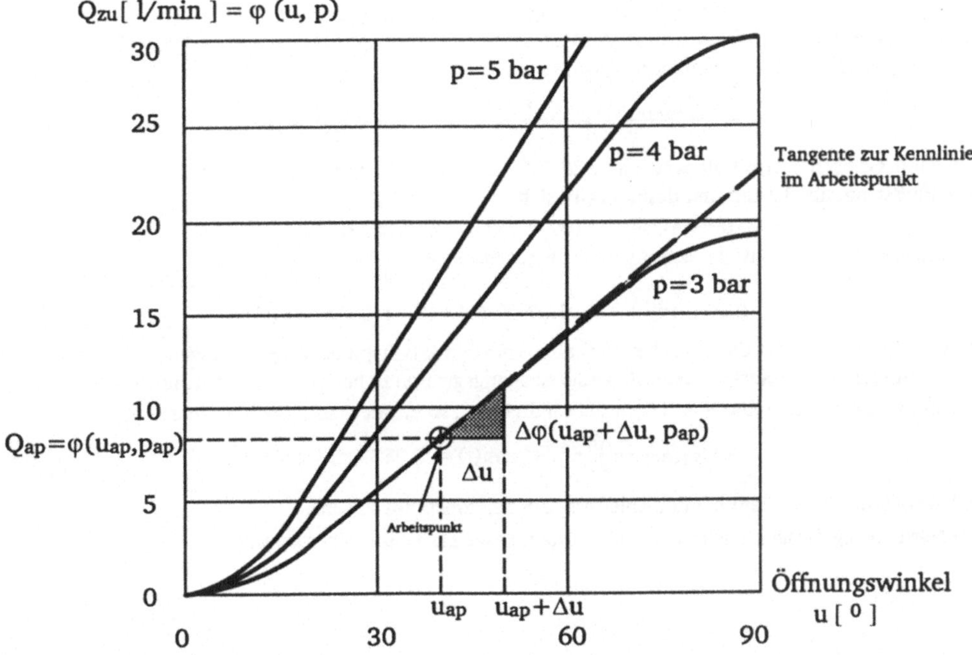

Bild 2.5: Kennlinienfeld eines Ventils und geometrische Deutung der Linearisierung um den Arbeitspunkt

3. Berechnung der Werte für partielle Ableitungen im Arbeitspunkt.
Entsprechend der Differentiationsregeln erhält man

$$a_0 = \frac{\partial F(u(t), p(t), h(t), h^{(1)}(t))}{\partial h} = \frac{A_0 \sqrt{2g}}{2\sqrt{h}},$$
$$a_1 = \frac{\partial F(u(t), p(t), h(t), h^{(1)}(t))}{\partial h^{(1)}} = A. \tag{2.40}$$

Durch Einsetzen des Arbeitspunktwertes für h und $g=9.81\ m/sec^2$ erhält man die Werte der Koeffizienten $a_0 = 1.57 \cdot 10^{-4}\ m^2/sec$, $a_1 = 0.006 m^2$.
Die partiellen Ableitungen

$$\frac{\partial F(u(t), p(t), h(t), h^{(1)}(t))}{\partial u} = \frac{\partial \varphi(u(t), p(t))}{\partial u}$$

und

$$\frac{\partial F(u(t), p(t), h(t), h^{(1)}(t))}{\partial p} = \frac{\partial \varphi(u(t), p(t))}{\partial p}$$

lassen sich graphisch mittels Approximation der Kennlinie in der Umgebung des Arbeitspunktes durch eine Tangente (Bild 2.5) ermitteln. Wir nehmen hier an, daß der Versorgungsdruck p konstant ist. Deshalb ist die Abweichung vom Arbeitspunkt Δp gleich Null, und diese Eingangsgröße wird zu einer Konstanten. Sie wird deshalb nicht direkt in der Ein–Ausgangsgleichung auftreten, so daß die Änderung nur einer Eingangsgröße, nämlich des Öffnungswinkels $\Delta u(t)$ zu berücksichtigen ist.
Durch die Approximation der Kennlinie des Ventils um den Arbeitspunkt $u_{ap}=40^0$ und $p_{ap} = 3$ bar wird der Wert der partiellen Ableitung näherungsweise zu

$$b_0 = \frac{\partial F(u(t), p(t), h(t), h^{(1)}(t))}{\partial u} = \frac{\Delta \varphi(u_{ap}+\Delta u, p_{ap})}{\Delta u} \tag{2.41}$$

und kann graphisch ermittelt werden (Bild 2.5). Bei $\Delta u=10^0$ um den Arbeitspunkt ändert sich der Durchflußstrom um 3l/min und damit ergibt sich

$$b_0 = 5 \cdot 10^{-5}\ [m^3/sec\ ]\ /\ 10^0 = 5 \cdot 10^{-6}\ [m^3/sec\ ]\ /[\ ^0\ ].$$

Die linearisierte Differentialgleichung der Füllstandstrecke

$$0.006 \frac{d\,\Delta h(t)}{dt} + 1.57 \cdot 10^{-4}\ \Delta h\ (t) = 5 \cdot 10^{-6}\ \Delta u(t) \tag{2.42}$$

kann nun zur Analyse des dynamischen Verhaltens um den Arbeitspunkt verwendet werden. Dabei sind die Abweichungen vom Arbeitspunkt als Ein- und Ausgangsgrößen zu betrachten. Wenn man beide Seiten der Gleichung (2.42) durch den Koeffizient bei Δh dividiert, so erhält man folgende Gleichung

$$38.2\ [sec] \frac{d\,\Delta h(t)}{dt} + \Delta h(t) = 0.032\ [\ m/^0\ ]\ \Delta u(t). \tag{2.43}$$

Dabei stellt der Koeffizient bei der Ableitung die Zeitkonstante T_1 dar.
Die Normierung dieser Gleichung (2.43) ist dem Leser zur Übung überlassen.

Kontrollfragen zum Abschnitt 2.1

1. Wodurch unterscheiden sich die zeitvarianten Übertragungsglieder von zeitinvarianten ? Geben Sie Beispiele physikalischer Systeme, die Ihrer Ansicht nach als zeitvariant betrachtet werden können, an.
2. Wo liegt der Unterschied zwischen dem Eigenvorgang und dem erzwungenen Vorgang ?
3. Wodurch kennzeichnen sich die statischen Übertragungsglieder ?
4. Schildern Sie die Vorgehensweise beim Aufstellen des mathematischen Modells eines zu analysierenden Systems.
5. Warum ist man in der Praxis bestrebt, die nichtlinearen Übertragungsglieder zu linearisieren ?
6. Was versteht man unter der Normierung einer Gleichung? Welche Vor- und Nachteile sehen Sie in der Normierung ?
7. Wählen Sie die Bezugsgrößen, und normieren Sie die Gleichung der Füllstandstrecke (2.43).
8. Linearisieren Sie die Kennlinie des Ventils (Bild 2.5) um den Arbeitspunkt $p_{ap} = 2$ bar, $u_{ap} = 60^0$.
9. Der Fliehkraftpendel (siehe Bild) wurde von James Watt im Jahre 1769 in einem weltweit ersten Regelungssystem zur Drehzahlregelung einer Dampfmaschine eingesetzt. Erstellen Sie dessen mathematisches Modell $F(\omega(t), \varphi(t), \varphi^{(1)}(t), \varphi^{(2)}(t))=0$ und linearisieren Sie sie im Arbeitspunkt $\omega_{ap}=12.56\text{sec}^{-1}$.

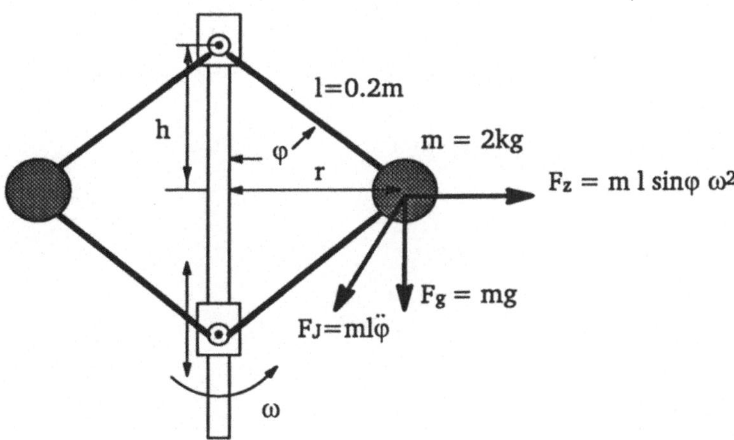

Bild zur Kontrollfrage 9. Fliehkraftpendel

10. In einem technologischen Prozeß wird eine mit Wasser gefüllte und verschlossene gläserne Tonne in einen Kühlschrank mit konstanter Kühlkammertemperatur $\vartheta_K=5^0C$ gebracht. Die Dicke d der Glaswand der Tonne sei 0.02m, die Fläche A sei $6m^2$, und die Wärmeleitfähigkeit λ beträgt 1.36 W/m K. Die eingefüllte Wassermenge m betrage 1000kg bei der Wassertemperatur von $\vartheta_W=15^0C$. (Hinweis: Die spezifische

Wärmekapazität des Wassers beträgt C = 4186 J/kg K. 1 J = 1 W sec). Somit ist die im Wasser gespeicherte Wärmemenge $W = C\ m\ \vartheta_W$.
Der Übergang der im Wasser gespeicherten Wärme durch die Glaswände der Tonne zur Kühlkammer findet entsprechend der Gleichung $Q_{ab} = \lambda\, A\, (\vartheta_W - \vartheta_K)/d$ statt. Stellen Sie das mathematische Modell des Abkühlungsprozesses auf.

11. In einem gut durchmischten Durchlauferhitzer mit V= 5l befindet sich Wasser mit $\vartheta_a = 60^0C$. Zum Zeitpunkt t=0 wird der konstante Durchlauf von 6 l/min eingestellt und gleichzeitig die Heizung mit P_{el} = 0.5 kW eingeschaltet. Das hereinfließende Wasser hat dabei die Temperatur $\vartheta_e = 10^0C$. Stellen Sie das mathematische Modell des Systems mit ϑ_a als Ausgangsgröße und Heizugsleistung P_{el} als Eingangsgröße auf.

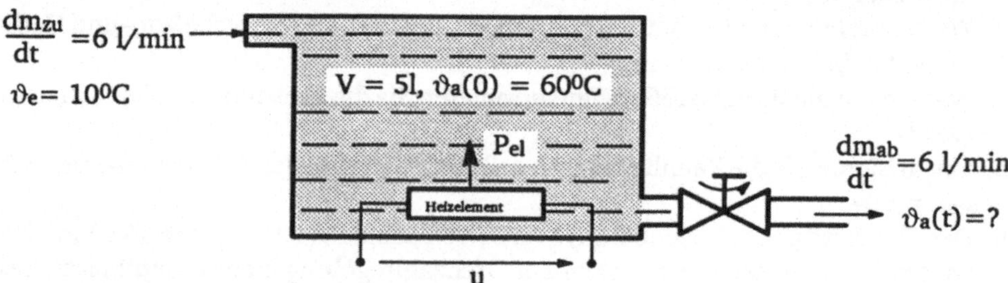

Bild zur Kontrollfrage 11. Durchlauferhitzer

2.2 Differentialgleichungen elementarer und zusammengesetzter Übertragungsglieder

Das dynamische Verhalten eines elementaren Übertragungsgliedes wird durch seine Eingangs–Ausgangsgleichung eindeutig beschrieben. Die Lösung der jeweiligen Gleichung bei einer Einheitssprungfunktion als Eingangsfunktion und bei Anfangsbedingungen, die identisch Null sind, wird als *Übergangsfunktion* bezeichnet. Diese Übergangsfunktion verwendet man zur Kennzeichnung der Glieder in Blockschaltbildern.

In der nachfolgenden Tabelle 2.1 sind die Eingangs–Ausgangsgleichungen für elementare Übertragungsglieder aufgeführt.

Zur Bezeichnung der Parameter verschiedener Übertragungsglieder verwendet man bestimmte Begriffe, die hier in Anlehnung an die in Deutschland gültigen Standards (Siehe Anhang) kurz erläutert werden.

1. Bei Gliedern mit *proportionalem Verhalten* ist der Wert des Ausgangssignals im stationären Zustand proportional dem Eingangssignal. Den Quotient aus Ausgangsgröße und Eingangsgröße bezeichnet man als *Proportionalbeiwert* K_P
$$K_P = \lim_{t \to \infty} \frac{y(t)}{u(t)} \,. \tag{2.44}$$
2. Bei Gliedern mit *integrierendem Verhalten (I–Verhalten)* ist der Ausgangssignalwert bei einem konstanten Eingangssignal und $y(0) = 0$ *proportional dem Integral* des Eingangssignals über die Zeit
$$y(t) = K_I \int_0^t u(\tau)\, d\tau \,. \tag{2.45}$$
Diesen Proportionalitätsfaktor bezeichnet man als *Integrierbeiwert* K_I.
3. Bei Gliedern mit *differenzierendem Verhalten (D–Verhalten)* ist das Ausgangssignal proportional der zeitlichen Ableitung des Eingangssignals.
$$y(t) = K_D \frac{du(t)}{dt} \,. \tag{2.46}$$
Den Proportionalitätsfaktor bezeichnet man als *Differenzierbeiwert* K_D.
4. Eine besondere Stellung unter elementaren Übertragungsgliedern nimmt das *Totzeitglied* ein. Bei einem Totzeitglied (T_t *– Glied*) tritt der zeitliche Verlauf des Eingangssignals um die *Totzeit* T_t verspätet am Ausgang auf.
5. Die Parallelschaltung von elementaren P–, I– und D–Gliedern führt zu sogenannten *additiv zusammengesetzten Gliedern.* Sie heißen entsprechend PI–, PD oder PID–Glieder.
6. Die Gleichung für ein PI–Glied
$$y(t) = K_P\, u(t) + K_I \int_0^t u(\tau)\, d\tau \tag{2.47}$$
läßt sich durch Ausklammern des Proportionalbeiwertes K_P zu
$$y(t) = K_P \left(u(t) + \frac{1}{T_n} \int_0^t u(\tau)\, d\tau \right) \tag{2.48}$$
umformen. In dieser Gleichung hat T_n die Dimension sec und wird als *Nachstellzeit*

bezeichnet. Wie aus der Gleichung hervorgeht, wird bei einer Sprungfunktion am Eingang nach $t = T_n$ der I–Anteil dem P–Anteil gleich (Bild 2.6).

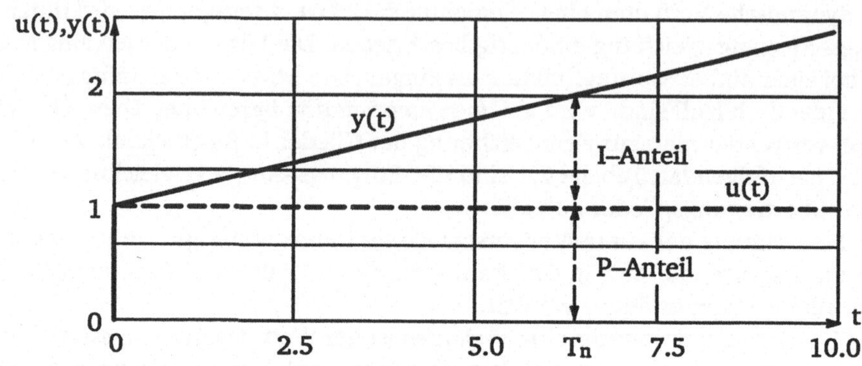

Bild 2.6: Sprungantwort eines PI–Gliedes bei $K_p=1$

7. Die Gleichung für ein PD–Glied

$$y(t) = K_P\, u(t) + K_D \frac{du(t)}{dt} \tag{2.49}$$

läßt sich durch Ausklammern des Proportionalbeiwertes K_P zu

$$y(t) = K_P \left(u(t) + T_V \frac{du(t)}{dt} \right) \tag{2.50}$$

umformen. In dieser Gleichung hat T_V die Dimension sec und wird als *Vorhaltzeit* bezeichnet. Wie aus der Gleichung hervorgeht, wird bei einer Rampenfunktion am Eingang ($u(t)=At\sigma(t)$) zu dem Zeitpunkt $t = T_V$ der P–Anteil gleich dem D–Anteil.

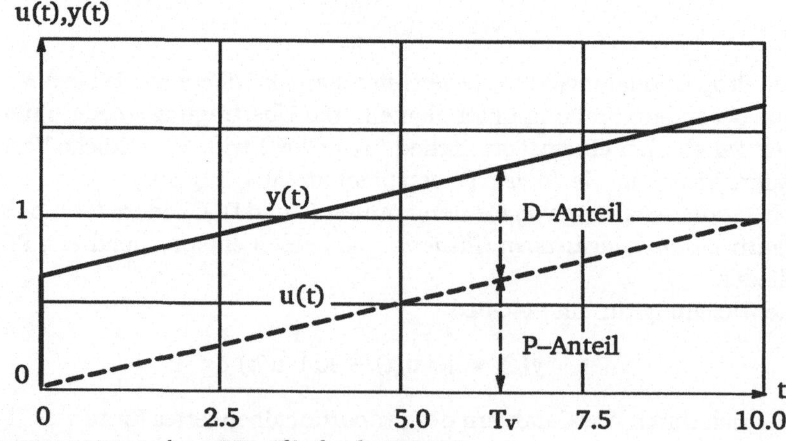

Bild 2.7: Sprungantwort eines PD–Gliedes bei $K_p=1$

8. Die Gleichung für ein PID–Glied

$$y(t) = K_P\, u(t) + K_I \int_0^t u(\tau)\, d\tau + K_D \frac{du(t)}{dt} \tag{2.51}$$

läßt sich durch Ausklammern des Proportionalbeiwertes K_P zu

$$y(t) = K_P \left(u(t) + \frac{1}{T_n} \int_0^t u(\tau)\, d\tau + T_v \frac{du(t)}{dt} \right) \tag{2.52}$$

umformen. In dieser Gleichung bezeichnet man T_n und T_v ebenfalls als Nachstell– bzw. Vorhaltzeit.

9. Die Werte K_P, K_I, K_D, T_n und T_v nennt man auch *Kenngrößen* entsprechender Übertragungsglieder.

10. Die oben erwähnten Glieder sind von einfacher Art. In der Praxis trifft man diese Glieder verzögerungsbehaftet. *Diese Verzögerungen äußern sich im dynamischen Verhalten des Übertragungsgliedes.* Zur Kennzeichnung solcher Glieder verwendet man das zusätzliche Kurzzeichen T_n, das den Kurzzeichen P, I, D, PI, PD und PID mit Bindestrich angefügt wird. Der Index n gibt die Ordnung der Verzögerung an. Solche Übertragungsglieder werden auch als *Verzögerungsglieder* bezeichnet.

11. Bei einem P–T_1–Glied bestimmt die *Zeitkonstante* T_1 die Schnelligkeit des Anstiegs der Sprungantwort

$$\frac{dh(t)}{dt} = \frac{K_P}{T_1}\, e^{-t/T_1} \tag{2.53}$$

Sie kann anhand der experimentell aufgenommenen Sprungantwort (Bild 2.8) ermittelt werden.

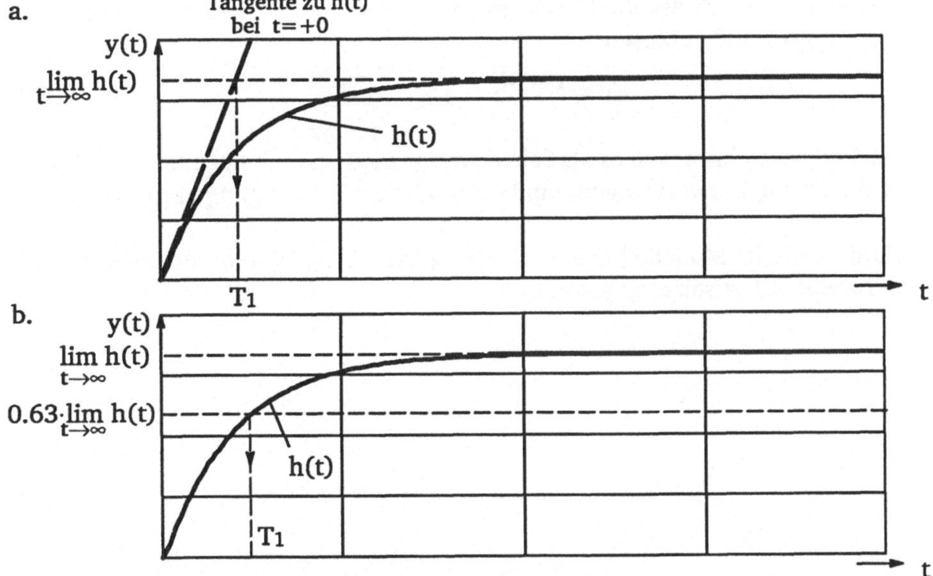

Bild 2.8: Ermittlung der Zeitkonstante T_1 eines P–T_1–Gliedes

Aus (2.58) folgt für t=+0

$$\frac{dh(+0)}{dt} = \frac{K_P}{T_1} \tag{2.54}$$

und somit kann durch Anlegen der Tangente an die Sprungantwort bei t=+0 (Bild 2.8a) die Zeitkonstante T_1 abgelesen werden.
Eine weitere Möglichkeit der experimentellen Ermittlung der Zeitkonstante anhand des Oszillogramms der Sprungantwort besteht in der Ausnutzung der Tatsache, daß die Sprungantwort für $t=T_1$

$$h(T_1) = K_P\,(1 - e^{-1}) = 0.63\,K_P \tag{2.55}$$

63% des Endwertes erreicht [16]. Dieser Zeitpunkt läßt sich anhand des Oszillogramms sehr einfach bestimmen (Bild 2.8b).

12. Das P–T_2–Glied wird durch die Differentialgleichung

$$T^2 \frac{d^2\,y(t)}{dt^2} + 2dT\,\frac{d\,y(t)}{dt} + y(t) = K_P\,u(t) \tag{2.56}$$

definiert. Die Konstante T [sec] nennt man ebenfalls *Zeitkonstante*, die dimensionslose Zahl d bezeichnet man als *Dämpfungsgrad* bzw. *Dämpfung*.
Bei $d \geq 1$ werden oft anstelle von diesen zwei Kenngrößen eines P–T_2–Gliedes zwei Zeitkonstanten T_1 und T_2 angegeben, so daß die Gleichung (2.56) folgende Gestalt annehmen wird:

$$T_1T_2\,\frac{d^2\,y(t)}{dt^2} + (T_1+T_2)\frac{d\,y(t)}{dt} + y(t) = K_P\,u(t)\,. \tag{2.57}$$

Aus dem Vergleich der Koeffizienten dieser Gleichungen lassen sich folgende Umrechnungsformeln ablesen

$$T = \sqrt{T_1T_2}\;,\quad d = \frac{(T_1+T_2)}{2\sqrt{T_1T_2}}\;. \tag{2.58}$$

Bei d=0 bezeichnet man es als Schwingungsglied, manchmal auch als P–T_2^*–Glied, da die Sprungantwort ungedämpfte periodische Schwingungen darstellt.

Mathematische Modelle linearer Übertragungsglieder und deren Bezeichnung sind in der Tabelle 2.1 zusammengestellt.

Kurzbezeichnung	**Mathematisches Modell**
P–Glied	$y(t) = K_P\, u(t)$
I–Glied	$y(t) = K_I \int_0^t u(\tau)\, d\tau$
D–Glied	$y(t) = K_D \frac{du(t)}{dt}$
PI–Glied	$y(t) = K_P\, (u(t) + \frac{1}{T_n} \int_0^t u(\tau)\, d\tau)$
PD–Glied	$y(t) = K_P\, (u(t) + T_V \frac{du(t)}{dt})$
PID–Glied	$y(t) = K_P\, (u(t) + \frac{1}{T_n} \int_0^t u(\tau)\, d\tau + T_V \frac{du(t)}{dt})$
T_t–Glied	$y(t) = u(t-T_t)$
P–T_1–Glied	$T_1 \frac{dy(t)}{dt} + y(t) = K_P\, u(t)$
I–T_1–Glied	$T_1 \frac{dy(t)}{dt} + y(t) = K_I \int_0^t u(\tau) d\tau$
D–T_1–Glied	$T_1 \frac{dy(t)}{dt} + y(t) = K_D \frac{du(t)}{dt}$
PI–T_1–Glied	$T_1 \frac{dy(t)}{dt} + y(t) = K_P\, (u(t) + \frac{1}{T_n} \int_0^t u(\tau)\, d\tau)$
PD–T_1–Glied	$T_1 \frac{dy(t)}{dt} + y(t) = K_P\, (u(t) + T_V \frac{du(t)}{dt})$
PID–T_1–Glied	$T_1 \frac{dy(t)}{dt} + y(t) = K_P\, (u(t) + \frac{1}{T_n} \int_0^t u(\tau)\, d\tau + T_V \frac{du(t)}{dt})$

Tabelle 2.1: Mathematische Beschreibung linearer Übertragungsglieder im Zeitbereich

Kurzbezeichnung	**Mathematisches Modell**
P–T_2–Glied	$T^2 \frac{d^2y(t)}{dt^2} + 2dT \frac{dy(t)}{dt} + y(t) = K_P\, u(t)$ oder $T_1T_2 \frac{d^2y(t)}{dt^2} + (T_1+T_2) \frac{dy(t)}{dt} + y(t) = K_P\, u(t)$
D–T_2–Glied	$T_1T_2 \frac{d^2y(t)}{dt^2} + (T_1+T_2) \frac{dy(t)}{dt} + y(t) = K_D \frac{du(t)}{dt}$
PD–T_2–Glied	$T_1T_2 \frac{d^2y(t)}{dt^2} + (T_1+T_2) \frac{dy(t)}{dt} + y(t) = K_D \frac{du(t)}{dt} + K_P\, u(t)$
P–T_n–Glied	$a_n \frac{d^ny(t)}{dt^n} + a_{n-1} \frac{d^{n-1}y(t)}{dt^{n-1}} + \ldots + a_1 \frac{dy(t)}{dt} + a_0 y(t) = b_0 u(t)$

Fortsetzung der Tabelle 2.1: Mathematische Beschreibung linearer Übertragungsglieder im Zeitbereich

2.3 Klassisches Verfahren zur analytischen Berechnung der Übergangsvorgänge

Die Berechnung der Reaktion eines Übertragungsgliedes y(t) auf ein bestimmtes Eingangssignal u(t) bei vorgegebenen Anfangsbedingungen ist eine oft zu lösende Aufgabe eines Regelungstechnikers. Es gibt mehrere Wege, diese Aufgabe zu lösen. In diesem Kapitel wird das klassische Lösungsverfahren, das die unmittelbare Lösung der Differentialgleichung beinhaltet und die analytische Lösung liefert, dargestellt. Zwar wird in der Praxis das klassische Verfahren nur noch selten verwendet, aber das Verständnis dieses Verfahrens ist für manche weitere Überlegung bei der Analyse eines Systems oder bei der Auswertung der Simulationsergebnisse von Vorteil.

Eine analytische Lösung einer linearen Differentialgleichung mit konstanten Koeffizienten (2.9) besteht darin, eine Ausgangszeitfunktion y(t) zu finden, die beim Einsetzen in die Differentialgleichung diese identisch erfüllt [8,47,49,64]. Diese Reaktion eines Übertragungsgliedes y(t) setzt sich bekanntlich aus zwei Anteilen zusammen, dem Eigenvorgang und dem erzwungenen Vorgang:

$$y(t) = y_t(t)+y_p(t) = \Phi\{\,0\,,\ \underline{x}_0\,\} + \Phi\{\,u(t), \underline{0}\}. \qquad (2.59)$$

Das klassische Verfahren nimmt diese Tatsache als Grundlage und besteht im wesentlichen aus folgenden drei Schritten:

- Ermittlung des Eigenvorganges $y_t(t)$,
- Ermittlung des erzwungenen Vorganges $y_p(t)$, und
- Anpassung der vollständigen Lösung an die Anfangsbedingungen.

a. Ermittlung des Eigenvorganges

Dem Eigenvorgang entspricht die *transiente Lösung* der Differentialgleichung, deren Ansatz folgende Form hat

$$y_t(t) = \Phi\{0\,,\underline{x}_0\} = \sum_{i=1}^{n} C_i e^{p_i t} = C_1 e^{p_1 t} + \ldots + C_i e^{p_i t} + C_{i+1} e^{p_{i+1} t} + \ldots + C_n e^{p_n t}. \qquad (2.60)$$

Die transiente Lösung $y_t(t)$ stellt die Lösung der homogenen Differentialgleichung

$$a_n \frac{d^n y(t)}{dt^n} + a_{n-1} \frac{d^{n-1} y(t)}{dt^{n-1}} + \ldots + a_1 \frac{dy(t)}{dt} + a_0\, y(t) = 0 \qquad (2.61)$$

bei vorgegebenen Anfangsbedingungen $\underline{x}_0 = (\,y(0), y^{(1)}(0),\ldots, y^{(n-1)}(0))$ dar. Dabei sind C_i die noch zu bestimmenden Integrationskonstanten, p_i die *Wurzel der charakteristischen Gleichung*, die man durch Substition $p^k = y^{(k)}$ aus der homogenen Differentialgleichung erhält

$$a_n p^n + a_{n-1} p^{n-1} + \ldots + a_1 p + a_0 = 0\,. \qquad (2.62)$$

Die charakteristische Gleichung (2.62) ist eine nichtlineare algebraische Gleichung in p, die bekanntlich n Nullstellen oder Wurzeln besitzt. Dabei können die Wurzeln p_i reell oder komplex, einfach oder mehrfach sein.

Wenn eine Wurzel p_i k–fach vorliegt ($p_i = p_{i+1} = \ldots = p_{i+k-1}$), so ist für diese Wurzel im Lösungsansatz (2.60) anstelle von k Summanden der Form $C_i e^{p_i t}$ ein Summand folgender Form

$$C_i e^{p_i t} + C_{i+1}\, t\, e^{p_i t} + \ldots + C_{i+k-1}\, t^{k-1}\, e^{p_i t}$$

einzusetzen.

Einer komplexen Wurzel $p_i = \alpha + j\beta$ entspricht immer eine konjugiert komplexe Wurzel $p_{i+1} = \alpha - j\beta$, so daß man von einem konjugiert komplexen Wurzelpaar spricht. Für ein solches Wurzelpaar ist im Lösungsansatz (2.60) ein Summand folgender Form

$$e^{\alpha t}(C_i \cos \beta t + C_{i+1} \sin \beta t)$$

einzusetzen.

Das Ab– oder Aufklingen des Eigenvorganges mit $t \to \infty$ ist von den Werten des Realteils α_i der Wurzel abhängig. Wenn α_i negativ ist, gilt

$$\lim_{t \to \infty} C_i e^{\alpha_i t} = 0 \tag{2.63}$$

und damit klingt der Eigenvorgang ab. Somit läßt sich eine wichtige Schlußfolgerung formulieren: *Der Eigenvorgang klingt mit $t \to \infty$ ab, wenn alle Wurzeln der charakteristischen Gleichung (2.62) einen negativen Realteil aufweisen.* Man spricht dann von einem *stabilen System.*

b. Ermittlung des erzwungenen Vorganges

Dem erzwungenen Vorgang entspricht die *partikuläre Lösung* $y_p(t)$ der Differentialgleichung. Sie ist von der Art der Eingangsfunktion $u(t)$ und von den Eigenschaften des Übertragungsgliedes, nicht aber von den Anfangsbedingungen abhängig. Man ermittelt die partikuläre Lösung ebenfalls mit Hilfe eines Lösungsansatzes.

Die Lösungsansätze für oft anzutreffende Eingangssignalfunktionen und Übertragungsgliedertypen sind in der Tabelle 2.2 zusammengestellt.

Eingangssignal u(t)	**Ansatz für $y_p(t)$ bei**		
	P–T_n–Glied	**I–T_n–Glied**	**D–T_n–Glied**
$u(t) = u_0\,\sigma(t)$	$A_0\sigma(t)$	$A_0 t$	0
$u(t) = u_0 t$	$A_0 + A_1 t$	$A_0 t + A_1 t^2$	$A_0\sigma(t)$
$u(t) = \sum_{k=0}^{q} u_k t^k$	$\sum_{k=0}^{q} A_k t^k$	$\sum_{k=0}^{q+1} A_k t^k$	$\sum_{k=0}^{q-1} A_k t^k$
$u(t) = u_0 \cos \omega t$	$A_1 \sin \omega t + A_2 \cos \omega t$		
$u(t) = u_0 \sin \omega t$	$A_1 \sin \omega t + A_2 \cos \omega t$		
$u(t) = e^{\lambda t}(u_1 \sin \omega t + u_2 \cos \omega t)$	$e^{\lambda t}(A_1 \sin \omega t + A_2 \cos \omega t)$		

Tabelle 2.2: Partikuläre Lösungsansätze $y_p(t)$ für Übertragungsglieder mit P–T_n–, I–T_n– und D–T_n–Verhalten bei verschiedenen Arten des Eingangssignals $u(t)$

Aus Tabelle 2.2 geht hervor, daß die Ansätze für partikuläre Lösungen ebenfalls noch zu bestimmende Konstanten A_k beinhalten. Man ermittelt diese, indem man u(t) in den rechten Teil der Differentialgleichung und einen Lösungsansatz $y_p(t)$ für die partikuläre Lösung in den linken Teil der Differentialgleichung einsetzt. Die so entstandene Gleichung muß für $t \to \infty$ erfüllt sein. Durch anschliessenden Koeffizientenvergleich links und rechts des Gleichheitszeichens entstehen eine oder mehrere algebraische Gleichungen, in denen A_k als Unbekannte auftreten. Durch Auflösen dieser algebraischen Gleichungen ermittelt man die Werte von A_k.

c. Anpassung der vollständigen Lösung an die Anfangsbedingungen

Die vollständige Lösung

$$y(t) = \sum_{i=1}^{n} C_i e^{p_i t} + y_p(t) \tag{2.64}$$

ist damit bis auf die noch zu bestimmenden Integrationskonstanten C_i ermittelt worden. Die Integrationskonstanten C_i ermittelt man anhand der Anfangsbedingungen y(0), $y^{(1)}(0), \ldots, y^{(n-1)}(0)$, die die vollständige Lösung zu erfüllen haben.

Bei *sprungartigen* Eingangsfunktionen u(t) und $m>0$ unterscheidet man zwischen den linksseitigen $y(-0)$ und den rechtsseitigen $y(+0)$ Anfangsbedingungen (*Grenzwerten)*.

Unter *linksseitigen Anfangsbedingungen* $y(-0)$ *versteht man den Zustand unmittelbar vor dem Einwirken der Eingangsfunktion,* wenn sich t von links der Null nähert. Diese Anfangsbedingungen sind mit $y(0), y^{(1)}(0), \ldots, y^{(n-1)}(0)$ identisch.

Unter *rechtsseitigen Anfangsbedingungen* $y(+0)$ *versteht man den Zustand, der sich unmittelbar nach dem Einwirken der Eingangsfunktion einstellt,* wenn sich t von rechts der Null nähert.

Die rechtsseitigen Anfangsbedingungen sind nur für Übertragungsglieder, bei denen $m=0$ ist, mit den linksseitigen Anfangsbedingungen identisch.

Bei Übertragungsgliedern mit $m>0$ und sprungartigen Eingangsfunktionen u(t) sind die *rechtsseitigen Anfangsbedingungen* durch Integration der Differentialgleichung um den Nullpunkt von $t \to -0$ zur $t \to +0$ zu berechnen.

Hier seien ohne Beweis die Umrechnungsformeln bei $u(t)=u_0\,\sigma(t)$ und $m>0$ angegeben

$$y(+0)= y(-0),\quad y^{(1)}(+0)= y^{(1)}(-0),\quad \ldots,\quad y^{(n-m-1)}(+0) = y^{(n-m-1)}(-0),$$

$$y^{(n-m)}(+0) = y^{(n-m)}(-0) + u_0 b_m/a_n, \tag{2.65}$$

$$y^{(n-m+1)}(+0) = y^{(n-m+1)}(-0) + u_0 b_{m-1}/a_n - a_{n-1}/a_n\,[y^{(n-m)}(+0) - y^{(n-m)}(-0)],$$

$$y^{(n-m+2)}(+0) = y^{(n-m+2)}(-0) + u_0 b_{m-2}/a_n - a_{n-2}/a_n\,[y^{(n-m)}(+0) - y^{(n-m)}(-0)] - $$
$$-a_{n-1}/a_n\,[y^{(n-m+1)}(+0) - y^{(n-m+1)}(-0)],$$

$$\ldots$$

$$y^{(n-1)}(+0) = y^{(n-1)}(-0) + u_0 b_1/a_n - a_1/a_n\,[y^{(n-m)}(+0) - y^{(n-m)}(-0)] - \ldots$$
$$-a_{n-1}/a_n\,[y^{(n-2)}(+0) - y^{(n-2)}(-0)].$$

Anschließend ist die vollständige Lösung an die Anfangsbedingungen anzupassen. Für t=+0 muß erfüllt sein

$$\begin{aligned} y(+0) &= \sum_{i=1}^{n} C_i + y_p(+0), \\ y^{(1)}(+0) &= \sum_{i=1}^{n} C_i p_i + y_p^{(1)}(+0), \\ y^{(2)}(+0) &= \sum_{i=1}^{n} C_i p_i^2 + y_p^{(2)}(+0), \\ &\dots \\ y^{(n-1)}(+0) &= \sum_{i=1}^{n} C_i p_i^{n-1} + y_p^{(n-1)}(+0). \end{aligned} \tag{2.66}$$

Somit ist folgendes lineares algebraisches Gleichungssystem nach C_i zu lösen.

$$\begin{bmatrix} 1 & 1 & 1 & \dots & 1 \\ p_1 & p_2 & p_3 & \dots & p_n \\ p_1^2 & p_2^2 & p_3^2 & \dots & p_n^2 \\ \dots & \dots & \dots & \dots & \dots \\ p_1^{n-1} & p_2^{n-1} & p_3^{n-1} & \dots & p_n^{n-1} \end{bmatrix} \begin{bmatrix} C_1 \\ C_2 \\ C_3 \\ \dots \\ C_n \end{bmatrix} = \begin{bmatrix} y_p(+0) - y(+0) \\ y_p^{(1)}(+0) - y^{(1)}(+0) \\ y_p^{(2)}(+0) - y^{(2)}(+0) \\ \dots \\ y_p^{(n-1)}(+0) - y^{(n-1)}(+0) \end{bmatrix}. \tag{2.67}$$

Damit hat man analytisch die vollständige Lösung einer linearen gewöhnlichen Differentialgleichung mit konstanten Koeffizienten eindeutig ermittelt. Betrachten wir nun dieses Lösungsverfahren an einigen Beispielen.

Beispiel 2.4. Es ist die Sprungantwort eines P–T_1–Gliedes mit T_1=2 sec und K_P = 0.5 bei einem Eingangssprung $u(t)=5V\,\sigma(t)$ und $y(0) = 1V$ zu bestimmen.

Die Differentialgleichung eines P–T_1–Gliedes lautet

$$T_1 \frac{dy(t)}{dt} + y(t) = K_p\, u(t).$$

a. Transiente Lösung

Der homogenen Differentialgleichung

$$2\, \frac{dy(t)}{dt} + y(t) = 0$$

entspricht folgende charakteristische Gleichung

$$2p + 1 = 0,$$

deren Wurzel $p_1 = -1/T_1 = -0.5\ \mathrm{sec}^{-1}$ reell ist. Die transiente Lösung entsprechend des Ansatzes (2.60) lautet:

$$y_t(t) = C_1\, e^{-0.5\, t}.$$

b. Partikuläre Lösung

Bei einer Sprungfunktion am Eingang eines Übertragungsgliedes mit P–T_n–Verhalten lautet der Ansatz für die partikuläre Lösung entsprechend der Tabelle 2.2

$$y_p(t) = A_0 \sigma(t).$$

Setzt man diese in den linken Teil der ursprünglichen Differentialgleichung und u(t) in den rechten Teil ein, so ergibt sich

$$2\,A0\,\delta(t) + A_0\,\sigma(t) = 0.5\ \ 5V\,\sigma(t).$$

Für $t \to \infty$ erhält man durch Koeffizientenvergleich $A_0 = 2.5V$. Somit ist die partikuläre Lösung

$$y_p(t) = 2.5V\,\sigma(t).$$

c. Anpassung der vollständigen Lösung an die Anfangsbedingungen

Da m=0 ist, sind die rechtsseitigen Anfangsbedingungen den linksseitigen identisch:

$$y(+0) = y(-0) = 1V.$$

Die Bestimmungsgleichung für die Integrationskonstante C_1 entsprechend (2.66) lautet

$$y(+0) = y_t(+0) + y_p(+0)$$

und mit Zahlenwerten

$$1V = C_1 + 2.5\,V.$$

Daraus ist $C_1 = -1.5$ V und die vollständige Lösung

$$y(t) = -1.5V\,e^{-0.5\,t} + 2.5\,V\,\sigma(t).$$

Sie ist in Bild 2.9 dargestellt.

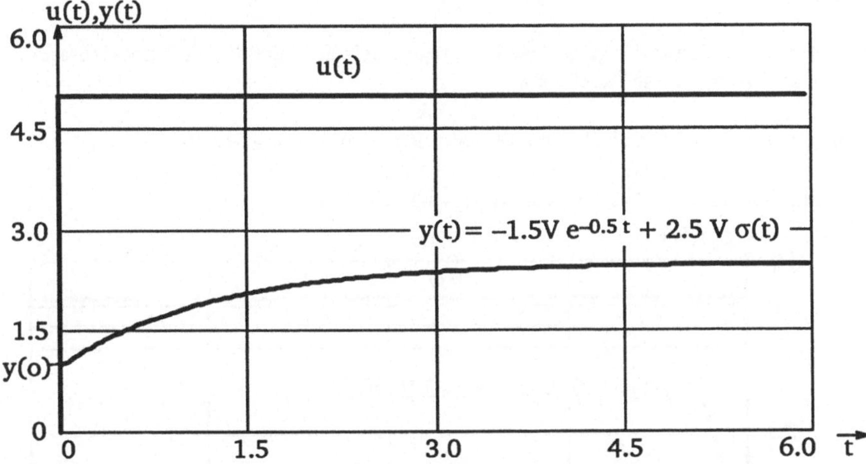

Bild 2.9: Sprungantwort des P–T_1–Gliedes bei $y(0) = 1V$ und $u(t) = 5V\sigma(t)$

Beispiel 2.5. Es ist die Sprungantwort eines beschalteten Operationsverstärkers (Bild 2.10) bei einem Eingangssprung $u(t) = 1.5V\,\sigma(t)$ und $y(0) = 0V$ zu ermitteln.

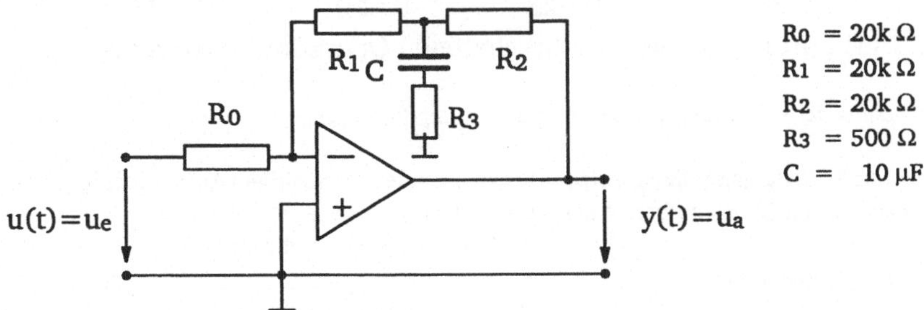

Bild 2.10: Beschalteter Operationsverstärker

Aus der analogen Schaltungstechnik [6,12,63] ist die Differentialgleichung einer solchen Schaltung

$$T_1\frac{dy(t)}{dt} + y(t) = K_D\frac{du(t)}{dt} + K_p u(t)$$

bekannt. Dabei ist $T_1 = R_3C$, $K_P = -(R_1+R_2)/R_0$ und $K_D = -R_1R_2C/R_0$.
Es ist die Gleichung eines PD–T_1–Gliedes mit $T_1 = 0.005$ sec, $K_P = -2$ und $K_D = -0.2$ sec.

a. Berechnung des Eigenvorganges

Der homogenen Differentialgleichung

$$T_1\frac{dy(t)}{dt} + y(t) = 0$$

entspricht folgende charakteristische Gleichung

$$0.005\,p + 1 = 0,$$

deren Wurzel $p_1 = -1/T_1 = -200\ \text{sec}^{-1}$ reell ist. Somit ist die transiente Lösung

$$y_t(t) = C_1\,e^{-200\,t}.$$

b. Berechnung des erzwungenen Vorganges

Bei einer Sprungfunktion am Eingang eines Übertragungsgliedes mit P–T_n–Verhalten lautet der Ansatz für die partikuläre Lösung (Siehe Tabelle 2.2)

$$y_p(t) = A\sigma(t).$$

Setzt man diese in die ursprüngliche Differentialgleichung ein, so ergibt sich

$$0.005\,A_0\,\delta(t) + A_0\,\sigma(t) = -0.2\cdot 1.5V\,\delta(t) - 2\cdot 1.5V\,\sigma(t).$$

Für $t\to\infty$ erhält man $A_0 = -3V$. Somit ist $y_p(t) = -3V\,\sigma(t)$.

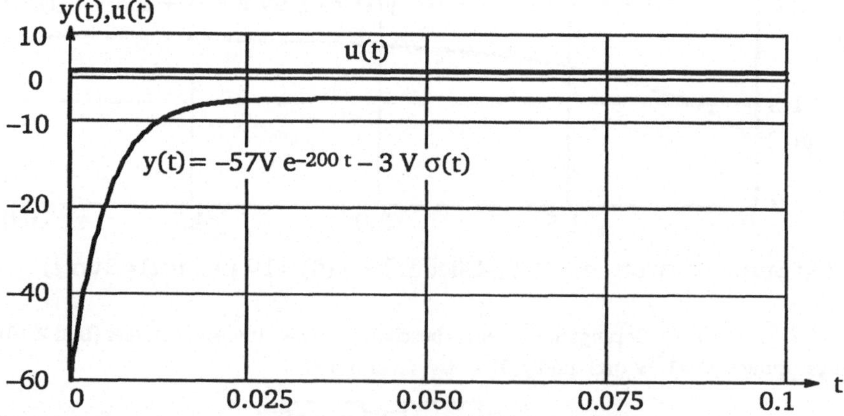

Bild 2.11: Sprungantwort des beschalteten Operationsverstärkers

c. Anpassung der vollständigen Lösung an die Anfangsbedingungen

Da m=1 und das Eingangssignal ein Sprung ist, sind die rechtsseitigen Anfangsbedingungen entsprechend den Beziehungen (2.65) zu berechnen. Da n=1, m=1 und n–m=0 ist, folgt

$$y(+0) = y(-0) + u_0 b_1/a_1$$

und mit Zahlenwerten

$$y(+0) = 0V - 1.5V\cdot 0.2\ \text{sec}/0.005\text{sec} = -60V.$$

Die Bestimmungsgleichung für die Integrationskonstante C_1 lautet

$$y(+0) = y_t(+0) + y_p(+0)$$

und mit Zahlenwerten

$$-60V = C_1 - 3V.$$

Daraus ist $C_1 = -57V$ und die vollständige Lösung

$$y(t) = -57V\, e^{-200\,t} - 3\, V\, \sigma(t).$$

Sie ist in Bild 2.11 dargestellt.

Beispiel 2.6. Es ist die Sprungantwort eines P–T_2–Gliedes mit $T_1 = 2$ sec, $d = 0.8$ und $K_P = 0.5$ bei einem Eingangssprung $u(t)=\sigma(t)$ zu bestimmen. Dabei sind $y(0) = 0$ und $y^{(1)}(0) = 0$.

a. Berechnung des Eigenvorganges

Der homogenen Differentialgleichung

$$T_1^2 \frac{d^2y(t)}{dt^2} + 2dT_1 \frac{dy(t)}{dt} + y(t) = 0$$

entspricht folgende charakteristische Gleichung

$$4\,p^2 + 3.2\,p + 1 = 0,$$

deren Wurzeln konjugiert komplex sind:

$$p_{1,2} = -\frac{d}{T_1} \pm j\frac{\sqrt{1-d^2}}{T_1} = -0.4 \pm j\,0.3.$$

Somit ist die transiente Lösung

$$y_t(t) = e^{-0.4t}\,(C_1 \cos 0.3t + C_2 \sin 0.3t).$$

b. Berechnung des erzwungenen Vorganges

Bei einer Sprungfunktion am Eingang eines Übertragungsgliedes mit P–T_n–Verhalten lautet der Ansatz für die partikuläre Lösung

$$y_p(t) = A_0\sigma(t).$$

Setzt man diese in die ursprüngliche Differentialgleichung ein, so ergibt sich

$$4\,A_0\,\delta^{(1)}(t) + 3.2\,A_0\,\delta(t) + A_0\,\sigma(t) = 0.5\,\sigma(t).$$

Für $t \to \infty$ erhält man $A_0 = 0.5$. Somit lautet die partikuläre Lösung $y_p(t) = 0.5\,\sigma(t)$.

c. Anpassung der vollständigen Lösung an die Anfangsbedingungen

Da $m=0$ ist, sind die rechtsseitigen Anfangsbedingungen den linksseitigen identisch:

$$y(+0) = y(-0) = 0,$$
$$y^{(1)}(+0) = y^{(1)}(-0) = 0.$$

Die Bestimmungsgleichungen für die Integrationskonstanten C_1 und C_2 lauten:

$$y(+0) = y_t(+0) + y_p(+0)\,,$$
$$y^{(1)}(+0) = y_t^{(1)}(+0) + y_p^{(1)}(+0),$$

wobei in der letzten Gleichung die Ableitung $y_t^{(1)}(t)$ einzusetzen ist. Die Ableitung der transienten Lösung ergibt sich zu

$$y_t^{(1)}(t) = e^{-0.4t}\,((-0.4C_1 + 0.3C_2)\cos 0.3t + (-0.3C_1 - 0.4C_2)\sin 0.3t)\,.$$

Damit nehmen die Bestimmungsgleichungen für die Integrationskonstanten C_1 und C_2 folgende Form an:

$$0 = C_1 + 0.5,$$
$$0 = -0.4\,C_1 + 0.3\,C_2\,.$$

Daraus folgt $C_1=-0.5$, $C_2 = -0.66$, und die vollständige Lösung ergibt sich zu

$$y_t(t) = e^{-0.4t}\,(-0.5 \cos 0.3t - 0.66 \sin 0.3t) + 0.5\sigma(t).$$

Sie ist in Bild 2.12 dargestellt.

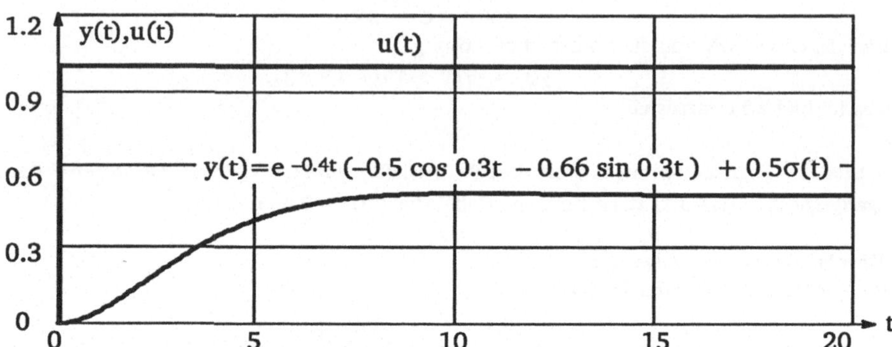

Bild 2.12: Sprungantwort des P–T2–Gliedes

Beispiel 2.7. Es ist die Sprungantwort eines PD–T2–Gliedes mit $T_1 = 2$ sec, $d=0.8$, $T_v=12.8$ sec und $K_P=0.5$ bei einem Eingangssprung $u(t)=\sigma(t)$ zu bestimmen. Dabei sind $y(0) = 0$ und $y^{(1)}(0) = 0$.

a+b. Berechnung des Eigenvorganges und des erzwungenen Vorganges

Die Differentialgleichung eines PD–T2– Gliedes

$$T_1^2 \frac{d^2y(t)}{dt^2} + 2dT_1 \frac{dy(t)}{dt} + y(t) = K_pT_v \frac{du(t)}{dt} + K_p\, u(t)$$

hat bis auf Integrationskonstanten C_i dieselbe transiente Lösung $y_t(t)$ wie die Differentialgleichung des P–T2–Gliedes aus dem vorhergehenden Beispiel 2.6, da die charakteristischen Gleichungen dieselben sind. Sie besitzen auch dieselben partikulären Lösungen $y_p(t)$, da das Eingangssignal und der Übertragungsbeiwert K_p dieselben sind.
Da in diesem Fall $m>0$ ist, sind die rechtsseitigen Anfangsbedingungen nicht mehr mit den linksseitigen Anfangsbedingungen identisch, und man muß diese bei der Anpassung der vollständigen Lösung an die Anfangsbedingungen berücksichtigen.

c. Anpassung der vollständigen Lösung an die Anfangsbedingungen

Da $n=2$, $m=1$ und $n-m=1$ ist, entsprechend den Beziehungen (2.65) folgt

$$y(+0) = y(-0),$$
$$y^{(1)}(+0) = y^{(1)}(-0) + u_0 b_1/a_2 = \sigma(t)\frac{K_pT_v}{T_1^2}$$

und mit Zahlenwerten

$$y(+0) = y(-0) = 0.$$
$$y^{(1)}(+0) = 0V + 0.5 \cdot 12.8 \text{ sec}/4 \text{ sec}^2 = 1.6 \text{sec}^{-1}.$$

Damit nehmen die Bestimmungsgleichungen für die Integrationskonstanten C_1 und C_2 folgende Form an:

$$0 = C_1 + 0.5$$
$$1.6 = -0.4\, C_1 + 0.3\, C_2 .$$

Daraus folgt $C_1=-0.5$, $C_2 = 4.66$, und die vollständige Lösung ergibt sich zu

$$y_t(t) = e^{-0.4t}(-0.5 \cos 0.3t + 6.66 \sin 0.3t) + 0.5\sigma(t).$$

Sie ist in Bild 2.13 dargestellt.

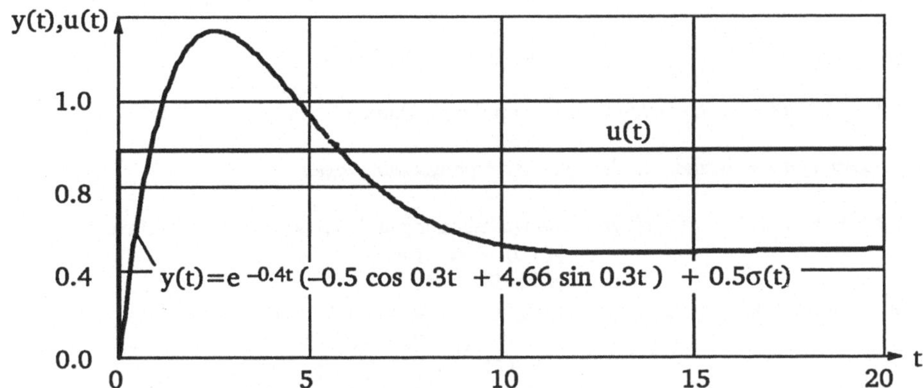

Bild 2.13: Sprungantwort des PD–T_2–Gliedes

Beispiel 2.8. Es ist die Sprungantwort eines I–T_1–Gliedes mit T_1 = 5.0 sec und K_I =0.5 sec^{-1} bei einem Eingangssprung u(t)=σ(t) zu bestimmen. Dabei sind y(0)=0 und $y^{(1)}(0)$ = 0.
Das dynamische Verhalten des I–T_1–Gliedes wird durch folgende Gleichung

$$T_1 \frac{dy(t)}{dt} + y(t) = K_I \int_0^t u(\tau)d\tau$$

beschrieben. Bevor man zur Lösung der Aufgabe übergeht, muß man diese Gleichung auf Standardform (2.9) bringen, daß sie nur die Ableitungen der Ein- und Ausgangsgrößen beinhaltet. Das erreicht man in diesem konkreten Fall dadurch, daß man den linken und den rechten Teil der Gleichung einmal differenziert:

$$T_1 \frac{d^2y(t)}{dt^2} + \frac{dy(t)}{dt} = K_I\, u(t)$$

a. Berechnung des Eigenvorganges

Der homogenen Differentialgleichung

$$T_1 \frac{d^2y(t)}{dt^2} + \frac{dy(t)}{dt} = 0$$

entspricht folgende charakteristische Gleichung

$$5\,p^2 + p = 0,$$

deren Wurzeln $p_1 = 0$, $p_2 = -1/T_1 = -0.2\ sec^{-1}$ reell sind. Somit ist die transiente Lösung

$$y_t(t) = C_1 + C_2\, e^{-0.2\,t}.$$

b. Berechnung des erzwungenen Vorganges

Bei einer Sprungfunktion am Eingang eines Übertragungsgliedes mit I–T_n–Verhalten lautet der Ansatz für die partikuläre Lösung (Siehe Tabelle 2.2)

$$y_p(t) = A_0\, t.$$

Setzt man diese in den linken Teil der ursprünglichen Differentialgleichung, ergibt sich

$$5\,A_0\,\delta(t) + A_0\,\sigma(t) = 0.5\ \sigma(t).$$

Für $t \to \infty$ erhält man $A_0 = 0.5$. Somit lautet die partikuläre Lösung $y_p(t) = 0.5t$.

c. Anpassung der vollständigen Lösung an die Anfangsbedingungen

Da m=0 ist, sind die rechtsseitigen Anfangsbedingungen den linksseitigen identisch:

$$y(+0) = y(-0) = 0,$$
$$y^{(1)}(+0) = y^{(1)}(-0) = 0.$$

Die Bestimmungsgleichungen für die Integrationskonstanten C_1 und C_2 lauten:

$$y(+0) = y_t(+0) + y_p(+0)\,,$$
$$y^{(1)}(+0) = y_t^{(1)}(+0) + y_p^{(1)}(+0),$$

Mit vorgegebenen Werten nehmen die Bestimmungsgleichungen für die Integrationskonstanten C_1 und C_2 folgende Form an:

$$0 = C_1 + C_2\,,$$
$$0 = 0 - 0.2\,C_2 + A_0.$$

Daraus folgt $C_2 = 5\,A_0 = 2.5$ und $C_1 = -2.5$.
Die vollständige Lösung ergibt sich damit zu

$$y(t) = -2.5 + 2.5e^{-0.2t} + 0.5\,t\,.$$

Sie ist in Bild 2.14 dargestellt.

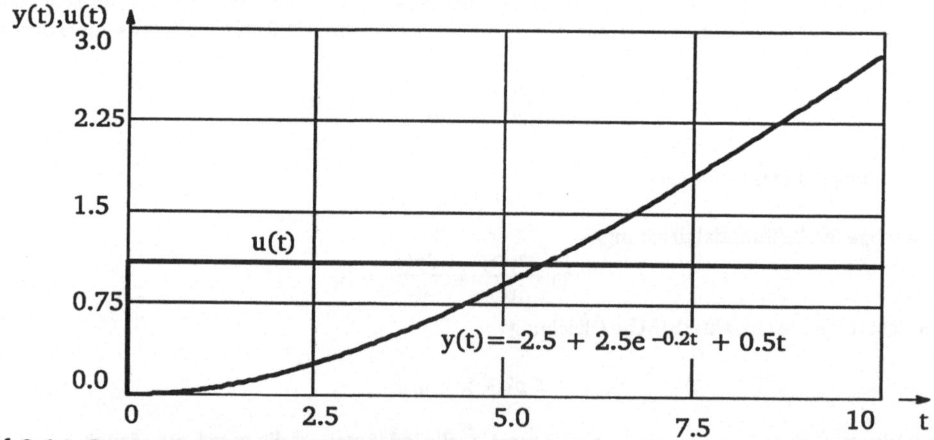

Bild 2.14: Sprungantwort des I–T_1–Gliedes

Wenn das Eingangssignal u(t) eine komplexe Form hat, kann die analytische Bestimmung des Übergangsvorganges mit Hilfe des Superpositionsprinzips erfolgen. Dabei zerlegt man das komplexe Eingangssignal in eine gewichtete Summe von elementaren Teilsignalen wie Sprung, Rampe, harmonische Schwingung. Anschließend löst man die Differentialgleichung für jedes der Teilsignale separat. Die gesuchte Lösung erhält man, indem man die Teillösungen entsprechend überlagert.

Analytische Ausdrücke für die Sprungantworten (*Übergangsfunktionen*) linearer Übertragungsglieder erster und zweiter Ordnung sind in Tabelle 2.3 zusammengestellt.

Bezeichnung	**Mathematisches Modell**	**Übergangsfunktion**
P–Glied	$y(t) = K_P\, u(t)$	$h(t) = \sigma(t)$
I–Glied	$y(t) = K_I \int_0^t u(\tau)\, d\tau$	$h(t) = K_I\, t\, \sigma(t)$
D–Glied	$y(t) = K_D \frac{du(t)}{dt}$	$h(t) = K_D\, \delta(t)$
PI–Glied	$y(t) = K_P \left(u(t) + \frac{1}{T_n} \int_0^t u(\tau)\, d\tau\right)$	$h(t) = K_P (\sigma(t) + t/T_n\, \sigma(t))$
PD–Glied	$y(t) = K_P \left(u(t) + T_V \frac{du(t)}{dt}\right)$	$h(t) = K_P (\sigma(t) + T_V \delta(t))$
PID–Glied	$y(t) = K_P \left(u(t) + \frac{1}{T_n} \int_0^t u(\tau)\, d\tau + T_V \frac{du(t)}{dt}\right)$	$h(t) = K_P (\sigma(t) + t/T_n\, \sigma(t) + T_V \delta(t))$
T_t–Glied	$y(t) = u(t-T_t)$	$h(t) = \sigma(t-T_t)$
P–T_1–Glied	$T_1 \frac{dy(t)}{dt} + y(t) = K_P\, u(t)$	$h(t) = K_P(1 - e^{-t/T_1})\, \sigma(t)$
I–T_1–Glied	$T_1 \frac{dy(t)}{dt} + y(t) = K_I \int_0^t u(\tau) d\tau$	$h(t) = K_I T_1 (e^{-t/T_1} + \frac{t}{T_1} - 1)\, \sigma(t)$
D–T_1–Glied	$T_1 \frac{dy(t)}{dt} + y(t) = K_D \frac{du(t)}{dt}$	$h(t) = \frac{K_D}{T_1}\, e^{-t/T_1}\, \sigma(t)$
PI–T_1–Glied	$T_1 \frac{dy(t)}{dt} + y(t) = K_P \left(u(t) + \frac{1}{T_n} \int_0^t u(\tau) d\tau\right)$	$h(t) = \frac{K_P}{T_n} (t + (T_V - T_1)(1 - e^{-t/T_1}))\, \sigma(t)$

Tabelle 2.3: Übergangsfunktionen linearer Übertragungsglieder

Bezeichnung	**Mathematisches Modell**	**Übergangsfunktion**
PD–T1–Glied	$T_1 \frac{dy(t)}{dt} + y(t) = K_P\,(\,u(t) + T_v \frac{du(t)}{dt}\,)$	$h(t) = K_p\,(\,1 + \frac{(T_v - T_1)}{T_1}\, e^{-t/T_1}\,)\sigma(t)$
PID–T1–Glied	$T_1 \frac{dy(t)}{dt} + y(t) =$ $= K_P\,(\,u(t) + \frac{1}{T_n} \int_0^t u(\tau)\,d\tau + T_v \frac{du(t)}{dt}\,)$	$h(t) = \frac{K_p}{T_v}\,(t + T_n - T_1 - (T_n - T_1 - \frac{(T_n T_v)}{T_1})\, e^{-t/T_1}\,)$
P–T2–Glied	$T^2 \frac{d^2y(t)}{dt^2} + 2dT \frac{dy(t)}{dt} + y(t) = K_P u(t)$	$h(t) = K_P\,(\,1 - \frac{e^{-\frac{d}{T}t}}{\sqrt{1-d^2}} \sin\,(\frac{\sqrt{1-d^2}}{T}\,t + \varphi)$ $\varphi = \arctan \frac{\sqrt{1-d^2}}{d}$
	$T_1 T_2 \frac{d^2y(t)}{dt^2} + (T_1 + T_2) \frac{dy(t)}{dt} + y(t) = K_p u(t)$	a. Falls $T_1 \neq T_2$ $h(t) = K_p\,(\,1 - \frac{1}{(T_1 - T_2)}\,(T_1 e^{-t/T_1} - T_2\, e^{-t/T_2}\,)\sigma(t)$ b. Falls $T_1 = T_2 = T$ $h(t) = K_p\,(\,1 - (\,1 + \frac{1}{T}\,)\, e^{-t/T}\,)\sigma(t)$
D–T2–Glied	$T_1 T_2 \frac{d^2y(t)}{dt^2} + (T_1 + T_2) \frac{dy(t)}{dt} + y(t) = K_D \frac{du(t)}{dt}$	$h(t) = \frac{K_D}{(T_1 - T_2)}\,(e^{-t/T_1} - e^{-t/T_2}\,)\sigma(t)$

Fortsetzung der Tabelle 2.3: Übergangsfunktionen linearer Übertragungsglieder

2.4 Analyse der Übergangsvorgänge mit Hilfe der Laplace–Transformation

Die analytische Bestimmung der Übergangsvorgänge mit Hilfe des klassischen Verfahrens ist verhältnismäßig kompliziert. Deshalb verwendet man bei der analytischen Lösung der Differentialgleichungen, sowohl in der Regelungstechnik, als auch in der Elektrotechnik, die sogenannte *Laplace–Transformation* [2,11,18,25,49,65].

Der größte Vorteil dieser Transformation besteht darin, die Integration oder Differentiation einer Zeitfunktion durch einfache algebraische Operationen mit deren Bildfunktion zu ersetzen. Somit geht eine lineare Differentialgleichung mit konstanten Koeffizienten in eine algebraische Gleichung über. Durch anschließendes Auflösen und Rücktransformation erhält man dann die gesuchte Zeitfunktion y(t) (Bild 2.15).

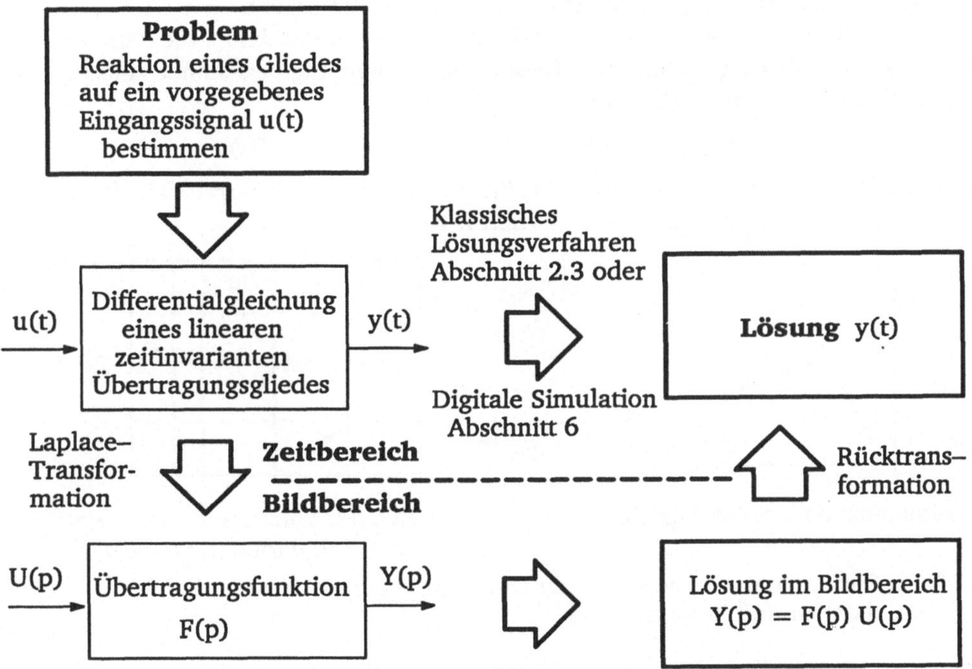

Bild 2.15: Schematische Darstellung der möglichen Wege bei der Berechnung der Übergangsvorgänge

Die Laplace–Transformation nimmt einen wichtigen Platz in der Theorie der Regelungstechnik ein. Sie wird in den meisten Fachbüchern für Regelungstechnik ausführlich behandelt. Hier soll an einigen Beispielen die Eigenschaften der Laplace–Transformation und deren Anwendung veranschaulicht werden, ohne daß die tiefergehenden mathematischen Beweise angeführt werden.

Definition der Laplace-Transformation

f(t) sei eine reelle Funktion der reellen Zeitvariablen t, wobei

- $f(t) \equiv 0$ für $t<0$ ist,
- f(t) in $t \geq 0$ stückweise stetig ist,
- an Sprungstellen $f(t) = (f(t+0) + f(t-0))/2$ ist,
- für einen reellen Wert c

$$\lim_{t \to \infty} |f(t)| e^{-ct} = 0$$

ist.

Unter diesen Voraussetzungen ist das *Laplace-Integral*

$$F(p) = \int_0^\infty f(t)\, e^{-pt}\, dt \tag{2.68}$$

für einen Bereich der komplexen Variablen $p=\alpha+j\omega$ konvergent.
Man nennt die Funktion F(p) der komplexen Variablen p *Bildfunktion*. Die Funktion f(t) bezeichnet man als *Originalfunktion*. Diesen Zusammenhang bezeichnet man als *Korrespondenz und* schreibt in der Form

$$F(p) = L\{f(t)\} \quad \text{oder} \quad F(p) \bullet\!\!-\!\!\circ\; f(t) \tag{2.69}$$

Man transformiert also eine Funktion der reellen Zeitvariablen t (Zeitbereich) in den Bereich der komplexen Variablen p (Bildbereich) (Bild 2.16).

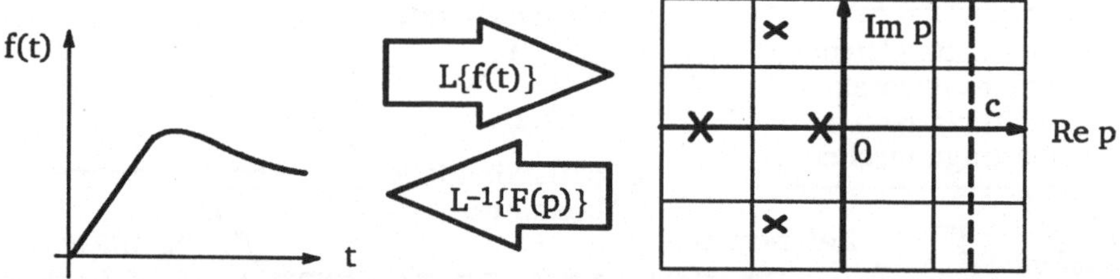

Bild 2.16: Zusammenhang zwischen der Darstellung einer Funktion im Zeitbereich und im Bildbereich

Die *inverse Laplace-Transformation* ist durch folgende Formel definiert

$$f(t) = \frac{1}{2\pi j} \int_{c-j\infty}^{c+j\infty} F(p)\, e^{pt}\, dp\ , \tag{2.70}$$

wobei der Wert von c reell und größer als der größte Realteil der Singularitäten von F(p) sein muß. Für die inverse Transformation ist folgende Schreibweise üblich

$$f(t) = L^{-1}\{F(p)\}. \tag{2.71}$$

Die Beziehungen (2.68) und (2.70) dienen nur zur Definition der Laplace-Transformation. Für das Rechnen mit der Laplace-Transformation verwendet man die *Korrespondenztabellen* und nutzt *die Eigenschaften der Laplace-Transformation* [2, 11, 18, 49, 65].

Die einfachsten und wichtigsten Korrespondenzen sind in der Tabelle 2.5 (Seite 58) zusammengestellt. Ausführliche Korrespondenztabellen findet man in [2, 11, 18].

Die Laplace–Transformierten komplizierterer Zeitfunktionen berechnet man meist auch nicht durch Anwenden der Definitionsgleichung (2.68), sondern indem man spezielle Eigenschaften der Laplace–Transformation (Tabelle 2.4, Seite 57) ausnutzt.

Eigenschaften der Laplace–Transformation

a. Linearität

Die Laplace–Transformation ist eine lineare Transformation, für sie gilt

$$L\{C_1 f_1(t) + C_2 f_2(t)\} = C_1 F_1(p) + C_2 F_2(p) \,. \tag{2.72}$$

Damit bleibt die Gültigkeit der Superpositions–, Verstärkungs– und Zerlegungsprinzipien (siehe Abschnitt 2.1) auch im Bildbereich der Laplace–Transformation erhalten.

Beispiel 2.9. Man ermittle die Laplace–Transformierte der Funktion

$$f(t) = 2.5\,\sigma(t) + 0.5 t\sigma(t).$$

Mit $f_1(t)=\sigma(t)$, $f_2(t)=t\sigma(t)$, $C_1=2.5$ und $C_2 = 0.5$ erhält man unter Ausnutzung der Beziehung (2.72) und mit Hilfe der Korrespondenztabelle die Bildfunktion zu

$$F(p) = 2.5 \frac{1}{p} + 0.5 \frac{1}{p^2} \,.$$

b. Differentiation

Durch partielle Integration des Laplace–Integrals erhält man die Laplace–Transformierte der zeitlichen Ableitung einer Funktion zu

$$L\{\frac{df(t)}{dt}\} = p\,F(p) - f(-0) \,. \tag{2.73}$$

Die Laplace–Transformierten der höheren Ableitungen ergeben sich zu

$$L\{\frac{d^2f(t)}{dt^2}\} = p^2 F(p) - p\,f(-0) - f^{(1)}(-0) \,, \tag{2.74}$$

$$\cdots$$

$$L\{\frac{d^nf(t)}{dt^n}\} = p^n F(p) - p^{n-1} f(-0) - p^{n-2} f^{(1)}(-0) - \ldots - p\,f^{(n-2)}(-0) - f^{(n-1)}(-0), \tag{2.75}$$

d.h. außer dem linksseitigen Anfangswert $f(-0)$ der Funktion $f(t)$ benötigt man auch die linksseitigen Anfangswerte der zeitlichen Ableitungen $f^{(k)}(-0)$. Für die Anwendung der Laplace–Transformation auf Differentialgleichungen ist es besonders wichtig, daß in dieser Korrespondenz die linksseitigen Anfangswerte $f(-0), \ldots, f^{(n-1)}(-0)$ der Zeitfunktion $f(t)$ explizit auftreten, weil sie sich ohne größeren Aufwand mittels physikalischer Überlegungen aus dem Verhalten des Prozesses für $t=-0$ bestimmen lassen.

Beispiel 2.10. Das dynamische Verhalten der in Beispiel 2.4 behandelten Füllstandstrecke wird durch folgende lineare Differentialgleichung

$$38.2\,[\text{sec}]\,\frac{d\,\Delta h(t)}{dt} + \Delta h(t) = 0.032\,[\text{m}/^0]\,\Delta u(t)$$

beschrieben. Man ermittle die Laplace–Transformierte von $\Delta h(t)$, wenn diese zum Zeitpunkt $t=-0$ den Anfangswert $\Delta h_0 = 0.05$ m hat und zum Zeitpunkt $t=+0$ das Ventil um $\Delta u(t) = 30^0\,\sigma(t)$ aufgedreht wird.

Unter Beachtung der oben definierten Eigenschaften der Laplace–Transformation erhält man zunächst

$$38.2\,[\text{sec}]\;p\,\Delta h(p) - 38.2\,[\text{sec}]\;\Delta h(-0) + \Delta h(p) = 0.032\,[\text{m}/^0]\;\Delta u(p)\,.$$

Durch umordnen und zusammenfassen ergibt sich

$$(38.2\,[\text{sec}]\,p + 1)\,\Delta h(p) = 0.032\,[\text{m}/^0]\;\Delta u(p) + 38.2\,[\text{sec}]\;\Delta h(-0)\,,$$

und damit wird die Laplace–Transformierte der Ausgangsgröße zu

$$\Delta h(p) = \frac{0.032\,[\text{m}/^0]}{38.2\,[\text{sec}]\,p + 1}\,\Delta u(p) + \frac{38.2\,[\text{sec}]}{38.2\,[\text{sec}]\,p + 1}\,\Delta h(-0)\,.$$

Die Laplace–Transformierte des Eingangssignals $\Delta u(t)$ ergibt sich zu

$$\Delta u(p) = 30^0\,\frac{1}{p}\,,$$

und mit $\Delta h(-0) = \Delta h_0 = 0.05$ m hat man schließlich die gesuchte Bildfunktion

$$\Delta h(p) = \frac{0.96\,[\text{m}]}{p(38.2\,[\text{sec}]\,p + 1)} + \frac{1.91\,[\text{sec}\cdot\text{m}]}{38.2\,[\text{sec}]\,p + 1}\,.$$

c. Integration

Die Bildfunktion des Integrals einer Zeitfunktion $f(t)$

$$\int_0^t f(\tau)\,d\tau$$

erhält man durch partielle Integration des Laplace–Integrals zu

$$\frac{1}{p}\,F(p)\,.$$

Der Integrationssatz der Laplace–Transformation lautet damit wie folgt:

$$\int_0^t f(\tau)\,d\tau \;\circ\!\!-\!\!\!-\!\!\bullet\; \frac{1}{p}\,F(p)\,. \tag{2.76}$$

Beispiel 2.11. Man berechne die Laplace–Transformierte der Antwort eines I–Gliedes für das Eingangssignal der Form $u(t) = U_0 \cos \omega t$.

Das mathematische Modell des I–Gliedes

$$y(t) = K_I \int_0^t u(\tau)\,d\tau$$

nimmt im Bildbereich folgende Form

$$Y(p) = \frac{K_I}{p}\,U(p)$$

an. Aus der Korrespondenztabelle ergibt sich für das Eingangssignal $u(t) = U_0 \cos \omega t$

$$U(p) = \frac{U_0\,p}{p^2 + \omega^2},$$

und damit die Bildfunktion des Ausgangssignals

$$Y(p) = \frac{K_I}{p}\,\frac{U_0\,p}{(p^2 + \omega^2)}\,.$$

Ebenfalls anhand der Korrespondenztabelle kann in diesem Fall die Originalfunktion $y(t)$ ermittelt werden:

$$Y(p) = \frac{K_I U_0}{(p^2 + \omega^2)} \;\bullet\!\!-\!\!\!-\!\!\circ\; y(t) = \frac{K_I U_0}{\omega}\sin \omega t\,.$$

d. Verschiebungssatz

Für eine nach rechts um die Totzeit τ verschobene Zeitfunktion $f(t-\tau)$ gilt:

$$f(t-\tau) \quad \circ\!\!-\!\!\bullet \quad e^{-p\tau}\, F(p)\,. \tag{2.77}$$

Der Verschiebung nach rechts um die Totzeit τ im Zeitbereich entspricht einer Multiplikation der Bildfunktion $F(p)$ mit dem Faktor $e^{-p\tau}$ im Bildbereich.

Beispiel 2.12. Man bestimme die Laplace–Transformierte des auf dem Bild 2.16a dargestellten Impulses.

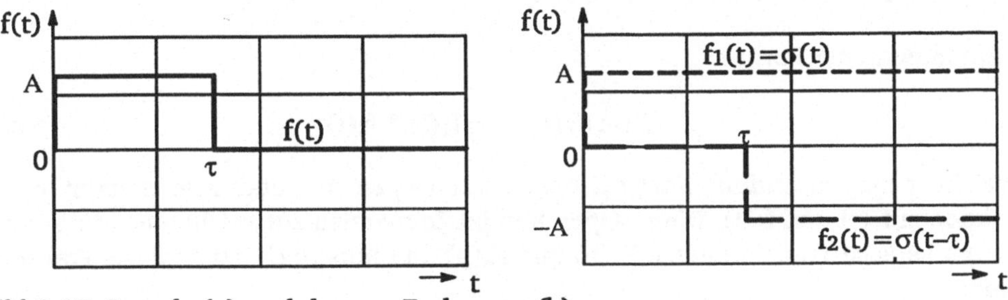

Bild 2.17: Impuls (a) und dessen Zerlegung (b)

Der Impuls nach Bild 2.16a kann als eine Überlagerung zweier Sprungfunktionen, die auf dem Bild 2.16b dargestellt sind, betrachtet werden:

$$f(t) = f_1(t) + f_2(t) = A\,\sigma(t) - A\,\sigma(t-\tau)$$

und damit ergibt sich die Laplace–Transformierte zu

$$f(t) \quad \circ\!\!-\!\!\bullet \quad F(p) = \frac{A}{p} - \frac{A}{p}\, e^{-p\tau} = \frac{A\,(1 - e^{-p\tau})}{p}\,.$$

e. Endwertsatz

Für den Endwert einer Zeitfunktion $f(t)$, deren Laplace–Transformierte $F(p)$ ist, gilt:

$$\lim_{t\to\infty} f(t) = \lim_{p\to 0} p\,F(p)\,. \tag{2.78}$$

Beispiel 2.13. Man berechne den Endwert der Wasserstandshöhe für den im Beispiel 2.10 ermittelten Ausdruck

$$\Delta h(p) = \frac{0.96\,[\mathrm{m}]}{p(38.2\,[\mathrm{sec}]\,p + 1)} + \frac{1.91\,[\mathrm{sec\cdot m}]}{38.2\,[\mathrm{sec}]\,p + 1}\,.$$

Unter Ausnutzung des Endwertsatzes erhält man

$$\lim_{t\to\infty} \Delta h(t) = \lim_{p\to 0} p\,\Delta h(p) = \lim_{p\to 0} \frac{0.96\,[\mathrm{m}]}{38.2\,[\mathrm{sec}]\,p + 1} + \lim_{p\to 0} \frac{1.91\,[\mathrm{sec\cdot m}]\,p}{38.2\,[\mathrm{sec}]\,p + 1} = 0.96\mathrm{m}.$$

f. Anfangswertsatz

Für den rechtsseitigen Anfangswert $f(+0)$ einer Zeitfunktion $f(t)$, deren Laplace–Transformierte $F(p)$ ist, gilt:

$$f(+0) = \lim_{p\to\infty} p\,F(p) \tag{2.79}$$

Beispiel 2.14. Man berechne den rechtsseitigen Anfangswert der Wasserstandhöhe für den im Beispiel 2.10 ermittelten Ausdruck

$$\Delta h(p) = \frac{0.96\ [m]}{p(38.2\ [sec]\ p+1)} + \frac{1.91\ [sec \cdot m]}{38.2\ [sec]\ p+1}.$$

Unter Ausnutzung des Anfangswertsatzes erhält man

$$\Delta h(+0) = \lim_{p\to\infty} p\,\Delta h(p) = \lim_{p\to\infty} \frac{0.96\ [m]}{38.2\ [sec]\ p+1} + \lim_{p\to\infty} \frac{1.91\ [sec \cdot m]\ p}{38.2\ [sec]\ p+1} = 0.05\ [m].$$

g. Faltungsoperation und Übertragungsfunktion

Ein Integral der Form

$$\int_0^t f_1(t-\tau) f_2(\tau)\, d\tau = f_1(t) * f_2(t) \tag{2.80}$$

bezeichnet man als *Faltungsintegral* bzw. *Faltungsoperation* über zwei zeitabhängige Funktionen $f_1(t)$ und $f_2(t)$. Dieser Operation im Zeitbereich entspricht eine Multiplikation der Laplace Transformieten $F_1(p)$ und $F_2(p)$ im Bildbereich der Laplace–Transformation

$$\int_0^t f_1(t-\tau) f_2(\tau)\, d\tau \quad \circ\!\!-\!\!\bullet \quad F_1(p)\, F_2(p). \tag{2.81}$$

Dieser Faltungsoperation kommt eine besondere Bedeutung zu. Einerseits kann mit Hilfe der Beziehung (2.81) die Rücktransformation durchgeführt werden.

Beispiel 2.15. Es ist die Originalfunktion y(t) zu bestimmen, deren Bildfunktion

$$Y(p) = \frac{1}{p^2\,(p+A)}$$

ist. Die Bildfunktion kann als ein Produkt von zwei Funktionen

$$F_1(p) = \frac{1}{p^2} \quad \bullet\!\!-\!\!\circ \quad f_1(t) = t \qquad \text{und} \qquad F_2(p) = \frac{1}{p+A} \quad \bullet\!\!-\!\!\circ \quad f_2(t) = e^{-At}$$

dargestellt werden. Damit kann die Originalfunktion y(t) durch die Auswertung des Faltungsintegrals bestimmt werden:

$$Y(p) = F_1(p)\,F_2(p) \bullet\!\!-\!\!\circ\; y(t) = \int_0^t f_1(t-\tau) f_2(\tau)\, d\tau = \int_0^t (t-\tau) e^{-A\tau} d\tau = \int_0^t t e^{-A\tau} d\tau - \int_0^t \tau e^{-A\tau} d\tau =$$

$$= \frac{1}{A} + \frac{1}{A^2}(e^{-At} - 1).$$

Zum anderen und viel wichtiger ist die Möglichkeit, die Analyse von linearen Systemen in den Bildbereich zu verlagern. Wenn man ein beliebiges Eingangssignal u(t) in $t \geq 0$ als eine Überlagerung (Faltung) eines Kontinuums von δ–Impulsen

$$u(t) = \int_0^t \delta(t-\tau) u(\tau)\, d\tau \tag{2.82}$$

ansieht, dann folgt aus dem Superpositionsprinzip für lineare zeitinvariante Übertragungsglieder, daß diesem u(t) ein Ausgangssignal y(t) entspricht, das ebenfalls eine Fal–

tung darstellt:

$$y(t) = \int_0^t g(t-\tau)u(\tau)d\tau \ , \tag{2.83}$$

wobei g(t) die Gewichtsfunktion (Impulsantwort) des Übertragungsgliedes ist (Bild 2.18). Denn auf jeden zeitlich verschobenen Einzelimpuls $\delta(t-\tau)$ reagiert das Übertragungsglied mit einer zeitlich verschobenen Gewichtsfunktion $g(t-\tau)$.

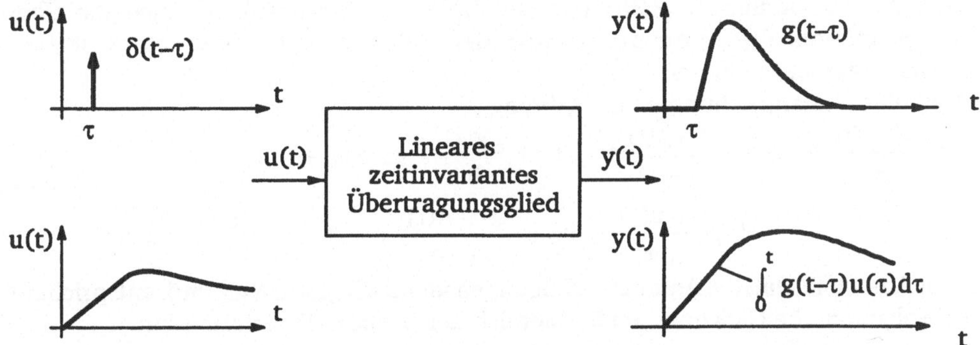

Bild 2.18: Antwort eines linearen Übertragungsgliedes auf einen δ–Impuls und auf ein beliebiges Eingangssignal u(t) aus dem Nullzustand

Die Beziehung (2.83) beschreibt eine wichtige Eigenschaft von linearen Übertragungsgliedern: wenn ein lineares Übertragungsglied aus dem Nullzustand mit einem beliebigen Eingangssignal u(t) angeregt wird, dann läßt sich seine Antwort durch die Auswertung des Faltungsintegrals (2.83) berechnen.

Die Auswertung des Faltungsintegrals ist meist recht kompliziert. Dagegen entspricht dem Faltungsintegral (2.83) im Bildbereich der Laplace–Transformation eine simple Beziehung bezüglich der Bildfunktionen

$$Y(p) = F(p)U(p). \tag{2.84}$$

Man bezeichnet die Laplace–Transformierte F(p) der Gewichtsfunktion g(t) eines linearen zeitinvarianten Übertragungsgliedes als deren *Übertragungsfunktion*

$$F(p) = L\{g(t)\} . \tag{2.85}$$

Anhand der Gleichung (2.84) läßt sich eine weitere Definition der Übertragungsfunktion ableiten: *die Übertragungsfunktion F(p) eines linearen zeitinvarianten Übertragungsgliedes ist der Quotient der Laplace–Transformierten des Ausgangs– und des Eingangssignals bei Erregung aus dem Nullzustand:*

$$F(p) = \frac{Y(p)}{U(p)} . \tag{2.86}$$

Beispiel 2.16. Die Sprungantwort eines Übertragungsgliedes sei

$$1+e^{-at}\sin\omega t .$$

Man bestimme dessen Übertragungsfunktion F(p).

Die Laplace–Transformierten des Ein– und des Ausgangssignals sind

$$u(t)=\sigma(t) \quad \circ\!\!-\!\!\bullet \quad U(p) = \frac{1}{p} \quad \text{und} \quad y(t)=1+e^{-at}\sin\omega t \quad \circ\!\!-\!\!\bullet \quad Y(p)=\frac{\omega}{(p+a)^2+\omega^2} .$$

Damit ergibt sich die Übertragungsfunktion zu

$$F(p) = \frac{Y(p)}{U(p)} = \frac{\omega}{p((p+a)^2+\omega^2)} .$$

Anhand der Definition (2.86) und der Differentiationsregel läßt sich die Übertragungsfunktion F(p) unmittelbar aus der Differentialgleichung eines linearen Übertragungsgliedes ablesen.

Der Differentialgleichung n–ter Ordnung

$$a_n \frac{d^n y(t)}{dt^n} + a_{n-1} \frac{d^{n-1} y(t)}{dt^{n-1}} + \dots + a_1 \frac{d\,y(t)}{dt} + a_0\, y(t) = \tag{2.87}$$
$$= b_m \frac{d^m u(t)}{dt^m} + b_{n-1} \frac{d^{m-1} u(t)}{dt^{m-1}} + \dots + b_1 \frac{d\,u(t)}{dt} + b_0\, u(t)$$

bei der Annahme, daß die Anfangsbedingungen identisch gleich Null sind, entspricht folgende algebraische Gleichung im Bildbereich der Laplace–Transformation

$$(a_n p^n + a_{n-1} p^{n-1} + \dots + a_1 p + a_0) Y(p) = (b_m p^m + b_{m-1} p^{m-1} + \dots + b_1 p + b_0) U(p).$$

Damit ergibt sich die Übertragungsfunktion zu

$$F(p) = \frac{Y(p)}{U(p)} = \frac{b_m p^m + b_{m-1} p^{m-1} + \dots + b_1 p + b_0}{a_n p^n + a_{n-1} p^{n-1} + \dots + a_1 p + a_0} . \tag{2.88}$$

Formell kann also das Differentiationssymbol d^k/dt^k in der Differentialgleichung durch den Operator p^k der Laplace–Transformation ersetzt werden und anschließend der Quotient Y(p)/U(p) gebildet werden. *Die Übertragungsfunktionen linearer Glieder, die in VISU–RT implementiert sind, sind in der Tabelle 2.6 zusammengestellt.*

Beispiel 2.17. Gegeben ist die Differentialgleichung des Übertragungsgliedes

$$\frac{d^3y(t)}{dt^3} + 0.25 \frac{d^2y(t)}{dt^2} + 1.2 \frac{dy(t)}{dt} + 3\,y(t) = 2.4 \frac{du(t)}{dt} + 6u(t).$$

Man berechne dessen Antwort auf ein Eingangssignal $u(t)= \sigma(t) + \sin 3.14t$.

Die Übertragungsfunktion des Gliedes aus der Differentialgleichung 3–ter Ordnung ergibt sich zu

$$F(p) = \frac{Y(p)}{U(p)} = \frac{2.4p+6}{p^3+0.25p^2+1.2p+3} .$$

Die Laplace–Transformierte des Eingangssignals läßt sich mit Hilfe der Tabelle 2.4 sehr einfach ermitteln:

$$U(p) = \frac{1}{p} + \frac{3.14}{p^2+9.87} = \frac{p^2+3.14p+9.87}{p(p^2+9.87)} .$$

Damit ist die Laplace–Transformierte der Reaktion auf dieses Eingangssignal

$$Y(p)=F(p)U(p) = \frac{2.4p+6}{p^3+0.25p^2+1.2p+3} \; \frac{p^2+3.14p+9.87}{p(p^2+9.87)} .$$

Die Laplace–Transformierte der Reaktion Y(p) eines linearen zeitinvarianten Übertragungsgliedes mit der Übertragungsfunktion F(p) auf ein Eingangssignal u(t), dessen Bildfunktion U(p) ebenfalls bekannt ist, kann somit sehr leicht ermittelt werden.
Als nächstes ist die Rücktransformation durchzuführen (Bild 2.15).

Rücktransformation

Bei der Rücktransformation der Bildfunktion in den Zeitbereich wendet man in den seltensten Fällen das Umkehrintegral nach Gleichung (2.70) an. Vielmehr versucht man die berechnete Bildfunktion Y(p), die als gebrochen rationale Funktion

$$Y(p) = \frac{b_m p^m + b_{m-1} p^{m-1} + ... + b_1 p + b_o}{a_n p^n + a_{n-1} p^{n-1} + ... + a_1 p + a_o} \quad , m<n , \tag{2.89}$$

vorliegt, durch *Partialbruch–Entwicklung* in eine Summe von Elementarfunktionen zu zerlegen, für die sich über die Korrespondenztabelle 2.4 direkt die Zeitfunktionen finden lassen.

Das Nennerpolynom von (2.89) ist durch die Multiplikation des Nenners von F(p) (2.88) mit dem Nenner von U(p) entstanden. Das Zählerpolynom von (2.89) ist durch die Multiplikation des Zählers von F(p) (2.88) mit dem Zähler von U(p) entstanden. Die Koeffizienten a_i und b_i von Y(p) in (2.89) unterscheiden sich also zahlenmäßig von den Koeffizienten der Übertragungsfunktion F(p) in (2.88). Sie dürfen nicht verwechselt werden.

In den seltensten Fällen ist der Zählergrad m von Y(p) gleich dem Nennergrad n. Dann läßt sich Y(p) durch Polynomdivision in eine Konstante b_n/a_n und einen gebrochen rationalen Ausdruck mit niedrigerem Zählergrad zerlegen. Bei der Rücktransformation ergibt diese Konstante einen gewichteten δ–Impuls. Der verbleibende Bruch hat dann die Form (2.89), von der wir ausgehen.

Die Rücktransformation einer Bildfunktion Y(p) mit Hilfe der Partialbruchzerlegung beinhaltet folgende Schritte:

1. Schritt: *Bestimmung der Nennerwurzeln.*

Die Nennerwurzeln berechnet man aus der Gleichung

$$a_n p^n + a_{n-1} p^{n-1} + ... + a_1 p + a_o = 0 \tag{2.90}$$

Für Y(p) = F(p)U(p) sind es die Pole von F(p) und U(p). Man erhält entweder reelle oder konjugiert komplexe Wurzeln p_i, $i=1,..,n$. Nach dem sogenannten Fundamentalsatz der Algebra kann das Polynom (2.90) in der Form

$$a_n p^n + a_{n-1} p^{n-1} + ... + a_1 p + a_o = a_n(p-p_1)(p-p_2)...(p-p_n) \tag{2.91}$$

geschrieben werden. Für ein konjugiert komplexes Wurzelpaar $p_{i,i+1} = -\alpha_i \pm j\beta_i$ kann in (2.91)

$$(p-p_i)(p-p_{i+1}) = (p+\alpha_i)^2 + \beta_i^2$$

geschrieben werden.

2. Schritt: *Partialbruchentwicklung.*

Man dividiere alle Koeffizienten des Nenners und des Zählers von (2.89) durch a_n und zerlege anschließend in Partialbrüche gemäß folgendem Ansatz:

$$Y(p)=\frac{b_m p^m + b_{m-1}p^{m-1} + \ldots + b_o}{p^n + a_{n-1}p^{n-1} + \ldots + a_o} = \frac{A_1}{p-p_1} + \frac{A_2}{p-p_2} + \ldots + \frac{B_i\,p + C_i}{(p+\alpha_i)^2 + \beta_i^2} + \ldots . \quad (2.92)$$

Dabei ist für jede reelle einfache Wurzel p_i ein Term der Form

$$\frac{A_i}{p-p_i}, \quad (2.93)$$

für jede reelle Wurzel p_i der Vielfachheit k ist ein Term der Form

$$\frac{A_i}{p-p_i} + \frac{A_{i+1}}{(p-p_i)^2} + \ldots + \frac{A_{i+k-1}}{(p-p_i)^k}, \quad (2.94)$$

und für jedes konjugiert komplexe Wurzelpaar $p_{i,i+1} = -\alpha \pm j\beta$ ist ein Term der Form

$$\frac{B_i\,p + C_i}{(p+\alpha_i)^2 + \beta_i^2} \quad (2.95)$$

anzusetzen. Ausgehend von der Gleichung (2.92) sind die reellen Koeffizienten A_i, B_i und C_i zu berechnen. Sie können dadurch bestimmt werden, daß man die ganze rechte Seite in (2.92) auf den Hauptnenner bringt und dann einen Koeffizientenvergleich für die Zählerpolynome von beiden Seiten durchführt. Man erhählt dabei ein lineares algebraisches Gleichungssystem mit n unbekannten Koeffizienten A_i, B_i und C_i.

Nach der Lösung des Gleichungssystems hat man die Bildfunktion in eine Summe von Partialbruchterme (2.92) zerlegt.

3. Schritt: *Rücktransformation einzelner Partialbruchterme.*

Für die einzelne Partialbruchterme können nun anhand von Korrespondenztabelle 2.5 die Originalfunktionen ermittelt werden.

Jedem Partialbruchterm der Form

$$\frac{A_i}{p-p_i}, \quad (2.96)$$

entspricht die Originalfunktion

$$A_i e^{p_i t}.$$

Jedem Partialbruchterm der Form

$$\frac{A_i}{p-p_i} + \frac{A_{i+1}}{(p-p_i)^2} + \ldots + \frac{A_{i+k-1}}{(p-p_i)^k}, \quad (2.97)$$

entspricht die Originalfunktion

$$A_i e^{p_i t} + A_{i+1}\, t\, e^{p_i t} + \ldots + A_{i+k-1}\, t^{k-1} e^{p_i t}.$$

Jeder Partialbruchterm der Form

$$\frac{B_i\,p + C_i}{(p+\alpha_i)^2 + \beta_i^2} \quad (2.98)$$

kann in folgende Form umgewandelt werden

$$\frac{B_i\, p + C_i}{(p+\alpha_i)^2 + \beta_i^2} = \frac{B_i\,(p+\alpha_i)}{(p+\alpha_i)^2 + \beta_i^2} + \frac{C_i - B_i\,\alpha_i}{\beta_i}\,\frac{\beta_i}{(p+\alpha_i)^2 + \beta_i^2} . \tag{2.99}$$

Diesem Partialbruchterm entspricht somit die Originalfunktion

$$B_i e^{-\alpha_i t} \cos \beta_i t + \frac{C_i - B_i\,\alpha_i}{\beta_i}\, e^{-\alpha_i t} \sin \beta_i t . \tag{2.100}$$

Als Lösung erhält man also eine Summe solcher einfacher Zeitfunktionen.

Beispiel 2.18. Zu bestimmen ist die Originalfunktion y(t) für folgende Bildfunktion

$$Y(p) = \frac{10.6}{2p^3 + 12.2p^2 + 29.4p + 23.4} .$$

1.Schritt. Mit Hilfe eines der numerischen Verfahren zur Berechnung der Nullstellen lassen sich die Nennerwurzeln aus der Gleichung

$$2p^3 + 12.2p^2 + 29.4p + 23.4 = 0$$

berechnen. Man erhält hier $p_1 = -1.5$ und $p_{2,3} = -2.3 \pm j1.6$.

2.Schritt. Nach der Normierung von Y(p) (Division durch a_n) erhält man folgenden Ansatz

$$Y(p) = \frac{5.3}{p^3 + 6.1p^2 + 14.7p + 11.7} = \frac{A}{p+1.5} + \frac{B\,p + C}{(p+2.3)^2 + 1.6^2} .$$

Anschließend bringen wir die rechte Seite auf den Hauptnenner:

$$\frac{5.3}{p^3 + 6.1p^2 + 14.7p + 11.7} = \frac{A((p+2.3)^2 + 1.6^2) + (B\,p + C)(p+1.5)}{(p+1.5)((p+2.3)^2 + 1.6^2)} .$$

Jetzt kann der Koeffizientenvergleich der Zählerpolynome beider Seiten durchgeführt werden. Aus dem Koeffizientenvergleich

$$0\,p^2 + 0\,p^1 + 5.3\,p^0 = (A+B)p^2 + (4.6A + 1.5B + C)\,p + (7.85A + 1.5C)p^0$$

folgt das Gleichungssystem

$$A + B = 0 ,$$
$$4.6A + 1.5B + C = 0 ,$$
$$7.85A + 1.5C = 5.3 ,$$

dessen Lösung $A = 1.656$, $B = -1.656$ und $C = -5.134$ ist.

Damit hat man die Bildfunktion auf die Form

$$Y(p) = \frac{1.656}{p+1.5} - \frac{1.656\,p + 5.134}{(p+2.3)^2 + 1.6^2}$$

gebracht.

Der zweite Term läßt sich nach (2.99) zerlegen, und man bekommt folgenden Ausdruck für Y(p):

$$Y(p) = \frac{1.656}{p+1.5} - \frac{1.656\,(p+2.3)}{(p+2.3)^2 + 1.6^2} - 0.828\,\frac{1.6}{(p+2.3)^2 + 1.6^2} .$$

Damit lautet die Originalfunktion

$$y(t) = 1.656\,e^{-1.5t} - 1.656\,e^{-2.3t} \cos 1.6t - 0.828\,e^{-2.3t} \sin 1.6t .$$

Beispiel 2.19. Es ist die Sprungantwort eines PD–T_1–Gliedes aus dem Anfangszustand $y(-0) = 10$ zu berechnen. Die Parameter des Übertragungsgliedes sind $T_1 = 0.05$, $K_p = 2$ und $T_v = 0.25$.

Die Differentialgleichung des PD–T_1– Gliedes

$$T_1 \frac{dy(t)}{dt} + y(t) = K_p T_v \frac{du(t)}{dt} + K_p u(t)$$

nimmt im Bildbereich unter Anwendung des Differentiationssatzes (2.73) folgende Form an:

$$(T_1 p + 1)Y(p) - T_1\, y(-0) = (K_p T_v p + K_p)U(p) - K_p T_v u(-0).$$

Nach der Auflösung nach Y(p) und dem Einsatz für U(p)=1/p und u(–0)=0 ergibt sich:

$$Y(p) = \frac{K_p(T_v p + 1)}{(T_1 p + 1)}\,\frac{1}{p} + \frac{T_1\, y(-0)}{T_1 p + 1}\;.$$

In diesem Ausdruck für Y(p) stellt der zweite Teil einen elementaren Term dar:

$$\frac{T_1\, y(-0)}{(T_1 p + 1)} = \frac{y(-0)}{(p + 1/T_1)} \quad \circ\!\!-\!\!\bullet \quad y(-0)\, e^{-t/T_1}\;.$$

Für den ersten Teil von Y(p) muß die Partialbruchzerlegung durchgeführt werden.

$$\frac{(K_p T_v p + K_p)/T_1}{p\,(p + 1/T_1)} = \frac{A_1}{p} + \frac{A_2}{(p + 1/T_1)}\;.$$

Aus der Gleichung für die Zählerpolynome

$$\frac{K_p T_v}{T_1} p + \frac{K_p}{T_1} = (A_1 + A_2)\, p + \frac{1}{T_1} A_1$$

lassen sich die Werte von A_1 und A_2 ablesen:

$$A_1 = K_p\,,\quad A_2 = K_p\left(\frac{T_v}{T_1} - 1\right).$$

Damit ergibt sich für Y(p)

$$Y(p) = \frac{K_p}{p} + \frac{K_p(T_v/T_1 - 1)}{p + 1/T_1} + \frac{y(-0)}{p + 1/T_1}$$

und die Sprungantwort zu

$$y(t) = K_p\,\sigma(t) + K_p(T_v/T_1 - 1)e^{-t/T_1} + y(-0)\, e^{-t/T_1}.$$

Mit vorgegebenen Zahlenwerten erhält man

$$y(t) = 2\,\sigma(t) + 8\, e^{-20t} + 10\, e^{-20t}\;.$$

Aus den obigen Betrachtungen lassen sich folgende Schlußfolgerungen ziehen:

- die Laplace–Transformation ist nur auf lineare zeitinvariante Systeme anwendbar;
- man kann mit der Laplace–Transformation arbeiten, ohne über tiefere Kenntnisse der Funktionstheorie zu verfügen;
- die Laplace–Transformation bringt wesentliche Vereinfachungen mit sich, indem die analytischen Operationen der Differentiation und Integration im Zeitbereich durch die algebraischen Operationen der Multiplikation und Division mit der komplexen Variablen p im Bildbereich ersetzt werden;
- der wesentliche Vorteil, der bei der Betrachtung eines Systems im Bildbereich der Laplace–Transformation entsteht, liegt darin, daß die Faltungsoperation zu einer Produktbildung von rationalen Funktionen der Bildvariablen vereinfacht wird;
- die Rücktransformation beinhaltet einfache Rechenschritte;
- bei der Berechnung der Übergangsvorgänge braucht man nur die linksseitigen Anfangsbedingungen zu kennen. Man braucht diese also nicht in die rechtsseitige Anfangsbedingungen umzurechnen;
- die Eigenschaften eines Übertragungsgliedes werden durch dessen Übertragungsfunktion eindeutig beschrieben. *Die Übertragungsfunktionen linearer Glieder, die in VISU–RT implementiert sind, sind in der Tabelle 2.6 zusammengestellt.*
- Die wichtigsten Eigenschaften der Laplace–Transformation sind in Tabelle 2.4 zusammengefaßt.

Eigenschaft	**Operationen mit den Zeitfunktionen**	**Operationen mit den Bildfunktionen**
Linearität	$c_1 f_1(t)+c_2 f_2(t)$	$c_1 F_1(p)+c_2 F_2(p)$
Zeitverschiebung	$f(t-\tau)$	$F(p)\cdot e^{-p\tau}$
Dämpfung	$f(t)\cdot e^{-at}$	$F(p+a)$
Integration	$\int_0^t f(\tau)d\tau$	$\frac{1}{p} F(p)$
Differentiation	$\frac{d^k f(t)}{dt^k}$	$p^k F(p) - \sum_{i=0}^{k-1} f^{(i)}(-0)p^{k-i-1}$
Faltung	$\int_0^t f_1(t-\tau)f_2(\tau)d\tau$	$F_1(p)F_2(p)$
Anfangswertsatz	$f(+0)$	$\lim_{p\to\infty} pF(p)$
Endwertsatz	$\lim_{t\to\infty} f(t)$	$\lim_{p\to 0} pF(p)$
Beschreibung eines dynamischen Systems	Differentialgleichung $a_n y^{(n)} + ... + a_1 y^{(1)} + a_o y = b_m u^{(m)} + ... + b_1 u^{(1)} + b_o u$	Übertragungsfunktion $\frac{b_m p^m + b_{m-1} p^{m-1} + ... + b_1 p + b_o}{a_n p^n + a_{n-1} p^{n-1} + ... + a_1 p + a_o}$

Tabelle 2.4: Eigenschaften der Laplace–Transformation

	x(t)		X(p)
1	$\delta(t)$	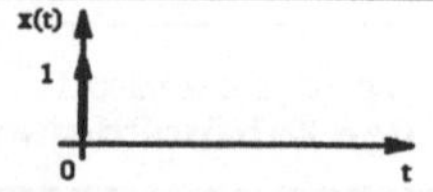	1
2	$\sigma(t)$		$\frac{1}{p}$
3	t	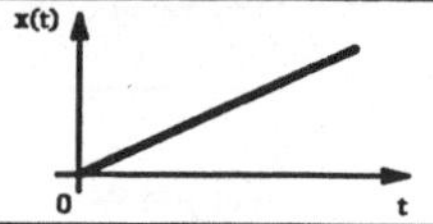	$\frac{1}{p^2}$
4	$\frac{t^2}{2}$		$\frac{1}{p^3}$
5	e^{-at} e^{-t/T_1}	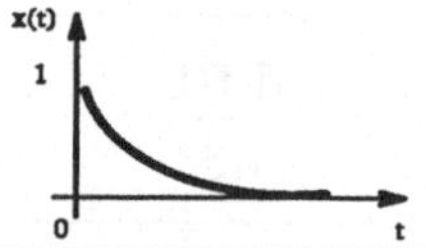	$\frac{1}{p+a}$ $\frac{T_1}{pT_1+1}$
6	te^{-at}	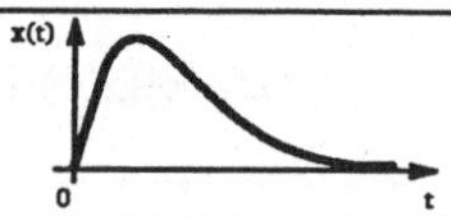	$\frac{1}{(p+a)^2}$
7	$1-e^{-at}$ $1-e^{-t/T_1}$	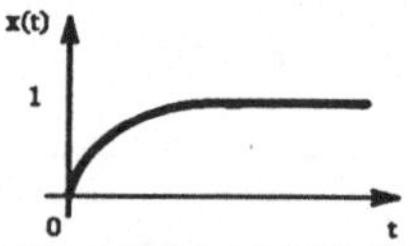	$\frac{a}{p(p+a)}$ $\frac{1}{p(pT_1+1)}$
8	$\frac{1}{(b-a)}(e^{-at}-e^{-bt})$ $\frac{1}{(T_1-T_2)}(e^{-t/T_1}-e^{-t/T_2})$	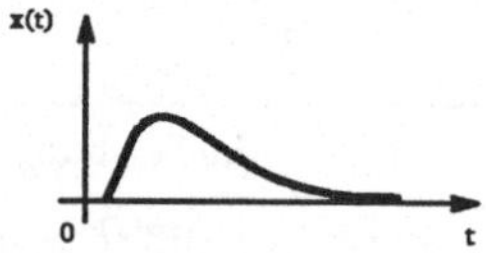	$\frac{1}{(p+a)(p+b)}$ $\frac{1}{(pT_1+1)(pT_2+1)}$
9	$t-T_1(1-e^{-t/T_1})$	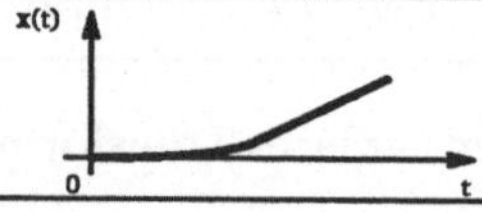	$\frac{1}{p^2(pT_1+1)}$
10	$1-(1+t/T_1)e^{-t/T_1}$	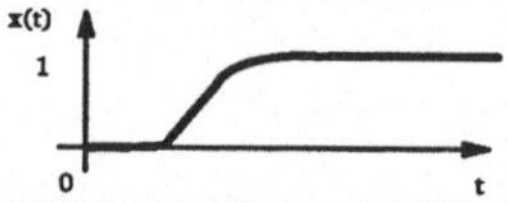	$\frac{1}{p(pT_1+1)^2}$
11	$1+\frac{1}{(T_2-T_1)}(T_1 e^{-t/T_1}-T_2 e^{-t/T_1})$	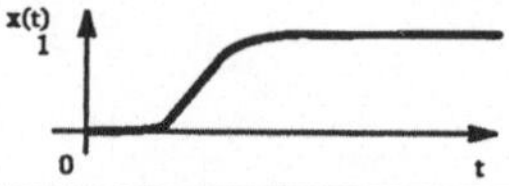	$\frac{1}{p(pT_1+1)(pT_2+1)}$

Tabelle 2.5: Einige Korrespondenzen der Laplace–Transformation

	x(t)		X(p)
12	$1+\frac{(T_2-T_1)}{T_1}e^{-t/T_1}$	x(t), 1, 0, t, $T_2>T_1$	$\frac{(pT_2+1)}{p(pT_1+1)}$
13	$\sin\omega t$	x(t), 0, t	$\frac{\omega}{(p^2+\omega^2)}$
14	$\cos\omega t$	x(t), 0, t	$\frac{p}{(p^2+\omega^2)}$
15	$e^{-at}\sin\omega t$	x(t), 0, t	$\frac{\omega}{(p+a)^2+\omega^2}$
16	$e^{-at}\cos\omega t$	x(t), 0, t	$\frac{p+a}{(p+a)^2+\omega^2}$
17	$1-e^{-at}(\cos\omega t+\frac{a}{\omega}\sin\omega t)$	x(t), 0, t	$\frac{a^2+\omega^2}{p((p+a)^2+\omega^2)}$
18	$\frac{1}{\omega^2}(1-\cos\omega t)$	x(t), t, 0	$\frac{1}{p(p^2+\omega^2)}$
19	$\frac{T}{\sqrt{1-d^2}}e^{-\frac{d}{T}t}\sin(\frac{\sqrt{1-d^2}}{T}t)$	x(t), 0, t	$\frac{1}{T^2p^2+2dTp+1}$

Fortsetzung der Tabelle 2.5: Einige Korrespondenzen der Laplace–Transformation

	Kurzbezeichnung		**Übertragungsfunktion**
	laut DIN	**in VISU-RT**	
1	P	___P	$F(p) = K_P$
2	I	___I	$F(p) = \frac{1}{pT_n} \quad , T_n = \frac{1}{K_I}$
3	D	___D	$F(p) = pT_v \quad , T_v = K_D$
4	PI	__PI	$F(p) = \frac{K_p(pT_n + 1)}{pT_n}$
5	PD	__PD	$F(p) = K_p(pT_v + 1)$
6	PID	_PID	$F(p) = K_p(1 + \frac{1}{pT_n} + pT_v)$
7	T_t	__TT	$F(p) = e^{-pT_t}$
8	$P\text{–}T_1$	_PT1	$F(p) = \frac{K_p}{(pT_1 + 1)}$
9	$I\text{–}T_1$	_IT1	$F(p) = \frac{1}{pT_n\,(pT_1 + 1)}$
10	$D\text{–}T_1$	_DT1	$F(p) = \frac{pT_v}{(pT_1 + 1)}$
11	$PI\text{–}T_1$	PIT1	$F(p) = \frac{K_p(pT_n + 1)}{pT_n(pT_1 + 1)}$
12	$PD\text{–}T_1$	PDT1	$F(p) = \frac{K_p(pT_v + 1)}{(pT_1 + 1)}$
13	$PID\text{–}T_1$	PIDT	$F(p) = K_p(1 + \frac{1}{pT_n} + \frac{pT_v}{(pT_1 + 1)})$
14	$P\text{–}T_2$	_PT2	$F(p) = \frac{K_p}{(pT_1 + 1)(pT_2 + 1)}$
15	$P\text{–}T_3$	_PT3	$F(p) = \frac{K_p}{(pT_1 + 1)(pT_2 + 1)(pT_3 + 1)}$
16	$P\text{–}T_n$	_PTN	$F(p) = \frac{b_m p^m + b_{m-1} p^{m-1} + \ldots + b_1 p + b_o}{a_n p^n + a_{n-1} p^{n-1} + \ldots + a_1 p + a_o}$
17	$PD\text{–}T_2$	PDT2	$F(p) = \frac{K_p(pT_v + 1)}{T^2 p^2 + 2dTp + 1}$

Tabelle 2.6: Bezeichnungen linearer Übertragungsglieder (_ – entspricht einem Leerzeichen)

2.5 Hinweise und Aufgaben für die Simulationsexperimente

a. Hinweise zu Simulationsprogrammen

Bei der Lösung dieser Aufgaben verwenden Sie die unter den Menüpunkten
F1–'Elementare Übertragungsglieder: Analyse im Zeitbereich',
F3–'Elementare Übertragungsglieder: Pol–Nullstellen–Plan',
verfügbaren Programme.

Hinweise zur Simulation des Zeitverhaltens eines Übertragungsgliedes

Nach der Anwahl des Menüpunktes 'Elementare Übertragungsglieder: Analyse im Zeitbereich' durch die Funktionstaste F1 bzw. des Menüpunktes 'Elementare Übertragungsglieder: Pol–Nullstellen–Plan' durch die Funktionstaste F3 erscheint auf dem Bildschirm die Aufzählung der verfügbaren Übertragungsglieder gemäß Bild 2.19.

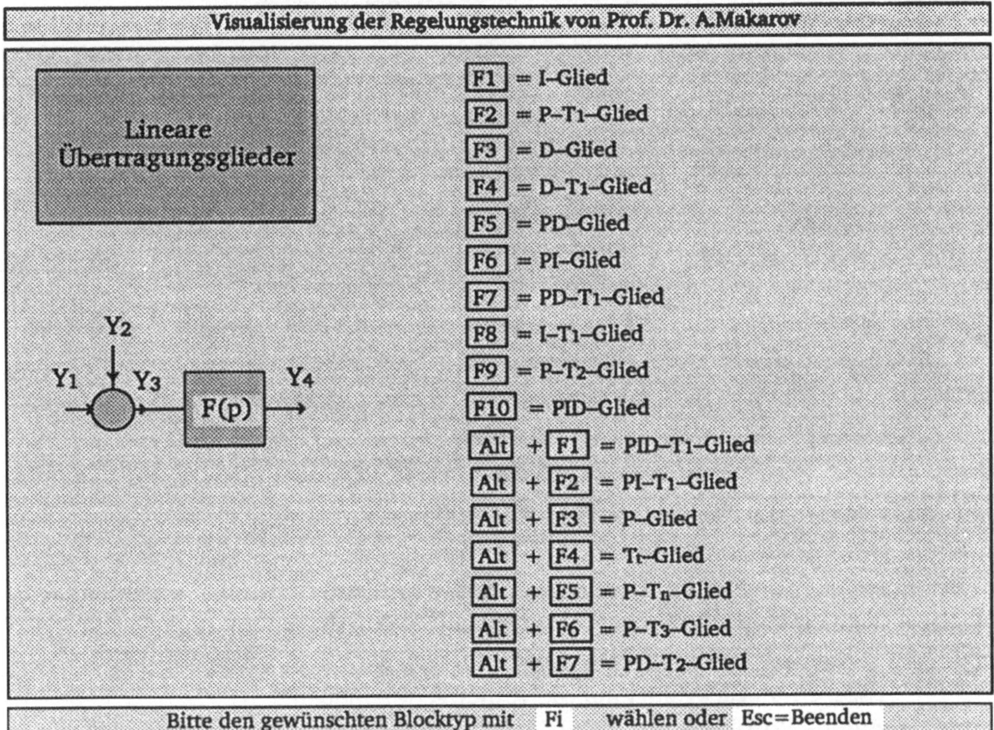

Bild 2.19: Menü zur Auswahl des Typs eines Übertragungsgliedes

Man wähle nun durch die entsprechende Tastenkombination den gewünschten Typ des Übertragungsgliedes. Danach erscheint auf dem Bildschirm eine Eingabemaske gemäß Bild 2.20, und man kann die einzelnen Parameter des Übertragungsgliedes auf die gestellte Aufgabe anpassen. Bei der Anwahl des PT_n–Übertragungsgliedes erscheint eine Eingabemaske gemäß Bild 2.21.

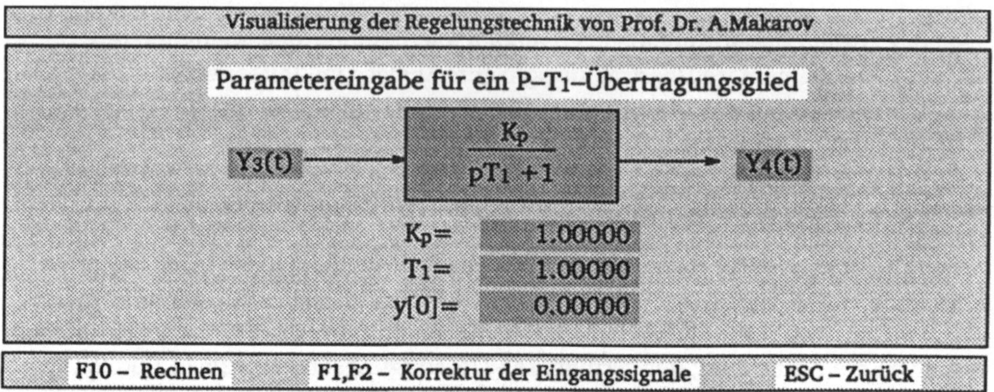

Bild 2.20: Maske zur Einstellung eines der Übertragungsglieder

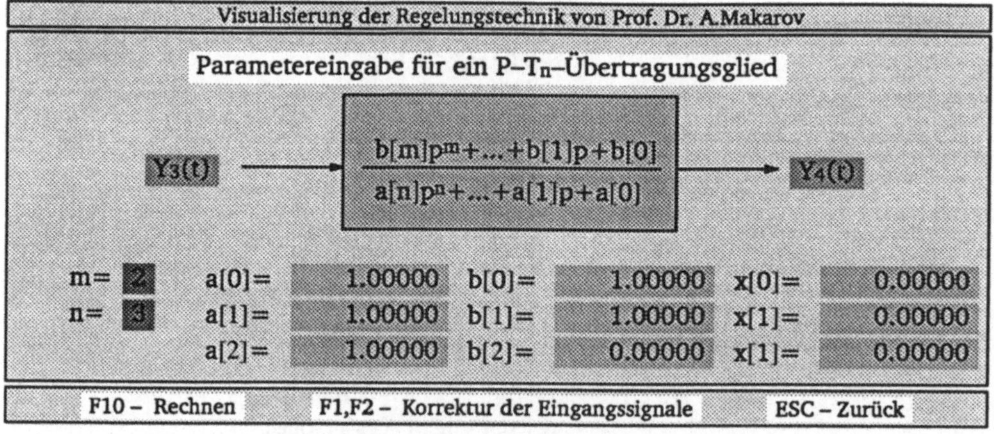

Bild 2.21: Maske zur Einstellung eines PT_n–Gliedes

Die Korrektur der Parameter in einzelnen Eingabefeldern erfolgt durch einfaches Überschreiben eines Zeichens nach entsprechendem Vorrücken mit dem Cursor, dabei haben die Steuertasten folgende Belegung:

Escape – Zurückgehen auf die vorherige Menüebene.
Enter – Vorrücken auf die erste Position des folgenden Eingabefeldes.
<↓> – Rücken auf die erste Position des folgenden Eingabefeldes.
<↑> – Rücken auf die erste Position des vorhergehenden Eingabefeldes.
<←> – Rücken um eine Position nach links im aktuellen Eingabefeld.
<→> – Rücken um eine Position nach rechts im aktuellen Eingabefeld.

Syntaxfehler bei der Eingabe werden vom Programm gemeldet und können korrigiert werden. Dabei erscheint im Eingabefeld ein blinkendes Fragezeichen. In diesem Fall muß das gesamte Eingabefeld (einschließlich Leerzeichen) neu überschrieben werden.

Reelle Zahlen werden mit einem "." geschrieben. Die Eingabe von Zahlen in Exponentialform ist nicht zulässig.

Bei der Simulation des Übergangsvorganges sind als nächstes die Eingangssignale $Y_1(t)$ und $Y_2(t)$ einzustellen. Aus diesen beiden Signalen wird das Eingangssignal $Y_3(t)$ des Übertragungsgliedes gebildet (Bild 2.22).

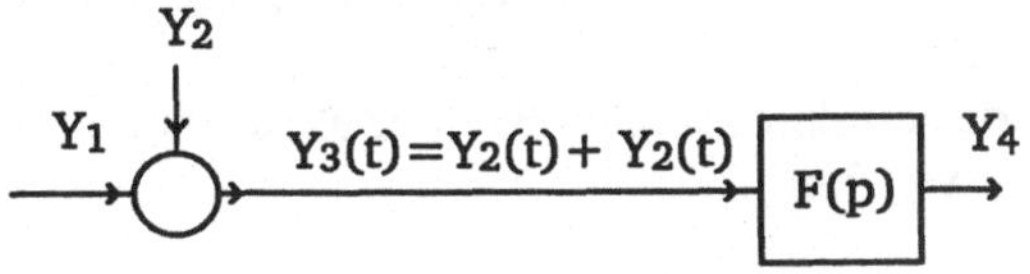

Y_2

Y_1 → ○ → $Y_3(t) = Y_2(t) + Y_2(t)$ → F(p) → Y_4

Bild 2.22: Blockschaltbild bei der Simulation der Übergangsvorgänge

Nach der Anwahl von Funktionstasten F1 oder F2 erscheint auf dem Bildschirm eine Maske gemäß Bild 2.23.

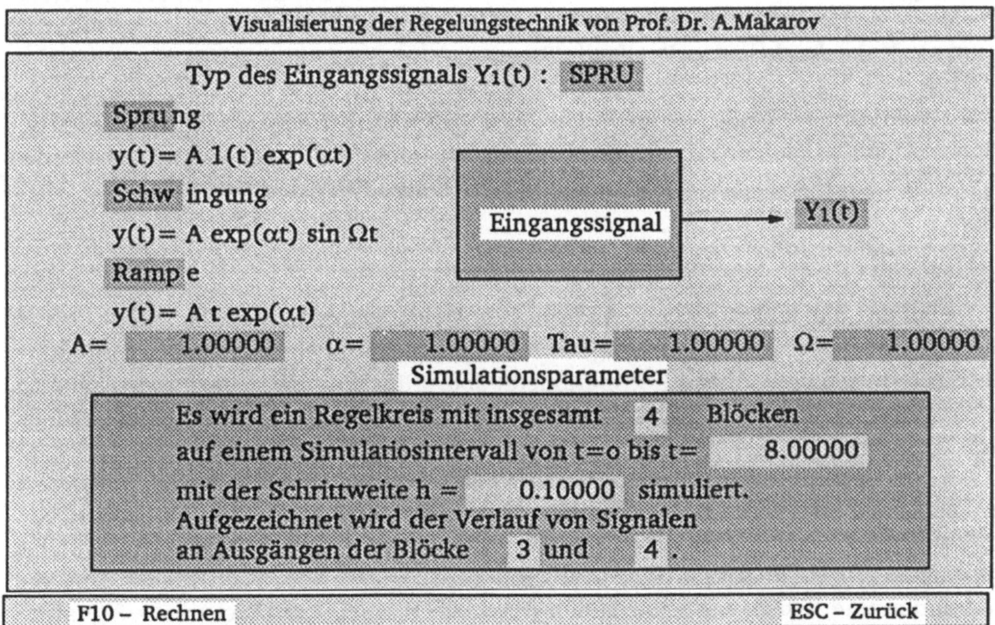

Bild 2.23: Maske zur Einstellung der Eingangssignale Y_1, Y_2 und der Simulations-parameter

Sie können zwischen einem *Sprung*

$$y(t) = A\,\sigma(t)\,e^{\alpha t},$$

einer *Schwingung*

$$y(t) = A\,e^{\alpha t} \sin \Omega t \ ,$$

und einer *Rampe*

$$y(t) = A\,t\,e^{\alpha t}$$

wählen. Durch A wird die Amplitude, durch α die Dämpfung und durch Ω die Kreisfrequenz eingestellt.

Durch Angabe des Parameters 'Tau' kann das entsprechende Signal um diese Zeit nach rechts verschoben werden.

Durch Anwählen der Funktionstasten F1 oder F2 können noch folgende Simulations–parameter eingestellt werden:

- *Simulationsintervall* $[0, T_{fin}]$, auf dem der Übergangsvorgang berechnet wird.

- *Simulationsschrittweite h.* Obwohl im Programm nachgeprüft wird, ob sie richtig gewählt wurde, sollte man einen Wert vorgeben. Dieser Wert soll sich nach den Zeitkonstanten der Regelstrecke richten. *Die Simulationsschrittweite h muß um mindestens das Fünffache kleiner sein als die kleinste Zeitkonstante des zu simulierenden Übertragungs–gliedes. Wenn sie ein Totzeitglied simulieren wollen, dann muß die Simulationsschrittweite h um ein Vielfaches kleiner sein, als die Totzeit T_t.*

- *die Nummer der Signale, deren Verlauf ausgegeben werden sollen.* Man kann zwei der Signale Y_1 bis Y_4 gleichzeitig ausgeben lassen. Wenn nur ein Signal ausgegeben werden soll, ist dessen Nummer in beiden dafür vorgesehenen Feldern anzugeben.

- *die Anzahl der Blöcke ist fest vorgegeben und beträgt 4 (Bild 2.22).*

Nachdem die notwendigen Änderungen vorgenommen wurden, kann durch Betätigen der Taste F10 die jeweilige Berechnung gestartet werden. Dabei wird intern die Einstellung einiger Simulationsparameter überprüft. Wenn die Einstellung nicht korrekt ist, erscheinen oberhalb des Strukturbildes entsprechende Meldungen, die befolgt werden müssen.

Bei der Berechnung des Übergangsvorganges erscheinen auf dem Bildschirm ein Maßstabsnetz und der Verlauf der Signale. Da vor dem Beginn der Simulation nicht vorherzusehen ist, welche Werte die Signale annehmen werden, kann es vorkommen, daß die Signalverläufe außerhalb des Maßstabsnetzes liegen. Erst nach Beendigung der Simulation und Betätigung einer beliebigen Taste erscheint der lückenlose Signalverlauf, etwa wie in Bild 2.24 dargestellt.

Mit Hilfe des Cursors kann der Verlauf der Signale abgetastet werden. Diese Darstellung der Simulationsergebnisse kann ausgegeben werden. Nach Beendigung der Ausgabe oder durch das Betätigen der Taste F10 kehrt man zur Eingabemaske 2.20 bzw. 2.21 zurück. Nun können weitere Änderungen der Parameter und anschließende Simulationsläufe durchgeführt werden.

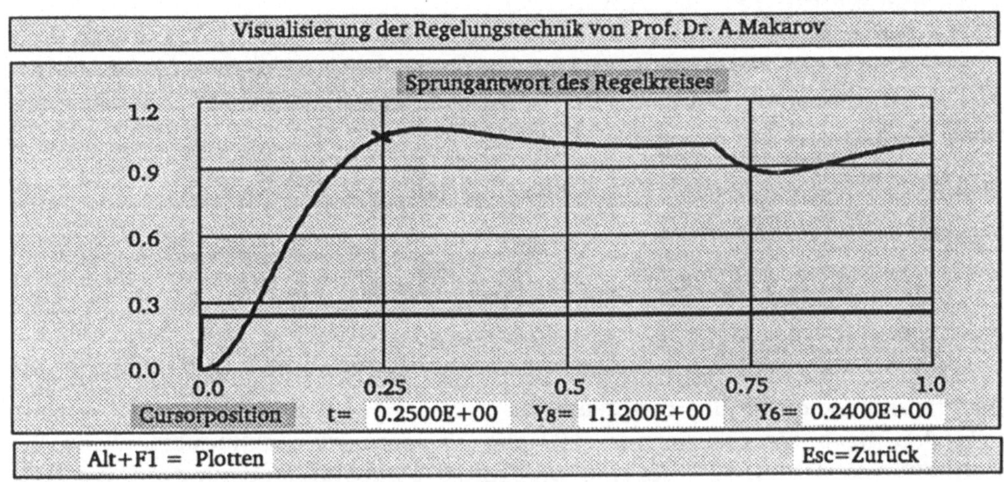

Bild 2.24: Darstellung der Simulationsergebnisse in VISU–RT

Bei der Berechnung des Pol–Nullstellen–Planes der Übertragungsfunktion erscheint auf dem Bildschirm die Darstellung des Pol–Nullstellen–Planes gemäß Bild 2.25.

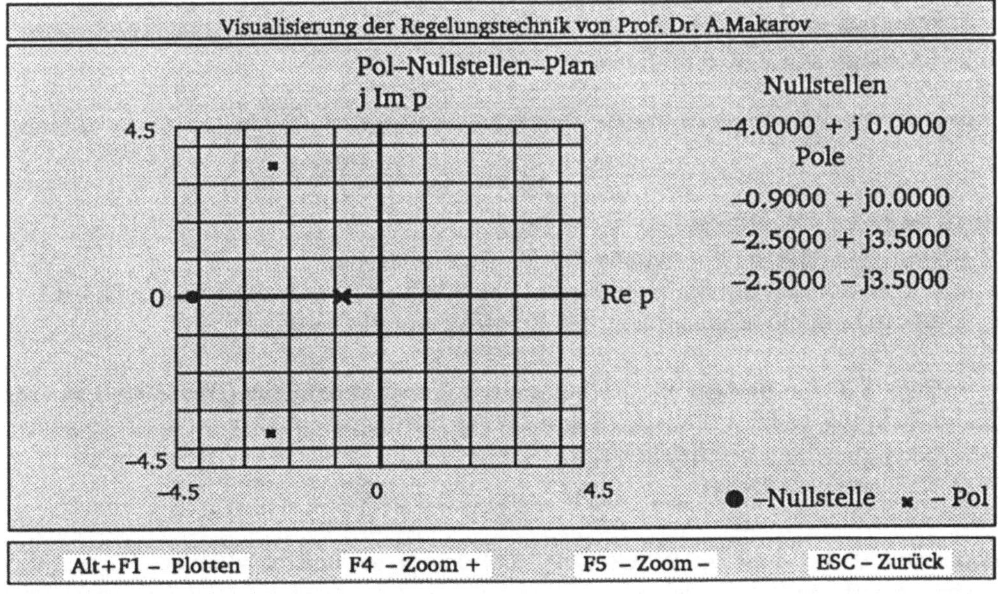

Bild 2.25: Darstellung des Pol–Nullstellen–Planes

Hier kann durch Betätigen der Funktionstasten F4 bzw. F5 der Maßstab der Darstellung verändert werden (Zoom). Mit der Tastenkombination Alt+F1 können die Ergebnisse der letzten Berechnung ausgegeben werden.

b. Aufgabestellungen zur Simulation

Es empfiehlt sich, zuerst die Sprungantwort für einzelne elementare Übertragungsglieder mit voreingestellten Parametern anzusehen und diese in einer Tabelle zusammenzustellen.

Aufgabe 2.1. Das dynamische Verhalten eines Temperaturmeßumformers wird durch folgende Differentialgleichung

$$T_1T_2 \frac{d^2\,y(t)}{dt^2} + (T_1+T_2)\frac{d\,y(t)}{dt} + y(t) = K_p\,u(t)$$

beschrieben. Dabei ist $T_1 = 1\text{sec}$, $T_2 = 2\text{sec}$ und $K_p = 1\text{V}/^0\text{C}$.

a. Ermitteln Sie die Übertragungsfunktion F(p) des Temperaturmeßumformers und klassifizieren Sie dieses Übertragungsglied.

b. Berechnen Sie die Antwort y(t) des Temperaturmeßumformers, wenn bei $y(-0)=0\text{V}$ und $y^{(1)}(-0)=0$ V/sec eine sprungartige Temperaturänderung u(t) von 10^0C eintritt. Vergleichen Sie die analytische Lösung mit dem durch Simulation ermittelten Verlauf.

c. Wie ändert sich die Sprungantwort, wenn die Zeitkonstante T_2 um das Dreifache verkleinert bzw. vergrößert wird ?

d. Wie groß ist der bleibende Fehler des Meßumformers bei einer rampenartigen Änderung der Temperatur $u(t) = at$, $a = 1$ [^{0}C/sec] .

e. Wie groß ist der Fehler des Meßumformers bei einer Änderung der Temperatur $u(t) = a \sin \omega t$ mit $a = 10$ [^{0}C] und $\omega = 2.0$ bzw. $\omega = 0.2$.

Aufgabe 2.2. Untersuchen Sie die dynamischen Eigenschaften eines PD–T_1–Gliedes

$$T_1\frac{d\,y(t)}{dt} + y(t) = K_p\Big(T_v\frac{du(t)}{dt} + u(t)\Big).$$

Dabei ist $K_P = 1$, $T_1 = 2$ sec und $T_v = 3$ sec.

a. Betrachten Sie die Sprungantwort bei $u(t) = 10\sigma(t)$.

b. Wie ändert sich die Sprungantwort , wenn man T_v verdoppelt bzw. halbiert ?

c. Wie sieht die Rampenantwort des Übertragungsgliedes aus ?

Aufgabe 2.3. Die Bewegungsgleichung eines Einachsanhängers (Bild 2.26a) in vertikaler Richtung in der Abhängigkeit von der Fahrbahnunebenheit wird durch folgende Differentialgleichung beschrieben [21]:

$$m\,\frac{d^2y(x)}{dt^2} + d\,\frac{dy(x)}{dt} + s\,y(x) = d\,\frac{du(x)}{dt} + s\,u(x)\,,$$

wobei $m=10^3$ kg, $d=2.74\cdot10^3$ N·sec/m, $s=3\cdot10^3$ N/m und $x = Vt$ ist. V stellt die Fahrzeuggeschwindigkeit dar.

Bei ebener Straße (Bild 2.26b) verschwindet die Anregung $u(x)=0$. Der Fahrzeugkörper nimmt seine Ruhelage $y(x)=0$ ein. Bei einer welligen Fahrbahn (Bild 2.26c) wirkt auf den Fahrzeugkörper eine harmonische Anregung $u(x) = U_0 \sin(2\pi Vt/L)$ mit der Kreisfrequenz $\omega=2\pi V/L$ ein.

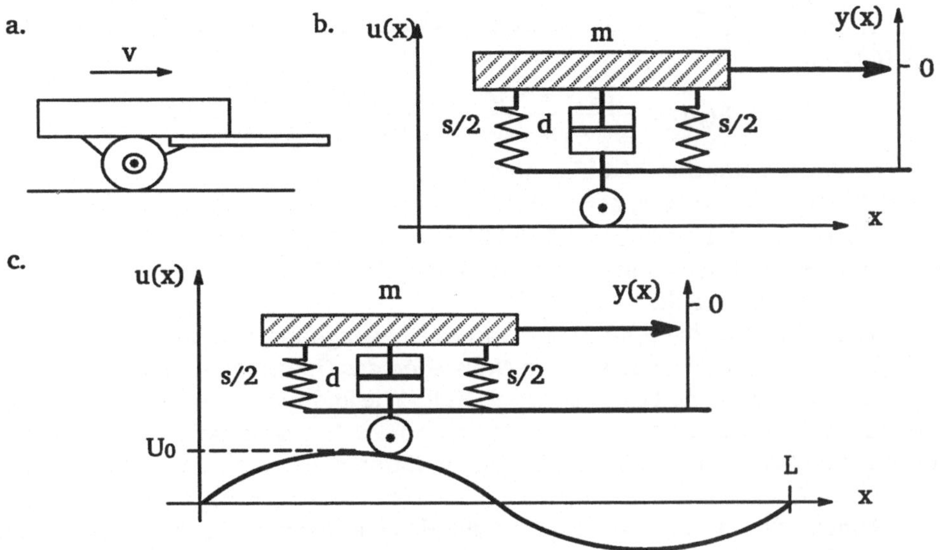

Bild 2.26: Einachsanhänger auf welliger Fahrbahn

a. Ermitteln Sie die Übertragungsfunktion und berechnen Sie die Sprungantwort.

b. Wie groß wird die Amplitude der Schwingungen des Fahrzeugkörpers, wenn das Fahrzeug mit 60 km/h über die Teststrecke mit der Wellenlänge L=5 m fährt.

c. Wie ändert sich die Amplitude der Schwingungen, wenn d um das Zweifache verkleinert wird.

d. Wie ändert sich die Amplitude der Schwingungen, wenn die Masse m um das Zweifache verkleinert wird.

Aufgabe 2.4. Bild 2.27 zeigt eine mögliche Realisierung des PI–Gliedes durch die Beschaltung eines Operationsverstärkers.

Dabei ist $K_p=-R_1/R_0$ und $T_n = R_1C$.

a. Berechnen und simulieren Sie die Sprung– und Rampenantwort des Gliedes.

b. Berechnen und simulieren Sie die Antwort des Gliedes auf eine harmonische Anregung.

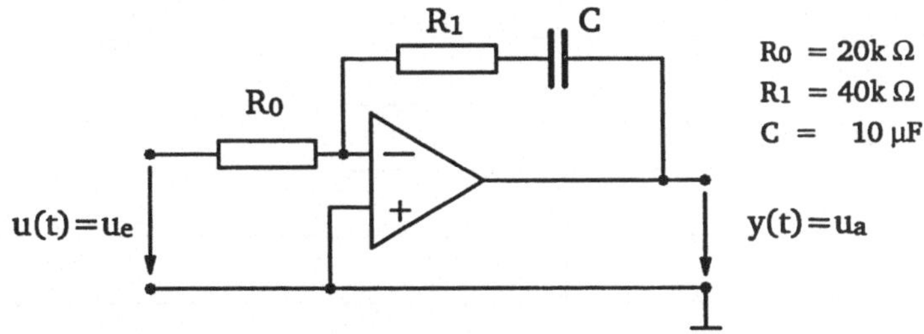

Bild 2.27: Beschalteter Operationsverstärker

Aufgabe 2.5. Gegeben ist die Übertragungsfunktion eines Übertragungsgliedes 6. Ordnung

$$F(p) = \frac{b_5 p^5 + b_4 p^4 + b_3 p^3 + b_2 p^2 + b_1 p + b_0}{p^6 + a_5 p^5 + a_4 p^4 + a_3 p^3 + a_2 p^2 + a_1 p + a_0},$$

mit den Werten einzelner Koeffizienten
$a_0=1.37\cdot 10^4$, $a_1=1.49\cdot 10^4$, $a_2=1.65\cdot 10^4$, $a_3=0.77\cdot 10^4$, $a_4=7.12\cdot 10^2$, $a_5= 67.6$, $b_0=1.35\cdot 10^4$, $b_1=1.13\cdot 10^4$, $b_2=0.149\cdot 10^4$, $b_3=-0.6635$, $b_4=8.49\cdot 10^{-3}$, $b_5=-7.85\cdot 10^{-5}$. Diese Werte der Koeffizienten sind für P–T_n–Glied (Tastenkombination Alt+F5) im Programm voreingestellt.

a. Simulieren Sie die Sprungantwort des Übertragungsgliedes.

b. Berechnen Sie die Pole und die Nullstellen des Übertragungsgliedes.

c. Setzen Sie m=0 und b_5 bis b_1 gleich Null. Wie ändert sich der Übergangsvorgang ? Wenn man die Sprungantwort mit Hilfe der Laplace–Transformation zu ermitteln hätte, auf welchen Schritt der Rücktransformation hätten diese Änderungen ihre Auswirkungen gehabt ?

d. Anhand der Sprungantwort ermitteln Sie eine Ersatzübertragungsfunktion möglichst niederer Ordnung für dieses Übertragungsglied.

Aufgabe 2.6. Untersuchen Sie das Zeitverhalten eines P–T_2–Gliedes mit der Übertragungsfunktion

$$F(p)= \frac{K_p}{p^2 T_1^2 + 2dT_1 p + 1},$$

bei $K_p=1$, $T_1=1$sec in Abhängigkeit vom Dämpfungsgrad d. Ermitteln Sie für die in der Tabelle vorgegebenen Werte des Dämpfungsgrades d die Kennwerte der Übergangsfunktion und die Pole der Übertragungsfunktion. Welche Gesetzmäßigkeiten lassen sich hier erkennen ?

In VISU–RT ist diese Darstellungsform des P–T_2–Gliedes unter der Bezeichnung PDT2 implementiert. Dabei ist $T_v=0$ zu setzen.

d	Kennwerte der Übergangsfunktion		Pole von F(p)
	Überschwingweite $h_{ü} = \max[y(t)] - y_\infty$	Zeit bis zum ersten Maximum von y(t)	
0.3			
0.5			
0.7			
1.0			
1.3			
0.0			

3 Mathematische Beschreibung linearer Übertragungsglieder im Frequenzbereich

3.1 Frequenzgang eines linearen Übertragungsgliedes

Die Analyse der regelungstechnischen Systeme im Frequenzbereich ist aus mehreren Gründen wichtig. Zum einen lassen sich harmonische Signale der Form $u(t) = U_0 \sin \omega t$ bzw. $u(t) = U_0 \cos \omega t$ leicht erzeugen und beobachten, somit kann man sie für Testzwecke verwenden und experimentell die Reaktion des jeweiligen Systems auf eine harmonische Anregung in der Abhängigkeit von der Kreisfrequenz ω ermitteln. Des weiteren lassen sich beliebige determinierte und stochastische Signale in Sinussignale zerlegen, deren Amplituden ein Spektrum bilden. Deshalb kann man anhand der Übertragungseigenschaften eines Gliedes für sinusförmige Signale auf seine Übertragungseigenschaften allgemein schließen. Schließlich lassen sich die Stabilität des Regelkreises und die Güte der Regelung durch Analyse der Eigenschaften im Frequenzbereich ermitteln und diese Zusammenhänge anschaulich darstellen.

In der Elektrotechnik ist es üblich, periodisch–harmonische Signale als Zeiger in der komplexen Zahlenebene darzustellen (Bild 3.1).

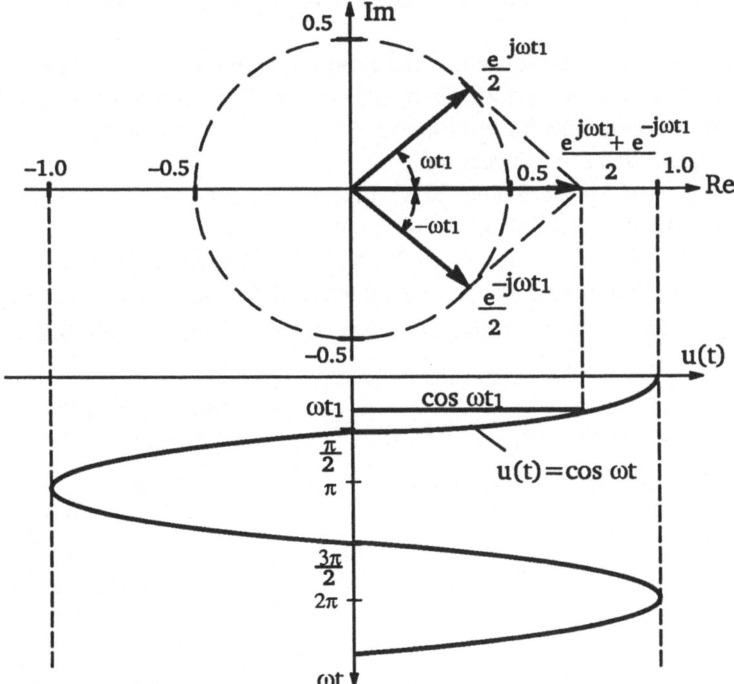

Bild 3.1: Darstellung der harmonischen Schwingung $u(t) = \cos \omega t$ als Summe zweier Zeiger in der komplexen Ebene

Mit den *Eulerschen Formeln* kann man das Signal $\cos \omega t$ als Summe zweier Zeiger $e^{j\omega t}/2$ und $e^{-j\omega t}/2$, die mit gleicher und konstanter Kreisfrequenz ω in entgegengesetzte Richtungen rotieren, darstellen. Es gilt

$$\cos \omega t = \frac{1}{2}\left(e^{j\omega t} + e^{-j\omega t}\right). \tag{3.1}$$

Die Subtraktion dieser Zeiger und anschließende Projektion auf die imaginäre Achse ergibt den momentanen Wert von $\sin \omega t$ zum Zeitpunkt t:

$$\sin \omega t = \frac{1}{2}\left(e^{j\omega t} - e^{-j\omega t}\right). \tag{3.2}$$

Um die trigonometrischen Umrechnungen zu vermeiden, benützt man bei der Einführung des Begriffes Frequenzgang anstelle von $u(t)= U_0 \cos \omega t$ bzw. $u(t)= U_0 \sin \omega t$ deren Summe in der Form

$$u(t)=U_0 (\cos \omega t + j \sin \omega t). \tag{3.3}$$

Setzt man in diese Gleichung die Eulerschen Formeln (3.1) und (3.2) ein, so kann geschrieben werden

$$u(t) = U_0 \cdot e^{j\omega t}. \tag{3.4}$$

Es wird also formell eine Schwingung mit der komplexen Amplitude betrachtet, welche in der komplexen Ebene durch einen entgegen dem Uhrzeigersinn rotierenden Zeiger darstellbar ist.

Betrachten wir nun die Reaktion eines Übertragungsgliedes mit der Übertragungsfunktion F(p) (Bild 3.2) auf ein periodisch–harmonisches Eingangssignal $u(t) = U_0 e^{j\omega t}$.

Es kann gezeigt werden, daß für ein lineares kontinuierliches Übertragungsglied folgende Beziehung gilt: das Eingangssignal

$$u(t)= U_0 \cos \omega t \text{ bzw. } u(t)= U_0 \sin \omega t$$

bewirkt im eingeschwungenen Zustand das Ausgangssignal

$$y(t)= Y_0 \cos (\omega t + \varphi) \text{ bzw. } y(t)=Y_0 \sin (\omega t + \varphi).$$

Das Ausgangssignal ändert sich also mit derselben Kreisfrequenz ω *wie das Eingangssignal, hat aber eine andere Amplitude und eine Phasenverschiebung* φ (Bild 3.2).

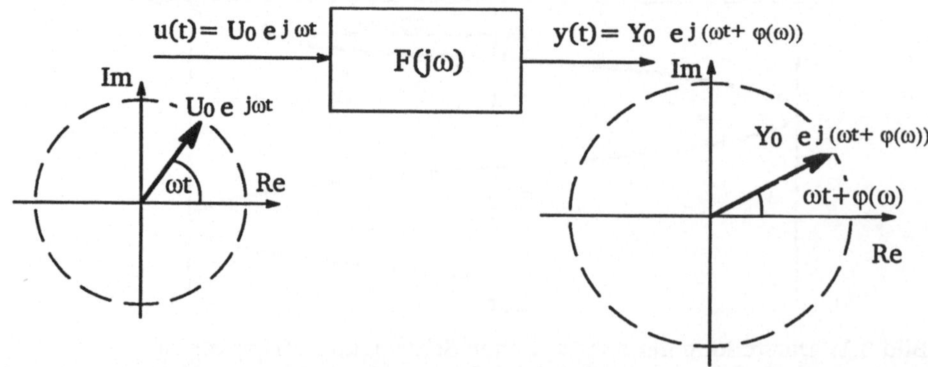

Bild 3.2: Harmonische Erregung u(t) und harmonische Reaktion y(t) eines linearen Übertragungsgliedes in der komplexen Darstellung

Diese Beziehungen zwischen den Amplituden und Phasen des Eingangs- und Ausgangssignals gibt *der Frequenzgang des Übertragungsgliedes F(jω)* wieder :

$$F(j\omega) = \frac{Y_0\, e^{j(\omega t + \varphi(\omega))}}{U_0\, e^{j\omega t}} = \frac{Y_0}{U_0}\, e^{j\varphi(\omega)} = |F(j\omega)|\, e^{j\varphi(\omega)} . \tag{3.5}$$

Der Frequenzgang $F(j\omega)$ ist also eine komplexe Funktion

$$F(j\omega) = \mathrm{Re}\, F(j\omega) + j\, \mathrm{Im}\, F(j\omega) , \tag{3.6}$$

die von einer reellen Größe – *der Kreisfrequenz der harmonischen Schwingung* ω – abhängig ist. Für jeden beliebigen Wert von ω kann man den *Betrag* und die *Phase* des Frequenzganges entsprechend der Regel der komplexen Rechnung ermitteln:

$$|F(j\omega)| = \sqrt{\mathrm{Re}^2 F(j\omega) + \mathrm{Im}^2 F(j\omega)} , \tag{3.7}$$

$$\varphi(\omega) = \arctan \frac{\mathrm{Im}\, F(j\omega)}{\mathrm{Re}\, F(j\omega)} . \tag{3.8}$$

Den Betrag des Frequenzganges bezeichnet man als *Amplitudengang*, denn für jeden gegebenen Wert von ω stellt $|F(j\omega)|$ die Amplitudenverstärkung des Ausgangssignals bezüglich des harmonischen Eingangssignals dieser Kreisfrequenz dar:

$$Y_0 = |F(j\omega)|\, U_0 . \tag{3.9}$$

$\varphi(\omega)$ bezeichnet man als *Phasengang*, denn für jeden gegebenen Wert von ω stellt $\varphi(\omega)$ die Phasenverschiebung des Ausgangssignals bezüglich des harmonischen Eingangssignals dieser Kreisfrequenz dar.

Der Frequenzgang eines Übertragungsgliedes $F(j\omega)$ läßt sich aus der Übertragungsfunktion $F(p)$

$$F(p) = \frac{b_m p^m + b_{m-1} p^{m-1} + \ldots + b_1 p + b_0}{p^n + a_{n-1} p^{n-1} + a_{n-2} p^{n-2} + \ldots + a_1 p + a_0} \tag{3.10}$$

durch einfache Substitution $p = j\omega$ ermitteln:

$$F(j\omega) = \frac{b_m (j\omega)^m + b_{m-1} (j\omega)^{m-1} + \ldots + b_1 (j\omega) + b_0}{(j\omega)^n + a_{n-1} (j\omega)^{n-1} + a_{n-2} (j\omega)^{n-2} + \ldots + a_1 (j\omega) + a_0} \tag{3.11}$$

Beispiel 3.1. Gegeben ist die Übertragungsfunktion eines PD–T_1–Übertragungsgliedes

$$F(p) = \frac{K_p(pT_v + 1)}{pT_1 + 1} \tag{3.12}$$

mit $K_1 = 1$, $T_v = 2$ sec und $T_1 = 0.5$ sec.

Durch die Substitution $p = j\omega$ erhält man den Frequenzgang des PD–T_1–Übertragungsgliedes zu

$$F(j\omega) = \frac{K_p(j\omega T_v + 1)}{j\omega T_1 + 1} . \tag{3.13}$$

Somit ergibt sich der Amplitudengang zu

$$|F(j\omega)| = \frac{K_p \sqrt{\omega^2 T_v^2 + 1}}{\sqrt{\omega^2 T_1^2 + 1}} , \tag{3.14}$$

und der Phasengang zu

$$\varphi(\omega) = \arctan \omega T_v - \arctan \omega T_1 . \tag{3.15}$$

Wenn man in diese Formeln die Zahlenwerte für K_1, T_v, T_1 und ω einsetzt, hat man die Amplituden- und Phasenverhältnisse zwischen einem harmonischen Eingangssignal dieser Kreisfrequenz und dem sich im Beharrungszustand einstellenden harmonischen Ausgangssignal ermittelt. Zum Beispiel bei einer harmonischen Erregung mit der Frequenz f=0.318 Hz ($\omega = 2\pi f = 2$ sec^{-1}) ergibt sich $|F(j\omega)| = 2.9$ und $\varphi(\omega) = +31^0$. Somit wird die Amplitude einer Schwingung am Eingang um den Faktor 2.9 zum Ausgang verstärkt, und um $+31^0$ phasenverschoben am Ausgang erscheinen (Bild 3.3).

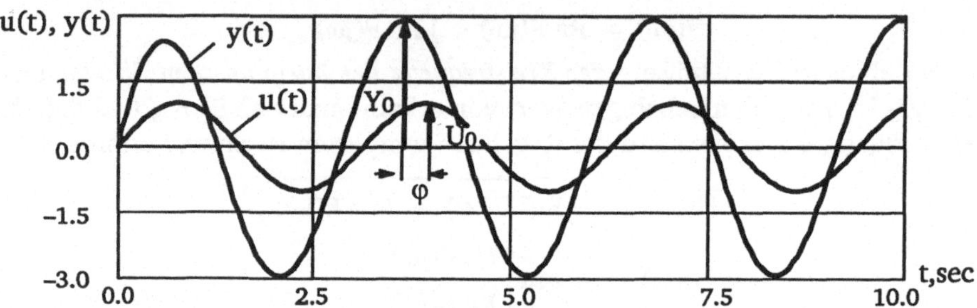

Bild 3.3: Harmonische Anregung u(t) und die Reaktion y(t) eines PD–T_1–Gliedes

Beispiel 3.2. Gegeben ist die Übertragungsfunktion eines PI-Übertragungsgliedes

$$F(p) = K_p\,(1 + \frac{1}{pT_n}) \tag{3.16}$$

mit $K_1 = 2$ und $T_n = 0.5$ sec.

Durch die Substitution $p = j\omega$ erhält man den Frequenzgang des PI-Übertragungsgliedes zu

$$F(j\omega) = K_p\,(1 - j\,\frac{1}{\omega T_n}). \tag{3.17}$$

Für den Amplitudengang ergibt sich

$$|F(j\omega)| = \frac{K_p}{\omega T_n}\sqrt{\omega^2 T_n^2 + 1}\,. \tag{3.18}$$

und für den Phasengang

$$\varphi(\omega) = -\arctan 1/\omega T_n\,. \tag{3.19}$$

Wenn man in diese Formeln die Zahlenwerte für K_1, T_n und ω einsetzt, hat man die Amplituden- und Phasenverhältnisse zwischen einem harmonischen Eingangssignal dieser Kreisfrequenz und dem sich im Beharrungszustand einstellenden harmonischen Ausgangssignal ermittelt. Zum Beispiel bei einer harmonischen Erregung mit der Frequenz f=0.318Hz ($\omega = 2\pi f = 2$ rad/sec) ergibt sich $|F(j\omega)| = 2.82$ und $\varphi(\omega) = -45^0$. Somit wird die Amplitude einer Schwingung am Eingang um den Faktor 2.82 zum Ausgang verstärkt, und um -45^0 phasenverschoben am Ausgang erscheinen (Bild 3.4).

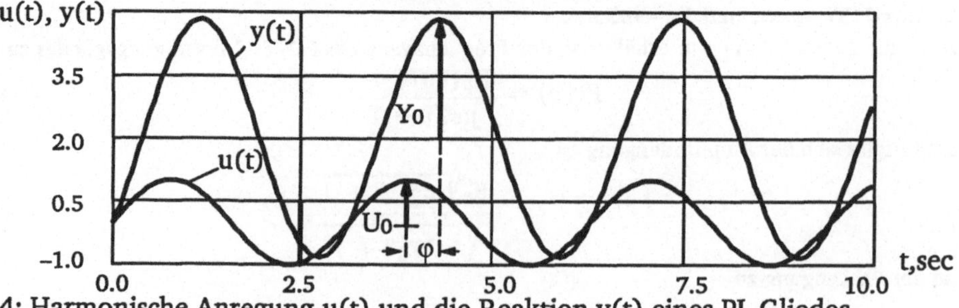

Bild 3.4: Harmonische Anregung u(t) und die Reaktion y(t) eines PI–Gliedes

Der Frequenzgang F(jω) ist eine komplexe Funktion einer reellen Veränderlichen ω. Sie läßt sich graphisch auf verschiedene Weise darstellen:

- als Kurve in der komplexen Ebene mit Re F(jω) als X–Achse, Im F(jω) als Y–Achse und mit ω als Kurvenparameter ($0 \leq \omega \leq \infty$)(Bild 3.5). Diese Darstellungsart des Frequenzganges bezeichnet man als *Ortskurve* oder *Nyquist–Diagramm*. Die Ortskurvendarstellung des Frequenzganges spielt eine wichtige Rolle bei der Untersuchung der Stabilität, und wird im Abschnitt 5.2 noch ausführlich behandelt. Die Ortskurvendarstellung ist sehr anschaulich, nachteilig ist die meist komplizierte Berechnung der Ortskurve, was bei dem Vorhandensein entsprechender Programme nicht mehr ins Gewicht fällt.

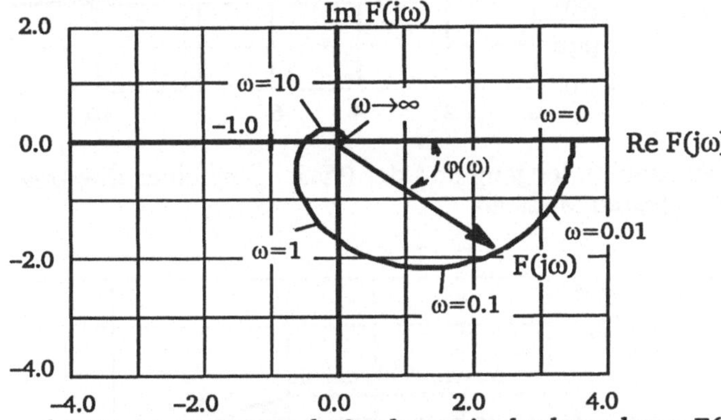

Bild 3.5: Darstellung des Frequenzganges als Ortskurve in der komplexen F(jω)–Ebene

- getrennt Amplitudengang und Phasengang über ω im linearen Maßstab ($0 \leq \omega \leq \infty$) (Bild 3.6). Bei dieser Darstellungsart sind bestimmte Frequenzbereiche nicht exakt darstellbar. Zum Beispiel ist der gesamte Frequenzbereich ($0 \leq \omega \leq 0.1$ rad/sec) auf dem Bild durch einen einzigen Punkt dargestellt. Dieser Nachteil wird durch die Verwendung des logarithmischen Maßstabs für ω weitgehend behoben.
- getrennt Amplitudengang im logarithmischen Maßstab über ω im logarithmischen Maßstab ($0 \leq \omega \leq \infty$) und Phasengang im linearen Maßstab über ω im logarithmischen Maßstab ($0 \leq \omega \leq \infty$) (Bild 3.7). Die Darstellung lg |F(jω)| als Funktion von lg ω bezeichnet man als *Amplitudenkennlinie*. Die Darstellung von φ(ω) als Funktion von lg ω bezeichnet man als *Phasenkennlinie*. Im sogenannten *Bode–Diagramm* wird der Amplitudengang in Form $L(\omega) = 20 \lg |F(j\omega)|$ dargestellt, dessen Zahlenwerte in Dezibel (dB) angegeben werden.

Der Angabe von L(ω) = 1dB und somit $20 \lg (Y_0/U_0) = 1$ dB entspricht das Amplitudenverhältnis von $Y_0/U_0 = 1.12/1$. Bei L(ω)=20 dB ergibt sich $Y_0/U_0 = 1/10$, und bei L(ω)=40 dB entsprechend $Y_0/U_0 = 1/100$.

- eine weitere Möglichkeit der Darstellung des Frequenzganges besteht in der getrennten Darstellung des Realteils Re F(jω) und des Imaginärteils Im F(jω) über der linear geteilten ω–Achse. Diese Darstellung wird in einigen Reglerentwurfsverfahren verwendet [6, 9, 28, 60].

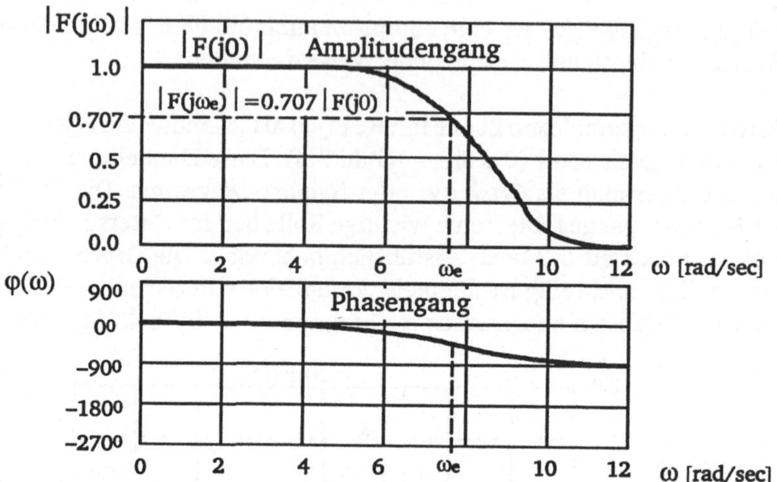

Bild 3.6: Der Amplitudengang und der Phasengang eines Übertragungsgliedes im linearen Maßstab

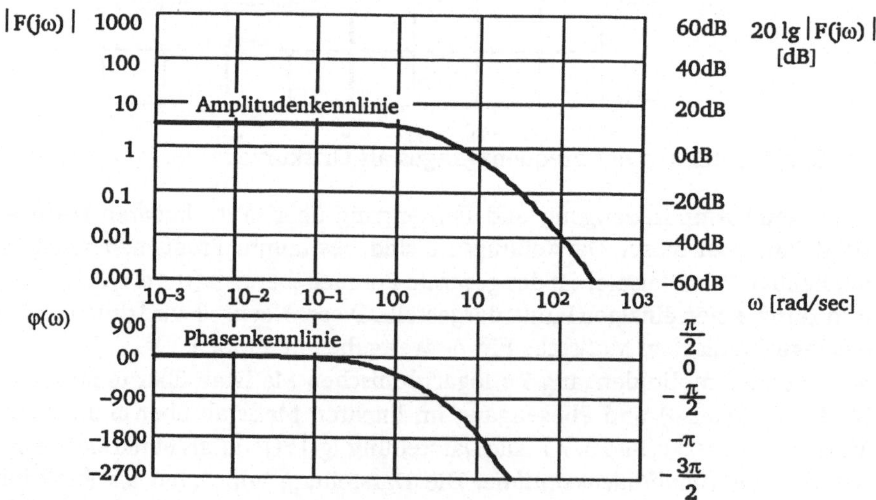

Bild 3.7: Darstellung von F(jω) als Frequenzkennlinien im Bode–Diagramm

In den nächsten zwei Abschnitten werden die Ortskurven und die Frequenzkennlinien elementarer Übertragungsglieder näher betrachtet.

3.2 Ortskurven linearer Übertragungsglieder

Zur vollständigen Beschreibung des Frequenzganges durch die Ortskurve muß man für alle positiven Werte von ω den Betrag und die Phase oder den Real- und Imaginärteil von $F(j\omega)$ berechnen, und diese in die komplexe $F(j\omega)$ -Zahlenebene eintragen. Somit ist die Ortskurve der geometrische Ort, den der komplexe Zeiger $F(j\omega)$ für $0 \leq \omega \leq \infty$ durchläuft. Zur Ortskurve gehört die Parameterskala der Frequenzen, denn verschiedene Frequenzgänge können denselben Verlauf der Ortskurve besitzen und sich nur in den ω-Skalen unterscheiden.

Ortskurve eines P–T₁-Übertragungsgliedes

Aus der Übertragungsfunktion eines $P-T_1$-Übertragungsgliedes

$$F(p) = \frac{K_p}{pT_1 + 1} \tag{3.12}$$

erhält man durch die Substitution $p=j\omega$ den Frequenzgang des $P-T_1$-Übertragungsgliedes zu

$$F(j\omega) = \frac{K_p}{j\omega T_1 + 1} \; . \tag{3.13}$$

Somit ergibt sich der Amplitudengang zu

$$|F(j\omega)| = \frac{K_p}{\sqrt{\omega^2 T_1^2 + 1}} \; , \tag{3.14}$$

und der Phasengang zu

$$\varphi(\omega) = -\arctan \omega T_1 \; . \tag{3.15}$$

Wenn man in diese Formeln die Zahlenwerte für K_p, T_1 und ω einsetzt, hat man die Amplituden- und Phasenverhältnisse zwischen einem harmonischen Eingangssignal dieser Kreisfrequenz und dem sich im Beharrungszustand einstellenden harmonischen Ausgangssignal ermittelt.

An dieser Stelle wollen wir allgemein den Ortskurvenverlauf für das $P-T_1$-Glied ermitteln. Dazu berechnen wir den Betrag $|F(j\omega)|$ nach (3.14) und die Phase $\varphi(\omega)$ nach (3.15) für einige ausgewählte ω-Werte, und tragen diese in eine Tabelle 3.1 ein. Man kann statt diesen die Werte des Realteils Re $F(j\omega)$ nach

$$\mathrm{Re}\, F(j\omega) = \frac{K_p}{\omega^2 T_1^2 + 1} \; , \tag{3.20}$$

und die Werte des Imaginärteils Im $F(j\omega)$ nach

$$\mathrm{Im}\, F(j\omega) = \frac{-\omega K_p T_1}{\omega^2 T_1^2 + 1} \tag{3.21}$$

berechnen. Sie sind ebenfalls in der Tabelle 3.1. eingetragen. Aus der Tabelle 3.1 geht hervor, daß die Ortskurve für $\omega=0$ auf der reellen Achse bei $\mathrm{Re}F(j\omega) = K_p$ beginnt. Das gilt für alle $P-T_n$ -Übertragungsglieder. Bei der Kreisfrequenz $\omega = 1/T_1$ ist der Betrag $|F(j\omega)|$ um $\sqrt{2}/2 = 0.707$ kleiner als bei $\omega=0$. Diese Kreisfrequenz ist eine charakteristische Frequenz des Übertragungsgliedes, denn ab dieser Kreisfrequenz verringert sich der Betrag des Frequenzganges rasch gegen 0. Man bezeichnet diese Kreisfrequenz als *Eckkreisfrequenz* $\omega_e = 1/T_1$. Es ist auch üblich, diese als *Kennkreisfrequenz* oder *Eigenkreisfrequenz* zu bezeichnen.

ω	$\omega=0$	$\omega=\frac{1}{2T_1}$	$\omega=\frac{1}{T_1}$	$\omega=\frac{2}{T_1}$	$\omega\to\infty$
$\lvert F(j\omega)\rvert$	K_p	$\frac{2K_p}{\sqrt{5}}$	$\frac{K_p}{\sqrt{2}}$	$\frac{K_p}{\sqrt{5}}$	$\to 0$
$\varphi(\omega)$	0^0	-26.57^0	-45.0^0	-63.43^0	$\to -90^0$
Re $F(j\omega)$	K_p	$\frac{4K_p}{5}$	$\frac{K_p}{2}$	$\frac{K_p}{5}$	$\to 0$
Im $F(j\omega)$	0	$\frac{-2K_p}{5}$	$\frac{-K_p}{2}$	$\frac{-2K_p}{5}$	$\to 0$

Tabelle 3.1: Frequenzgangwerte eines P–T_1–Gliedes

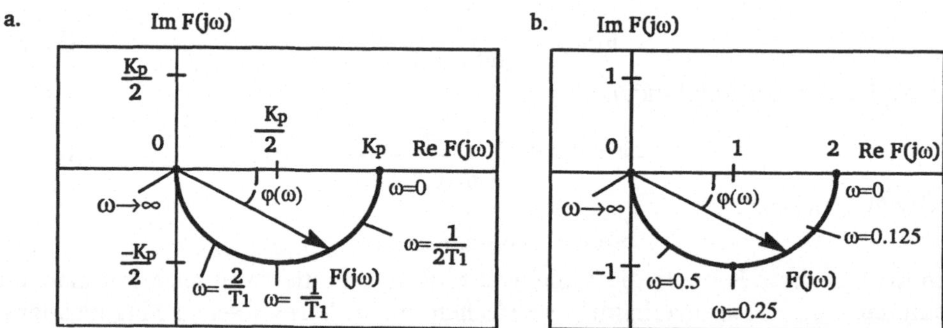

Bild 3.8: Der Verlauf der Ortskurve für ein P–T_1–Glied allgemein (a) und die Ortskurve eines P–T_1–Gliedes bei $K_p = 2$ und $T_1 = 4$ sec (b)

Bei $\omega\to\infty$ endet die Ortskurve dieses Übertragungsgliedes im Koordinatenursprung (Bild 3. 8a). Das ist ebenfalls ein charakteristisches Verhalten für P–T_n–Glieder. Trägt man nun diese und weitere Zwischenwerte in die komplexe $F(j\omega)$–Ebene ein, so kommt man zum Schluß, daß die Ortskurve eines P–T_1–Gliedes durch einen Halbkreis im vierten Quadranten der komplexen Ebene wiedergegeben wird. Die ω– Skala auf der Kurve wird durch die Zeitkonstante T_1 bestimmt. Man kann durch eine Änderung des Übertragungsbeiwertes K_p ebenfalls feststellen, daß dies eine Änderung des Achsenmaßstabs, aber keine Änderung des prinzipiellen Verlaufs der Ortskurve zur Folge hat. Deshalb werden die Ortskurven für elementare Übertragungsglieder meistens für den normierten Wert $K_p = 1$ dargestellt.

Beispiel 3.3. Es ist die Ortskurve eines P–T_1–Übertragungsgliedes für K_p=2 und T_1=4 sec zu bestimmen.

Die Eckkreisfrequenz $\omega_e = 1/T_1$ beträgt 0.25 sec^{-1}. Damit ergibt sich die ω–Skala wie auf dem Bild 3.8b dargestellt. Die exakten Werte des Betrages $|F(j\omega)|$ und der Phase $\varphi(\omega)$ für ausgewählte ω–Werte sind in der Tabelle 3.2. zusammengestellt.

ω	0.001	0.01	0.1	0.25	0.5	1.0	2.0	10.0
$\|F(j\omega)\|$	2.0	1.99	1.86	1.40	0.85	0.48	0.23	0.05
$\varphi(\omega)$	0.0^0	-2.0^0	-20^0	-45^0	-63^0	-75^0	-82^0	-88^0

Tabelle 3.2: Frequenzgangwerte eines P–T_1–Gliedes bei $K_p=2$ und $T_1=4$sec

Ortskurve eines P–T_2–Gliedes

Der Übertragungsfunktion eines P–T_2–Gliedes mit der Zeitkonstanten T_1 und der Dämpfung d

$$F(p) = \frac{K_p}{T_1^2 p^2 + 2\,d\,T_1\,p\ + 1} \tag{3.22}$$

entstpricht der Frequenzgang

$$F(j\omega) = \frac{K_p}{1 - T_1^2\omega^2 + 2\,d\,T_1\,j\,\omega}\ . \tag{3.33}$$

Der Amplitudengang

$$|F(j\omega)| = \frac{K_p}{\sqrt{(1 - T_1^2\omega^2)^2 + 4\,d^2\,T_1^2\,\omega^2}} \tag{3.34}$$

und der Phasengang

$$\varphi(\omega) = -\arctan\frac{2\,d\,T_1\,\omega}{1 - T_1^2\omega^2} \tag{3.35}$$

sind sowohl vom K_p und T_1, als auch von der Größe des Dämpfungsgrades d stark abhängig. Für kleine Frequenzen und alle d beginnen die Ortskurven bei $|F(j\omega)| = K_p$ und $\varphi=0$ (Bild 3.7). Bei der Kennkreisfrequenz $\omega_0=1/T_1$ ist der Betrag des Frequenzganges $K_p/2d$, und der Phasengang erreicht den Wert $-\pi/2$. Für $\omega >> \omega_0$ kann für den Amplitudengang (3.34) geschrieben werden

$$|F(j\omega)| = \frac{K_p}{T_1^2\omega^2}\ . \tag{3.36}$$

Das heißt, daß für große Kreisfrequenzen der Amplitudengang eines P–T_2–Gliedes doppelt so schnell abfällt wie der Amplitudengang eines P–T_1–Gliedes für $\omega >> \omega_e$.
Die Ortskurven enden für große ω und für alle d bei $\varphi=-180^0$.

Bei einem Dämpfungsgrad $0 < d \le \sqrt{2}/2$ erreicht der Amplitudengang den maximalen Wert

$$|F(j\omega)| = \frac{K_p}{2d\sqrt{1-d^2}} \tag{3.37}$$

bei der Kreisfrequenz

$$\omega_e = \frac{\sqrt{1 - 2d^2}}{T_1} = \omega_0\sqrt{1- 2d^2}\,. \tag{3.38}$$

Diese Kreisfrequenz bezeichnet man als *Eigenkreisfrequenz*. Mit zunehmender Dämpfung wird das Maximum flacher, und bei $d > \sqrt{2}/2$ weist der Amplitudengang kein Maximum mehr auf und bleibt stets kleiner als K_p.

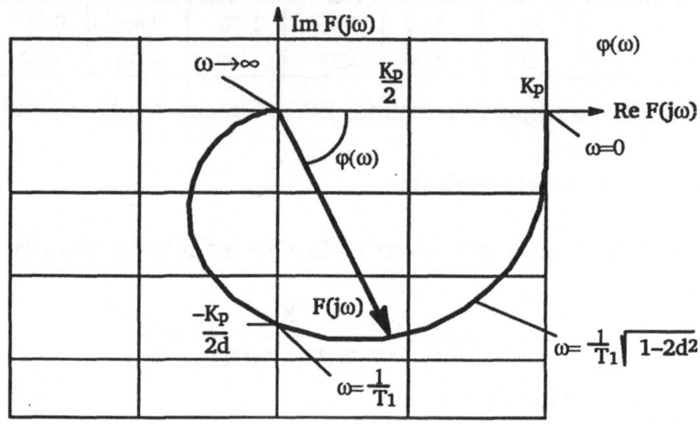

Bild 3.9: Die Ortskurve für ein P–T2–Glied bei d<1

Ein Sonderfall stellt die Ortskurve eines P–T2–Gliedes bei d=0 dar (Bild 3.10). Der Frequenzgang

$$F(j\omega) = \frac{K_p}{(1 - T^2\omega^2)} \qquad (3.39)$$

nimmt nur reelle Werte an. Mit steigenden ω–Werten wächst dessen Betrag von $|F(j\omega)| = K_p$ bei $\omega=0$ bis $|F(j\omega)| = \infty$ bei $\omega = 1/T_1$. Bei diesem ω–Wert ändert sich die Phase sprunghaft von 0 auf $-\pi$. Ab dieser Kreisfrequenz läuft die Ortskurve durch den negativen Teil der reellen Achse von $-\infty$ gegen 0.

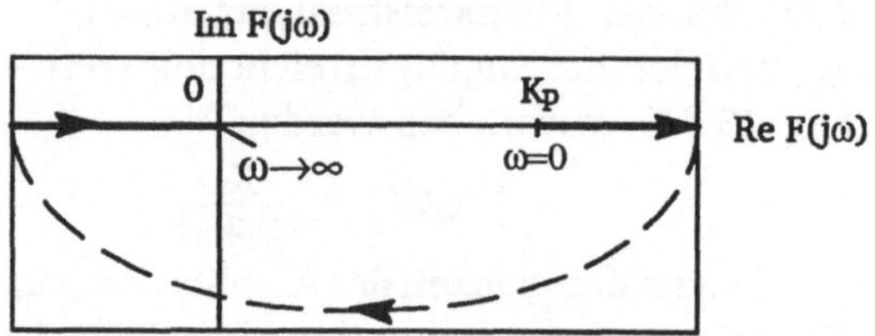

Bild 3.10: Der Verlauf der Ortskurve für ein P–T2–Glied bei d=0

Ortskurve des Totzeitgliedes

Das Totzeitglied mit der Übertragungsfunktion $F(p) = e^{-pT_t}$ hat den Frequenzgang

$$F(j\omega) = e^{-j\omega T_t} = \cos \omega T_t - j \sin \omega T_t \qquad (3.40)$$

dessen Betrag stets gleich 1 ist und dessen Phase

$$\varphi(\omega) = -\arctan \frac{\sin \omega T_t}{\cos \omega T_t} = -\omega T_t \qquad (3.41)$$

linear mit der Kreisfrequenz ω wächst. Die Ortskurve des Totzeitgliedes stellt damit einen Kreis mit dem Radius 1 dar (Bild 3.11), dessen ω–Skala sich periodisch wiederholt. Bei $\omega_k = \pi/T_t$ erreicht die Phase den Wert $-\pi$. Das ist die sogenannte *kritische Kreisfrequenz für das Totzeitglied.* Bei einer Schwingung am Eingang mit dieser Kreisfrequenz ist das Ausgangssignal in der Gegenphase zum Eingang.

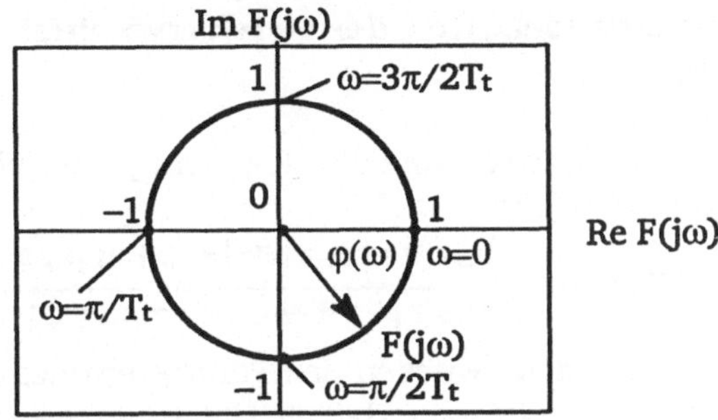

Bild 3.11: Ortskurve eines Totzeitgliedes

Ortskurve eines PI–Gliedes

Der Übertragungsfunktion eines PI–Gliedes mit der Nachstellzeit T_n und dem Übertragungsbeiwert K_p

$$F(p) = \frac{K_p(\, pT_n + 1)}{pT_n} = K_p\,(1 + \frac{1}{pT_n}\,) \tag{3.22}$$

entspricht der Frequenzgang

$$F(j\omega) = \frac{K_p(\, j\omega T_n + 1)}{j\omega T_n} = K_p\,(\,1 - j\frac{1}{\omega T_n}\,). \tag{3.33}$$

Damit ergibt sich der Amplitudengang zu

$$|F(j\omega)| = K_p\,\sqrt{1 + 1/T_n^2\omega^2} \tag{3.34}$$

und der Phasengang zu

$$\varphi(\omega) = -\arctan\frac{1}{\omega T_n}\,. \tag{3.35}$$

Der Realteil des Frequenzganges ist konstant und frequenzunabhängig $\mathrm{Re}\,F(j\omega)=K_p$. Die Ortskurve beginnt bei $|F(j\omega)| = -\infty$ und $\varphi=-90^0$ (Bild 3.12).

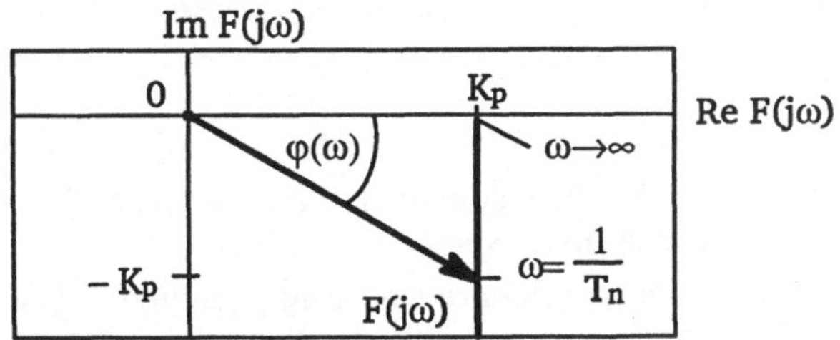

Bild 3.12: Die Ortskurve eines PI–Gliedes

Bei der Kennkreisfrequenz $\omega_0 = 1/T_n$ ist der Betrag des Frequenzganges $K_p/\sqrt{2}$, und der Phasengang erreicht den Wert $-\pi/4$. Für $\omega \to \infty$ endet die Ortskurve auf der reellen Achse bei $|F(j\omega)| = K_p$. Die Ortskurve eines PI–Gliedes ist also eine Gerade, die im 4.Quadranten parallel zur imaginären Achse verläuft.

Grundsätzliche Eigenschaften der Ortskurve eines Übertragungsgliedes hoher Ordnung

Wir wollen nun die Eigenschaften des Frequenzganges eines Übertragungsgliedes mit der Übertragungsfunktion

$$F(p) = \frac{b_m p^m + b_{m-1} p^{m-1} + \ldots + b_1 p + b_0}{p^n + a_{n-1} p^{n-1} + a_{n-2} p^{n-2} + \ldots + a_1 p + a_0}, \quad n>m \tag{3.36}$$

für verschiedene Relationen zwischen den Parametern des Zählers und des Nenners betrachten. Wir setzen dabei voraus, daß die Übertragungsfunktion (3.36) rechts der j–Achse der p–Ebene weder Pole noch Nullstellen hat. Solche Übertragungsglieder bezeichnet man als *Minimalphasenglieder*.

Durch Grenzwertbetrachtungen des Verlaufs des Frequenzganges

$$F(j\omega) = \frac{b_m (j\omega)^m + b_{m-1} (j\omega)^{m-1} + \ldots + b_1 (j\omega) + b_0}{(j\omega)^n + a_{n-1}(j\omega)^{n-1} + a_{n-2}(j\omega)^{n-2} + \ldots + a_1(j\omega) + a_0}, \quad n>m \tag{3.37}$$

kann man folgendes feststellen [6, 9, 25, 49]:

a. Für $a_0 \neq 0$ und $b_0 \neq 0$ ist $F(j0) = b_0/a_0$. Die Ortskurve beginnt auf der reellen Achse beim Wert b_0/a_0, und läuft im rechten Winkel aus der reellen Achse heraus.

b. Für $a_0 = 0$ und $b_0 \neq 0$ ist $F(j0) = -j\infty$. Die Ortskurve kommt aus $-j\infty$, und läuft parallel der negativen imaginären Achse .

c. Für $a_0 \neq 0$ und $b_0 = 0$ ist $F(j0) = 0$. Die Ortskurve beginnt im Koordinatenursprung.

d. Allgemein bei $n>m$ und $\omega \to \infty$ ist $\lim |F(j\omega)| = 0$. Das ist die sogenannte Realisierbarkeitsbedingung.

e. Es läßt sich zeigen, daß bei $n>m$

$$\lim_{\omega \to \infty} \varphi(j\omega) = -\frac{\pi}{2}(n-m) \tag{3.38}$$

ist und die Ortskurven laufen gegen 0 so, wie auf dem Bild 3.13 gezeigt ist.

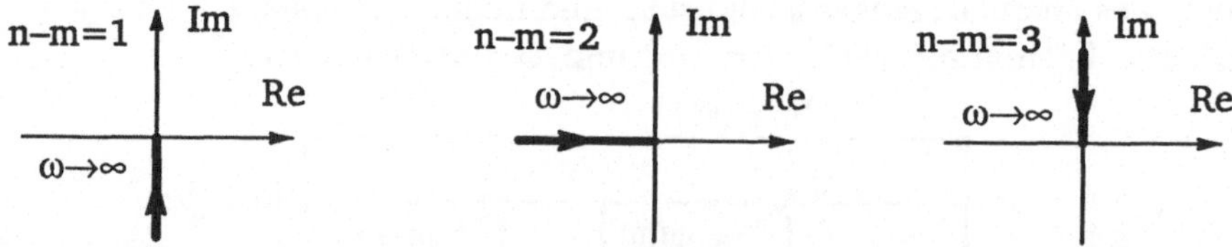

Bild 3.13: Verläufe der Ortskurven eines minimalphasigen Übertragungsgliedes hoher Ordnung für $\omega \to \infty$

Die Ortskurven für weitere lineare Übertragungsglieder sind rechnerisch mit Hilfe des Programm VISU–RT zu ermitteln (Siehe Aufgabenstellung im Abschnitt 3.4).

3.3 Frequenzkennlinien linearer Übertragungsglieder

Die Darstellung des Frequenzganges durch Frequenzkennlinien im Bode–Diagramm hat mehrere Vorteile, auf die wir später noch eingehen werden.
Wie schon erwähnt wurde, wird im Bode–Diagramm anstelle des Betrags $|F(j\omega)|$ der logarithmische Wert

$$L(\omega) = 20 \lg |F(j\omega)| \tag{3.39}$$

im linearen Maßstab über der logarithmisch geteilten ω–Achse aufgetragen (Bild 3.14). Man kann daneben auch die Einteilung für den Betrag $|F(j\omega)|$ eintragen. Dabei ist aber zu beachten, daß die $|F(j\omega)|$–Skala logarithmischen Maßstab aufweist. Die ω–Achse wird so gelegt, daß sie die Ordinate bei $|F(j\omega)| = 1$ bzw. bei $20 \lg |F(j\omega)| = 0$ schneidet. Aus dem Bild 3.14 geht auch hervor, daß die Werte $|F(j\omega)| = 0$ und $|F(j\omega)| = \infty$ auf dem Bode–Diagramm nicht zu finden sind.

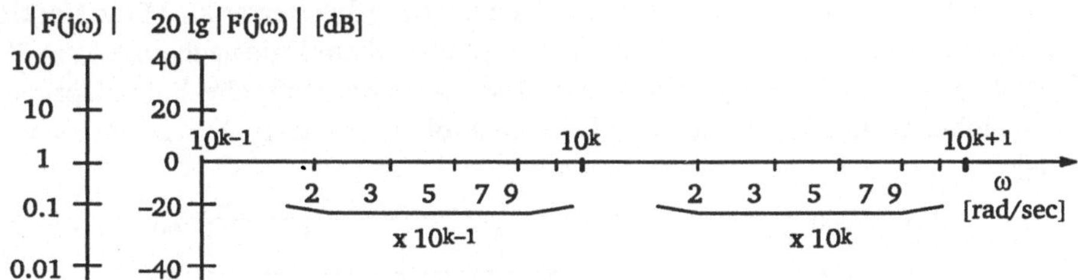

Bild 3.14: Die Skalen für die Amplitudenkennlinie

Durch die logarithmische Teilung der ω–Achse läßt sich der Wert $\omega = 0$ nicht darstellen, deshalb wählt man für den Schnittpunkt der ω–Achse mit der Ordinate einen ω–Wert gleich einer 10–ner Potenz, die dem darzustellenden Problem angepaßt ist. Somit wird die Abszisseneinheit zu einer ω–Dekade. Die einzelnen Dekaden haben die gleichen Längen auf der ω–Achse. Innerhalb einzelner Dekaden sind einzelne ω–Werte in logarithmisch geteilten Abständen zu finden. Das gleiche gilt auch für die Einteilung der ω–Achse für die Phasenkennlinie (Bild 3.15).

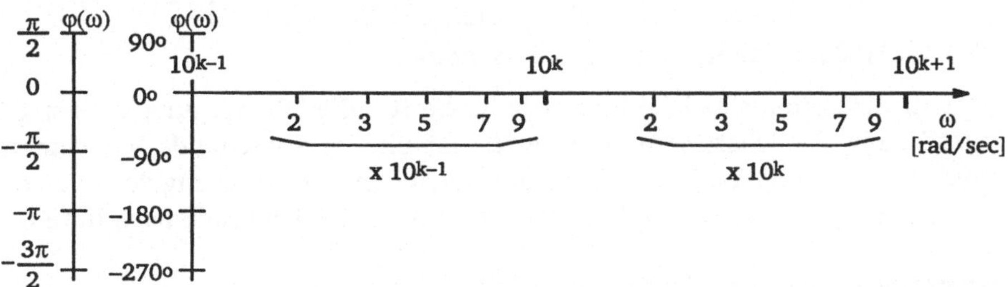

Bild 3.15: Die Skalen für die Phasenkennlinie

Die Ordinate für die Phasenkennlinie weist Phasenwerte in Grad im linearen Maßstab auf. Durch den logarithmischen Maßstab für die ω–Achse ergibt sich eine gleichbleibende relative Genauigkeit des Kurvenverlaufs in allen ω–Bereichen. Ein weiterer

Vorteil der Frequenzkennlinien ergibt sich dadurch, daß es einfache Zeichenregeln für die Darstellung der Frequenzkennlinien elementarer Übertragungsglieder gibt, und man dazu Schablonen verwenden kann, die man auf dem Bode–Diagramm nur richtig positionieren muß. Betrachten wir nun die Frequenzkennlinien einiger elementarer Übertragungsglieder.

Frequenzkennlinien eines P–Gliedes

Der Freqenzgang eines idealen P–Gliedes $F(j\omega) = K_P$ ist frequenzunabhängig, somit stellt seine Amplitudenkennlinie $L(\omega) = 20 \lg K_P$ eine Gerade (Bild 3.16) dar, die parallel zur ω–Achse verläuft. Das P–Übertragungsglied erzeugt keine Phasenverschiebung ($\mathrm{Im}\, F(j\omega) = 0$ und somit $\varphi(\omega)=0$), so daß die Phasenkennlinie ebenfalls eine Gerade ist, die mit der ω–Achse identisch ist.

Was bewirkt nun eine Änderung des Übertragungsbeiwertes K_P ? Eine Verkleinerung um die Hälfte hat eine Verschiebung der Amplitudenkennlinie nach unten um $20 \cdot \lg 0.5 = 20 \cdot (-0.3) = -6$ dB zur Folge. Eine Vergrößerung auf das Doppelte hat entsprechend eine Verschiebung der Amplitudenkennlinie nach oben um $20 \cdot \lg 2 = 20 \cdot (0.3) = 6$ dB zur Folge.

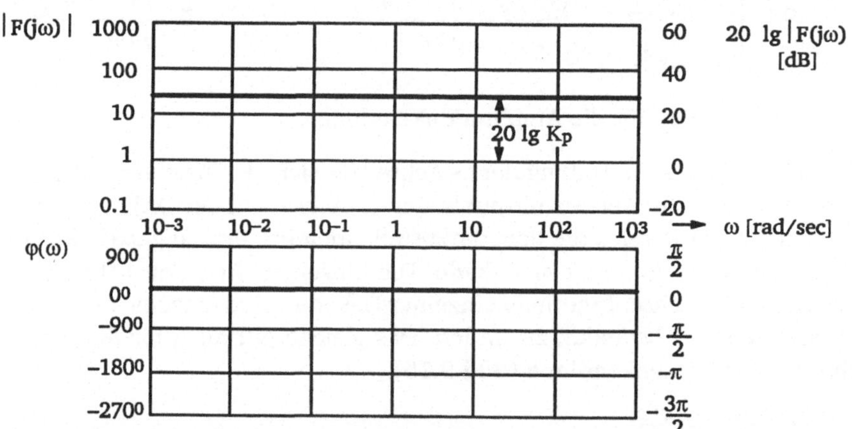

Bild 3.16: Frequenzkennlinien eines P–Gliedes

Das ist eine grundsätzliche Eigenschaft, die für alle Übertragungsglieder gilt: eine Vergrößerung des Übertragungsbeiwertes hat eine entsprechende Verschiebung der Amplitudenkennlinie nach oben zur Folge, und einer Verkleinerung des Übertragungsbeiwertes entspricht eine Verschiebung der Amplitudenkennlinie nach unten.

Frequenzkennlinien eines I–Gliedes

Der Betrag des Freqenzganges eines I–Gliedes $F(j\omega) = K_I/j\omega = 1/j\omega T_n$ verkleinert sich linear mit steigender Kreisfrequenz ω. Bei einer Änderung der Kreisfrequenz um eine Dekade, zum Beispiel von $\omega = 1 \mathrm{sec}^{-1}$ bis $\omega = 10 \mathrm{sec}^{-1}$, wird der Betrag $|F(j\omega)| = K_I/\omega = 1/\omega T_n$ um das Zehnfache kleiner.

Somit stellt seine Amplitudenkennlinie $L(\omega) = -20 \lg \omega T_n$ eine Gerade (Bild 3.17), die pro ω–Dekade um 20dB fällt, dar. Man spricht von einer Steigung von –20dB/Dekade. Die Amplitudenkennlinie schneidet die ω–Achse bei der Kennkreisfrequenz

$$\omega_e = 1/T_n = K_I .$$

Die Phasenkennlinie ist ebenfalls eine Gerade, da der Phasengang

$$\varphi(\omega) = \arctan(-\infty) = -90^0$$

konstant ist.

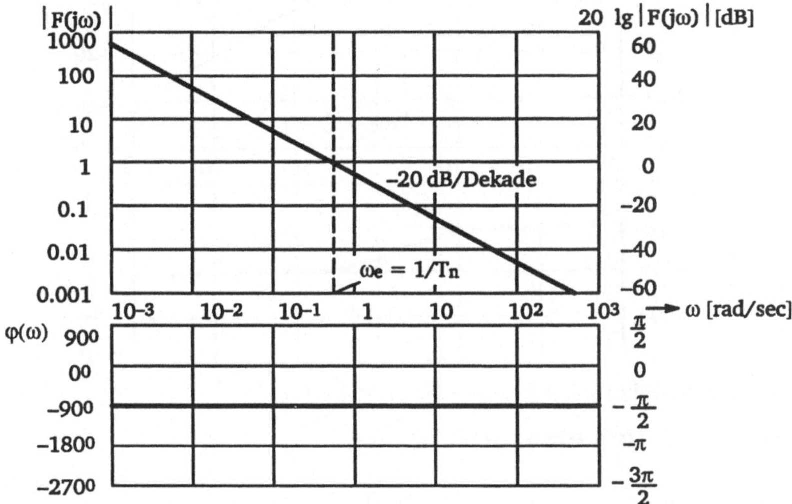

Bild 3.17: Frequenzkennlinien eines I –Gliedes

Frequenzkennlinien eines P–T1–Gliedes

Die Amplitudenkennlinie eines P–T1–Gliedes

$$L(\omega) = 20 \lg |F(j\omega)| = 20 \lg K_p - 20 \lg \sqrt{\omega^2 T_1^2 + 1} \qquad (3.40)$$

gewinnt man, indem man diese Formel für sehr kleine im Vergleich zur Eckfrequenz $\omega_e = 1/T_1$, und sehr große Frequenzen auswertet.

Für Kreisfrequenzen $\omega < 0.1\omega_e$ ist der Term $\omega^2 T_1^2$ viel kleiner als 1, und kann vernachlässigt werden. Deshalb kann die Amplitudenkennlinie in diesem Frequenzbereich durch eine Gerade $20 \lg K_p$, auch Asymptote genannt, dargestellt werden (Bild 3.18).

Für Kreisfrequenzen $\omega > 10\,\omega_e$ ist der Term $\omega^2 T_1^2$ viel größer als 1 und die obige Formel nimmt folgende Gestalt an:

$$L(\omega) = 20 \lg |F(j\omega)| = 20 \lg K_p - 20 \lg \omega T_1 . \qquad (3.41)$$

Bei einer Änderung von ω um eine Dekade ändert sich L(ω) um –20dB. Damit kann die Amplitudenkennlinie in diesem Frequenzbereich durch eine Gerade mit der Steigung –20dB/Dekade dargestellt werden. Der Schnittpunkt beider Geraden fällt mit der Eckfrequenz ω_e zusammen. In diesem Punkt hat die näherungsweise durch die beiden Asymptoten dargestellte Amplitudenkennlinie die maximale Abweichung vom exakten Verlauf von –3dB.

Die Phasenkennlinie $\varphi(\omega) = -\arctan \omega T_1$ erreicht den Wert $-\pi/4$ bei der Eckfrequenz ω_e, und ändert ihren Wert von 0^0 bis -90^0 innerhalb einer Dekade um die Eckfrequenz.

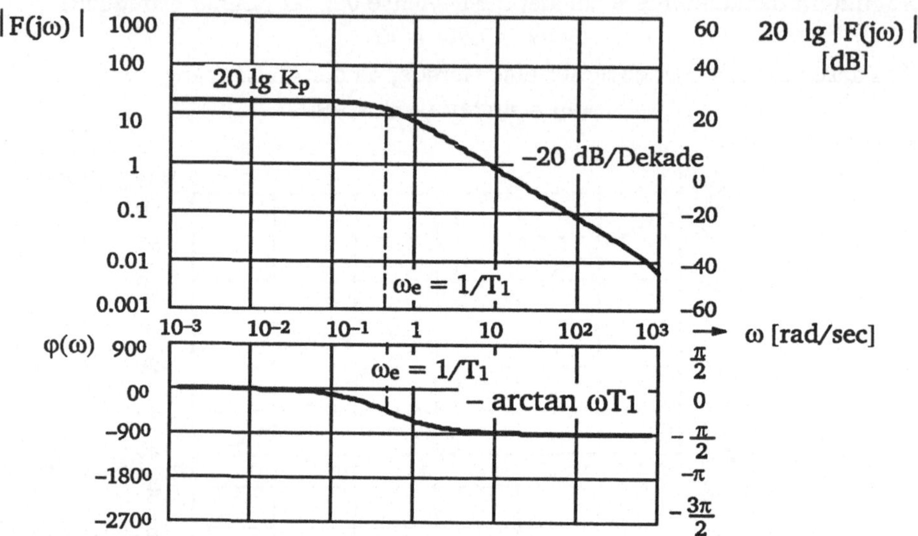

Bild 3.18: Frequenzkennlinien eines P–T1 –Gliedes

Frequenzkennlinien eines PD–Gliedes

Die Amplitudenkennlinie eines PD–Gliedes

$$L(\omega) = 20 \lg |F(j\omega)| = 20 \lg K_p + 20 \lg \sqrt{\omega^2 T_v^2 + 1} \tag{3.42}$$

gewinnt man, indem man diese Formel, ähnlich wie bei P–T1–Glied, für sehr kleine im Vergleich zu Eckfrequenz $\omega_e = 1/T_v$, und sehr große Frequenzen auswertet. Für Kreisfrequenzen $\omega < 0.1\omega_e$ ist der Term $\omega^2 T_v^2$ viel kleiner als 1, und kann vernachlässigt werden. Deshalb kann die Amplitudenkennlinie in diesem Frequenzbereich durch eine Gerade $20 \lg |F(j\omega)|$, auch Asymptote genannt, dargestellt werden (Bild 3.19).
Für Kreisfrequenzen $\omega > 10\,\omega_e$ ist der Term $\omega^2 T_v^2$ viel größer als 1, und die obige Formel nimmt die Gestalt

$$L(\omega) = 20 \lg |F(j\omega)| = 20 \lg K_p + 20 \lg \omega T_1 \tag{3.43}$$

an. Es ist eine Gerade mit der Steigung +20dB/Dekade. Der Schnittpunkt beider Geraden fällt mit der Eckfrequenz ω_e zusammen. In diesem Punkt hat die näherungsweise durch die beiden Asymptoten dargestellte Amplitudenkennlinie die maximale Abweichung vom exakten Verlauf von –3dB.
Die Phasenkennlinie $\varphi(\omega) = \arctan \omega T_v$ erreicht den Wert $\pi/4$ bei der Eckfrequenz ω_e, und ändert ihren Wert von 0^0 bis 90^0 innerhalb einer Dekade um die Eckfrequenz.

Es ist ersichtlich, daß die Frequenzkennlinien eines PD–Gliedes eine Spiegelung der Frequenzkennlinien eines P–T1–Gliedes darstellen. Somit lassen sich mit einer Schablone die einzelnen Frequenzkennlinien zeichnen. Man braucht sie nur entsprechend der Eckfrequenz und dem Wert der Verstärkung K_p im Bode–Diagramm zu positionieren.

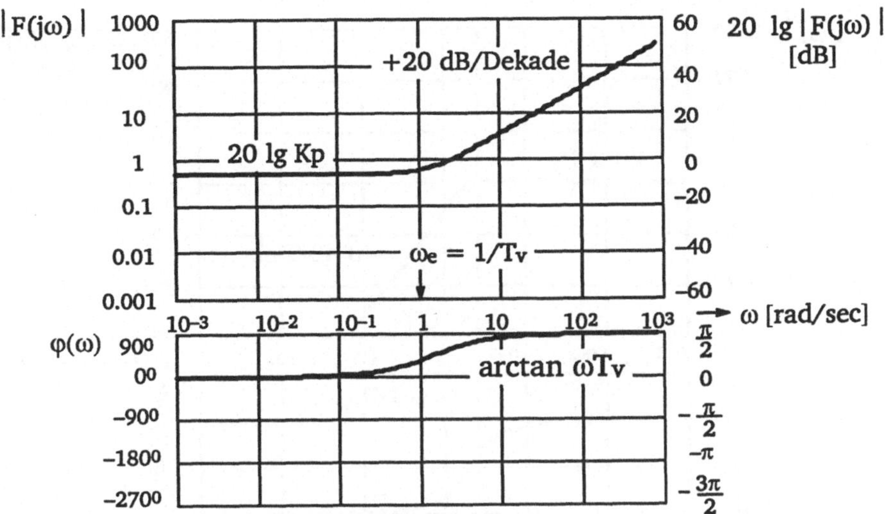

Bild 3.19: Frequenzkennlinien eines PD–Gliedes

Frequenzkennlinien eines P–T₂–Gliedes bei $d \leq 1$

Die Amplitudenkennlinie eines P–T₂–Gliedes

$$L(\omega) = 20 \lg |F(j\omega)| = 20 \lg K_p - 20 \lg \sqrt{(1 - T_1^2\omega^2)^2 + 4\, d^2\, T_1^2\, \omega^2} \qquad (3.44)$$

für im Vergleich zur Kennkreisfrequenz $\omega_o = 1/T_1$ sehr kleine Frequenzen verläuft parallel zur ω–Achse (Bild 3.20). In diesem Frequenzbereich sind die Terme $\omega^2 T_1^2$ und $4d^2T_1^2\omega^2$ viel kleiner als 1 und können vernachlässigt werden. Deshalb kann die Amplitudenkennlinie in diesem Frequenzbereich durch eine Gerade $20 \lg K_p$ dargestellt werden (Bild 3.20).

Im Frequenzbereich um die Kennkreisfrequenz $0.1\omega_o < \omega_o < 10\, \omega_o$ ist der Verlauf der Amplitudenkennlinie vom Dämpfungsgrad d stark abhängig. Je kleiner dessen Wert, desto größer ist die Spitze der Amplitudenkennlinie in diesem Bereich. Bei $d > 0.707$ hat die Amplitudenkennlinie kein Maximum in diesem Bereich.

Im Frequenzbereich $\omega > \omega_o$ ist der Verlauf der Amplitudenkennlinie ebenfalls stark vom Dämpfungsgrad abhängig. Bei $d <= 1$ hat die Amplitudenkennlinie eine Steigung von –40dB/Dekade.

Die Phasenkennlinie

$$\varphi(\omega) = -\arctan \frac{2\, d\, T_1\, \omega}{1 - T_1^2\omega^2} \qquad (3.45)$$

beginnt bei 0°, erreicht bei $\omega_o = 1/T_1$ den Wert –90° und läuft dann gegen –180°. Je kleiner der Dämpfungsgrad ist, desto steiler verläuft die Phasenkennlinie im Bereich um ω_o. Bei $d=0$ ergibt sich ein sprungartiger Verlauf der Phasenkennlinie von 0° auf –180° (Bild 3.21).

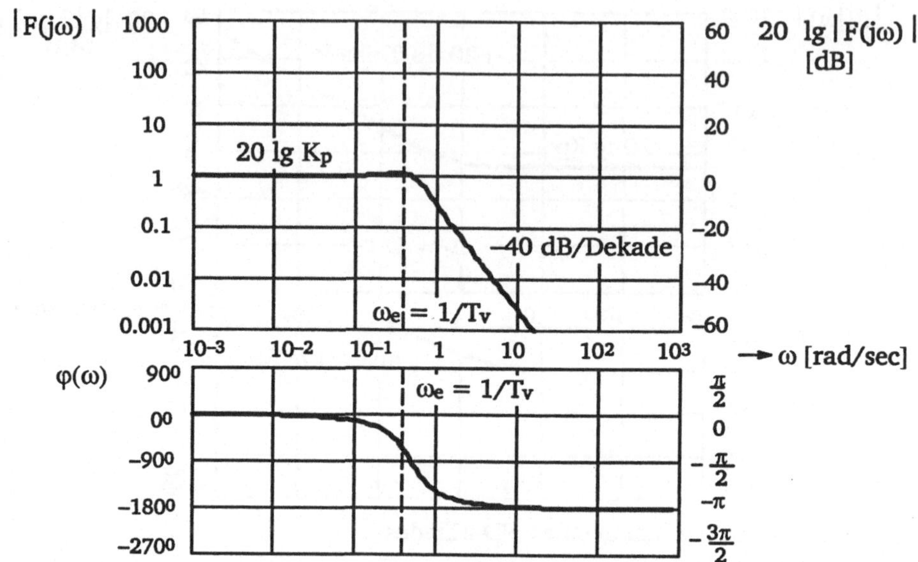

Bild 3.20: Frequenzkennlinien eines P–T_2–Gliedes bei $0<d\leq1$

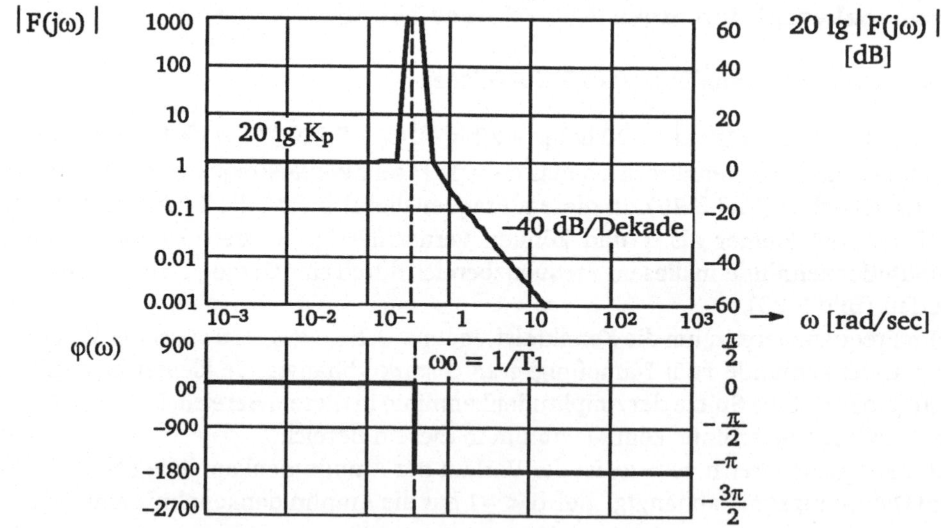

Bild 3.21: Frequenzkennlinien eines P–T_2–Gliedes bei $d=0$

Die Frequenzkennlinien für weitere elementare Übertragungsglieder sind rechnerisch mit Hilfe des Programms VISU–RT zu ermitteln (Siehe Aufgabestellung zu diesem Kapitel im Abschnitt 3.4).

3.4 Hinweise und Aufgaben für die Simulationsexperimente

a. Hinweise zum Simulationsprogramm

Bei der Lösung dieser Aufgaben verwenden Sie die unter den Menüpunkten
F2–'Elementare Übertragungsglieder: Analyse im Frequenzbereich'
verfügbaren Programme.

Hinweise zur Eingabe der Parameter eines Übertragungsgliedes

Nach der Anwahl des Menüpunktes 'Elementare Übertragungsglieder: Analyse im Frequenzbereich' durch die Funktionstaste F2 erscheint auf dem Bildschirm die Aufzählung der verfügbaren Übertragungsglieder gemäß Bild 3.22.

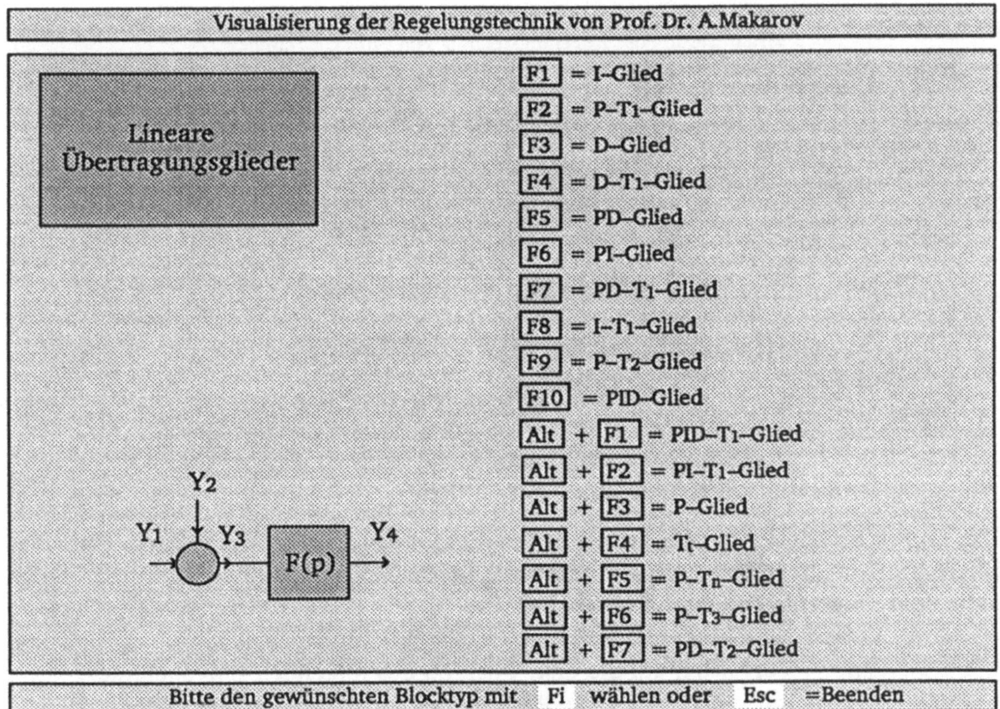

Bild 2.12: Menü zur Auswahl des Typs eines Übertragungsgliedes

Man wähle nun durch entsprechende Tastenkombination den gewünschten Typ des Übertragungsgliedes. Danach erscheint auf dem Bildschirm eine Eingabemaske gemäß Bild 3.23, und man kann nun die einzelnen Parameter des Übertragungsgliedes auf die gestellte Aufgabe anpassen.

Bei der Anwahl des PT_n–Übertragungsgliedes erscheint eine Eingabemaske gemäß Bild 3.24.

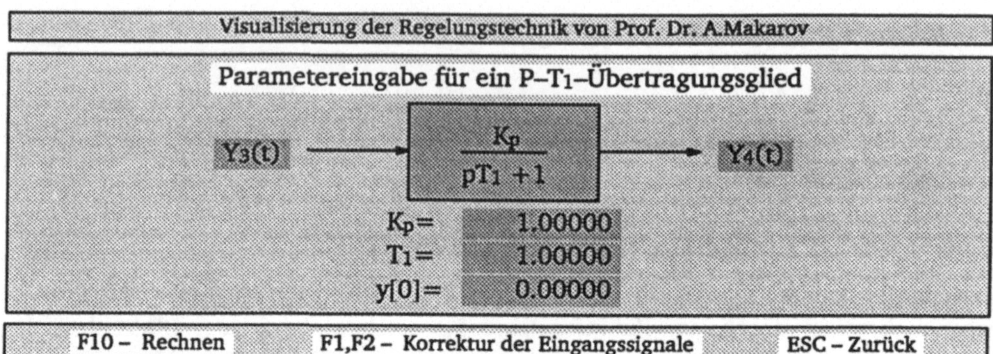

Bild 3.23: Maske zur Einstellung eines der Übertragungsglieder

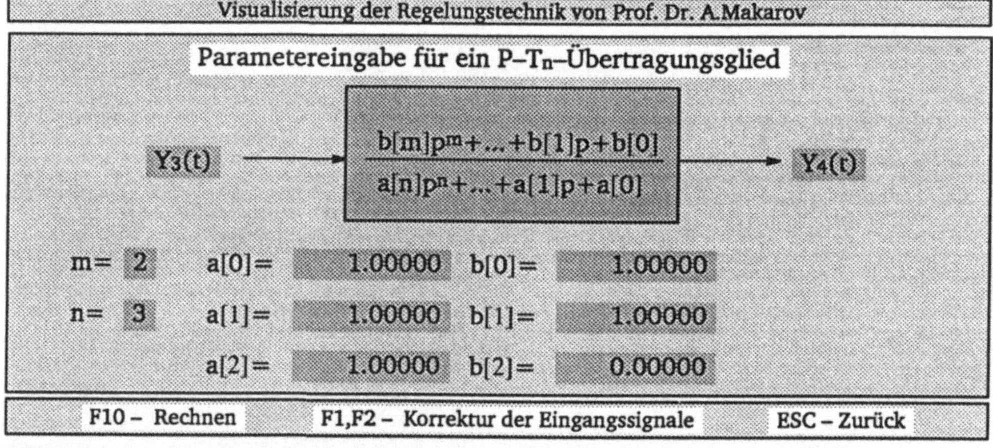

Bild 3.24: Maske zur Einstellung eines P–T_n–Gliedes

Die Korrektur der Parameter in einzelnen Eingabefeldern erfolgt durch einfaches Überschreiben eines Zeichens nach entsprechendem Vorrücken mit dem Cursor, dabei haben die Steuertasten folgende Belegung:

Escape – Zurückgehen auf die vorherige Menüebene.
Enter – Vorrücken auf die erste Position des folgenden Eingabefeldes.
<↓> – Rücken auf die erste Position des folgenden Eingabefeldes.
<↑> – Rücken auf die erste Position des vorhergehenden Eingabefeldes.
<←> – Rücken um eine Position nach links im aktuellen Eingabefeld.
<→> – Rücken um eine Position nach rechts im aktuellen Eingabefeld.

Syntaxfehler bei der Eingabe werden vom Programm gemeldet und können korrigiert werden. Dabei erscheint im Eingabefeld ein blinkendes Fragezeichen. In diesem Fall muß das gesamte Eingabefeld (einschließlich Leerzeichen) neu überschrieben werden.

Reelle Zahlen werden mit einem "." geschrieben. Die Eingabe von Zahlen in Exponentialform ist nicht zulässig.

Nachdem die notwendigen Änderungen vorgenommen wurden, kann durch Betätigen der Taste F10 die Berechnung des Frequenzganges gestartet werden. Dabei wird intern die Einstellung einiger Simulationsparameter überprüft. Wenn die Einstellung nicht korrekt ist, erscheinen oberhalb des Strukturbildes entsprechende Meldungen, die befolgt werden müssen.

Nachdem die Berechnung des Frequenzganges durch F10 gestartet wurde, erscheinen auf dem Bildschirm ein Maßstabsnetz und der Verlauf des Amplitudenganges im linearen Maßstab. Da vor dem Beginn der Berechnung nicht vorherzusehen ist, welche Werte der Amplitudengang annehmen wird, kann es vorkommen, daß die Kurve außerhalb des Maßstabsnetzes liegt. Erst nach Beendigung der Berechnung und Betätigen einer beliebigen Taste erscheinen die Ortskurve und die Frequenzkennlinien, etwa wie im Bild 3.25 dargestellt.

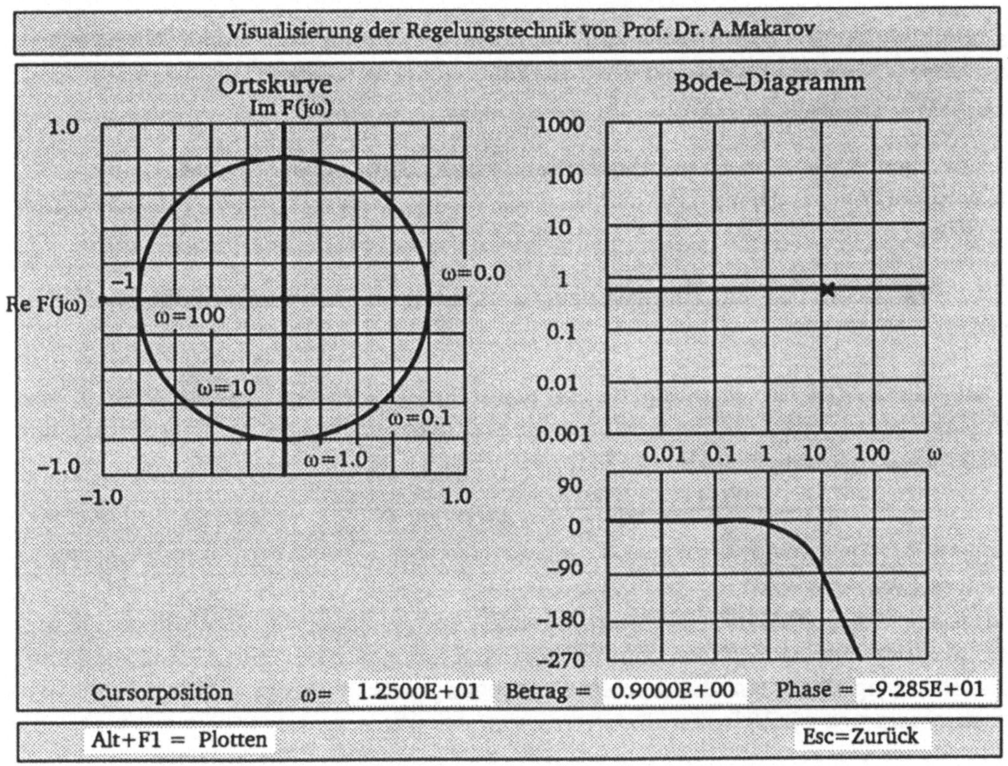

Bild 3.25: Darstellung der Ortskurve und der Frequenzkennlinien in VISU–RT

Mit Hilfe des Cursors kann der Verlauf der Ortskurve und der Frequenzkennlinien abgetastet werden. Diese Darstellung der Ergebnisse kann ausgegeben werden. Nach Beendigung der Ausgabe oder durch das Betätigen der Taste F10 kehrt man zur Eingabemaske 3.23 bzw. 3.24 zurück. Nun können weitere Änderungen der Parameter und anschließende Berechnungen durchgeführt werden.

b. Aufgaben für die Simulationsexperimente

Aufgabe 3.1. Berechnen Sie die Ortskurven und Frequenzkennlinien für einzelne lineare Übertragungsglieder mit voreingestellten Parametern und stellen Sie diese in einer Tabelle zusammen.

Aufgabe 3.2. Das dynamische Verhalten eines Meßumformers wird durch folgende Differentialgleichung

$$0.09\,\frac{d^2y(t)}{dt^2} + 0.3\,\frac{dy(t)}{dt} + y(t) = 40\,u(t)$$

beschrieben.

a. Ermitteln Sie die Übertragungsfunktion F(p) des Meßumformers und klassifizieren Sie dieses Übertragungsglied. Welche der Parameter kennzeichnen die Empfindlichkeit des Meßumformers ?

b. Zeichnen Sie die Ortskurve des Meßumformers. Gibt es eine Resonanzfrequenz ? In welchem Frequenzbereich ist der relative Meßfehler bezüglich der Amplitude kleiner als 30% ?

c. Wie ändert sich der Kennlinienverlauf, wenn man die Dämpfung um das Zweifache erhöht ?

*Aufgabe 3.3.*Die Bewegungsgleichung eines Einachsanhängers (Bild 3.26) in vertikaler Richtung in der Abhängigkeit von der Fahrbahnunebenheit wird durch folgende Differentialgleichung beschrieben [21]:

$$m\,\frac{d^2y(x)}{dt^2} + d\,\frac{dy(x)}{dt} + s\,y(x) = d\,\frac{du(x)}{dt} + s\,u(x)$$

wobei $m=10^3$ kg, $d= 2.74\cdot10^3$ N·sec/m, $s= 3\cdot10^3$ N/m und $x =Vt$ ist. V stellt die Fahrzeuggeschwindigkeit dar.
Bei ebener Straße (Bild 3.26b) verschwindet die Anregung $u(x)=0$. Der Fahrzeugkörper nimmt seine Ruhelage $y(x)=0$ ein. Bei einer welligen Fahrbahn (Bild 3.26c) wirkt auf den Fahrzeugkörper eine harmonische Anregung $u(x) = U_0 \sin(2\pi Vt/L)$ mit der Kreisfrequenz $\omega=2\pi V/L$ ein.

a. Ermitteln Sie die Übertragungsfunktion und berechnen Sie den Frequenzgang des Einachsenanhängers, zeichnen Sie die Ortskurve und die Frequenzkennlinien.

b. Wie groß ist die Eigenfrequenz des Fahrzeuges ? Gibt es eine Resonanzfrequenz ?

c. Wie groß wird die Amplitude der Schwingungen des Fahrzeugkörpers, wenn das Fahrzeug mit 60 km/h über die Teststrecke mit der Wellenlänge L=5m fährt (Bild 3.26c).

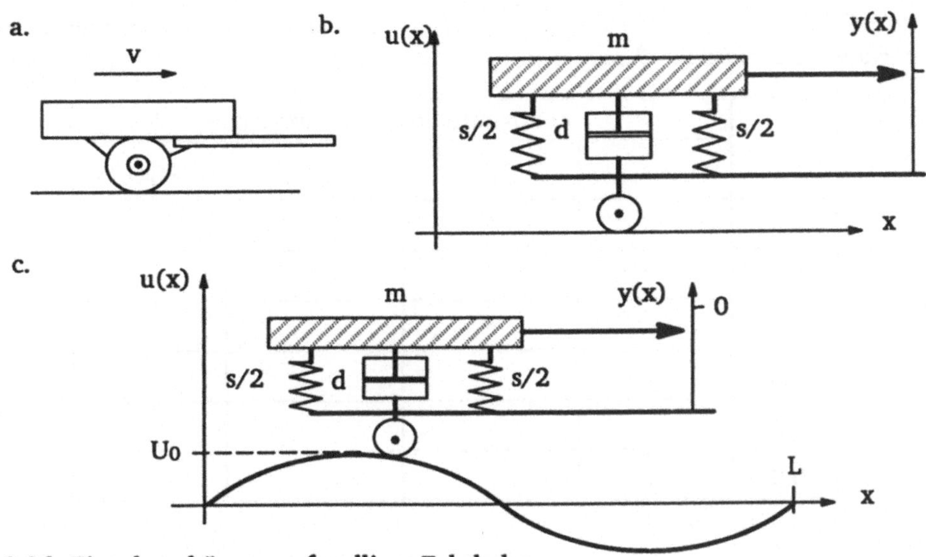

Bild 3.26: Einachsanhänger auf welliger Fahrbahn

Aufgabe 3.4. Durch eine Messung wurden folgende Werte des Frequenzganges eines Meßumformers ermittelt:

ω	6.28	12.56	18.84	31.4	45.0	55.0	62.8	125.6	188.4
$\lvert F(j\omega) \rvert$	1.0	1.0	1.15	1.6	2.0	1.3	0.75	0.15	0.06
$\varphi(\omega)$	–2	–5	–10	–35	–90	–120	–150	–170	–175
Re F(jω)									
Im F(jω)									

a. Ergänzen Sie die Tabelle mit den Werten von Re F(jω) und Im F(jω).
b. Zeichnen Sie die Ortskurve und stellen Sie fest, um was für ein Übertragungsglied es sich hier handelt. Ermitteln Sie die Ersatzübertragungsfunktion des Meßumformers.

Aufgabe 3.5. Untersuchen Sie die Frequenzeigenschaften eines P–T_2–Gliedes mit der Übertragungsfunktion

$$F(p) = \frac{K_p}{p^2 T_1^2 + 2dT_1 p + 1}$$

bei $K_p = 1$, $T_1 = 1\text{sec}$ in Abhängigkeit vom Dämpfungsgrad d.

Ermitteln Sie für die in der Tabelle vorgegebenen Werte des Dämpfungsgrades d die Kennwerte des Frequenzganges. Welche Gesetzmäßigkeiten lassen sich hier erkennen ?

In VISU–RT ist diese Darstellungsform des P–T_2–Gliedes unter der Bezeichnung PDT2 implementiert. Dabei ist T_v=0 zu setzen.

d	Kennwerte des Frequenzganges			
	ω_e	$\lvert F(j\omega_e)\rvert$	$\varphi(\omega_e)$	$\lvert F(j\omega_0)\rvert$
0.3				
0.5				
0.7				
1.0				
1.3				
0.0				

Aufgabe 3.6. Gegeben ist die Übertragungsfunktion eines Gliedes 6. Ordnung

$$F(p) = \frac{b_5\,p^5+b_4\,p^4+b_3\,p^3+b_2\,p^2+b_1\,p+b_0}{p^6+a_5\,p^5+a_4p^4+a_3\,p^3+a_2\,p^2+a_1\,p+a_0} \quad ,n=6,m=5$$

mit den Werten einzelner Koeffizienten
$a_0=1.37\cdot10^4$, $a_1=1.49\cdot10^4$, $a_2=1.65\cdot10^4$, $a_3=0.77\cdot10^4$, $a_4=7.12\cdot10^2$, $a_5=67.6$,
$b_0=1.35\cdot10^4$, $b_1=1.13\cdot10^4$, $b_2=0.149\cdot10^4$, $b_3=0.6635$, $b_4=8.49\cdot10^{-3}$, $b_5=7.85\cdot10^{-5}$.
Diese Werte sind im Programm für P–T_n–Glied (Tastenkombination Alt+F5) voreingestellt.
Berechnen Sie die Ortskurve. Ermitteln Sie eine Ersatzübertragungsfunktion möglichst niederer Ordnung für dieses Übertragungsglied.

Aufgabe 3.7. Prüfen Sie die Aussagen über die grundsätzlichen Eigenschaften der Ortskurve eines minimalphasigen Übertragungsgliedes (Seite 80) und die Beziehung (3.38). Betrachten Sie dazu den Verlauf der Ortskurve:

- eines P–T_1–Gliedes mit K_p=1, T_1= 4 sec. Hier ist n–m=1.
- eines P–T_2–Gliedes mit K_p=1, T_1= 4 sec, T_2= 1 sec. Hier ist n–m=2.
- eines PD–T_2–Gliedes mit K_p=1, T_1= 2 sec, d=1.25, T_v= 1 sec. Hier ist n–m=1.
- eines P–T_3–Gliedes mit K_p=1, T_1= 4 sec, T_2= 1 sec, T_3= 0.1 sec. Hier ist n–m=3.

4. Analyse einschleifiger Regelkreise im Zeitbereich

4.1 Strukturbild und Umformungsregeln

Durch Analyse der physikalischen Zusammenhänge zwischen Ein– und Ausgangsgrößen einzelner Elemente eines dynamischen Systems gewinnt man das mathmatische Modell, das in der Regelungstechnik durch ein sogenanntes *Strukturbild oder Blockschaltbild* anschaulich dargestellt wird. Je komplexer das System ist, desto kompliziertere Strukturbilder hat man als Ergebnis. In der Regel muß es noch umgeformt werden, um zu einer möglichst einfachen und übersichtlichen Darstellung zu gelangen. Das Umformen des Strukturbildes wird mit Hilfe der Umformungsregel, die für *lineare zeitinvariante Übertragungsglieder* gelten, durchgeführt.

Reihenschaltung von Übertragungsgliedern

Für die Reihenschaltung (Bild 4.1a) zweier Glieder mit den Übertragungsfunktionen $F_1(p)$ und $F_2(p)$ gilt

$$v(p) = F_1(p) \cdot u(p),$$
$$y(p) = F_2(p) \cdot v(p).$$

Nach der Elimination von v(p) aus der zweiten Gleichung erhält man

$$y(p) = F_2(p) \cdot F_1(p) \cdot u(p).$$

Somit ist die Gesamtübertragungsfunktion der Reihenschaltung

$$F(p) = F_1(p) \cdot F_2(p). \tag{4.1}$$

Es ist ersichtlich, daß die Reihenfolge der Übertragungsglieder bei der Reihenschaltung keine Bedeutung hat, deshalb sind sie untereinander vertauschbar.

Parallelschaltung von Übertragungsgliedern

Bei der Parallelschaltung (Bild 4.1b) zweier Glieder mit den Übertragungsfunktionen $F_1(p)$ und $F_2(p)$ gilt

$$y_1(p) = F_1(p) \cdot u(p),$$
$$y_2(p) = F_2(p) \cdot u(p)$$

und

$$y(p) = y_1(p) + y_2(p) = (F_1(p) + F_2(p)) \cdot u(p).$$

Somit ist die Gesamtübertragungsfunktion der Parallelschaltung

$$F(p) = F_1(p) + F_2(p). \tag{4.2}$$

Kreisschaltung von Übertragungsgliedern

Für die Kreisschaltung (Bild 4.1c) zweier Glieder mit den Übertragungsfunktionen $F_1(p)$ und $F_2(p)$ mit *Gegenkopplung* gilt

$$y(p) = F_1(p) \cdot e(p),$$
$$r(p) = F_2(p) \cdot y(p),$$

und

$$e(p) = w(p) - r(p).$$

Durch Einsetzen dieser Gleichung in die Gleichung für y(p) erhält man

$$y(p) = F_1(p)\cdot(w(p) - r(p)).$$

Nach Elimination von r(p) folgt

$$y(p) = F_1(p)\cdot w(p) - F_2(p)\cdot F_1(p)\cdot y(p).$$

Somit ist die Gesamtübertragungsfunktion der Kreisschaltung mit Gegenkopplung

$$F(p)= \frac{F_1(p)}{1+F_1(p)\cdot F_2(p)}. \tag{4.3}$$

Diese Struktur ist die Grundstruktur der Regelungstechnik. Deshalb ist der Ausdruck für die Gesamtübertragungsfunktion fest einzuprägen.

Den Zähler bildet die Übertragungsfunktion des Direktzweiges zwischen der Eingangsgröße w(t) und der Ausgangsgröße y(t). Im Nenner wird die Übertragungsfunktion des offenen Kreises

$$F_o(p) = F_1(p)\cdot F_2(p) \tag{4.4}$$

zu eins addiert.

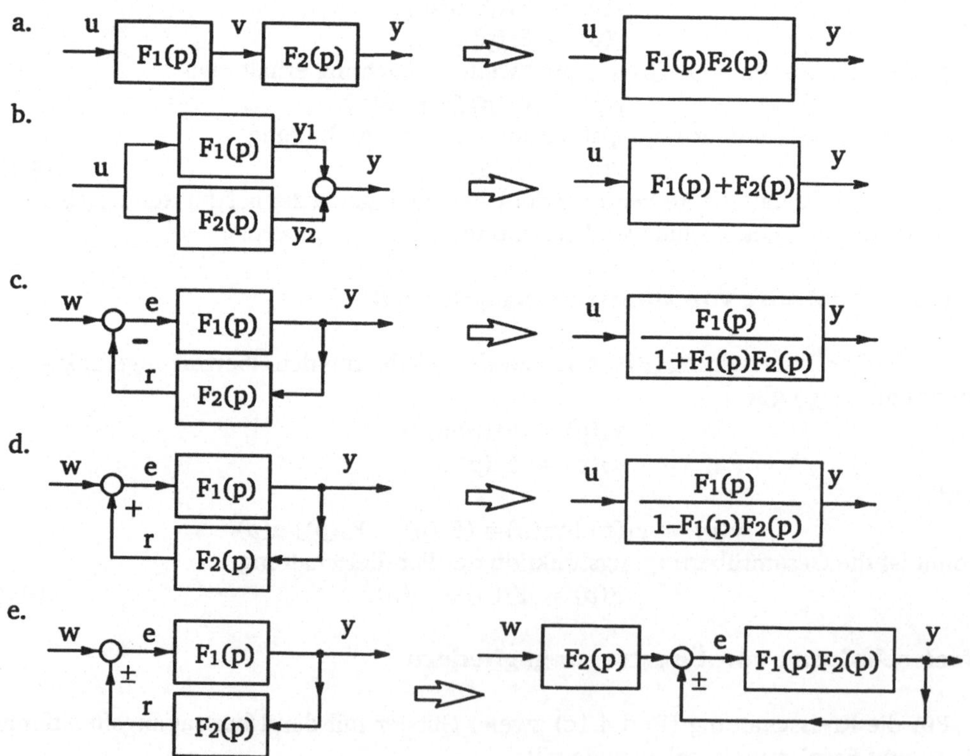

Bild 4.1: Umformungsregeln des Blockschaltbildes

Es ist leicht nachzuprüfen, daß für die Gesamtübertragungsfunktion der Kreisschaltung mit Mitkopplung (Bild 4.1d) folgende Beziehung gilt:

$$F(p) = \frac{F_1(p)}{1 - F_1(p)F_2(p)} \ . \tag{4.5}$$

Das Bild 4.1e zeigt, wie man die Übertragungsfunktion des Rückkopplungszweiges verlegt, was oft hilfreich bei der Strukturumformung sein kann.
Die weiteren Umformungsregeln, die die Verlegung von Blöcken und Additionsstellen bzw. Verzweigungsstellen beinhalten, sind in Bild 4.2 zusammengestellt.

a. Verlegen einer Additionsstelle vor einen Block

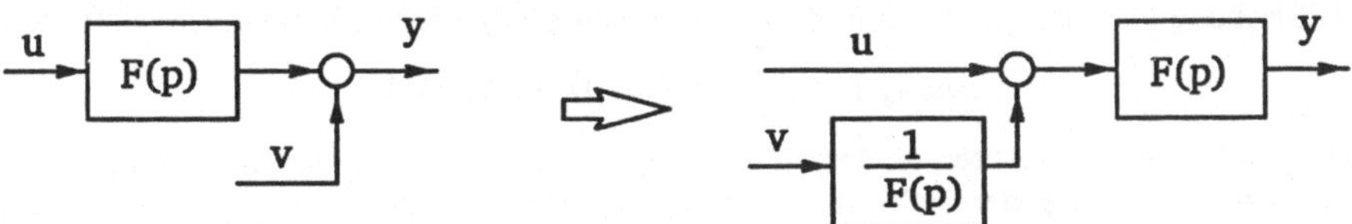

b. Verlegen einer Additionsstelle hinter einen Block

c. Verlegen einer Verzweigungsstelle vor einen Block

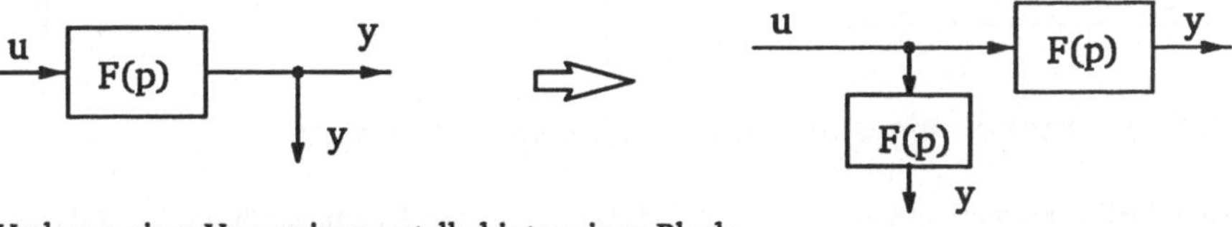

d. Verlegen einer Verzweigungsstelle hinter einen Block

Bild 4.2: Umformungsregeln des Blockschaltbildes

Beispiel 4.1. Erstellung und Umformung des Blockschaltbildes eines Gleichstrommotors mit Fremderregung.

Im Beispiel 2.1. wurde das mathematische Modell eines Gleichstrommotors mit Fremderregung (Bild 2.3) erstellt. Dort wurde gezeigt, daß das dynamische Verhalten durch folgende zwei Differentialgleichungen erster Ordnung

$$T_e \frac{di_A}{dt} + i_A = \frac{1}{R_A}(u_A - e_M) \ , \ e_M = C_M \, \omega_M, \tag{4.6}$$

$$J \frac{d\omega_M}{dt} = M_M - M_L \ , \ M_M = C_M \, i_A \tag{4.7}$$

bzw. durch eine Differentialgleichung zweiter Ordnung

$$T_e T_m \frac{d^2\omega_M}{d^2t} + T_m \frac{d\omega_M}{dt} + \omega_M = K_{p1} u_A - K_{p2} (M_L + T_e \frac{dM_L}{dt}) \quad (4.8)$$

beschrieben wird.

Der Gleichung (4.6) entspricht im Bildbereich der Laplace-Transformation folgende Beziehung

$$i_A(p) = \frac{1/R_A}{pT_e + 1} (u_A(p) - e_M(p)). \quad (4.9)$$

Sie kann durch einen Summierer (Bild 4.3), an dessen Ausgang ein PT_1-Glied angeschlossen ist, dargestellt werden.

Der Gleichung (4.7) entspricht im Bildbereich der Laplace-Transformation folgende Beziehung

$$\omega_M(p) = \frac{1}{pJ} (M_M(p) - M_L(p)). \quad (4.10)$$

Sie kann durch einen Summierer, an dessen Ausgang ein I-Glied angeschlossen ist, dargestellt werden.

Unter Berücksichtigung der Gleichungen für das Motordrehmoment $M_M = c_M i_A$ und für die induzierte Gegen-EMK $e_M = c_M \omega_M$, die durch P-Glieder dargestellt werden, erhält man das in Bild 4.3 dargestellte Blockschaltbild.

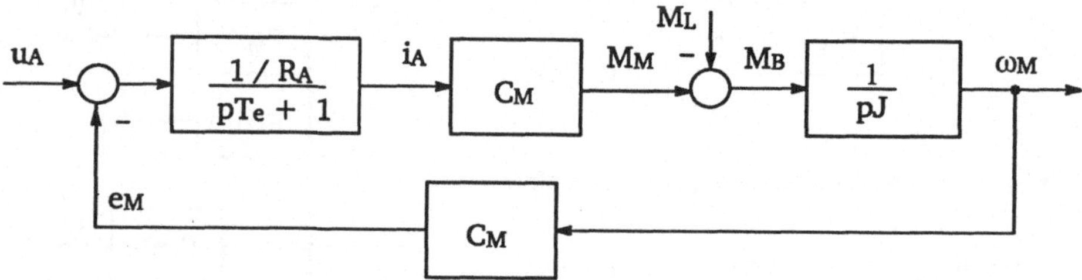

Bild 4.3: Grundstruktur eines ungeregelten Gleichstrommotors

Wie aus dem Blockschaltbild hervorgeht, hat dieses System zwei Eingangsgrößen: die Führungsgröße U_A und die Störgröße M_L. Ihre Auswirkungen auf die zu regelnde Größe, hier die Winkelgeschwindigkeit ω_M, beschreiben die Führungsübertragungsfunktion des Motors (der Regelstrecke)

$$F_s(p) = \frac{\omega_M(p)}{U_A(p)} \quad (4.11)$$

und die Störübertragungsfunktion des Motors (der Regelstrecke)

$$F_{zs}(p) = \frac{\omega_M(p)}{M_M(p)}. \quad (4.12)$$

Unsere Aufgabe ist es, diese Übertragungsfunktionen unter Ausnutzung der Umformungsregel zu bestimmen.

a. Bestimmung der Führungsübertragungsfunktion

Das gegebene System ist linear, deshalb kann man ausgehend vom Superpositionsprinzip die Wirkungen einzelner Eingangsgrößen separat betrachten. Wenn man M_L gleich Null setzt, erhält man das Strukturbild, das in Bild 4.4a dargestellt ist.

Durch anschließende Zusammenfassung der Übertragungsglieder im Direktzweig kommt man zur Standardstruktur mit Gegenkopplung (Bild 4.4b). Ausgehend von der Gleichung (4.3) erhält man durch Einsetzen der Übertragungsfunktionen des Direktzweiges und der Rückführung die Führungsübertragungsfunktion (4.4c). Schließlich kann die mechanische Zeitkonstante $T_m = J R_A / C_M^2$ eingeführt werden, so daß man auf die Standardform der Übertragungsfunktion eines P-T_2-Gliedes kommt (Bild 4.4d).

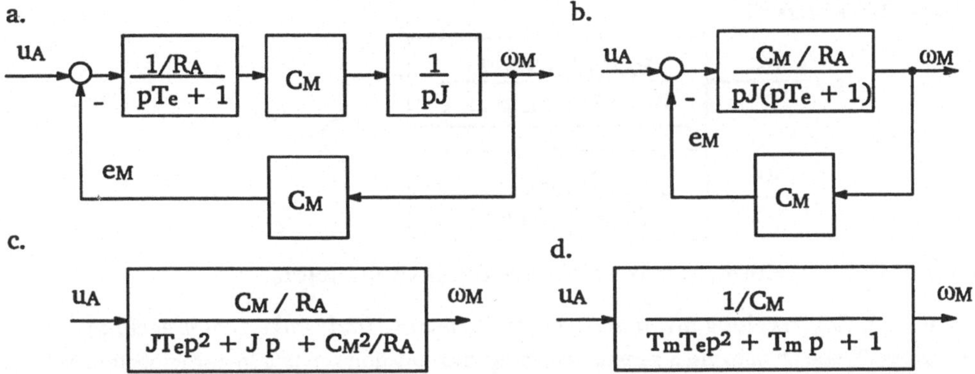

Bild 4.4: Strukturumwandlung zur Bestimmung der Führungsübertragungsfunktion

b. Bestimmung der Störübertragungsfunktion

Ganz analog geht man bei der Bestimmung der Störübertragungsfunktion vor. Wenn man U_A gleich Null setzt, erhält man das Strukturbild, das in Bild 4.5a dargestellt ist. Dabei muß der Vorzeichenwechsel am Summierer für e_M im P-Block berücksichtigt werden.

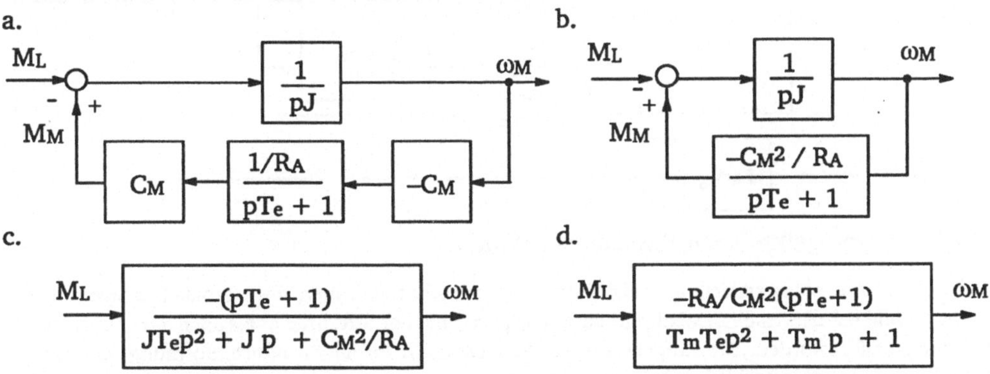

Bild 4.5: Strukturumwandlung zur Bestimmung der Störübertragungsfunktion

Durch anschließende Zusammenfassung der Übertragungsglieder im Rückkopplungszweig kommt man zur Standardstruktur für Mitkopplung (Bild 4.5b). Ausgehend von der Gleichung (4.4) erhält man durch Einsetzen der Übertragungsfunktionen des Direktzweiges und der Rückführung die Führungsübertragungsfunktion des Motors(4.5c). Dabei wurde berücksichtigt, daß M_L ein negatives Vorzeichen hat. Schließlich kann die mechanische Zeitkonstante $T_m = J\,R_A/C_M^2$ eingeführt werden, so daß man auf die Standardform der Übertragungsfunktion eines PD–T_2–Gliedes kommt (Bild 4.5d).

Somit wurde das ursprüngliche Strukturbild (Bild 4.3) umgeformt, und das dynamische Verhalten des Gleichstrommotors mit Fremderregung kann durch die Struktur in Bild 4.6 dargestellt werden. Die Strukturbilder 4.3 und 4.6 sind äquivalent.

Zu diesem Strukturbild kommt man auch, wenn man die Gleichung (4.8) in den Bildbereich der Laplace–Transformation bringt

$$\omega_M(p) = \frac{1/C_M}{T_mT_ep^2 + T_mp + 1}\,U_A(p) - \frac{R_A/C_M^2(pT_e+1)}{T_mT_ep^2 + T_mp + 1}\,M_L(p), \qquad (4.13)$$

und durch Blöcke darstellt.

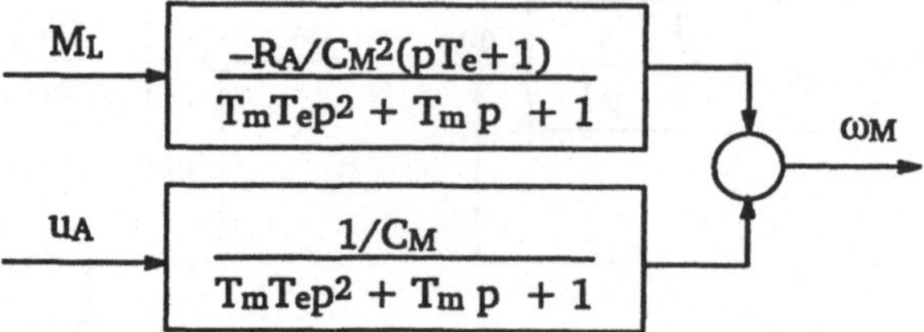

Bild 4.6: Das umgeformte Strukturbild des Gleichstrommotors

Beispiel 4.2. Lageregelung mit unterlagerter Drehzahl– und Ankerstromregelung

Die Lageregelkreise an numerisch gesteuerten Fertigungseinrichtungen und Industrierobotern haben in den meisten Fällen zwei unterlagerte Hilfsregelkreise: Drehzahlregelkreis und Ankerstromregelkreis (Bild 4.7).

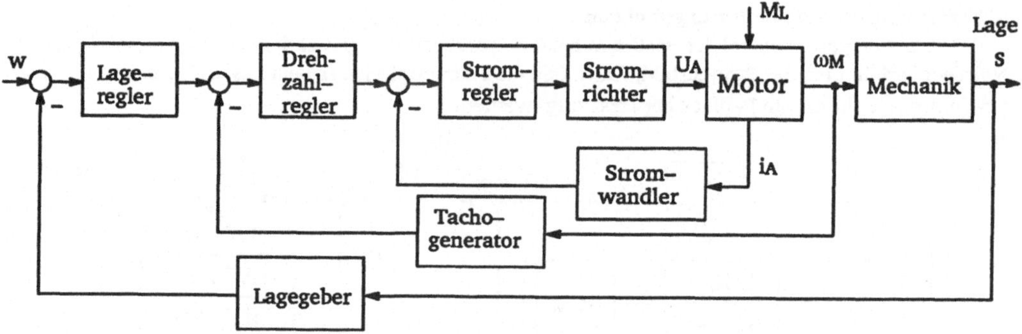

Bild 4.7: Lageregelkreis mit Kaskadenstruktur

Durch die Stromregelung erreicht man ein besseres dynamisches Verhalten des Motors. Der Stromregelkreis ist in Bild 4.8 dargestellt. Dabei sind unter $F_{Ri}(p)$ sowohl der Stromregler als auch der Gleichrichter zusammengefaßt worden. Die Aufgabe besteht hier ebenfalls in der Strukturumformung, um diesen Regelkreis auf Standardstruktur zu bringen.

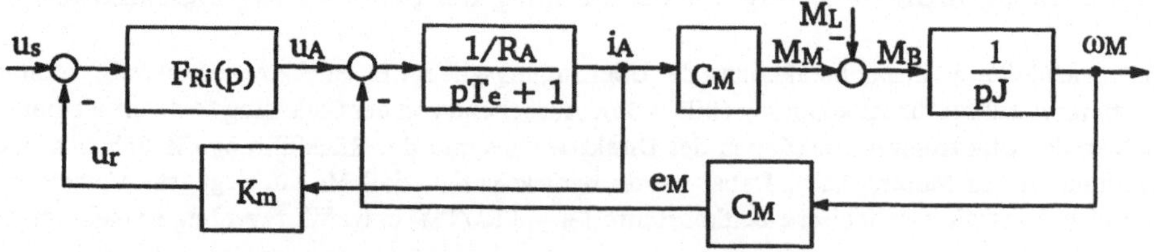

Bild 4.8: Blockschaltbild des Hilfsregelkreises zur Stromregelung

Zuerst verlegen wir den Integrierer hinter die Verzweigungsstelle und das P–T1–Glied vor den Summierer. Als Ergebnis entsteht das Blockschaltbild 4.9.

Unter der Voraussetzung, daß die elektrische Zeitkonstante des Motors T_e deutlich kleiner als die mechanische Zeitkonstante $T_m = J\, R_A/C_M^2$ ist, kann die Wirkung des Rückkopplungszweiges des Motors mit der Gesamtübertragungsfunktion

$$F_r(p) = \frac{C_M / R_A}{Jp(T_ep + 1)} = \frac{1/C_M}{T_mp(T_ep + 1)} \tag{4.14}$$

vernachlässigt werden. Diese Voraussetzung wird in herkömmlichen Antrieben mit einer unterlagerten Stromregelung erfüllt. Damit ändert der Motor mit Stromregelung sein Verhalten (Bild 4.10).

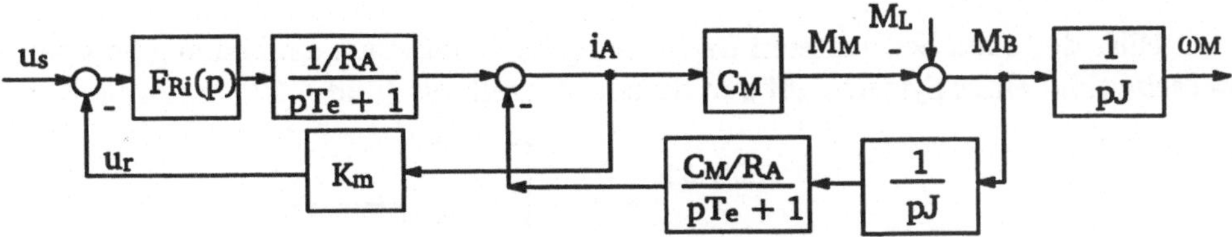

Bild 4.9: Blockschaltbild des Hilfsregelkreises zur Stromregelung

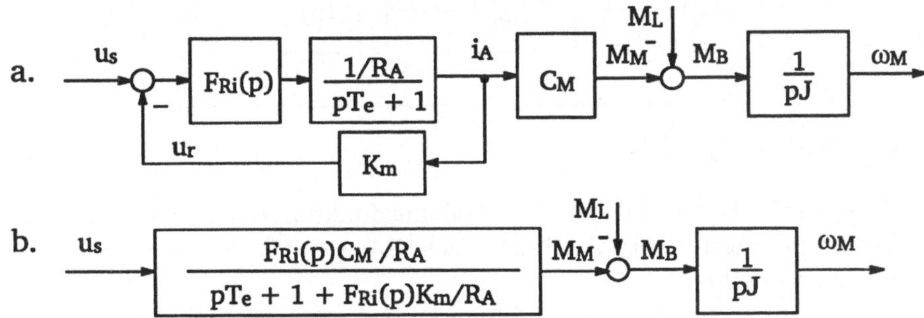

Bild 4.10: Ersatzblockschaltbild des Motors mit dem Hilfsregelkreis zur Stromregelung

Der Gleichrichter kann hinreichend genau durch ein P–T1–Glied beschrieben werden. Als Stromregler setzt man einen elektronischen PI–Regler ein, so daß für $F_{Ri}(p)$ die Gesamtübertragungsfunktion

$$F_{Ri}(p) = K_{Ri}\left(1 + \frac{1}{T_n p}\right)\frac{K_{gr}}{(pT_{gr} + 1)} = \frac{K_{Ri}K_{gr}(pT_n + 1)}{pT_n(pT_{gr} + 1)} \tag{4.15}$$

eingesetzt werden kann. Damit ist die Führungsübertragungsfunktion des Motors

$$F_M(p) = \frac{M_M(p)}{U_s(p)} = \frac{K_{Ri}K_{gr}C_M(pT_n + 1)/R_A}{T_nT_{gr}T_ep^3 + T_n(T_{gr}+T_e)p^2 + T_n(1+K_{Ri}K_{gr}K_m/R_A)p + K_{Ri}K_{gr}K_m/R_A}$$

bekannt, und man kann zur Betrachtung des Hilfsregelkreises für Drehzahlregelung (Bild 4.11) übergehen. Es sei dem Leser überlassen, die Führungs- und Störübertragungsfunktion des Drehzahlregelkreises zu bestimmen.

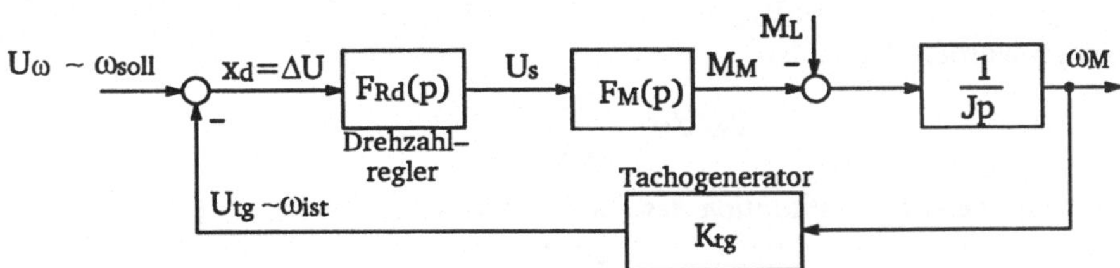

Bild 4.11: Drehzahlregelkreis

4.2 Stabilität, Führungs- und Störverhalten des Regelkreises

Mit Hilfe der oben betrachteten Umformungsregel läßt sich ein beliebig komplexes Blockschaltbild eines Systems auf den Standardregelkreis (Bild 4.12) umformen.

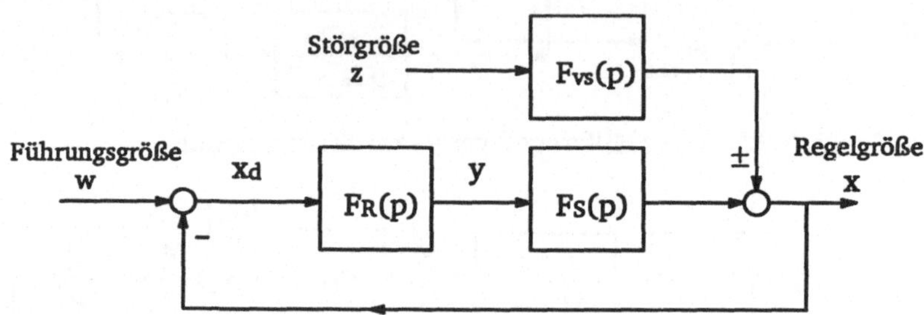

Bild 4.12: Standardregelkreis

Man bezeichnet das Produkt der Übertragungsfunktion des Reglers $F_R(p)$ und der Führungsübertragungsfunktion der Regelstrecke $F_S(p)$ als Übertragungsfunktion *des offenen Regelkreises* $F_o(p)$

$$F_o(p) = F_R(p)\,F_S(p) = \frac{V \cdot \prod\limits_k (pT_k+1) \cdot \prod\limits_i (p^2T_i^2+2d_iT_ip+1)}{p^q \cdot \prod\limits_j (pT_j+1) \cdot \prod\limits_l (p^2T_l^2+2d_lT_lp+1)} = \tag{4.16}$$

$$= \frac{V}{p^q} \cdot \frac{b^*_n p^n + b^*_{n-1} p^{n-1} + \ldots + b^*_1 p + 1}{a^*_n p^n + a^*_{n-1} p^{n-1} + \ldots + a^*_1 p + 1} = \frac{Z_o(p)}{N_o(p)}.$$

Dabei bezeichnet man das Produkt der Übertragungsbeiwerte sämtlicher Übertragungsglieder des offenen Kreises und somit den Verstärkungsfaktor des offenen Kreises als *Kreisverstärkung V*

$$V = K_R K_S. \tag{4.16a}$$

Das Übertragungsverhalten des Standardregelkreises kann unter Ausnutzung der Umformungsregel mit

$$X(p) = \frac{F_o(p)}{1+F_o(p)}\,w(p) \pm \frac{F_{vs}(p)}{1+F_o(p)}\,z(p) \tag{4.17}$$

angegeben werden. Dabei ist

$$F_w(p) = \frac{F_o(p)}{1+F_o(p)} \tag{4.18}$$

die Führungsübertragungsfunktion des geschlossenen Regelkreises und

$$F_z(p) = \frac{\pm F_{vs}(p)}{1+F_o(p)} \tag{4.19}$$

die Störübertragungsfunktion des geschlossenen Regelkreises. Hier ist $F_{vs}(p)$ die Störübertragungsfunktion der Regelstrecke (siehe Beispiel 4.1 und Bild 4.6).

Mit diesen Bezeichnungen kann man kürzer schreiben

$$X(p) = F_W(p)w(p) \pm F_Z(p)z(p) \quad . \tag{4.20}$$

Dieser Beziehung entspricht das Blockschaltbild auf dem Bild 4.13.

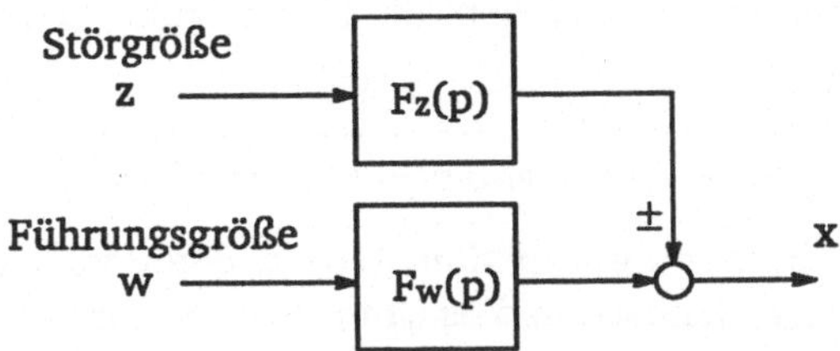

Bild 4.13: Zur Definition der Führungsübertragungsfunktion $F_W(p)$ und der Störübertragungsfunktion $F_Z(p)$ des geschlossenen Regelkreises

Wie aus der Gleichung (4.17) hervorgeht, beeinflußt die Übertragungsfunktion des offenen Regelkreises $F_O(p)=F_R(p)F_S(p)$ sowohl die Führungsübertragungsfunktion des geschlossenen Regelkreises $F_W(p)$ als auch die Störübertragungsfunktion des geschlossenen Regelkreises $F_Z(p)$. Durch eine geeignete Wahl der Übertragungsfunktion des Reglers $F_R(p)$ kann man dafür sorgen, daß der zeitliche Verlauf der Ausgangsgröße $x(t)$ bei den in Betrieb des Systems zu erwartenden Verläufen der Führungsgröße $w(t)$ und der Störgröße $z(t)$ die vorgegebenen Kennwerte einhält. Das ist die eigentliche Aufgabe eines Regelungstechnikers. Hierzu ist es erforderlich, die Eigenschaften des Regelkreises analysieren und nach bestimmten Kriterien beurteilen zu können.

Diese Kriterien ganz allgemein formuliert sind:

a. *Der geschlossene Regelkreis soll ein gutes Führungsverhalten aufweisen*: die Regelgröße soll Veränderungen der Führungsgröße entsprechend den Güteforderungen (Schnelligkeit, geringes Überschwingen u. dgl.) folgen.

b. *Der geschlossene Regelkreis soll ein gutes Störverhalten aufweisen*: die Auswirkung einer Störung auf die Regelgröße soll entsprechend den Güteforderungen beseitigt (ausgeregelt) werden.

c. Für beide Eigenschaften ist die *Stabilität* des Regelkreises eine notwendige Voraussetzung.

a. Stabilität

Den Begriff *Stabilität eines linearen zeitinvarianten Systems* haben wir kurz im Abschnitt 2.3 angesprochen. Wir haben festgestellt, daß der Eigenvorgang in einem System, welches durch eine Differentialgleichung hoher Ordnung

$$a_n \frac{d^n y(t)}{dt^n} + a_{n-1} \frac{d^{n-1} y(t)}{dt^{n-1}} + \dots + a_1 \frac{dy(t)}{dt} + a_0\, y(t) = b_m \frac{d^m u(t)}{dt^m} + b_{m-1} \frac{d^{m-1} u(t)}{dt^{m-1}} + \dots + b_1 \frac{du(t)}{dt} + b_0 u(t) \tag{4.21}$$

beschrieben ist, dann abklingt, wenn die Nullstellen p_i der charakteristischen Gleichung

$$a_n p^n + a_{n-1} p^{n-1} + a_{n-2} p^{n-2} + \ldots + a_1 p + a_0 = 0 \tag{4.22}$$

einen negativen Realteil aufweisen.

Der Differentialgleichung (4.21) entspricht die Übertragungsfunktion

$$F(p) = \frac{Y(p)}{U(p)} = \frac{b_m p^m + b_{m-1} p^{m-1} + \ldots + b_1 p + b_0}{a_n p^n + a_{n-1} p^{n-1} + a_{n-2} p^{n-2} + \ldots + a_1 p + a_0} = \frac{B(p)}{A(p)} \,. \tag{4.23}$$

Das Nennerpolynom der Übertragungsfunktion $A(p)$ ist damit mit dem linken Teil der charakteristischen Gleichung identisch und es kann geschrieben werden

$$A(p) = 0 \,. \tag{4.24}$$

Wenn nun die allgemeine Übertragungsfunktion (4.23) mit der Führungsübertragungsfunktion (4.18) oder mit der Störübertragungsfunktion (4.19) eines geschlossenen Regelkreises verglichen wird, stellt man fest, daß für die charakteristische Gleichung eines einschleifigen geschlossenen Regelkreises folgende Beziehung gilt:

$$A(p) = 1 + F_o(p) = Z_o(p) + N_o(p) = 0. \tag{4.25}$$

Die charakteristische Gleichung für den geschlossenen Regelkreis wird allein durch die Summe des Zählerpolynoms $Z_o(p)$ und des Nennerpolynoms $N_o(p)$ der Übertragungsfunktion des offenen Kreises bestimmt.

Die Nullstellen für ein Nennerpolynom $A(p)$ 1. und 2. Ordnung lassen sich sehr einfach analytisch berechnen und somit kann man sehr einfach über die Stabilität oder Instabilität eines Regelkreises eine Aussage treffen. Für höhere Ordnungen ($n \geq 3$) muß man auf die numerischen Verfahren zur Nullstellenbestimmung von Polynomen zurückgreifen. Im vorigen Jahrhundert hat E.J.Routh (1877) und in ähnlicher Form A.Hurwitz (1895) ein einfaches algebraisches Verfahren angegeben, welches nur eine Ja/Nein-Aussage über die Stabilität liefert. Bei diesem Verfahren werden die Nullstellen nicht berechnet, so daß die Handhabung des Verfahrens sehr einfach ist. Man geht vom Nennerpolynom des geschlossenen Regelkreises

$$A(p) = a_n p^n + a_{n-1} p^{n-1} + a_{n-2} p^{n-2} + \ldots + a_2 p^2 + a_1 p + a_0 = 0 \tag{4.26}$$

aus.

Notwendige Bedingungen für die Stabilität eines linearen Systems

Die erste notwendige Bedingung dafür, daß alle Nullstellen p_i von $A(p)$ einen negativen Realteil haben, ist das Vorhandensein aller Koeffizienten a_i. Fehlt einer der Koeffizienten in $A(p)$, so liegt ein instabiles System vor.

Eine weitere notwendige Bedingung ist die Vorzeichengleichheit der Koeffizienten. Haben die Koeffizienten a_i in $A(p)$ unterschiedliche Vorzeichen, ist das System mit Sicherheit instabil.

Die Erfüllung dieser Bedingungen ist für die Stabilität des Systems nur notwendig und nicht hinreichend.

Hinreichende Bedingung für die Stabilität eines linearen Systems

Nach Hurwitz ist ein System genau dann stabil, wenn alle Hauptminoren der n×n Hurwitz-Matrix

$$H = \begin{bmatrix} a_1 & a_3 & a_5 & \dots & \dots & \dots & 0 & 0 & 0 \\ a_0 & a_2 & a_4 & \dots & \dots & \dots & 0 & 0 & 0 \\ 0 & a_1 & a_3 & \dots & \dots & \dots & 0 & 0 & 0 \\ 0 & a_0 & a_2 & \dots & \dots & \dots & 0 & 0 & 0 \\ \dots & \dots & \dots & \dots & \dots & \dots & \dots & \dots & \dots \\ 0 & 0 & 0 & \dots & \dots & \dots & a_n & 0 & 0 \\ 0 & 0 & 0 & \dots & \dots & \dots & a_{n-1} & 0 & 0 \\ 0 & 0 & 0 & \dots & \dots & \dots & a_{n-2} & a_n & 0 \\ 0 & 0 & 0 & \dots & \dots & \dots & a_{n-3} & a_{n-1} & 0 \\ 0 & 0 & 0 & \dots & \dots & \dots & a_{n-4} & a_{n-2} & a_n \end{bmatrix} \tag{4.27}$$

positiv sind. Durch die Auswertung dieser Bedingung für verschiedene n kommt man auf das Routh-Hurwitz-Kriterium:

a. n=2.

$$\det H_1 = a_1 > 0, \quad \det H_2 = \det \begin{bmatrix} a_1 & 0 \\ a_0 & a_2 \end{bmatrix} > 0 \ .$$

Somit lautet die Stabilitätsbedingung für ein System 2. Ordnung wie folgt:

$$\frac{a_i}{a_0} > 0 \ \text{für } i=0,1,2 \ . \tag{4.28}$$

b. n=3.

$$\det H_1 = a_1 > 0, \quad \det H_2 = \det \begin{bmatrix} a_1 & a_3 \\ a_0 & a_2 \end{bmatrix} > 0 \ \text{und} \ \det H_3 = \begin{bmatrix} a_1 & a_3 & 0 \\ a_0 & a_2 & 0 \\ 0 & a_1 & a_3 \end{bmatrix} > 0.$$

Somit lautet die Stabilitätsbedingung für ein System 3. Ordnung wie folgt:

$$\frac{a_i}{a_0} > 0 \ \text{für } i=0,1,2,3 \ \text{und} \ a_1a_2 - a_0a_3 > 0. \tag{4.29}$$

c. n=4.

$$\det H_1 = a_1 > 0, \quad \det H_2 = \det \begin{bmatrix} a_1 & a_3 \\ a_0 & a_2 \end{bmatrix} > 0 \quad \det H_3 = \begin{bmatrix} a_1 & a_3 & 0 \\ a_0 & a_2 & a_4 \\ 0 & a_1 & a_3 \end{bmatrix} > 0,$$

$$\det H_4 = \begin{bmatrix} a_1 & a_3 & 0 & 0 \\ a_0 & a_2 & a_4 & 0 \\ 0 & a_1 & a_3 & 0 \\ 0 & a_0 & a_2 & a_4 \end{bmatrix} > 0,$$

Somit lautet die Stabilitätsbedingung für ein System 4. Ordnung wie folgt:

$$\frac{a_i}{a_0} > 0 \ \text{für } i=0,1,2,3 \ , \ a_1a_2 - a_0a_3 > 0 \ \text{und} \ a_1a_2a_3 - a_4a_1^2 - a_0a_3^2 > 0. \tag{4.30}$$

Ähnliche Bedingungen lassen sich für Systeme höherer Ordnung herleiten.

Beispiel 4. 3. Geschwindigkeitsregelung eines Hubschraubers [Richard C. Dorf: Modern Control Systems]. In Bild 4.15 ist der Regelkreis der Geschwindigkeitsregelung eines Hubschraubers dargestellt. Mit Hilfe eines Sensors im Helm des Piloten wird dessen Kopfneigung erfaßt. In Abhängigkeit davon wird die Geschwindigkeit des Hubschraubers v_{Ist} geregelt.

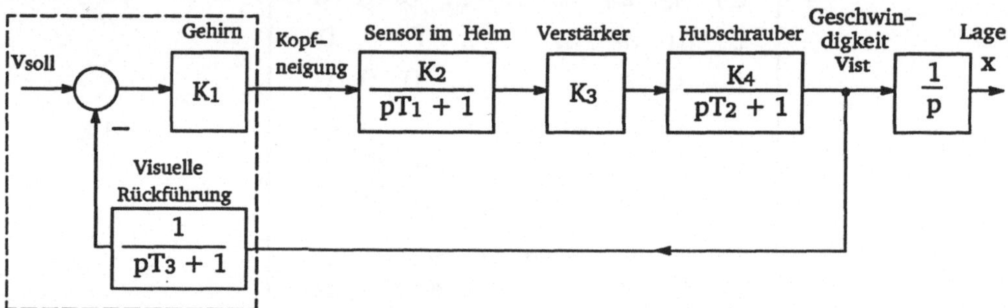

Bild 4.15: Blockschaltbild der Regelung

Typische Werte der Zeitkonstanten sind $T_1=0.5$sec, $T_2=1.0$sec und $T_3=0.33$sec. Es ist die kritische Kreisverstärkung des offenen Regelkreises V_{krit} zu bestimmen, bei der die Instabilität des Regelkreises eintritt.

Die Übertragungsfunktion des offenen Regelkreises ist

$$F_0(p)=\frac{Z_o(p)}{N_o(p)}=\frac{K_1K_2K_3K_4}{(pT_1+1)(pT_2+1)(pT_3+1)}.$$

Die charakteristische Gleichung für den geschlossenen Regelkreis ist 3.Ordnung

$$A(p)=\underbrace{T_1T_2T_3}_{a_3}p^3+\underbrace{(T_1T_2+T_1T_3+T_2T_3)}_{a_2}p^2+\underbrace{(T_1+T_2+T_3)}_{a_1}p+\underbrace{K_1K_2K_3K_4+1}_{a_0}=0\,.$$

Die Stabilitätsbedingung

$$a_1a_2-a_0a_3=\underbrace{(T_1+T_2+T_3)}_{a_1}\underbrace{(T_1T_2+T_1T_3+T_2T_3)}_{a_2}-\underbrace{(K_1K_2K_3K_4+1)}_{a_0}\underbrace{T_1T_2T_3}_{a_3}>0$$

läßt sich umformen zu

$$K_1K_2K_3K_4<\frac{(T_1+T_2+T_3)(T_1T_2+T_1T_3+T_1T_3)}{T_1T_2T_3}-1$$

und damit wird die Stabilitätsgrenze bei $V_{krit}=K_1K_2K_3K_4=11.2$ erreicht.

Das algebraische Stabilitätskriterium versagt, wenn im Regelkreis Totzeitglieder vorhanden sind. In diesem Fall ist das Nyquist-Kriterium (Siehe Abschnitt 5.2) anzuwenden.

b. Kenngrößen der stationären Genauigkeit

Die Größe der Regelabweichung x_d im stationären Zustand, d.h. nach dem Abklingen der Übergangsvorgänge ($t \to \infty$), bezeichnet man als *bleibende Regelabweichung*. Sie ist eine Kenngröße *der stationären Genauigkeit* der Regelung. Für die Regelabweichung im Standardregelkreis (Bild 4.1) gilt

$$X_d(p) = \frac{1}{1+F_o(p)}\, w(p) \pm \frac{F_{vs}(p)}{1+F_o(p)}\, z(p)\,. \tag{4.31}$$

Das stationäre Verhalten der Regelabweichung wird nach

- einem Sprung der Führungsgröße $w(t) = w_0\, \sigma(t)$;
- einem Geschwindigkeitssprung (Rampenanstieg) $w(t) = w_1\, t$;
- einem Beschleunigungssprung (Parabelanstieg) $w(t) = w_2\, t^2/2$

beurteilt.

Diese drei Eingangssignale können in einem allgemeinen Ansatz

$$w(t) = w_0 \sigma(t) + w_1 t + w_2 t^2/2 \tag{4.32}$$

zusammengefaßt werden. Die Laplace-Transformierte dieses Signals ergibt sich zu

$$W(p) = \frac{w_0}{p} + \frac{w_1}{p^2} + \frac{w_2}{p^3}\,. \tag{4.33}$$

Bei $z(t) = 0$ und mit Hilfe des Endwertsatzes der Laplace Transformation kann man für *die bleibende Regelabweichung* schreiben

$$\lim_{t\to\infty} x_d(t) = \lim_{p\to 0} p\, X_d(p) = \lim_{p\to 0} \frac{p\, W(p)}{1+F_o(p)} = \lim_{t\to\infty} \left(C_0\, w(t) + C_1 \frac{dw(t)}{dt} + C_2 \frac{d^2 w(t)}{dt^2} \right), \tag{4.34}$$

wobei C_0, C_1 und C_2 die noch zu bestimmenden *Fehlerkoeffizienten* sind. Es läßt sich zeigen, daß sich die Fehlerkoeffizienten durch die Polynomdivision

$$\frac{N_0(p)}{N_0(p) + Z_0(p)} = C_0 + C_1\, p + C_2\, p^2 + \ldots \tag{4.35}$$

berechnen lassen. Dabei sind Zählerpolynom $N_0(p)$ und Nennerpolynom $N_0(p) + Z_0(p)$ in (4.35) nach steigenden p-Potenzen anzuordnen.

In Abhängigkeit von den Eigenschaften des offenen Regelkreises (P-T_n-, I-T_n-, I_2-T_n-Verhalten) sind die Werte dieser Koeffizienten in der Tabelle 4.1 zusammengefaßt.

Typ des offenen Regelkreises	C_0	C_1	C_2
P-T_n	$\frac{1}{1+V}$	$\neq 0$	$\neq 0$
I-T_n	0	$\frac{1}{V}$	$\neq 0$
I_2-T_n	0	0	$\frac{1}{V}$

Tabelle 4.1: Fehlerkoeffizienten in Abhängigkeit vom Verhalten des offenen Regelkreises und der Kreisverstärkung V

Beispiel 4.4. Gegeben sei ein Folgeregelkreis (Bild 4.16).

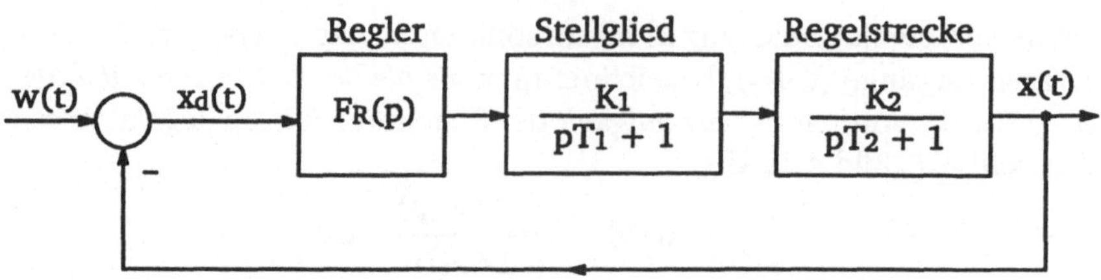

Bild 4.16: Blockschaltbild eines Folgeregelkreises

Bestimmen Sie die Fehlerkoeffizienten für diesen Regelkreis bei einem P–Regler:
a. allgemein;
b. zahlenmäßig wenn die Kreisverstärkung $V=K_RK_1K_2=9$, $T_1=0.01$sec und $T_2=0.05$sec.
c. Wie groß ist die bleibende Regelabweichung, wenn die Führungsgröße sich sprunghaft von 0 auf 10V ändert ?

a. Die Übertragungsfunktion des offenen Regelkreises hat PT_2–Verhalten

$$F_o(p) = F_R(p)\,F_s(p) = \frac{K_RK_1K_2}{(pT_1+1)(pT_2+1)} = \frac{V}{(pT_1+1)(pT_2+1)} = \frac{Z_o(p)}{N_o(p)}$$

Man bilde nun die Polynome $N_O(p)$ und $N_O(p)+Z_O(p)$, ordne sie nach steigenden p–Potenzen und führe die Polynomdivision durch:

$$\frac{N_O(p)}{N_O(p)+Z_O(p)} = \frac{1+(T_1+T_2)p+T_1T_2p^2}{(1+V)+(T_1+T_2)p+T_1T_2p^2} =$$

$$= \frac{1}{1+V} + \frac{(T_1+T_2)V}{(1+V)^2}\,p + \frac{T_1T_2(V^3+2V^2+V(1-T_1-T_2))}{(1+V)^3}\,p^2 + \dots$$

b. Mit vorgegebenen Werten für die Parameter des Regelkreises erhält man

$$C_0 = \frac{1}{1+V} = 0.1\,,$$

$$C_1 = \frac{(T_1+T_2)V}{(1+V)^2} = 5.4\cdot10^{-3},$$

$$C_2 = \frac{T_1T_2(V^3+2V^2+V(1-T_1-T_2))}{(1+V)^3} = 4.5\cdot10^{-4},$$

c. Die bleibende Regelabweichung läßt sich nach (4.34) zu

$$\lim_{t\to\infty} x_d(t) = C_0\,w(t) + C_1\,w'(t) + C_2 w''(t) = 0.1\cdot 10\,\mathrm{V} = 1\mathrm{V}$$

berechnen.

Aus den obigen Betrachtungen lassen sich folgende Schlußfolgerungen ziehen:

• Um einen möglichst kleinen statischen Regelfehler zu erreichen, muß bei einem P–Verhalten des offenen Regelkreises die Kreisverstärkung $V = K_RK_s$ möglichst groß gewählt werden. Das ist aber wegen physikalischer Gegebenheiten meistens nicht möglich, denn bei einem großen Wert von V wird z.B. die Stellgröße bei Übergangsvorgängen mögli–

cherweise an ihre Begrenzungen stoßen. Außerdem treten hierbei häufig Stabilitätsschwierigkeiten auf.

- Kein statischer Regelfehler bei einem Führungssprung und ein endlicher Geschwindigkeitsfehler bei einem Führungsgeschwindigkeitssprung wird bei I-Verhalten des offenen Regelkreises erreicht.

Ganz analog lassen sich die Fehlerkoeffizienten für die Störgröße definieren

$$\lim_{t\to\infty} x_d(t) = \lim_{p\to 0} p\, X_d(p) = \lim_{p\to 0} \frac{p\, F_{vs}(p) z(p)}{1+F_o(p)} = C_{S0}\, w(t) + C_{S1}\, w'(t) + C_{S2} w''(t) \quad (4.36)$$

und durch Polynomdivision berechnen

$$\frac{F_{vs}(p) N_0(p)}{N_0(p)+Z_0(p)} = C_{S0} + C_{S1}\, p + C_{S2}\, p^2 + \ldots \quad . \qquad (4.37)$$

c. Kenngrößen des Übergangsverhaltens

An das Übergangsverhalten des Regelkreises, das als Folge der Änderung der Führungs- oder der Störgröße eintritt, werden bestimmte Forderungen gestellt, die man als *Kennwerte der Übergangsfunktion* bezeichnet. Wie die Bezeichnung schon aussagt, handelt es sich um Kennwerte der Sprungantwort des geschlossenen Regelkreises. In Bild 4.17 sind solche typische Übergangsfunktionen dargestellt.

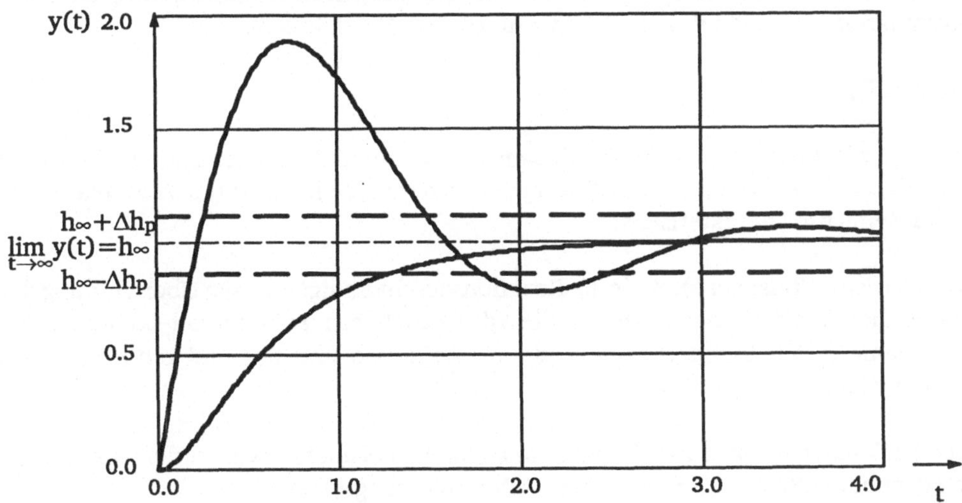

Bild 4.17: Zur Definition des Toleranzbandes

Um diese Übergangsvorgänge vergleichen zu können, hat man direkte und integrale Kennwerte definiert. Bei beiden Gruppen der Kennwerte spielt der Endwert h_∞, zu dem sich die Regelgröße mit $t \to \infty$ nähert, eine wichtige Rolle. Für direkte Kennwerte werden außerdem die Toleranzgrenzen $h_\infty + \Delta h_p$ und $h_\infty - \Delta h_p$ definiert, die das sogenannte *Toleranzband bzw. den Toleranzstreifen* bilden, wobei man Δh_p meist in Prozent des Endwertes (2–5%) angegeben findet.

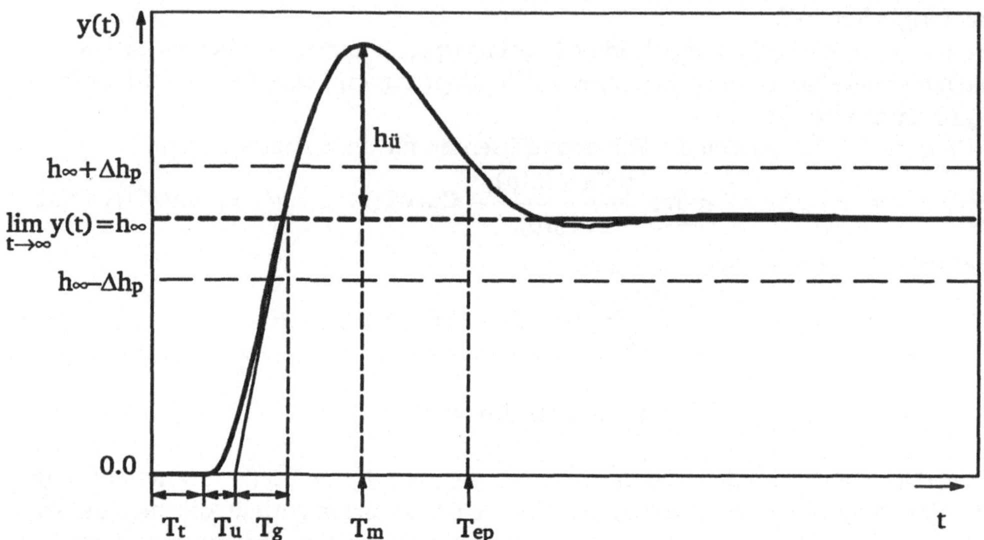

Bild 4.18: Direkte Kennwerte des Übergangsvorganges

Unter diesen Voraussetzungen sind zur zahlenmäßigen Charakterisierung der Übergangsfunktion folgende direkte Kennwerte (Bild 4.18) definiert:

- *Totzeit T_t*;

- *Verzugszeit T_u* ist ein Maß für die dynamische Trägheit des Systems, und wird durch das Zeitintervall zwischen dem Zeitpunkt T_t und dem Schnittpunkt der Wendetangente mit der Zeitachse charakterisiert;

- *Ausgleichszeit T_g* ist ein Maß für die Reaktionsgeschwindigkeit nach Überwindung der dynamischen Trägheit des Systems. Sie wird durch das Zeitintervall zwischen den Schnittpunkten der Wendetangente mit der Zeitachse und der Endwertgeraden h_∞ charakterisiert;

- *die Zeit T_m bis zum Erreichen des ersten Maximums* (bei überschwingenden Vorgängen) nach dem erstmaligen Durchsetzen einer der Toleranzgrenzen;

- *die Überschwingweite $h_ü$* ist ein Maß für die Schwingfähigkeit des Regelkreises. Zahlenmäßig ist sie die größte Abweichung der Übergangsfunktion vom Endwert, die nach dem erstmaligen Durchsetzen einer der Toleranzgrenzen erreicht wird.
Die Überschwingweite wird in % vom Endwert h_∞ angegeben;

- *die Einschwingzeit T_{ep}*, oft auch als *Ausregelzeit* bezeichnet, ist ein Maß für die praktische Gesamtdauer des Regelvorganges. Sie ist das Zeitintervall zwischen dem Anfangs–

zeitpunkt und dem Zeitpunkt, zu dem die Übergangsfunktion letztmalig in den Toleranzstreifen der Breite $2\Delta h_p$ eintritt.

Die integralen Kennwerte dienen zur globalen Bewertung des Übergangsvorgangs mit dem Ziel durch Minimierung des Kriteriums eine Optimierung des Regelkreises zu erzielen. Sie werden daher als *Integralkriterien* bezeichnet. Sie werden meistens auf die Regelabweichung $x_d(t)$ angewendet, und sind in Tabelle 4.2 zusammengestellt.

Bezeichnung	**Abkürzung**	**Berechnungsvorschrift**
Betragslineare Regelfläche	IAE	$I = \int_0^\infty \lvert x_d(t) \rvert \, dt$
Zeitgewichtete betragslineare Regelfläche	ITAE	$I = \int_0^\infty t \lvert x_d(t) \rvert \, dt$
Quadratische Regelfläche, Wienersches Kriterium	ISE	$I = \int_0^\infty x_d(t)^2 \, dt$
Zeitgewichtete quadratische Regelfläche	ITSE	$I = \int_0^\infty t \, x_d(t)^2 \, dt$

Tabelle 4.2: Integralkriterien

Neben diesen Kennwerten des Übergangsvorganges werden manchmal auch weitere verwendet.

Beim Reglerentwurf werden für bestimmte Kennwerte des Übergangsvorganges die Grenzwerte, Schranken vorgegeben. Zum Beispiel darf im Lageregelkreis einer Achse der CNC-Werkzeugmaschine kein Überschwingen auftreten, die Fehlerkoeffizienten sollen möglichst klein sein etc. Hinzu kommen die Forderungen bezüglich Kosten, Zuverlässigkeit, Arbeitsschutz u.a. Die Voraussetzung für einen zielgerichteten Reglerentwurf ist die Kenntnis qualitativer und quantitativer Zusammenhänge zwischen den freien Parametern und der Struktur des Reglers einerseits und diesen Kennwerten bzw. Gütekriterien andererseits. Solche Zusammenhänge können im allgemeinen nicht in analytischer Form angegeben werden. Deshalb verwendet man beim Reglerentwurf bestimmte Einstellregeln (Siehe Abschnitt 4.2), ingenieurmäßige Entwurfsverfahren (siehe z.B. Abschnitte 4.3 und 5.3) und rechnerunterstützte Entwurfs- und Optimierungsverfahren [6, 12, 13, 16, 28, 29, 39, 44, 49, 50, 54, 60, 64].

4.3 Einstellregeln

a. Grundsätzliche Eignung von Reglern für gegebene Strecken

Es sind viele Einstellregeln verschiedener Autoren bekannt [9, 12, 16, 39, 44, 49, 51]. Sie sind teilweise theoretisch begründet oder experimentell bestimmt worden. Was sie alle auszeichnet ist: sie sind einfach anwendbar und führen rasch zu einem guten Regelergebnis. Die Tabelle 4.3 gibt einen Überblick über die grundsätzliche Eignung von Reglern für gegebene Regelstrecken.

Typ der Regel-strecke	Übertragungsfunktion der Regelstrecke $F_S(p)$	Regler				
		P	I	PI	PD	PID
P	K_S	–	+	+	–	–
P–T_t	$K_S\, e^{-pT_t}$	–	+	–	–	–
P–T_1	$\frac{K_S}{pT_1 + 1}$	+	+	+	+	+
P–T_1–T_t	$\frac{K_S\, e^{-pT_t}}{pT_1 + 1}$	–	+	+	–	+
P–T_n	$\frac{K_S}{(pT_1 + 1)\ldots(pT_n + 1)}$	+	+	+	+	+
I	$\frac{K_S}{p}$	+	–	+	+	+
I–T_1	$\frac{K_S}{p(pT_1 + 1)}$	+	–	+	+	+
I–T_t	$\frac{K_S}{p}\, e^{-pT_t}$	+	–	+	–	–
I_2	$\frac{K_S}{p^2}$	–	–	–	+	+
Instabile Regelstrecke mit einem Pol in der rechten Halbebene der p–Ebene		–	–	–	+	–
Mehrgrößensysteme, Probleme bei der Erfassung der Regelgrößen, zeitvariante Systeme		Zustandsregler, Adaptive Regler				
Übertragungsverhalten der Regelstrecke ist nur durch unscharfe Aussagen beschrieben		Fuzzy–Regler				

Tabelle 4.3: Grundsätzliche Eignung von Reglern für gegebene Regelstrecken

b. Reglereinstellung nach Ziegler–Nichols

Zur Regelung von $P-T_n-T_t$–Regelstrecken wurden von Ziegler und Nichols zwei Verfahren zur Ermittlung einer günstigen Einstellung der Kennwerte von P–, PI–, und PID–Reglern angegeben. Sie haben sich in der Praxis sehr gut bewährt. Bei der Einstellung des Reglers nach diesen Regeln wird ein *günstiges Störverhalten* erreicht. Allerdings ist der Übergangsvorgang bei einer sprungartigen Änderung der Führungsgröße schlecht gedämpft und die Ausregelzeit verhältnismäßig groß.

Einstellen der Reglerparameter anhand der Kennwerte des Regelstrecke

Aus der Sprungantwort der Regelstrecke (Bild 4.18) oder duch theoretische Analyse ermittelt man folgende Kennwerte der Regelstrecke:

- Übertragungsbeiwert K_s,
- Ausgleichszeit T_g ,und
- die Verzögerungszeit T_u.

Anhand dieser Daten errechnet man die Parameter des Reglers gemäß Tabelle 4.4.

Typ des Reglers	Übertragungsfunktion des Reglers	Parameter des Reglers		
		K_R	T_n	T_v
P	K_R	$\frac{T_g}{K_s T_u}$	–	–
PI	$K_R\left(1 + \frac{1}{pT_n}\right)$	$0.9\frac{T_g}{K_s T_u}$	$3.3 \cdot T_u$	–
PID	$K_R\left(1 + \frac{1}{pT_n} + pT_v\right)$	$1.2\frac{T_g}{K_s T_u}$	$2 \cdot T_u$	$0.5 \cdot T_u$

Tabelle 4.4: Reglereinstellung anhand der Kennwerte der Regelstrecke

Einstellen der Reglerkennwerte anhand des Verhaltens des Regelkreises an der Stabilitätsgrenze

Man schaltet einen reinen P–Regler an die gegebene Regelstrecke im geschlossenen Regelkreis, und erhöht den Übertragungsbeiwert des Reglers solange, bis im Regelkreis Schwingungen konstanter Amplitude einsetzen. Damit ist der Regelkreis an der Stabilitätsgrenze. Dieser Übertragungswert des P–Reglers wird mit K_{krit} und die Periodendauer der Schwingungen mit T_{krit} bezeichnet. Anhand dieser Daten errechnet man die Parameter des Reglers gemäß Tabelle 4.5. Ein Nachteil dieses Verfahrens ist, daß der Regelkreis an die Stabilitätsgrenze herangefahren werden muß, was oft nicht zulässig ist.

Typ des Reglers	Übertragungsfunktion des Reglers	Parameter des Reglers		
		K_R	T_n	T_v
P	K_R	$0.5 \cdot K_{krit}$	–	–
PI	$K_R \left(1 + \frac{1}{pT_n}\right)$	$0.45 \cdot K_{krit}$	$0.85 \cdot T_{krit}$	–
PID	$K_R \left(1 + \frac{1}{pT_n} + pT_v\right)$	$0.6 \cdot K_{krit}$	$0.5 \cdot T_{krit}$	$0.12 \cdot T_{krit}$

Tabelle 4.5: Reglereinstellung anhand des Verhaltens des Regelkreises mit einem P–Regler an der Stabilitätsgrenze

c. Reglereinstellung nach Chien, Hrones und Reswick

Zur Regelung von $P\text{–}T_n\text{–}T_t$–Regelstrecken wurden von Chien, Hrones und Reswick verbesserte Einstellregeln zur Ermittlung einer günstigen Einstellung der Parameter von P–, PI– und PID–Reglern angegeben. Als Kriterium wurde hier ein aperiodischer Übergangsvorgang mit kürzester Ausregelzeit und ein periodischer Übergangsvorgang mit 20%–tigem Überschwingen zugrunde gelegt. Die in der Tabelle 4.6 zusammengestellten Einstellwerte gelten für den Bereich $1 < T_g/T_u < 10$. Dabei ist $V=K_RK_s$ die Kreisverstärkung des offenen Regelkreises. Damit ist $K_R=V/K_s$. Je nachdem, ob eine Führungsgrößenänderung oder eine Störgrößenänderung ausgeregelt werden soll, ist der Regler verschieden einzustellen.

Typ	Übertragungs-funktion des Reglers	Aperiodischer Regelvorgang mit kürzester Ausregelzeit		Periodischer Regelvorgang mit 20%–ger Überschwingung	
		Führung	Störung	Führung	Störung
P	K_R	$V=0.3\,\frac{T_g}{T_u}$	$V=0.3\,\frac{T_g}{T_u}$	$V=0.7\,\frac{T_g}{T_u}$	$V=0.7\,\frac{T_g}{T_u}$
PI	$K_R \left(1 + \frac{1}{pT_n}\right)$	$V=0.35\,\frac{T_g}{T_u}$ $T_n = 1.2\,T_g$	$V=0.6\,\frac{T_g}{T_u}$ $T_n = 4T_u$	$V=0.6\,\frac{T_g}{T_u}$ $T_n = T_g$	$V=0.7\,\frac{T_g}{T_u}$ $T_n = 2.3T_u$
PID	$K_R \left(1+ \frac{1}{pT_n} + pT_v\right)$	$V=0.6\,\frac{T_g}{T_u}$ $T_n = T_g$ $T_v = 0.5T_u$	$V=0.95\,\frac{T_g}{T_u}$ $T_n = 2.4\,T_u$ $T_v = 0.42T_u$	$V=0.95\,\frac{T_g}{T_u}$ $T_n = 1.35\,T_g$ $T_v = 0.47T_u$	$V=1.2\,\frac{T_g}{T_u}$ $T_n = 2T_u$ $T_v = 0.42T_u$

Tabelle 4.6: Reglereinstellung anhand der Kennwerte der Regelstrecke nach *Chien, Hrones und Reswick*

d. Reglereinstellung nach Betragsoptimum

Bei diesem Einstellverfahren geht man davon aus, daß die Übertragungsfunktion der Regelstrecke

$$F_s(p) = \frac{K_s}{(pT_1+1)(pT_2+1)\dots(pT_n+1)} \tag{4.38}$$

eine dominierende Zeitkonstante hat, so daß gilt

$$T_1 >> T_\Sigma = \sum_{i=2}^{n} T_i \; . \tag{4.39}$$

Man bezeichnet T_Σ als *Summenzeitkonstante*. Damit wird die Übertragungsfunktion der Regelstrecke (4.38) näherungsweise durch

$$F_s(p) = \frac{K_s}{(pT_1+1)(pT_\Sigma+1)} \tag{4.40}$$

ersetzt. Unter diesen Bedingungen wird ein PI–Regler mit der Übertragungsfunktion

$$F_R(p) = K_R \frac{pT_n+1}{pT_n} \tag{4.41}$$

so eingestellt, daß der Betrag des Frequenzganges von $\omega=0$ bis zu einer möglichst hohen Frequenz gleich eins ist. Man nennt diese Bedingung *das Betragsoptimum* [16, 44]. Die Einstellregeln zum Betragsoptimum sind in der Tabelle 4.7 zusammengestellt.

Ersatzübertragungsfunktion der Regelstrecke $F_s(p)$	**Regler**		
	Typ	**$F_R(p)$**	**Parametereinstellung**
$\dfrac{K_s}{(pT_1+1)(pT_\Sigma+1)}$ $T_1 >> T_\Sigma$	PI	$K_R \dfrac{pT_n+1}{pT_n}$	$T_n = T_1$ $K_R = \dfrac{T_n}{2K_sT_\Sigma}$
$\dfrac{K_s}{(pT_1+1)(pT_2+1)(pT_\Sigma+1)}$ $T_1, T_2 >> T_\Sigma$	PI	$K_R \dfrac{pT_n+1}{pT_n}$	$T_n = \dfrac{(T_1^2+T_2^2)(T_1+T_2)}{T_1^2+T_1T_2+T_2^2}$ $K_R = \dfrac{T_n(T_1^2+T_1T_2+T_2^2)}{2K_s(T_1+T_1)T_1T_2}$
$\dfrac{K_s}{(pT_1+1)(pT_2+1)(pT_\Sigma+1)}$ $T_1, T_2 >> T_\Sigma$	PID	$K_R \dfrac{(pT_{R1}+1)(pT_{R2}+1)}{p}$	$K_R = \dfrac{1}{2K_sT_\Sigma}$ $T_{R1} = T_1,\ T_{R2} = T_2$

Tabelle 4.7: Einstellregeln zum Betragsoptimum für PT_n–Regelstrecken

e. Einstellregeln von Kessler

Eine weitere Methode zur Einstellung wurde von Kessler angegeben. Hier wird vorausgesetzt, daß die Zeitkonstanten der Regelstrecke in eine Gruppe großer Zeitkonstanten $T_1,\dots, T_m$ und eine Gruppe kleiner Zeitkonstanten $T_{m+1},\dots, T_n$ zerfallen. Dabei gilt

$$T_1, \dots, T_m >> T_\Sigma = \sum_{i=m+1}^{n} T_i \; . \tag{7.42}$$

Der Regler wird in der Form

$$F_R(p) = K_R \frac{(pT_R+1)^m}{p} \tag{4.43}$$

eingesetzt. Hier ist also der Zählergrad m gleich der Zahl der großen Zeitkonstanten. Bei diesem Einstellverfahren, das als *symmetrisches Optimum* bezeichnet wird, werden die Streckenzeitkonstanten nicht kompensiert. Die Einstellregeln sind in Tabelle 4.8 zusammengestellt.

Ersatzübertragungsfunktion der Regelstrecke $F_s(p)$	**Regler**		
	Typ	**$F_R(p)$**	**Parametereinstellung**
$\frac{K_s}{(pT_1+1)\dots(pT_m+1)(pT_\Sigma+1)}$ $T_1,\dots,T_m >> T_\Sigma$		$K_R \frac{(pT_n+1)^m}{p}$	$T_n = 4mT_\Sigma$ $K_R = \frac{1}{2K_sT_\Sigma}\frac{T_1T_2\dots T_m}{(4mT_\Sigma)^m}$
$\frac{K_s}{(pT_1+1)(pT_\Sigma+1)}$ $T_1 >> T_\Sigma$	PI	$K_R \frac{pT_n+1}{pT_n}$	$T_n = 4T_\Sigma$ $K_R = \frac{T_nT_1}{8K_sT_\Sigma^2}$
$\frac{K_s}{(pT_1+1)(pT_2+1)(pT_\Sigma+1)}$ $T_1,T_2 >> T_\Sigma$	PID	$K_R \frac{(pT_n+1)^2}{p}$	$T_n = 8T_\Sigma$ $K_R = \frac{T_1T_2}{128K_sT_\Sigma^2}$

Tabelle 4.8: Einstellregeln zum symmetrischen Optimum für PT_n–Regelstrecken

f. Einstellregeln von Graham und Lathrop

Für Folgeregelungen haben Graham und Lathrop nach dem ITAE–Kriterium (Siehe Tabelle 4.2) folgende Einstellregeln entwickelt [44]:

1. Man bilde die Führungsübertragungsfunktion $F_W(p)$ laut (4.18). Dabei wird die Übertragungsfunktion des Reglers $F_R(p)$ in analytischer Form eingesetzt.
2. Man vergleiche das Nennerpolynom von $F_W(p)$ mit den in der Tabelle 4.9 angegebenen Polynomen (k ist eine frei wählbare Konstante). Anhand des Koeffizientenvergleichs lassen sich die Parameter des Reglers ermitteln

Ordnung des Nennerpolynoms von $F_W(p)$	**Nennerpolynom**
1	$p + k$
2	$p^2 + 1.4k\,p + k^2$
3	$p^3 + 1.75k\,p^2 + 2.15k^2\,p + k^3$
4	$p^4 + 2.1k\,p^3 + 3.4k^2\,p^2 + 2.7k^3\,p + k^4$
5	$p^5 + 2.8k\,p^4 + 5.0k^2\,p^3 + 5.5k^3\,p^2 + 3.4k^4\,p + k^5$
6	$p^6 + 3.25k\,p^5 + 6.6k^2\,p^4 + 8.6k^3\,p^3 + 7.45k^4\,p^2 + 3.95k^5\,p + k^6$

Tabelle 4.9: Nennerpolynome für ein optimales Führungsverhalten des Regelkreises nach Graham und Lathrop

4.4 Reglerentwurf mit Pol–Nullstellen–Plan und Wurzelortskurve

Die Führungsübertragungsfunktion des einschleifigen Standardregelkreises (Bild 4.19)

$$F_w(p) = \frac{F_R(p)F_s(p)}{1+F_R(p)F_s(p)} = K\,\frac{p^m + b_{m-1}p^{m-1} + \ldots + b_1 p + b_0}{p^n + a_{n-1}p^{n-1} + \ldots + a_1 p + a_0} = K\,\frac{B(p)}{A(p)} \qquad (4.44)$$

beschreibt eindeutig das Zeitverhalten des Regelkreises, das sich bei einer Änderung der Führungsgröße w(t) einstellt.

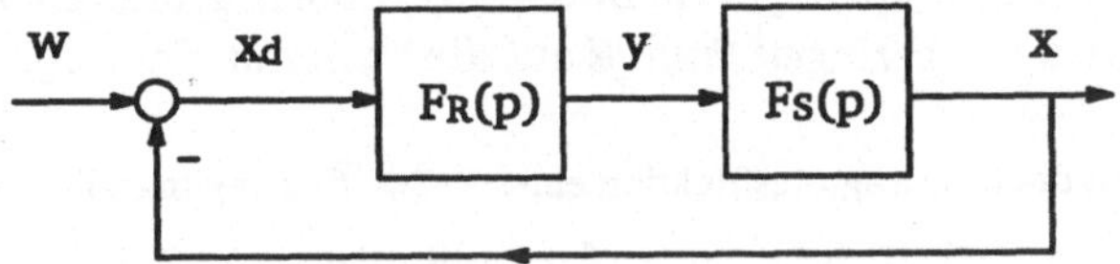

Bild 4.19: Einschleifiger Standardregelkreis

Die Nullstellen des Zählerpolynoms p_i^*, i=1,..,m, die aus der Gleichung

$$B(p) = 0 \qquad (4.45)$$

berechnet werden, bezeichnet man als *Nullstellen der Übertragungsfunktion*.

Die Nullstellen des Nennerpolynoms p_i, i=1,..,n, die aus der Gleichung

$$A(p) = 0 \qquad (4.46)$$

berechnet werden, bezeichnet man als *Pole der Übertragungsfunktion*. Damit kann die Führungsübertragungsfunktion (4.44) in folgender Form dargestellt werden:

$$F_w(p) = K\,\frac{B(p)}{A(p)} = K\,\frac{(p-p_1^*)(p-p_2^*)\ldots(p-p_m^*)}{(p-p_1)(p-p_2)\ldots(p-p_n)}. \qquad (4.47)$$

Die Nullstellen und die Pole der Übertragungsfunktion stellt man im sogenannten *Pol–Nullstellen–Plan* dar (Bild 4.20).

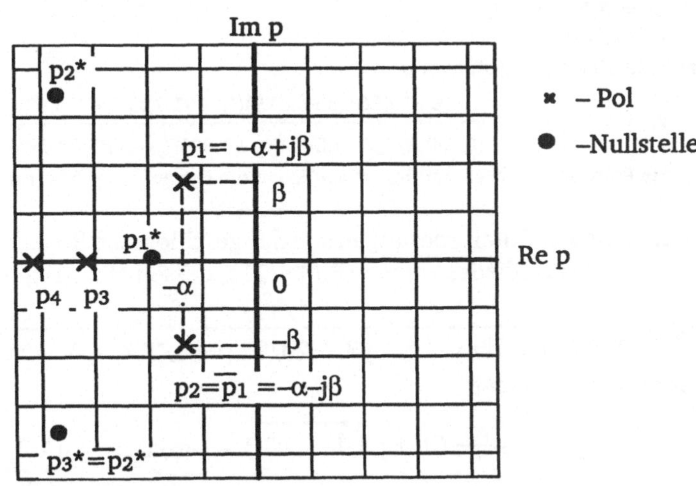

Bild 4.20: Pol–Nullstellen–Plan

Anhand der Lage der Pole und Nullstellen im Pol–Nullstellen–Plan kann eine Aussage über das Zeitverhalten des Regelkreises getroffen werden. Der Regelkreis ist stabil, wenn alle Pole der Übertragungsfunktion p_i in der linken Halbebene der p–Ebene liegen. Dabei klingt der Übergangsvorgang um so schneller ab, je größer der Abstand von den Polen in der linken Halbebene bis zur imaginären Achse ist. Der Übergangsvorgang verläuft aperiodisch, wenn nur reelle Pole vorhanden sind. Der Pol oder das Polpaar, das in der linken Halbebene der imaginären Achse am nächsten liegt, bestimmt praktisch das Zeitverhalten und ist für die Regelgüte verantwortlich. Dieses Polpaar bezeichnet man als *dominantes* Polpaar (Das Polpaar $p_{1,2}$ in Bild 4.20). Pole in größerem Abstand von der imaginären Achse haben nur *geringen Einfluß* auf die Dynamik des Regelkreises (Pole p_3 und p_4 im Bild 4.20).

Beispiel 4.5. Gegeben ist die Übertragungsfunktion eines P–T_n–Übertragungsgliedes 6.Ordnung

$$F(p) = \frac{-7.85\cdot10^{-5}p^5 + 8.49\cdot10^{-3}p^4 - 0.6635p^3 + 0.149\cdot10^4p^2 + 1.13\cdot10^4p + 1.35\cdot10^4}{p^6 + 67.6p^5 + 7.12\cdot10^2p^4 + 0.77\cdot10^4p^3 + 1.65\cdot10^4p^2 + 1.49\cdot10^4p + 1.35\cdot10^4}\,.$$

Die Nullstellen des Zählerpolynoms (Nullstellen der Übertragungsfunktion)

$$-7.85\cdot10^{-5}p^5 + 8.49\cdot10^{-3}p^4 - 0.6635p^3 + 0.149\cdot10^4p^2 + 1.13\cdot10^4p + 1.35\cdot10^4 = 0$$

ergeben sich zu

$$\begin{aligned} p_1^* &= -1.486,\\ p_2^* &= -6.075,\\ p_3^* &= -91.133 + j\,235.6\,,\\ p_4^* &= -91.133 - j\,235.6\,,\\ p_5^* &= +298.4. \end{aligned}$$

Die Nullstellen des Nennerpolynoms (Pole der Übertragungsfunktion)

$$p^6 + 67.6p^5 + 7.12\cdot10^2p^4 + 0.77\cdot10^4p^3 + 1.65\cdot10^4p^2 + 1.49\cdot10^4p + 1.35\cdot10^4 = 0$$

ergeben sich zu

$$\begin{aligned} p_1 &= -0.274 + j\,1.045,\\ p_2 &= -0.274 - j\,1.045,\\ p_3 &= -1.89\,,\\ p_4 &= -3.85 + j\,657,\\ p_5 &= -3.85 - j\,657,\\ p_6 &= -57.4, \end{aligned}$$

Damit gilt für die Übertragungsfunktion

$$F(p) = -7.85\cdot10^{-5}\,\frac{(p+1.486)(p+6.075)[(p+91.133)^2+235.6^2](p-298.4)}{[(p+0.274)^2+1.045^2](p+1.89)[(p+3.85)^2+657^2](p+57.4)}\,.$$

Das dominante Polpaar $p_{1,2}$ bestimmt im wesentlichen die Dynamik des Übertragungsgliedes.

Nach den üblichen Güteforderungen soll der geschlossene Regelkreis angenähert das Verhalten eines P–T_2–Gliedes zeigen (Bild 4.21), dessen Übertragungsfunktion

$$F_{PT2}(p) = \frac{1}{T_1^2p^2 + 2dT_1\,p + 1} = \frac{1/T_1^2}{p^2 + 2d/T_1\,p + 1/T_1^2} = \frac{\omega_0^2}{p^2 + 2d\omega_0\,p + \omega_0^2} \qquad (4.48)$$

nur das dominante Polpaar

$$p_{1,2} = -\frac{1}{T_1}\left(d \pm j\sqrt{1 - d^2}\right) = \underbrace{-\omega_0 d}_{-\alpha} \pm j\,\underbrace{\omega_0\sqrt{1 - d^2}}_{\beta\,=\,\omega_e} \qquad (4.49)$$

besitzt (Bild 4.22).

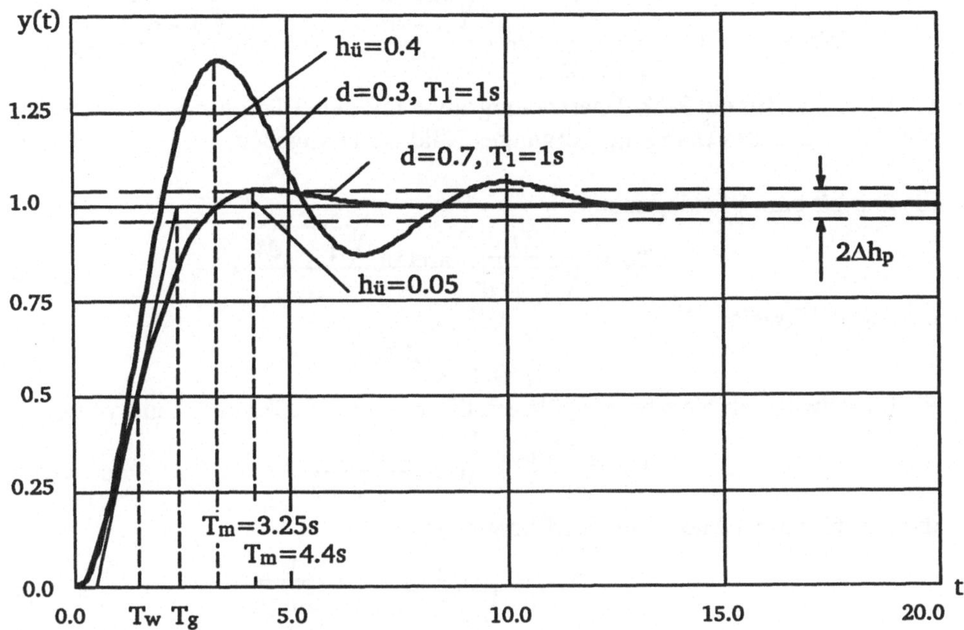

Bild 4.21: Kennwerte des dynamischen Verhaltens eines P–T_2–Gliedes bei d=0.3 und d=0.7

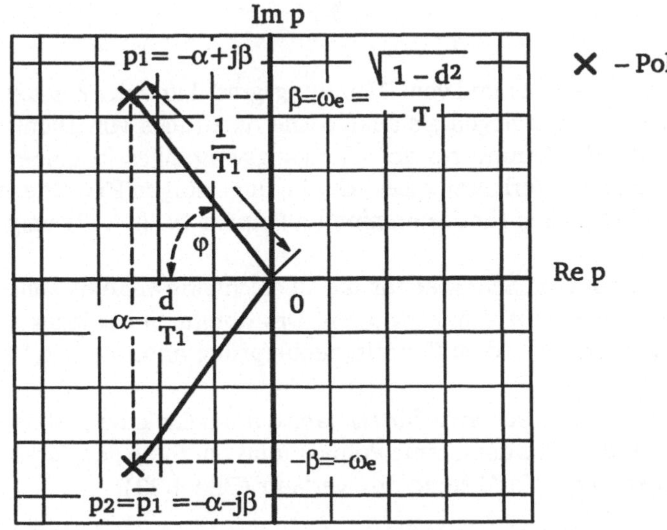

Bild 4.22: Pol–Nullstellen–Plan eines schwingungsfähigen P–T_2–Gliedes (0<d<1)

Für die Sprungantwort des P–T2–Gliedes gilt:

$$y(t) = K_p \left(1 - \frac{e^{-d \cdot t/T_1}}{\sqrt{1-d^2}} \sin \left(\frac{\sqrt{1-d^2}}{T_1} t + \arctan \frac{\sqrt{1-d^2}}{d} \right) \right). \quad (4.50)$$

Damit kann man für ein P–T2–Übertragungsglied mit dem Dämpfungsgrad $0 \leq d < 1$ folgende Kennwerte des Übergangsvorganges (Bild 4.21) angeben:

- die Zeit bis zum Wendepunkt

$$T_w = \frac{T_1}{\sqrt{1-d^2}} \arctan \frac{\sqrt{1-d^2}}{d}, \quad (4.51)$$

- die Ausgleichszeit

$$T_g = T_1 \, e^{d \cdot T_w / T_1}, \quad (4.52)$$

- die Einschwingzeit bis zum endgültigen Eintreten in ein Toleranzband von q%

$$T_{ep} = \frac{T_1}{d} \ln \left(\frac{100}{q} \frac{1}{\sqrt{1-d^2}} \right), \quad (4.53)$$

- die Zeit bis zum 1.Maximum der Übergangsfunktion

$$T_m = \frac{\pi T_1}{\sqrt{1-d^2}} = \frac{\pi}{\operatorname{Im} p_1}, \quad (4.54)$$

- die Überschwingweite

$$h_{ü} = h_\infty \exp \left(\frac{-\pi d}{\sqrt{1-d^2}} \right) = h_\infty \exp \, (-\pi \cot \varphi). \quad (4.55)$$

Alle diese Kennwerte sind vom Dämpfungsgrad d und der Zeitkonstante T_1 abhängig. Diese Abhängigkeiten liegen als analytische Ausdrücke vor. Damit können geforderte Schranken für die Kennwerte des Übergangsvorganges in einem Regelkreis, dessen Dynamik durch das Verhalten eines schwingungsfähigen PT2–Gliedes angenähert werden soll, in Schranken für das dominante Polpaar (Bild 4.23) umgesetzt werden:

- anhand der oberen Schranke für die Überschwingweite $h_{ü}$ kann aus der Gleichung (4.55) der Winkel φ berechnet werden. Das dominante Polpaar muß rechts von den Geraden liegen, die aus dem Koordinatenursprung unter diesem Winkel austritt;

- anhand der oberen Schranke für T_m kann aus der Gleichung (4.54) der Wert $\operatorname{Im} p_1 = \beta_1$ berechnet werden. Das dominante Polpaar muß oberhalb der Geraden liegen, die parallel zur reellen Achse in Abstand β_1 verläuft (Bild 4.23);

- anhand der oberen Schranke für die Eigenfrequenz ω_e kann der Wert $\operatorname{Im} p_1 = \beta_2$ berechnet werden. Das dominante Polpaar muß unterhalb der Geraden liegen, die parallel zur reellen Achse in Abstand β_2 verläuft (Bild 4.23);

- anhand der oberen Schranke für die Einschwingzeit T_{ep} kann aus der Gleichung (4.53) der Wert $\text{Re}\, p_1 = \alpha_1$ berechnet werden. Das dominante Polpaar muß rechts von einer Geraden liegen, die parallel zur imaginären Achse in Abstand α_1 verläuft (Bild 4.23);

- anhand der oberen Schranke für ω_e und bei vorgeschriebener Dämpfung d ergibt sich die obere Schranke für den Betrag des dominante Polpaares $|p_1| < \alpha_2$.

Hiermit ist ein Bereich in der p–Ebene abgegrenzt, in dem das dominante Polpaar liegen soll (Bild 4.23), damit das gewünschte dynamische Verhalten des Regelkreises erreicht werden kann.

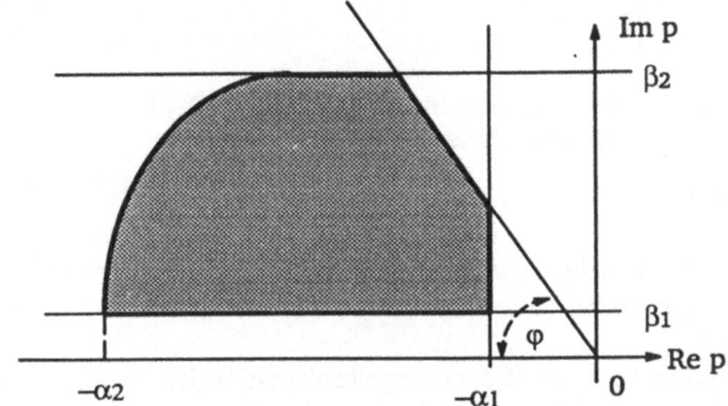

Bild 4.23: Der zulässige Bereich für das dominante Polpaar

Das Reglerentwurfsverfahren anhand des Pol–Nullstellen–Planes beinhaltet folgende Schritte:

- Markierung der Pole und Nullstellen der Regelstrecke im Pol–Nullstellen–Plan.

- Konstruktion des Bereiches, in dem das dominante Polpaar liegen soll.

- Konstruktion der *Wurzelortskurve* mit K als Parameter.

- Prüfung, ob die gewünschte Lage der Pole und Nullstellen des geschlossenen Kreises mit irgendeinem Wert K erreicht wird. Dann können die gestellten Forderungen mit einem P–Regler erfüllt werden.

- Ist das nicht der Fall, so fügt man weitere Pole und Nullstellen des Reglers (I– und/ oder D–Anteil des Reglers) hinzu(Bild 4.24). Das läuft im wesentlichen darauf hinaus, die am weitesten rechts gelegenen Pole der Regelstrecke durch eine geeignete Wahl der Nullstellen des Reglers zu beeinflussen oder aufzuheben. *Die Aufhebung von Polen der Regelstrecke durch die Nullstellen des Reglers bezeichnet man als Kompensation. Hier ist allerdings zu beachten, daß ein auf oder rechts der imaginären Achse gelegener Streckenpol durch eine Reglernullstelle nicht kompensiert werden darf.*

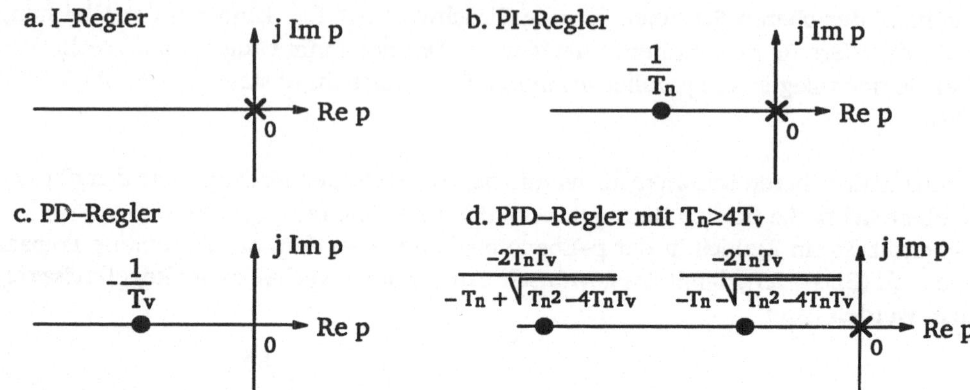

Bild 4.24: Pol–Nullstellen–Verteilung für einen I–, PI–, PD–, PID–Regler
✕ – Pol ● –Nullstelle

Wurzelortskurve

In diesem Abschnitt wurde die Konstruktion der Wurzelortskurve erwähnt. Im folgenden werden der Begrif der Wurzelortskurve und die einzelnen Konstruktionsregeln ohne Beweis angegeben.

Der Pol–Nullstellen–Plan des offenen Regelkreises läßt sich in den meisten Fällen sehr einfach ermitteln: er setzt sich aus den Polen und Nullstellen der Regelstrecke und des Reglers zusammen:

$$F_o(p)=F_R(p)F_s(p) = K\,\frac{Z_o(p)}{N_o(p)} = K\,\frac{(p-p_{o1}^*)(p-p_{o2}^*)\ldots(p-p_{om}^*)}{(p-p_{o1})(p-p_{o2})\ldots(p-p_{on})}\,. \qquad (4.56)$$

Dabei ist K nicht mit der Kreisverstärkung des offenen Kreises V zu verwechseln.
Den Zusammenhang zwischen dem Faktor K und der Kreisverstärkung V wird durch folgende Beziehung

$$V = K\,\frac{(-p_{o1}^*)(-p_{o2}^*)\ldots(-p_{om}^*)}{(-p_{o1})(-p_{o2})\ldots(-p_{on})} \qquad (4.57)$$

beschrieben.

Beispiel 4.6. Für einen Regelkreis mit einer P–T2–Regelstrecke und einem PI–Regler ergibt sich folgende Übertragungsfunktion des offenen Regelkreises

$$F_o(p) = F_R(p)\,F_s(p) = \frac{K_R K_s (pT_n+1)}{p(pT_1+1)(pT_2+1)} =$$

$$= \underbrace{\frac{K_R K_s T_n}{T_1 T_2}}_{K}\;\frac{(p+\overbrace{1/T_n}^{-p_{o1}^*})}{(p-\underbrace{0}_{p_{o1}})(p+\underbrace{1/T_1}_{-p_{o2}})(p+\underbrace{1/T_2}_{-p_{o3}})} = K\,\frac{Z_o(p)}{N_o(p)}\,.$$

Die Pole des geschlossenen Regelkreises berechnet man anhand der charakteristischen Gleichung (4.24) mit

$$A(p) = 1 + F_R(p)F_s(p) = N_o(p) + K Z_o(p) = \\ = p^n + a_{n-1}p^{n-1} + \dots + a_1 p + a_0 = 0 \,. \tag{4.58}$$

Aus dieser Gleichung ist ersichtlich, daß bei einer kontinuierlichen Änderung des Wertes K die Pole des geschlossenen Regelkreises ihre Lage in der p–Ebene ändern. Sie werden entlang der ganz bestimmten Wege 'wandern'. Sie fangen bei K=0 in den Polen des offenen Regelkreises an. Bei K=∞ spielt $N_o(p)$ in (4.41) keine Rolle, und damit gehen die Pole des geschlossenen Regelkreises in die Nullstellen des offenen Kreises über. Diese Wanderwege, entlang deren sich die Pole des geschlossenen Regelkreises in Abhängigkeit von K bewegen, bezeichnet man als *Wurzelortskurve.*

Für jeden Punkt der Wurzelortskurve $p=\alpha+j\beta$ gilt folgende Betragsbeziehung

$$\frac{|p-p_{o1}|\,|p-p_{o2}|\dots|p-p_{on}|}{|p-p_{o1}^*|\,|p-p_{o2}^*|\dots|p-p_{om}^*|} = |K| \,. \tag{4.59}$$

Diese Gleichung legt die Werte von K auf der Wurzelortskurve fest.

Beispiel 4.7. Für einen Regelkreis mit einer P–T1–Regelstrecke und einem I–Regler ergibt sich folgende Übertragungsfunktion des offenen Regelkreises

$$F_o(p) = F_R(p)\,F_s(p) = \frac{K_{IR}K_s}{p(pT_1+1)} = \\ = \underbrace{\frac{K_{IR}K_s}{T_1}}_{K} \; \frac{1}{(p-\underbrace{0}_{p_{o1}})(p+\underbrace{1/T_1}_{-p_{o2}})} = K\frac{Z_o(p)}{N_o(p)} \,.$$

Der Pol–Nullstellen–Plan des offenen Regelkreises ist auf dem Bild 4.25a dargestellt.

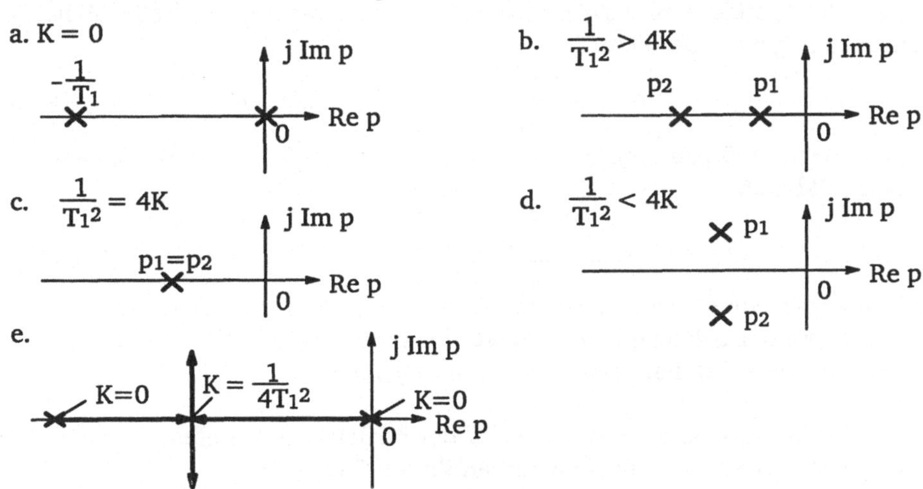

Bild 4.25: Lage der Pole für einen Regelkreis mit einer P–T1–Regelstrecke und einem I–Regler

Die Wurzel der charakteristischen Gleichung

$$A(p) = Z_o(p) + KN_s(p) = p^2 + \frac{1}{T_1} p + K = 0$$

sind:

– bei $\frac{1}{T_1^2} > 4K$ reell und verschieden (Bild 4.25b);

– bei $\frac{1}{T_1^2} = 4K$ reell und gleich (Bild 4.25c);

– bei $\frac{1}{T_1^2} < 4K$ konjugiert komplex (Bild 4.25d).

Man kann zeigen, daß die Wurzel der charakteristischen Gleichung entlang der Zweige der Wurzelortskurve gemäß Bild 4.25e wandern.

Im folgenden sind die Regeln angegeben, welche die näherungsweise Konstruktion der Wurzelortskurve ohne Lösung der charakteristischen Gleichung (4.58) oder Auswertung der Bestimmungsgleichungen ermöglichen, wenn die Nullstellen und die Pole des offenen Regelkreises bekannt sind.

1. Die Wurzelortskurve hat n Zweige, die auf der reellen Achse der p–Ebene oder symmetrisch zu ihr laufen. Für jeden Pol des geschlossenen Regelkreises gibt es also einen Zweig.

2. Die Wurzelortskurve beginnt bei K=0 in den Polen des offenen Regelkreises. Bei K=∞ endet die Wurzelortskurve in die Nullstellen des offenen Kreises. Wenn die Übertragungsfunktion des geschlossenen Regelkreises m Nullstellen und n Pole (n>m) hat, laufen m Zweige von den Polen des offenen Regelkreises zu den Nullstellen und die restlichen (n–m) Zweige ins Unendliche. Diese Zweige haben die (n–m) *asymptotische Richtungen*. Die Anstiegswinkel zwischen diesen Asymptoten und der reellen Achse lassen sich nach folgender Beziehung

$$\vartheta_k = \frac{1+2k}{n-m} 180^0, \quad k=0,1,\ldots,(n-m-1) \qquad (4.60)$$

berechnen. Die zugehörigen Asymptoten schneiden sich im Schwerpunkt der Pol– und Nullstellen (Bild 4.26)

$$p_s = \frac{\sum^{n} \mathrm{Re}\, p_k - \sum^{m} \mathrm{Re}\, p_k^*}{n-m} \, . \qquad (4.61)$$

3. Die Zweige der Wurzelortskurve laufen symmetrisch zur reellen Achse. Jeder Punkt der reellen Achse der p–Ebene ist ein Punkt der Wurzelortskurve, wenn die Zahl der rechts von ihm gelegenen Pole und Nullstellen ungerade ist.

4. Wenn sich zwei Zweige der Ortskurve auf der reellen Achse treffen, heben sie sich rechtwinklig von ihr ab. Der Abhebepunkt erfüllt die Gleichung

$$\sum_{k=1}^{n} \frac{1}{p_{ok} - p_A} - \sum_{k=1}^{m} \frac{1}{p_{ok}^* - p_A} = 0 \, . \qquad (4.62)$$

5. Die Schnittpunkte der Wurzelortskurve und der imaginären Achse bestimmen den kritischen Wert von K, für den der Regelkreis instabil wird. Diesen Wert K_{krit} und den dazugehörigen Wert der kritischen Kreisfrequenz ω_{krit} erhält man durch Auflösen der Gleichung

$$A(j\omega) = 1 + F_R(j\omega)F_s(j\omega) = N_o(j\omega) + K Z_o(j\omega) = = (j\omega)^n + a_{n-1}(j\omega)^{n-1} + \ldots + a_1(j\omega) + a_0 = 0 \tag{4.63}$$

nach ω und K.

6. Wenn bekannt ist, daß der Punkt $p=\alpha+j\beta$ zu der Wurzelortskurve gehört, dann läßt sich der dazugehörige Wert K anhand der folgenden Beziehung berechnen:

$$|K| = \frac{|p-p_{o1}|\,|p-p_{o2}| \ldots |p-p_{on}|}{|p-p_{o1}^*|\,|p-p_{o2}^*| \ldots |p-p_{om}^*|} \,. \tag{4.64}$$

Mit dieser Gleichung kann man für die charakteristischen Punkte der Wurzelortskurve den dazugehörigen Wert von K berechnen.

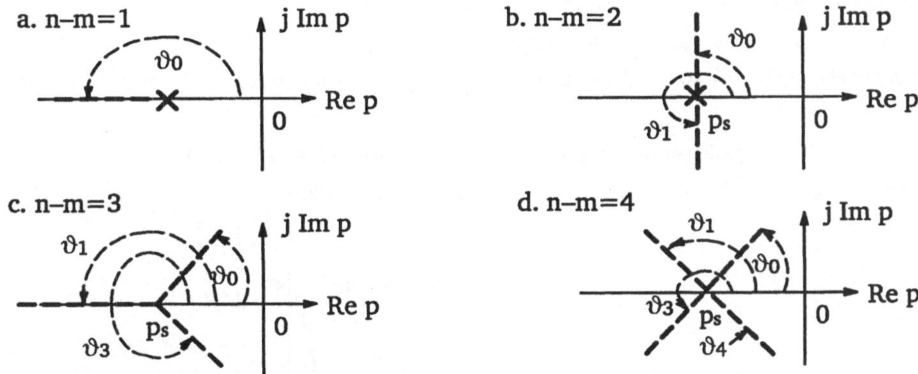

Bild 4.26: Richtungen der Asymptoten für die Zweige der Wurzelortskurve

Beispiel 4.8. Für einen Regelkreis mit einer I–T2–Regelstrecke und einem P–Regler ergibt sich folgende Übertragungsfunktion des offenen Kreises

$$F_o(p) = \frac{K_R K_s}{p(pT_1+1)(pT_2+1)} = \underbrace{\frac{K_R K_s}{T_1 T_2}}_{K} \frac{1}{(p-\underbrace{0}_{p_{o1}})(p+\underbrace{1/T_1}_{-p_{o2}})(p+\underbrace{1/T_2}_{-p_{o3}})} = K\frac{Z_o(p)}{N_o(p)} \,.$$

Die Parameter der Regelstrecke sind $K_s = 0.2 sec^{-1}$, $T_1 = 1 sec$ und $T_2 = 0.2 sec$. Gesucht ist die Wurzelortskurve.

Die Konstruktionsregeln geben in diesem Fall folgende Aussagen:

1. Mit den vorgegebenen Parametern der Regelstrecke ergibt sich $K=K_R$. Der Regelkreis hat drei Pole $p_{o1}=0$, $p_{o2}=-1$, $p_{o3}=-5$ und keine Nullstellen. Damit ist $n=3$, $m=0$

2. Die Wurzelortskurve hat drei Zweige, wobei (n–m)= 3 Zweige im Unendlichen enden. Sie haben asymptotische Richtungen gemäß Bild 4.26c und Gleichung (4.60) $\vartheta_0=-60^0$, $\vartheta_1=-180^0$, $\vartheta_2=-300^0$. Der Schnittpunkt der Asymptoten errechnet sich zu

$$p_s = \frac{0 + (-1) + (-5) - 0}{3} = -2 .$$

3. Die Punkte der reellen Achse zwischen den Polen $p_{o1}=0$ und $p_{o2}=-1$ gehöhren zu der Wurzelortskurve.
4. Der Abhebepunkt erfüllt die Gleichung

$$-\frac{1}{p_A} + \frac{1}{-1-p_A} + \frac{1}{-5-p_A} = 0 ,$$

$$3p_A^2 + 12p_A + 5 = 0 \ , \quad p_{A1} = -0.47 \, , \; p_{A2} = -3.52 .$$

Es ist ersichtlich, daß $p_{A2} = -3.52$ kein Abhebepunkt ist, denn die Zweige treffen sich zwischen den Polen $p_{o1}=0$ und $p_{o2}=-1$. Der Abhebepunkt ist damit $p_A = -0.47$.
5. Die charakteristische Gleichung des geschlossenen Regelkreises ergibt sich zu

$$A(p) = 1+F_R(p)F_s(p) = N_o(p) + K\,Z_o(p) = p^3 + 6p^2 + 5p + K = 0 .$$

Für den Schnittpunkt der Wurzelortskurve geht diese Gleichung in folgende Gleichung

$$A(j\omega_{krit}) = (j\omega_{krit})^3 + 6(j\omega_{krit})^2 + 5(j\omega_{krit}) + K_{krit} = 0$$

über. Diese Gleichung ist erfüllt, wenn sowohl der Realteil als auch der Imaginärteil gleich Null sind:

Imaginärteil: $j\omega_{krit}(-\omega_{krit}^2 + 5) = 0$ ist erfüllt bei $\omega_{krit} = 2.23$.

Realteil: $-6\omega_{krit}^2 + K_{krit} = 0$ ist erfüllt bei $K_{krit} = 30$.

6. Für den Abhebepunkt $p_A = -0.47$ läßt sich nach Gleichung (4.47) der dazugehörige Wert für K berechnen

$$K = |p-p_{o1}|\,|p-p_{o2}| \ldots |p-p_{on}| = |-0.47-0|\,|-0.47+1|\,|-0.47+5| = 1.13.$$

Mit diesen Aussagen läßt sich die Wurzelortskurve skizzieren (Bild 4.27).

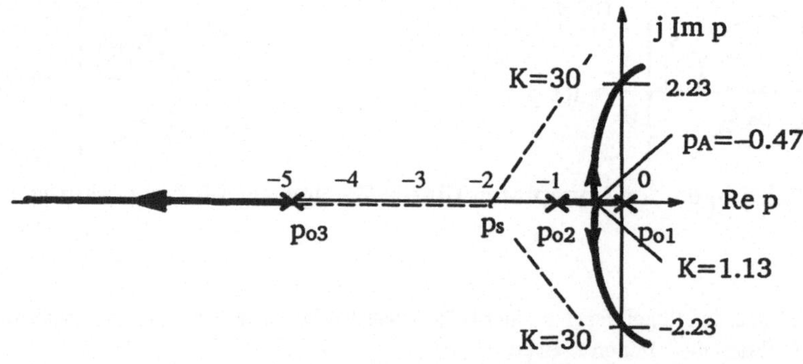

Bild 4.27: Wurzelortskurve für den Regelkreis aus Beispiel 4.8

Beispiel 4.9. Betrachten wir die Wurzelortskurve eines Regelkreises mit P–T3–Regelstrecke mit einem P–Regler

$$F_o(p) = \frac{K_R K_s}{(pT_1+1)(pT_2+1)(pT_3+1)} = \underbrace{\frac{K_R K_s}{T_1T_2T_3}}_{K} \frac{1}{(p + \underbrace{1/T_1}_{-p_{o1}})(p+\underbrace{1/T_2}_{-p_{o2}})(p+\underbrace{1/T_3}_{-p_{o3}})} = K\,\frac{Z_o(p)}{N_o(p)} .$$

und $T_1 > T_2 > T_3$. Die Wurzelortskurve für diesen Regelkreis ist auf Bild 4.28 skizziert.

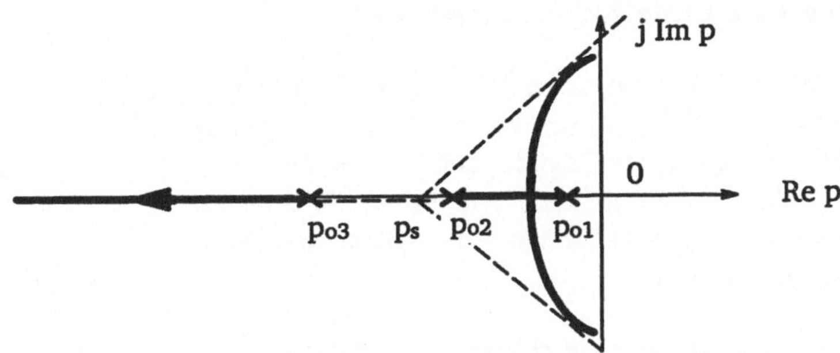

Bild 4.28: Wurzelortskurve für den Regelkreis aus Beispiel 4.9

Damit bestimmt das dominierende Polpaar $p_{01} = -1/T_1$ und $p_{02} = -1/T_2$ das dynamische Verhalten des Regelkreises. Diese Wirkung kann durch die Zählerzeitkonstanten des Reglers aufgehoben werden. Wird zur Regelung ein PID–Regler

$$F_R(p) = K_R \frac{(pT_{R1}+1)(pT_{R2}+1)}{p}$$

mit $T_{R1} = T_1$ und $T_{R2} = T_2$ eingesetzt, so werden die Pole p_{01} und p_{02} aufgehoben. Bild 4.29 zeigt die so bewirkte Änderung der Wurzelortskurve.

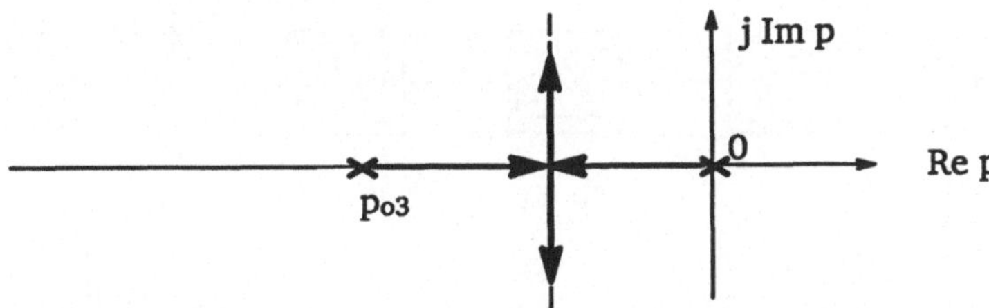

Bild 4.29: Wurzelortskurve für den Regelkreis mit einem Kompensationsregler

4.5 Hinweise und Aufgaben für die Simulationsexperimente

a. Hinweise zu Simulationsprogrammen

Bei der Lösung dieser Aufgaben verwenden Sie die unter den Menüpunkten
F4 – 'Einschleifige Regelkreise: Analyse im Zeitbereich',
F6 – 'Einschleifige Regelkreise: Pol–Nullstellen–Plan',
F7 – 'Kaskadenregelkreis: Analyse im Zeitbereich',
F9 – 'Kaskadenregelkreis: Pol–Nullstellen–Plan'
verfügbaren Programme.

Hinweise zur Simulation von einschleifigen Regelkreisen

Nach der Anwahl des Menüpunktes 'Einschleifige Regelkreise: Analyse im Zeitbereich' durch die Funktionstaste F4 bzw. des Menüpunktes 'Einschleifige Regelkreise: Pol–Nullstellen–Plan' durch die Funktionstaste F6 erscheint auf dem Bildschirm das Blockschaltbild eines einschleifigen Regelkreises gemäß Bild 4.30.

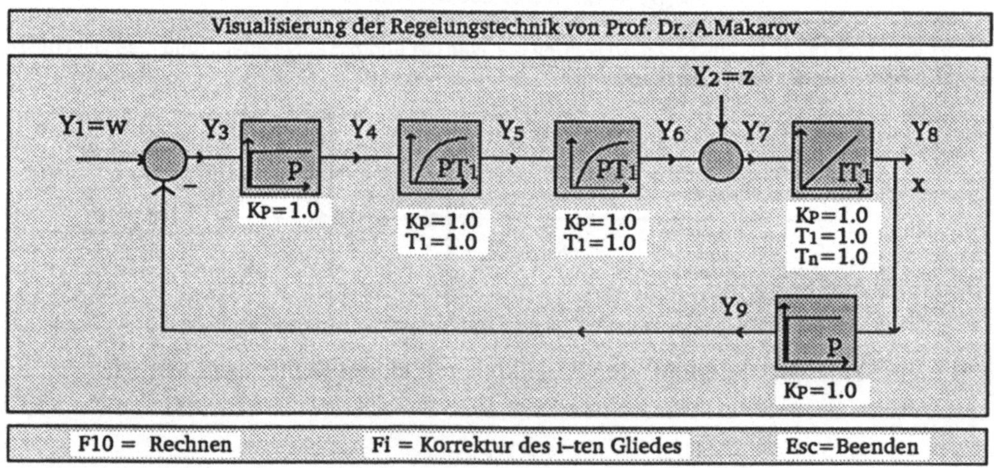

Bild 4.30: Darstellung eines einschleifigen Regelkreises in VISU–RT

Dieses Standardstruktur kann durch die Änderung der Parameter einzelner Übertragungsglieder (=Blöcke) an konkrete Aufgaben angepaßt werden. Der Typ (d.h die Übertragungsfunktion) und die Parameter jedes einzelnen Gliedes können geändert werden, indem man die Funktionstaste Fi anwählt. Dabei ist i gleich der Nummer des Ausgangssignals Y_i des Blockes im Blockschaltbild, dessen Typ und/oder Parameter geändert werden sollen.

Die zulässige Bezeichnungen des Typs eines Übertragungsgliedes sind in folgender Tabelle 4.10 zusammengestellt.

	Kurzbezeichnung		Übertragungsfunktion
	laut DIN	in VISU-RT	
1	P	_ _ _P	$F(p) = K_P$
2	I	_ _ _I	$F(p) = \frac{1}{pT_n}$, $T_n = \frac{1}{K_I}$
3	D	_ _ _D	$F(p) = pT_v$, $T_v = K_D$
4	PI	_ _PI	$F(p) = \frac{K_p(pT_n + 1)}{pT_n}$
5	PD	_ _PD	$F(p) = K_p(pT_v + 1)$
6	PID	_PID	$F(p) = K_p(1 + \frac{1}{pT_n} + pT_v)$
7	T_t	_ _TT	$F(p) = e^{-pT_t}$
8	P–T_1	_PT1	$F(p) = \frac{K_p}{(pT_1 + 1)}$
9	I–T_1	_IT1	$F(p) = \frac{1}{pT_n(pT_1 + 1)}$
10	D–T_1	_DT1	$F(p) = \frac{pT_v}{(pT_1 + 1)}$
11	PI–T_1	PIT1	$F(p) = \frac{K_p(pT_n + 1)}{pT_n(pT_1 + 1)}$
12	PD–T_1	PDT1	$F(p) = \frac{K_p(pT_v + 1)}{(pT_1 + 1)}$
13	PID–T_1	PIDT	$F(p) = K_p(1 + \frac{1}{pT_n} + \frac{pT_v}{(pT_1 + 1)})$
14	P–T_2	_PT2	$F(p) = \frac{K_p}{(pT_1 + 1)(pT_2 + 1)}$
15	P–T_3	_PT3	$F(p) = \frac{K_p}{(pT_1 + 1)(pT_2 + 1)(pT_3 + 1)}$
16	P–T_n	_PTN	$F(p) = \frac{b_m p^m + b_{m-1} p^{m-1} + \ldots + b_1 p + b_o}{a_n p^n + a_{n-1} p^{n-1} + \ldots + a_1 p + a_o}$
17	PD–T_2	PDT2	$F(p) = \frac{K_p(pT_v + 1)}{T^2p^2 + 2dTp + 1}$

Tabelle 4.10: Bezeichnungen linearer Übertragungsglieder
(_ – entspricht einem Leerzeichen)

Zum Beispiel das Ausgangssignal des Reglers ist Y_4. Wenn dessen Parameter K_p oder Typ geändert werden soll, dann ist die Funktionstaste F4 zu drücken.
Es erscheint eine Eingabemaske gemäß Bild 4.31.

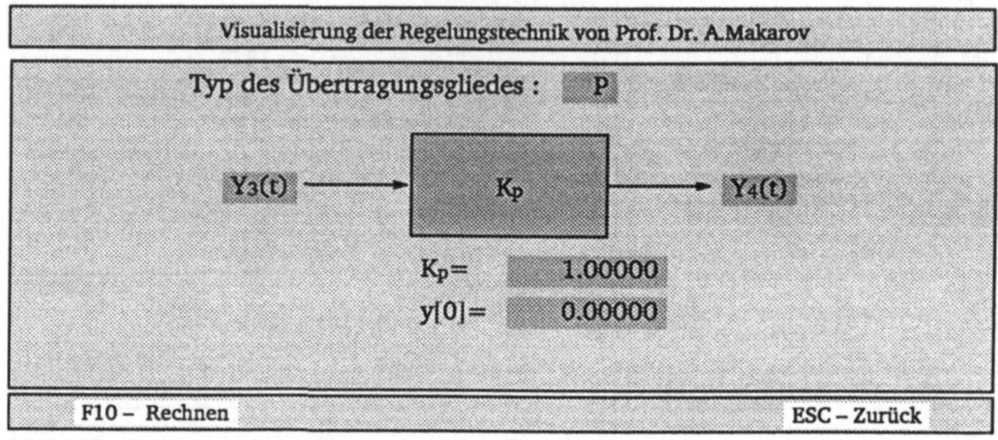

Bild 4.31: Maske zur Einstellung eines der Übertragungsglieder

Bei der Eingabe der Parameter eines PT_n–Übertragungsgliedes sind die Koeffizienten der Übertragungsfunktion in die einzelnen Felder der Maske gemäß Bild 4.32 einzugeben.

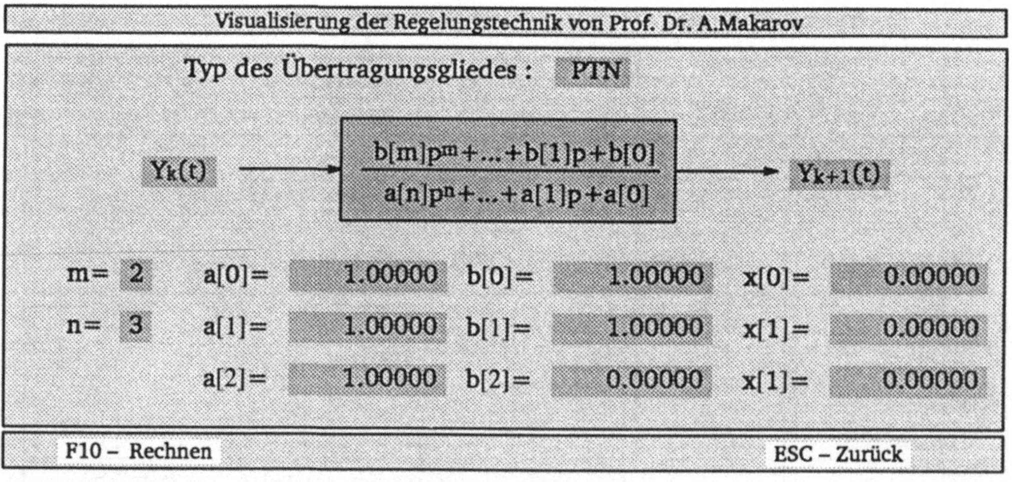

Bild 4.32: Maske zur Einstellung eines PT_n–Gliedes

Die Korrektur der Daten in einzelnen Eingabefeldern erfolgt durch einfaches Überschreiben eines Zeichens nach entsprechendem Vorrücken mit dem Cursor, dabei haben die Steuertasten folgende Belegung:

Escape – Zurückgehen auf die vorherige Menüebene.
Enter – Vorrücken auf die erste Position des folgenden Eingabefeldes.

<↓> – Rücken auf die erste Position des folgenden Eingabefeldes.
<↑> – Rücken auf die erste Position des vorhergehenden Eingabefeldes.
<←> – Rücken um eine Position nach links im aktuellen Eingabefeld.
<→> – Rücken um eine Position nach rechts im aktuellen Eingabefeld.

Syntaxfehler bei der Eingabe werden vom Programm gemeldet und können korrigiert werden. Dabei erscheint im Eingabefeld ein blinkendes Fragezeichen. In diesem Fall muß das gesamte Eingabefeld (einschließlich Leerzeichen) neu überschrieben werden.

Reelle Zahlen werden mit einem "." geschrieben. Die Eingabe von Zahlen in Exponentialform ist nicht zulässig.

Der Typ des Übertragungsgliedes muß *rechtsbündig in das obere Feld eingegeben werden.* Nach der Änderung eines Blocktyps und Betätigen der Enter–Taste erscheinen entsprechende Eingabefelder für die einzelnen Parameter des Übertragungsgliedes.

Im einschleifigen Regelkreis sind zwei Eingangssignale Y_1 (=Führungsgröße w(t)) und Y_2 (=Störgröße z(t)) vorgesehen. Bei der Anwahl von Funktionstasten F1 oder F2 erscheint auf dem Bildschirm eine Maske gemäß Bild 4.33.

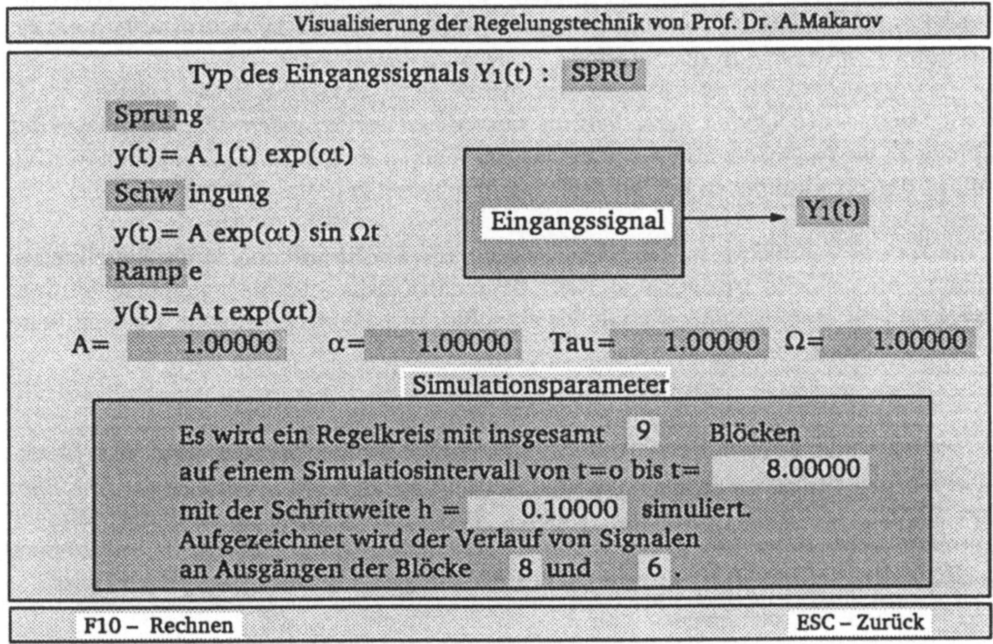

Bild 4.33: Maske zur Einstellung der Eingangssignale Y_1, Y_2 und der Simulations–parameter

Sie können zwischen einem Sprung

$$y(t) = A\,\sigma(t)\,e^{\alpha t}$$

einer Schwingung

$$y(t) = A\,e^{\alpha t}\sin\Omega t$$

und einer Rampe

$$y(t) = A\,t\,e^{\alpha t}$$

wählen. Durch A wird die Amplitude, durch α die Dämpfung und durch Ω die Kreisfrequenz eingestellt.

Durch Angabe des Parameters 'Tau' kann das entsprechende Signal um diese Zeit nach rechts verschoben werden.

Durch Anwählen der Funktionstasten F1 oder F2 können noch folgende Simulations–parameter eingestellt werden:

- *Simulationsintervall* $[0, T_{fin}]$, auf dem der Übergangsvorgang berechnet wird.

- *Simulationsschrittweite h.* Obwohl im Programm nachgeprüft wird, ob sie richtig gewählt wurde, sollte man einen Wert vorgeben. Dieser Wert soll sich nach den Zeitkonstanten der Regelstrecke richten. *Die Simulationsschrittweite h muß um mindestens das Fünffache kleiner sein als die kleinste Zeitkonstante der Regelstrecke. Wenn im Regelkreis ein Totzeitglied vorhanden ist, dann muß die Simulationsschrittweite h um ein Vielfaches kleiner sein, als die Totzeit T_t.*

- *die Nummer der Signale, deren Verlauf ausgegeben werden sollen.* Man kann zwei der Signale Y_1 bis Y_9 gleichzeitig ausgeben lassen. Wenn nur ein Signal ausgegeben werden soll, ist dessen Nummer in beiden dafür vorgesehenen Feldern anzugeben.

- *die Anzahl der Blöcke im Regelkreis.* Wenn für die Simulation eines Regelkreises weniger als 9 Blöcke gebraucht werden, dann kann diese Anzahl eingegeben werden. Dabei sind die zwei Eingangssignale als zwei Blöcke zu berücksichtigen. Die minimale Anzahl der Blöcke beträgt also 3.

Nachdem die notwendigen Änderungen vorgenommen wurden und das Blockschaltbild der Aufgabe angepaßt ist, kann durch Betätigen der Taste F10 die jeweilige Berechnung gestartet werden. Dabei wird intern die Einstellung einiger Simulationsparameter überprüft. Wenn die Einstellung nicht korrekt ist, erscheinen oberhalb des Strukturbildes entsprechende Meldungen, die befolgt werden müssen.

Bei der Berechnung des Übergangsvorganges erscheinen oberhalb des Strukturbildes ein Maßstabsnetz und der Verlauf der Signale. Da vor dem Beginn der Simulation nicht vorherzusehen ist, welche Werte die Signale annehmen werden, kann es vorkommen, daß die Signalverläufe außerhalb des Maßstabsnetzes liegen. Erst nach Beendigung der Simulation und Betätigung einer beliebigen Taste erscheint der lückenlose Signalverlauf, etwa wie im Bild 4.34 dargestellt.

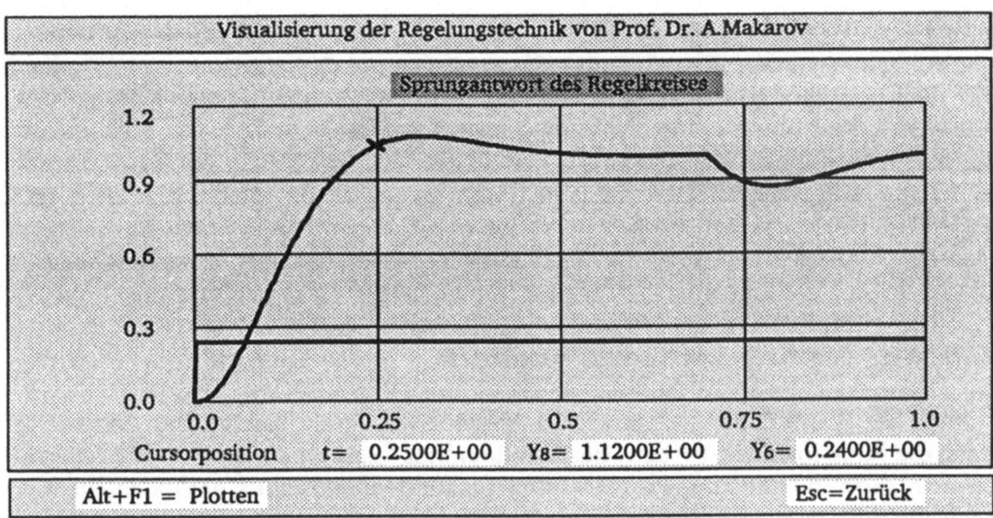

Bild 4.34: Darstellung der Simulationsergebnisse in VISU–RT

Mit Hilfe des Cursors kann der Verlauf der Signale abgetastet werden. Diese Darstellung der Simulationsergebnisse kann ausgegeben werden. Nach Beendigung der Ausgabe oder durch das Betätigen der Taste F10 kehrt man zum Strukturbild zurück. Nun können weitere Änderungen und anschließende Simulationsläufe durchgeführt werden.

Bei der Berechnung des Pol–Nullstellen–Planes erscheint auf dem Bildschirm die Darstellung des Pol–Nullstellen–Planes gemäß Bild 4.35.

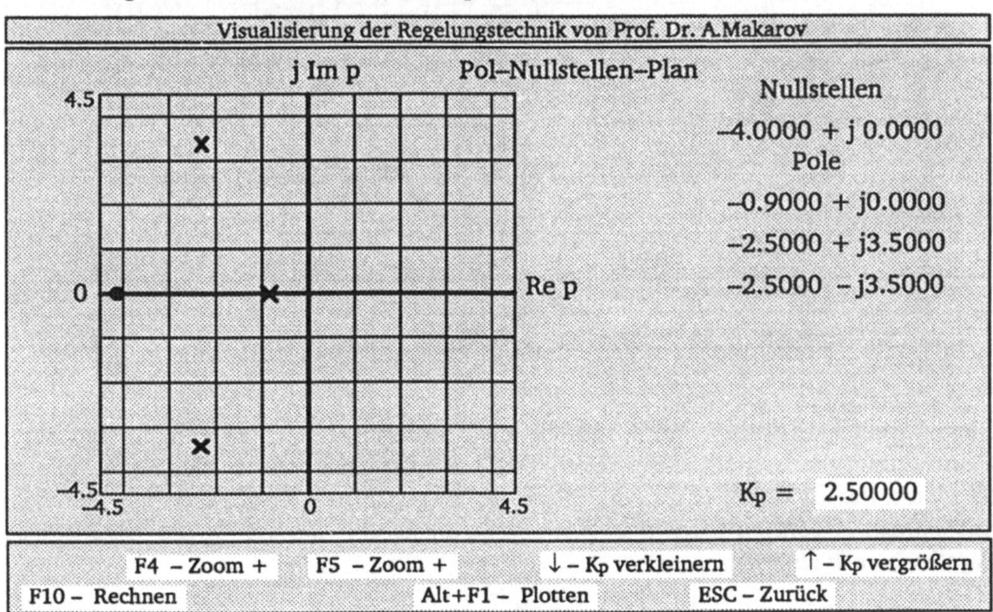

Bild 4.35: Darstellung des Pol–Nullstellen–Planes ● –Nullstelle × – Pol

Hier kann durch Betätigen der Funktionstasten F4 bzw. F5 der Maßstab der Darstellung verändert werden (Zoom). Durch das Betätigen der Cursorsteuertasten ↑ oder ↓ wird der Übertragungsbeiwert K_p des Blockes 4, des Reglers, verdoppelt bzw. halbiert. Gleichzeitig wird eine neue Berechnung gestartet und die neue Lage der Pole und der Nullstellen abgebildet. Damit kann der Verlauf der Wurzelortskurve punktweise ermittelt werden. Des weiteren kann der neue Übertragungsbeiwert K_p des Blockes 4 (des Reglers) dierekt in das Feld mit dem roten Cursor eingeben werden. Durch das Betätigen der F10–Taste wird eine erneute Berechnung gestartet. Mit der Tastenkombination Alt+F1 können die Ergebnisse der letzten Berechnung ausgegeben werden.

Hinweise zur Simulation von Kaskadenregelkreisen

Nach der Anwahl des Menüpunktes 'Kaskadenregelung: Analyse im Zeitbereich' durch die Funktionstaste F7 bzw. des Menüpunktes ' Kaskadenregelung: Pol–Nullstellen–Plan' durch die Funktionstaste F9 erscheint auf dem Bildschirm das Blockschaltbild des Regelkreis gemäß Bild 4.36.

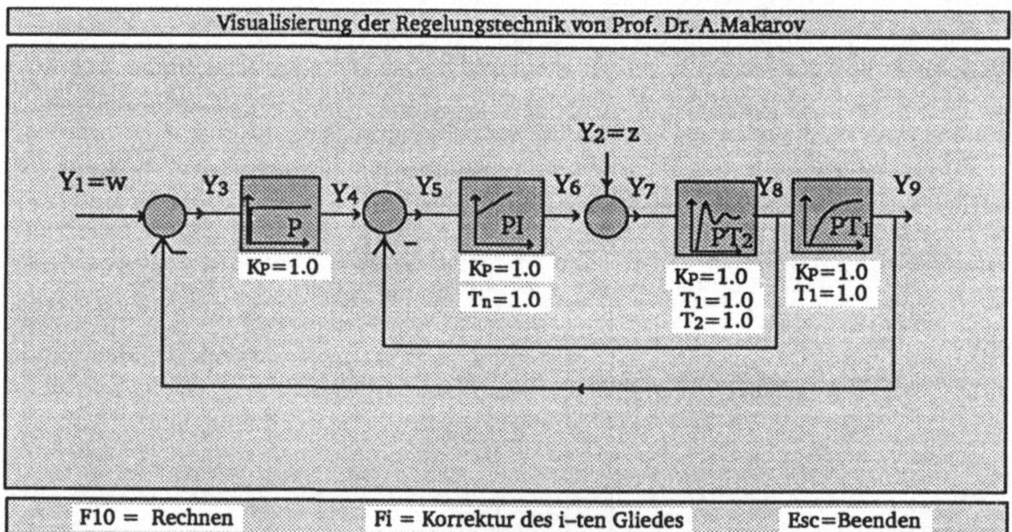

Bild 4.36. Darstellung eines Kaskadenregelkreises als Blockschaltbild in VISU–RT

Diese Standardstruktur kann durch die Änderung der Parameter einzelner Übertragungsglieder (=Blöcke) an konkrete Aufgaben angepaßt werden. *Allerdings ist bei diesem Regelkreis die Anzahl der Blöcke fest vorgegeben. D.h man muß mit 9 Blöcken auskommen. Ansonsten gelten dieselben Regeln, die bei der Berechnung des einschleifigen Regelkreis auch zutreffen.*

b. Aufgabenstellungen zur Simulation

Aufgabe 4.1. Gegeben ist eine I–T_2–Regelstrecke $F_S(p)= K_S/p(pT_1+1)(pT_2+1)$ mit $K_S=1sec^{-1}$, $T_1=10sec$, $T_2=3sec$. Sie soll durch einen P–Regler $F_R(z)= K_R$ geregelt werden. Bestimmen Sie für welche Werte von K_R der Regelkreis stabil ist. Stellen Sie den Regler nach Takahashi ein. Dazu berechnen Sie den Pol–Nullstellen–Plan für $K_R=1.0$. Anschließend verkleinern Sie K_R schrittweise, bis der Regelkreis an die Stabilitätsgrenze gelangt. Ermitteln Sie die dazugehörigen Werte von K_{Rkrit} und ω_{krit}. Überprüfen Sie die Ergebnisse durch eine Simulation des Übergangsvorganges im Zeitbereich. Simulieren Sie den Regelkreis mit $K_R=0.5 \cdot K_{Rkrit}$ auf dem Simulationsintervall [0;200sec] mit der Schrittweite h=0.2sec. Ermitteln Sie die Überschwingweite $h_ü$ [%] und die Einschwingzeit T_{ep} bis zum Erreichen des 5%–Toleranzbandes.

Aufgabe 4.2. Für eine P–T_2–Regelstrecke $F_S(p)= K_S/(pT_1+1)(pT_2+1)$ mit $K_S=1$, $T_1=4$ sec, $T_2=1$sec ist der Übertragungsbeiwert des P–Reglers so einzustellen, daß der geschlossene Regelkreis ein P–T_2–Verhalten mit d=0.707 hat. Simulieren Sie diesen Regelkreis auf dem Simulationsintervall [0;15sec] mit der Schrittweite h=0.05sec. Ermitteln Sie die Überschwingweite $h_ü$ [%] und die Einschwingzeit T_{ep} bis zum Erreichen des 3%–Toleranzbandes. Wie groß ist die bleibende Regelabweichung ? Welche Werte haben die Fehlerkoeffizienten ?

Aufgabe 4.3. Gegeben ist eine P–T_2–Regelstrecke $F_S(p)= K_S/(pT_1+1)(pT_\Sigma+1)$ mit $K_S=1$, $T_1=10$ sec, $T_\Sigma=0.5$sec. Sie soll durch einen PI–Regler geführt werden. Bestimmen Sie die Nachstellzeit T_n des Reglers so, daß die Zeitkonstante T_1 der Regelstrecke durch den Regler kompensiert wird (Einstellung nach Betragsoptimum). Simulieren Sie diesen Regelkreis auf dem Simulationsintervall [0; 10sec] mit der Schrittweite h=0.02sec. Ermitteln Sie die Überschwingweite $h_ü$ [%] und die Einschwingzeit T_{ep} bis zum Erreichen des 5%–Toleranzbandes.
Stellen Sie den Regler nach Kessler ein, und vergleichen Sie die Ergebnisse der Simulation.

Aufgabe 4.4. Gegeben ist eine instabile P–T_2–Regelstrecke $F_S(p)= K_S/(p^2T_1^2+1)$ mit $K_S=1$, $T_1=2$sec. Stabilisieren Sie diese Regelstrecke durch Hinzufügen der Pole und/ oder der Nullstellen des Reglers. Simulieren Sie diesen Regelkreis auf dem Simulationsintervall [0;10sec] mit der Schrittweite h=0.25sec. Ermitteln Sie die Überschwingweite $h_ü$ [%] und die Einschwingzeit T_{ep} bis zum Erreichen des 5%–Toleranzbandes.

Aufgabe 4.5. Gegeben ist eine instabile I_2–T_1–Regelstrecke $F_S(p) = K_S/p^2(pT_1+1)$ mit $K_S=1$, $T_1=0.5$sec. Zeigen Sie mit Hilfe der Wurzelortskurve, daß der Regelkreis durch einen P–Regler nicht stabilisiert werden kann. Stabilisieren Sie diese Regelstrecke durch einen PD–Regler. Simulieren Sie diesen Regelkreis auf dem Simulationsintervall [0; 10sec] mit der Schrittweite h=0.25sec. Ermitteln Sie die Überschwingweite $h_ü$ [%] und die Einschwingzeit T_{ep} bis zum Erreichen des 5%–Toleranzbandes.

Aufgabe 4.6. Gegeben ist eine P–T_2–Regelstrecke $F_S(p) = K_S/((pT_1+1)(pT_2+1))$ mit $K_S=10$, $T_1=1.5$sec, $T_2=0.5$ sec. Berechnen Sie die Sprungantwort der Regelstrecke und ermitteln Sie die Verzugszeit T_u und die Ausgleichszeit T_g.

a. Entwerfen Sie einen P–Regler nach Chien für ein optimales Störverhalten.

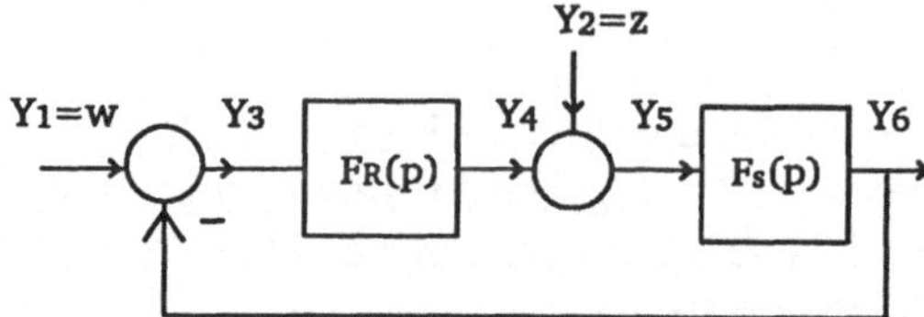

Simulieren Sie diesen Regelkreis auf dem Simulationsintervall [0;10sec] mit der Schrittweite h=0.05sec bei einem Sprung der Störgröße (z(t)=1, w(t)=0). Ermitteln Sie die bleibende Regeldifferenz, die Überschwingweite $h_ü$ [%] und die Einschwingzeit T_{ep} bis zum Erreichen des 5%–Toleranzbandes.

b. Entwerfen Sie einen PI–Regler nach Chien für das optimale Störverhalten. Simulieren Sie diesen Regelkreis auf dem Simulationsintervall [0; 10 sec] mit der Schrittweite h=0.05sec bei einem Sprung der Srörgröße(z(t)=1, w(t)=0). Ermitteln Sie die bleibende Regeldifferenz, die Überschwingweite $h_ü$ [%] und die Einschwingzeit T_{ep} bis zum Erreichen des 5%–Toleranzbandes.

c. Berechnen Sie die Fehlerkoeffizienten für diesen Regelkreis allgemein. Wie groß ist bleibende Regelabweichung, wenn sich die Führungsgröße w(t) mit der konstanten Geschwindigkeit von 2sec^{-1} ändert (Typ der Führungsgröße: RAMPe, A=2).

Aufgabe 4.7. Es sind, für die in der Tabelle 4.11 vorgegebenen Regelstrecken, die Parameter des Reglers vom vorgegebenen Typ so zu berechnen, daß die an den Regelkreis gestellten Gütekennwerte für die Einschwingzeit T_{ep} und die Überschwingweite $h_ü$ erfüllt sind. Führen Sie die digitale Simulation dieser Regelkreise durch. Ermitteln Sie die Überschwingweite $h_ü$ [%] und die Einschwingzeit T_{ep} bis zum Erreichen des 5%–Toleranzbandes. Stellen Sie diese in einer Tabelle zusammen und beurteilen Sie die Ergebnisse der Simulation.

Regelstrecke			Regler	Tep bei $\Delta h_p=5\%$	hü %
Typ	$F_s(p)$	Parameter der Regelstrecke			
P	K_s	$K_s=0.25$	I– Regler nach Graham	0.5s	0
I	$\frac{1}{pT_n}$	$T_n=4$ sec	P–Regler nach Graham	1s	0
I_2	$\frac{1}{p^2T_n^2}$	$T_n=3$ sec	Bei einem PD–Regler ist T_v so einzustellen, daß der geschlossene Regelkreis ein PD–T_2–Verhalten mit $d=0.707$ hat.		
P–T_2	$\frac{K_s}{p^2T_1^2+2dT_1p+1}$ 1)	$K_s=1$ $T_1=2$sec $d=0.2$	Entwerfen Sie jeweils P–,PI–,PD– und PID–Regler und vergleichen Sie ihre Wirkung bei einem Führungsgrößensprung		
I–T_2	$\frac{K_s}{p(pT_1+1)(pT_2+1)}$	$K_s=0.6\text{sec}^{-1}$ $T_1=3$sec $T_2=0.2$sec	PD–Regler mit Hilfe der Wurzelortskurve	1s	10
P–T_3	$\frac{K_s}{(pT_1+1)(pT_2+1)(pT_3+1)}$	$K_s=10$ $T_1=5$sec $T_2=1$sec $T_3=0.1$sec	PID–Regler nach Chien	Vergleichen Sie ihre Wirkung bei einem Führungsgrößensprung	
			PID–Regler nach Kessler		
			PID–Regler nach Betragsoptimum		

1) In VISU–RT entspricht dieser Darstellung eines P–T_2–Gliedes die Bezeichnung PDT2 mit $T_v=0$.

Tabelle 4.11: Tabelle zur Aufgabe 4.7

Aufgabe 4.8. Gegeben ist ein Kaskadenregelkreis gemäß Bild 4.37.

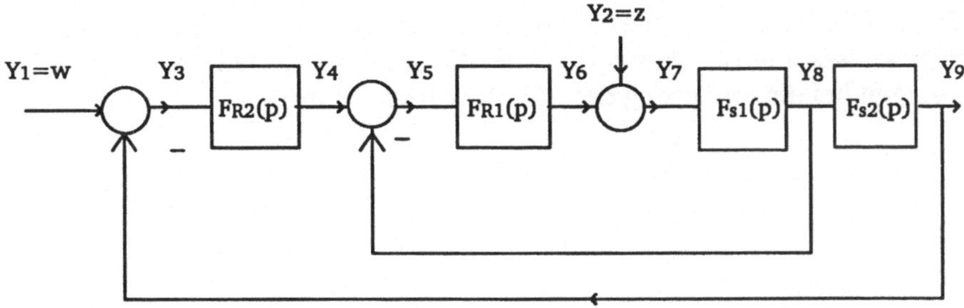

Bild 4.37: Kaskadenregelkreis

a. Die Übertragungsfunktionen der Teilregelstrecken sind [16]:

$$F_{s1}(p) = \frac{K_{s1}}{(pT_1+1)(pT_2+1)} \quad \text{mit } K_{s1}=2, T_1=0.8s, T_2=0.25s,$$

$$F_{s2}(p) = \frac{K_{s2}}{(pT_3+1)} \quad \text{mit } K_{s2}=1.8, T_3=0.6s.$$

Entwerfen Sie die Regler entsprechend folgender Tabelle. Führen Sie die Simulation des Regelkreises bei einem Führungsgrößensprung und einem Störgrößensprung durch. Bestimmen Sie die Kennwerte des Übergangsvorganges.

Typ des Reglers $F_{R1}(p)$	Typ des Reglers $F_{R2}(p)$	T_{ep} bei Δh_p=5%	hü %	T_g+T_u
P–Regler	P–Regler			
PI– Regler	P–Regler			
P–Regler	PI– Regler			
PI– Regler	PI– Regler			

Tabelle 4.12: Reglertypen zur Aufgabe 4.8

b. Gegeben ist ein Lageregelkreis mit folgenden Übertragungsfunktionen der Teilregelstrecken:

$$F_{s1}(p) = \frac{K_{s1}}{T_1^2p^2+2dT_1p+1} \quad \text{mit } K_{s1}=2, T_1=0.5s, d=0.5,$$

$$F_{s2}(p) = \frac{K_{s2}}{p} \quad \text{mit } K_{s2}=1s^{-1}.$$

Zeigen Sie, daß beim Einsatz eines PI–Reglers in der Außenschleife die Instabilität des Gesamtregelkreises eintritt. Entwerfen Sie die Regler so, daß im Regelkreis kein Überschwingen bei einem Sprung der Führungsgröße eintritt.

5 Analyse einschleifiger Regelkreise im Frequenzbereich

5.1 Ortskurve und Frequenzkennlinien des offenen Regelkreises

Bei nachfolgenden Betrachtungen wird von einem einschleifigen Regelkreis, der aus elementaren Übertragungsgliedern von höchstens zweiter Ordnung besteht, ausgegangen (Bild 5.1).

Mit Hilfe der Umformungsregeln des Strukturbildes, die im Abschnitt 4.1. behandelt wurden, kann ein linearer Regelkreis mit komplexer Struktur auf diese Grundstruktur gebracht werden.

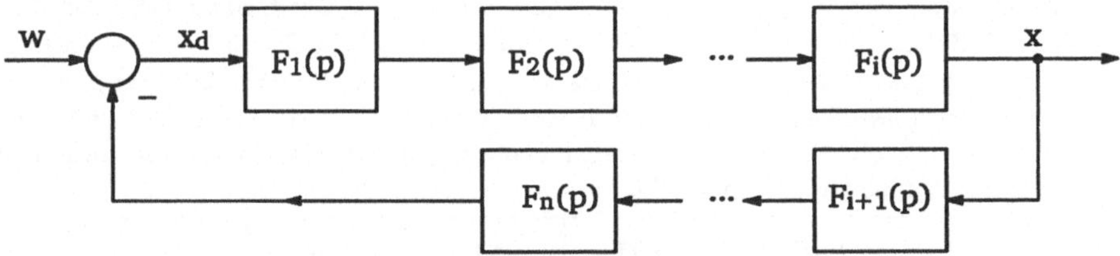

Bild 5.1: Strukturbild eines einschleifigen Regelkreises

Für die Übertragungsfunktion des offenen Regelkreises gilt

$$F_o(p) = F_1(p)\, F_2(p) \ldots F_n(p) = \prod_{i=1}^{n} F_i(p). \tag{5.1}$$

Entsprechend kann für den Frequenzgang des offenen Kreises geschrieben werden

$$F_o(j\omega) = F_1(j\omega)\, F_2(j\omega) \ldots F_n(j\omega) = \prod_{i=1}^{n} F_i(j\omega). \tag{5.2}$$

Wenn man in diese Gleichung die Frequenzgänge einzelner Übertragungsglieder in der Form $F_i(j\omega) = |F_i(j\omega)|\, e^{j\varphi(\omega)}$ einsetzt, so erhält man

$$F_o(j\omega) = |F_o(j\omega)|\, e^{j\varphi_o(\omega)} = |F_1(j\omega)|\, e^{j\varphi_1(\omega)} |F_2(j\omega)|\, e^{j\varphi_2(\omega)} \ldots |F_n(j\omega)|\, e^{j\varphi_n(\omega)} =$$

$$= |F_1(j\omega)|\, |F_2(j\omega)| \ldots |F_n(j\omega)|\, e^{j\,(\varphi_1(\omega)+\varphi_2(\omega)+\ldots+\varphi_n(\omega))}. \tag{5.3}$$

Man erhält also die Ortskurve des offenen Regelkreises dadurch, daß man zuerst den Betrag und die Phase der Einzelglieder für diskrete Werte der Kreisfrequenzen berechnet und dann punktweise die resultierende Ortskurve konstruiert, wobei für jede Frequenz der Betrag $|F_o(j\omega)|$ gleich dem Produkt der Beträge der Einzelglieder

$$|F_o(j\omega)| = |F_1(j\omega)|\, |F_2(j\omega)| \ldots |F_n(j\omega)|, \tag{5.4}$$

und die Phase $\varphi_o(\omega)$ gleich der Summe der Phasen der Einzelglieder

$$\varphi_o(\omega) = \varphi_1(\omega) + \varphi_2(\omega) + \ldots + \varphi_n(\omega) \tag{5.5}$$

ist.

Beispiel 5.1. Temperaturregelkreis

Zur Konstanthaltung der Temperatur in einer Klimakammer wurde ein P-Regler eingesetzt (Bild 5.2). Es soll die Ortskurve des offenen Regelkreises ermittelt werden.

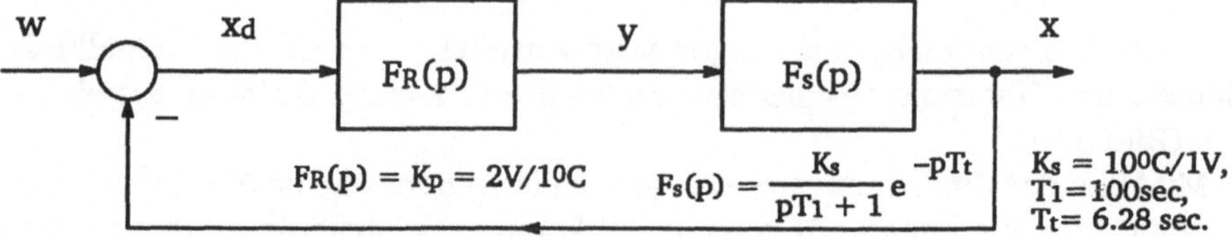

Bild 5.2: Blockschaltbild des Temperaturregelkreises

Der gegebene Regelkreis besteht aus drei Elementargliedern: einem P-Glied, einem P-T_1-Glied und einem T_t-Glied. Die Zeitkonstante T_1 legt die Eckfrequenz des P-T_1-Gliedes fest $\omega_e = 1/T_1 = 0.01 sec^{-1}$. Die kritische Kreisfrequenz des T_t-Gliedes beträgt $\omega_{kr} = \pi/T_t = 0.5\ sec^{-1}$. Somit liegt der problemangepaßte Frequenzbereich zwischen $0.001 sec^{-1}$ und $10 sec^{-1}$. Nun sind zuerst der Betrag und die Phase der Einzelglieder für diskrete Kreisfrequenzen aus diesem Frequenzbereich zu berechnen. Diese Werte sind in den Tabellen 5.1, 5.2 und 5.3 zusammengestellt.

ω	0.001	0.01	0.03	0.1	1.0	10
$\lvert F(j\omega) \rvert$	2.0	2.0	2.0	2.0	2.0	2.0
$\varphi(\omega)$	0°	0°	0°	0°	0°	0°

Tabelle 5.1: Frequenzgang des P-Gliedes

ω	0.001	0.01	0.03	0.1	1.0	10
$\lvert F(j\omega) \rvert$	10.0	7.07	3.14	1.0	0.1	0.01
$\varphi(\omega)$	0°	-45°	-70°	-85°	-89°	-90°

Tabelle 5.2: Frequenzgang des P-T_1-Gliedes

ω	0.001	0.01	0.03	0.1	1.0	10
$\lvert F(j\omega) \rvert$	1.0	1.0	1.0	1.0	1.0	1.0
$\varphi(\omega)$	-0.34°	-3.14°	-9.5°	-31.4°	-314°	-3135°

Tabelle 5.3: Frequenzgang des T_t-Gliedes

Mit diesen Werten läßt sich für jede Frequenz der Betrag $\lvert F_o(j\omega) \rvert$ gleich dem Produkt der Beträge der Einzelglieder und die Phase $\varphi_o(\omega)$ gleich der Summe der Phasen der Einzelglieder errechnen (Tabelle 5.4), und punktweise als Ortskurve in der komplexen Ebene darstellen (Bild 5.3).

ω	0.001	0.01	0.03	0.1	1.0	10
$\lvert F_o(j\omega) \rvert$	20.0	14.14	6.28	2.0	0.2	0.02
$\varphi_o(\omega)$	-0.34°	-48.14°	-79.5°	-116.4°	-403°	-3225°

Tabelle 5.4: Frequenzgang des Temperaturregelkreises

In Bild 5.3 wird eine charakteristische Eigenschaft des Verlaufs der Ortskurven für Systeme, die die Totzeitglieder beinhalten, sichtbar: die Ortskurve nähert sich spiralartig dem Ursprung.

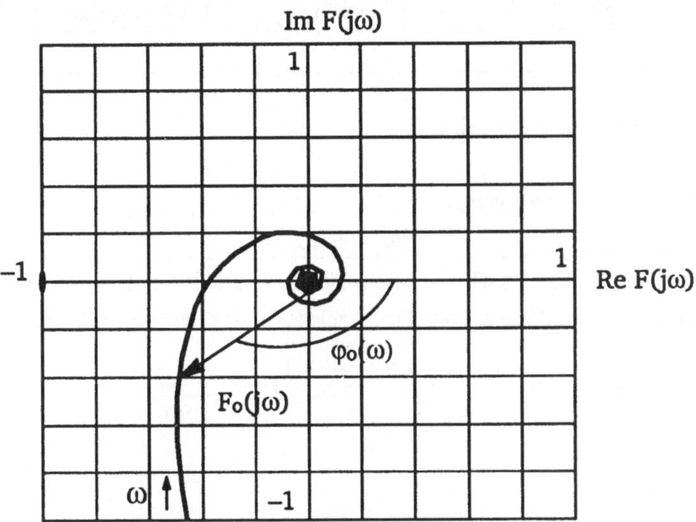

Bild 5.3: Ortskurve des offenen Temperaturregelkreises

Frequenzkennlinien des offenen Regelkreises

Zur Berechnung der Frequenzkennlinien des offenen Regelkreises wird die Gleichung für den Betrag des Frequenzganges

$$|F_o(j\omega)| = |F_1(j\omega)|\,|F_2(j\omega)| \ldots |F_n(j\omega)| \tag{5.6}$$

logarithmiert:

$$L(\omega) = 20\lg|F_o(j\omega)| = 20\lg|F_1(j\omega)| + 20\lg|F_2(j\omega)| + \ldots + 20\lg|F_n(j\omega)|\,. \tag{5.7}$$

Aus einem Produkt der Beträge ist eine Summe der Logarithmen geworden. Hier wird der wesentliche Vorteil der logarithmischen Darstellung im Bode–Diagramm sichtbar: man erhält die Amplitudenkennlinie des offenen Regelkreises dadurch, daß man die Amplitudenkennlinien der einzelnen elementaren Übertragungsglieder im Bode–Diagramm grafisch addiert.

Die Phasenkennlinie des offenen Regelkreises ergibt sich ebenfalls durch grafische Addition einzelner Phasenkennlinien:

$$\varphi_0(\omega) = \varphi_1(\omega) + \varphi_2(\omega) + \ldots + \varphi_n(\omega)\,. \tag{5.8}$$

Beispiel 5.2. Es sei die Übertragungsfunktion des offenen Regelkreises bekannt:

$$F_o(p) = \frac{(pT_v + 1)}{pT_n\,(pT_1 + 1)(T^2p^2 + 2dTp + 1)}\, e^{-pT_t}.$$

Er besteht also aus der Reihenschaltung eines I–Gliedes, eines PD–Gliedes, eines P–T_1–Gliedes, eines P–T_2–Gliedes und eines T_t–Gliedes (Bild 5.3).

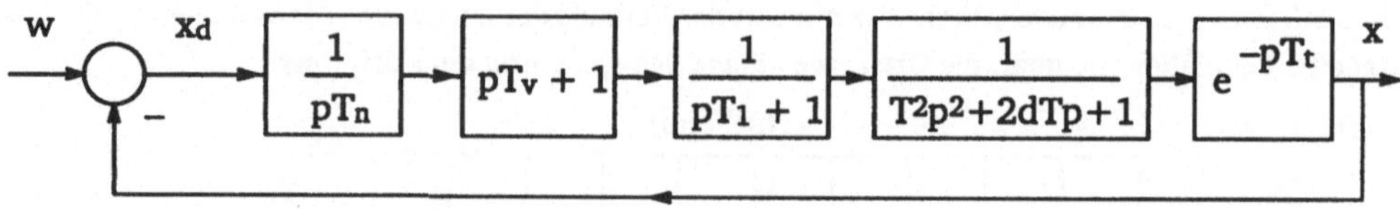

Bild 5.4: Regelkreis zum Beispiel 5.2.

Aus dem entsprechenden Frequenzgang

$$F_o(j\omega) = \frac{(j\omega T_v + 1)}{(j\omega T_n)\,(j\omega T_1 + 1)(T^2(j\omega)^2 + 2dTj\omega + 1)}\, e^{-j\omega T_t}$$

läßt sich unter Beachtung der Rechenregeln für komplexe Größen der Amplitudengang

$$|F_o(j\omega)| = \frac{\sqrt{\omega^2 T_v^2 + 1}}{\omega T_n \sqrt{\omega^2 T_1^2 + 1}\;\sqrt{(1 - T^2\omega^2)^2 + 4d^2T^2\omega^2}},$$

und der Phasengang

$$\varphi_o(\omega) = -\frac{\pi}{2} + \arctan \omega T_v - \arctan \omega T_1 - \arctan\frac{2DT\omega}{1 - \omega^2 T^2} - \omega T_t$$

ermitteln.

Durch das Logarithmieren des Amplitudenganges kommt man schließlich zur Gleichung für die Amplitudenkennlinie

$$L(\omega) = 20\lg|F_o(j\omega)| = +20\lg\sqrt{\omega^2T_v^2 + 1} - 20\lg \omega T_n$$
$$-20\lg\sqrt{\omega^2 T_1^2 + 1} - 20\lg\sqrt{(1 - T^2\omega^2)^2 + 4d^2T^2\omega^2}\,.$$

Der nächste Schritt bei der grafischen Ermittlung der Kennlinien besteht in der Ermittlung der Eckfrequenzen einzelner Elementarglieder:

$$\omega_{e1} = \frac{1}{T_v}\,,\quad \omega_{e2} = \frac{1}{T_n}\,,\quad \omega_{e3} = \frac{1}{T_1}\,,\quad \omega_{e4} = \frac{1}{T}\,,\quad \omega_{e5} = \frac{\pi}{T_t}$$

Wir setzen voraus, daß zwischen einzelnen Zeitkonstanten folgende Relation besteht

$$T_v > T_n > T_1 > T > T_t/\pi\,.$$

Dann gilt für die Eckfrequenzen

$$\omega_{e1} < \omega_{e2} < \omega_{e3} < \omega_{e4} < \omega_{e5}\,.$$

Nun kann der Verlauf der Kennlinien in den einzelnen Teilabschnitten zwischen diesen Eckfrequenzen betrachtet werden (Bild 5.5).

Abschnitt $0 \le \omega \le \omega_{e1}$: In diesem Abschnitt wird der Verlauf der Kennlinien durch den I-Anteil bestimmt:

$$L(\omega) = 20\lg|F_o(j\omega)| = -20\lg \omega\, T_n\,,$$

$$\varphi_o(\omega) = -\frac{\pi}{2}\,.$$

Die Amplitudenkennlinie hat also eine Steigung von -20dB/Dekade, und hätte die ω-Achse bei $\omega = \omega_{e2} = 1/T_n$ erreicht. Somit kann in diesem Frequenzbereich die Amplitudenkennlinie durch eine Gerade mit der Steigung -20 dB/Dekade durch den Punkt $(L(\omega)=0, \omega = T_n)$ angenähert werden (Bild 5.5).

Abschnitt $\omega_{e2} \le \omega \le \omega_{e3}$: In diesem Abschnitt wird die -20dB/Dekade -Steigung aus dem vorhergehenden Abschnitt durch den D-Anteil aufgehoben:

$$L(\omega) = 20 \lg |F_o(j\omega)| = -20 \lg \omega T_n + 20 \lg \sqrt{\omega^2 T_v^2 + 1} \; ,$$
$$\varphi_0(\omega) = -\frac{\pi}{2} + \arctan \omega T_v \, .$$

Die Amplitudenkennlinie verläuft parallel zur ω–Achse .
Die Phase verringert sich, bedingt ebenfalls durch den D–Anteil.

Abschnitt $\omega_{e3} \le \omega \le \omega_{e4}$: In diesem Abschnitt wird die –20dB/Dekade –Steigung durch den P–T_1–Anteil ausgelöst. Die Phasenkennlinie nähert sich dem Wert von -90^0.

Abschnitt $\omega_{e4} \le \omega \le \omega_{e5}$: In diesem Abschnitt wird eine zusätzliche –40dB/Dekade –Steigung durch den P–T_2–Anteil hinzugefügt. Die Phasenkennlinie erreicht den Wert -270^0.

Abschnitt $\omega_{e5} \le \omega \le \infty$: In diesem Abschnitt bleibt die Steigung von –60dB/Dekade bestehen. Die Phasenkennlinie wird durch die Totzeit um $-\omega T_t$ nach unten verlagert.

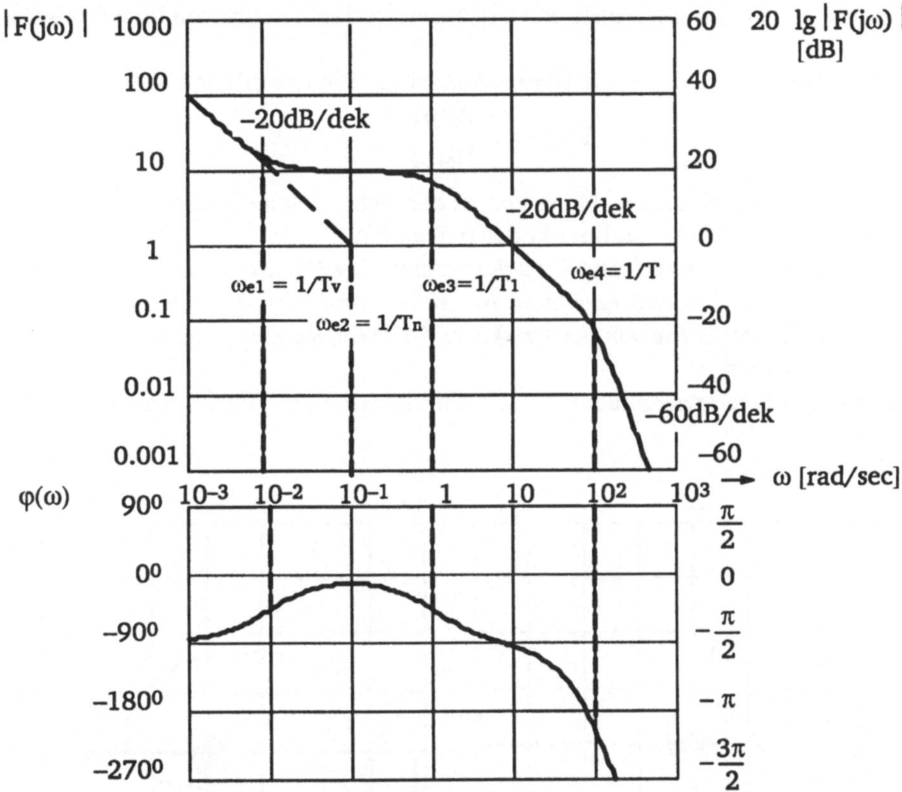

Bild 5.5: Frequenzkennlinien des Regelkreises aus dem Beispiel 5.2

Eine weitere Möglichkeit zur grafischen Ermittlung von Frequenzkennlinien bietet die Verwendung der Kennlinienschablonen für einzelne Elementarglieder und anschließende grafische Addition einzelner Kennlinien unter Beachtung der Vorzeichen.

Sowohl mit Hilfe der Ortskurve des offenen Kreises, als auch mit Hilfe der Frequenzkennlinien lassen sich die dynamischen Eigenschaften von Regelkreisen analysieren. Das ist das Thema der folgenden Abschnitte.

5.2 Stabilitätskriterium von Nyquist

Das im Abschnitt 4.2 betrachtete algebraische Stabilitätskriterium von Hurwitz liefert die Ja/Nein–Aussage zur Stabilität anhand der charakteristischen Gleichung des geschlossenen Regelkreises. Zu seinen Vorteilen gehört eine relativ einfache Handhabung. Es versagt jedoch, wenn der Regelkreis ein Totzeitglied enthält. Ein weiterer Nachteil besteht darin, daß das Hurwitz–Kriterium keine quantitativen Aussagen darüber liefert, wie weit der Regelkreis von der Stabilitätsgrenze entfernt ist.

Das im Jahre 1932 von H. Nyquist angegebene Stabilitätskriterium hat diese Nachteile nicht. Hier wird die Entscheidung über den Grad der Stabilität des geschlossenen Kreises aufgrund von Kenntnissen über den Ortskurvenverlauf des offenen Regelkreises gewonnen.

Wir setzen voraus, daß die Übertragungsfunktion des offenen Kreises

$$F_o(p) = \frac{Z_o(p)}{N_o(p)} \tag{5.9}$$

echt gebrochen–rational ist, keine Pole in der rechten Halbebene besitzt und eine bzw. höchstens zwei Pole im Nullpunkt der p–Ebene hat.

Unter dieser Voraussetzung wird *das vereinfachte Nyquist–Kriterium* angegeben: *Der geschlossene Standardregelkreis ist stabil, wenn der kritische Punkt* $-1+j0$ *der komplexen* $F_o(j\omega)$*–Ebene von der Ortskurve des Frequenzganges des offenen Kreises nicht umschlungen wird.*

Das Bild 5.6 veranschaulicht diese Definition für einen Regelkreis mit $P–T_1–T_t$–Verhalten.

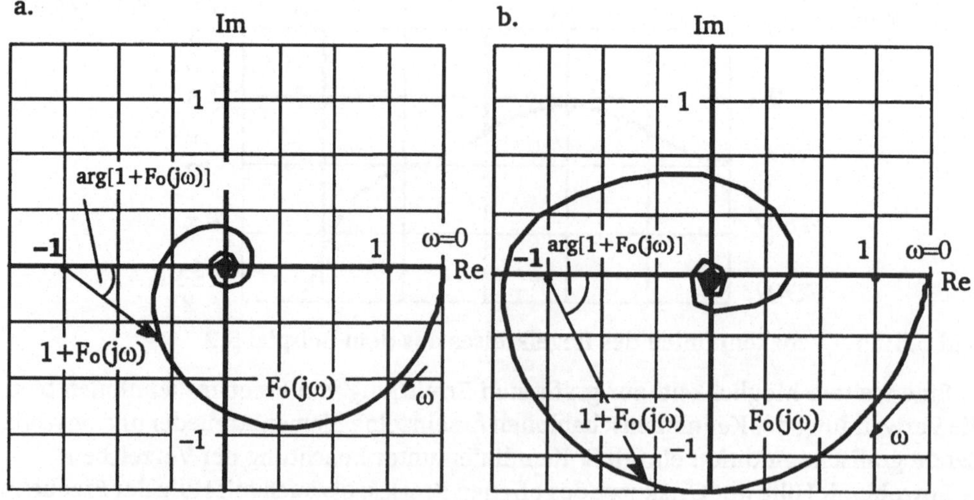

Bild 5.6: Ortskurve des offenen Regelkreises
a) der geschlossene Kreis ist stabil;
b) der geschlossene Kreis ist instabil.

In Bild 5.6. ist auch der Zeiger $1+F_0(j\omega)$ aufgetragen. Man kann damit das Kriterium speziell in diesem Fall, wenn alle Pole des offenen Kreises in der linken Halbebene liegen, auf folgende Weise interpretieren: Ist der offene Regelkreis stabil, so ist der geschlossene Regelkreis genau dann stabil, wenn der vom kritischen Punkt $(-1+j0)$ an die Ortskurve $F_0(j\omega)$ gezogene Zeiger $1+F_0(j\omega)$ beim Durchlaufen der Ortskurve im Bereich $0 \le \omega \le \infty$ eine Winkeländerung von

$$\Delta\arg[1+F_0(j\omega)] = 0 \qquad (5.10)$$

beschreibt.

Wenn der offene Regelkreis ein Pol im Nullpunkt der p–Ebene besitzt, d.h. ein I–Verhalten aufweist, kommt die Ortskurve aus $-j\infty$ (Bild 5.7). In diesem Fall ist der geschlossene Regelkreis genau dann stabil, wenn der vom kritischen Punkt $(-1+j0)$ an die Ortskurve $F_0(j\omega)$ gezogehne Zeiger $1+F_0(j\omega)$ beim Durchlaufen der Ortskurve im Bereich $0 \le \omega \le \infty$ eine Winkeländerung von

$$\Delta\arg[1+F_0(j\omega)] = \frac{\pi}{2} \qquad (5.11)$$

beschreibt.

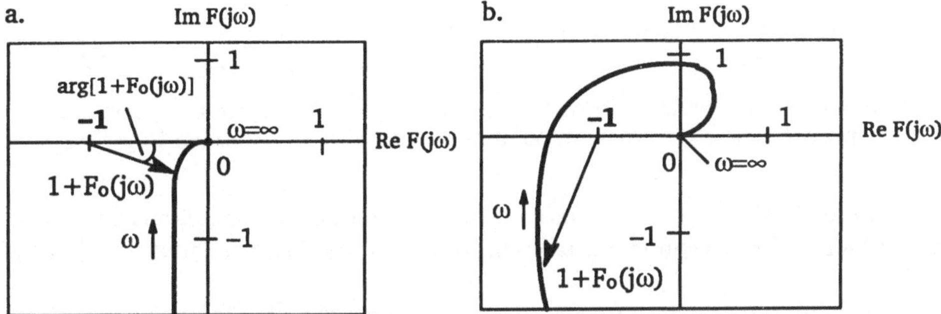

Bild 5.7: Ortskurve des offenen Regelkreises mit I–T_1–T_t–Verhalten:
a) der geschlossene Kreis ist stabil;
b) der geschlossene Kreis ist instabil.

Die allgemeine Fassung des Nyquist–Kriteriums lautet: Besitzt die Übertragungsfunktion des offenen Regelkreises $F_0(p)$ n_r Pole in der rechten Halbebene der p–Ebene und n_i Pole auf der imaginären Achse, dann ist der geschlossene Regelkreis genau dann stabil, wenn der vom kritischen Punkt $(-1+j0)$ an die Ortskurve $F_0(j\omega)$ gezogene Zeiger $1+F_0(j\omega)$ beim Durchlaufen der Ortskurve im Bereich $0 \le \omega \le \infty$ eine Winkeländerung von

$$\Delta\arg[1+F_0(j\omega)] = \frac{\pi}{2}(2n_r+n_i) \qquad (5.12)$$

beschreibt.

Eine weitere Definition läßt sich unter folgenden Voraussetzungen angeben:

- die Ortskurve des offenen Kreises schneidet den Einheitskreis genau einmal bei $\omega=\omega_d$. Diese Kreisfrequenz ω_d wird als *Durchtrittskreisfrequenz* bezeichnet (Bild 5.8);
- die Ortskurve des offenen Kreises schneidet die negativ reelle Achse genau einmal bei $\omega=\omega^*$. Diese Kreisfrequenz ω^* wird als *kritische Kreisfrequenz* bezeichnet (Bild 5.8).

Unter den genannten Voraussetzungen ist *der geschlossene Regelkreis genau dann stabil, wenn*

$$\omega_d < \omega^* \tag{5.13}$$

ist.

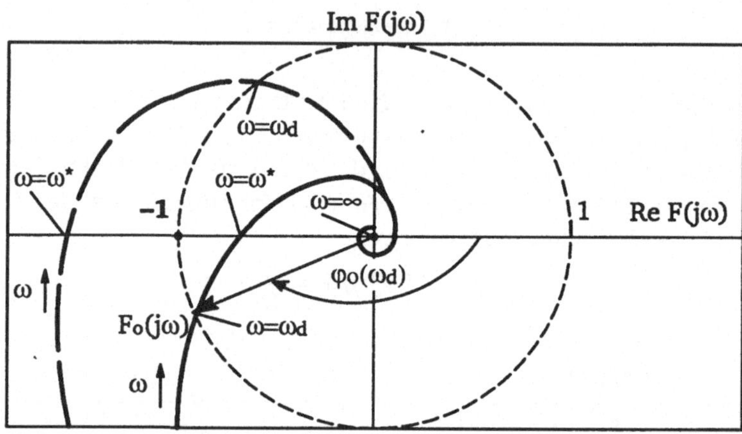

Bild 5.8: Schnittpunkte der Ortskurven mit dem Einheitskreis und mit der negativ reellen Achse für einen stabilen —— und einen instabilen Regelkreis – –

Aus diesen Definitionen folgt, daß der stabile geschlossene Regelkreis um so stabiler wird, je weiter die Ortskurve des offenen Kreises vom kritischen Punkt $-1+j0$ entfernt bleibt.

Als Maße für die Annäherung an die Stabilitätsgrenze gelten folgende zwei Größen:
- Amplitudenreserve

$$A_r = \frac{1}{|F_o(j\omega^*)|}, \tag{5.14}$$

die für stabile Regelkreise Werte größer als eins annimmt. Sie gibt an, um wieviel man die Kreisverstärkung erhöhen kann, bis man an die Stabilitätsgrenze gelangt;
- Phasenreserve

$$\varphi_r = \pi + \varphi_o(\omega_d), \tag{5.15}$$

die von der negativen reellen Achse aus positiv im Gegenuhrzeigersinn gemessen wird (Bild 5.9). Für stabile Regelkreise ist die Phasenreserve positiv. Somit kann eine weitere Definition des Nyquist-Kriteriums angegeben werden: *der geschlossene Regelkreis ist genau dann stabil, wenn die Amplitudenreserve größer als eins und die Phasenreserve größer als Null sind.*

Die Erfahrung zeigt, daß ein gut gedämpftes Übergangsverhalten des geschlossenen Regelkreises zu erwarten ist, wenn die Amplitudenreserve größer als etwa 2.5 ist und die Phasenreserve zwischen 40^0 und 70^0 liegt [6, 16, 39].

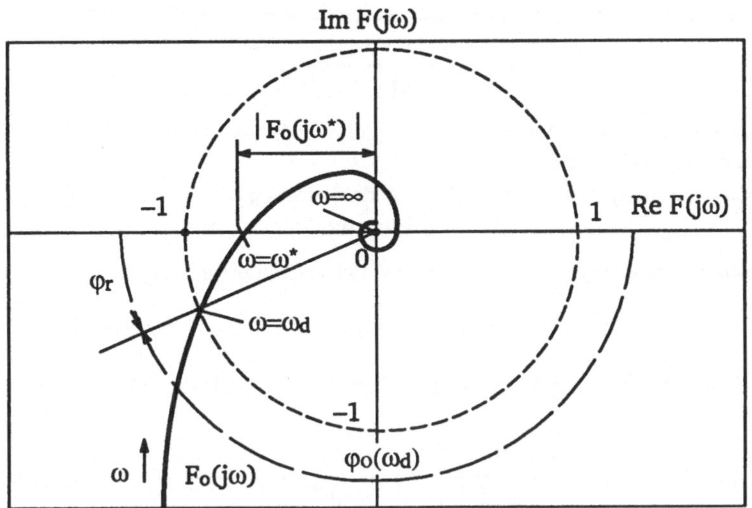

Bild 5.9: Zur Definition von Amplitudenreserve und Phasenreserve

Beispiel 5.3. Es ist die Amplitudenreserve A_r und Phasenreserve φ_r für den Temperaturregelkreis (Bild 5.2) zu bestimmen.

Die Definitionsgleichung für die Amplitudenreserve (5.14) besagt, daß man zuerst die kritische Kreisfrequenz ω^* bestimmen muß. Bei der kritischen Kreisfrequenz ω^* erreicht der Phasengang den Wert -180^0. Somit ergibt sich für den gegebenen Regelkreis folgende Gleichung zur Berechnung von ω^*

$$\varphi_0(\omega^*) = -\arctan \omega^* T_1 - \omega^* T_t = -\pi \, .$$

Es ist eine nichtlineare algebraische Gleichung, die graphisch oder numerisch zu lösen ist. Für vorgegebene Werte von T_1 und T_t ergibt sich $\omega^* = 0.27$ rad/sec. Nun kann man für diesen Wert den Betrag des Frequenzganges

$$|F_o(j\omega)| = \frac{K_p}{\sqrt{\omega^2 T_1^2 + 1}} = 0.7$$

ermitteln. Der reziproke Wert von $|F_o(j\omega^*)|$ ist die gesuchte Amplitudenreserve $A_r = 1/0.7 = 1.3$. Wenn man also den Übertragungsbeiwert des offenen Regelkreises K_p um das 1.3-fache erhöht, so gelangt man an die Stabilitätsgrenze.

Um die Phasenreserve zu berechnen, muß man zuerst die Durchtrittskreisfrequenz ω_d bestimmen. Bei der Durchtrittskreisfrequenz ω_d erreicht der Amplitudengang den Wert 1. Somit ergibt sich für den gegebenen Regelkreis folgende Gleichung zur Berechnung von ω_d

$$|F_o(j\omega_d)| = \frac{K_p}{\sqrt{\omega_d^2 T_1^2 + 1}} = 1 \, .$$

Es ist ebenfalls eine nichtlineare algebraische Gleichung, die graphisch oder numerisch zu lösen ist. Für vorgegebene Werte von T_1 und T_t ergibt sich $\omega_d = 0.2$ rad/sec. Nun kann man für diesen ω_d-Wert die Phase des Frequenzganges

$$\varphi_0(\omega_d) = -\arctan \omega_d T_1 - \omega_d T_t = -159^0$$

ermitteln. Für die Phasenreserve ergibt sich somit

$$\varphi_r = 180^0 + \varphi_o(\omega_d) = 21^0.$$

Beispiel 5.4. Die Übertragungsfunktion eines aufgeschnittenen Regelkreises sei

$$F_o(p) = \frac{V}{(pT_1 + 1)^n} .$$

Es ist die Amplitudenreserve A_r, Phasenreserve φ_r und kritische Kreisverstärkung V_{krit} in Abhängigkeit von der Anzahl n der P–T_1–Glieder zu bestimmen.

Für den gegebenen Regelkreis ergibt sich folgende Gleichung zur Berechnung von ω^*

$$\varphi_o(\omega^*) = -n \arctan \omega^* T_1 = -\pi .$$

Es ist eine nichtlineare algebraische Gleichung, die sich ausnahmsweise analytisch lösen läßt:

$$\omega^* T_1 = \tan\frac{\pi}{n} \quad \text{und somit} \quad \omega^* = \frac{1}{T_1}\tan\frac{\pi}{n} .$$

Für diesen Wert der kritischen Kreisfrequenz ω^* ergibt sich folgender Wert für den Betrag des Frequenzganges

$$|F_o(j\omega^*)| = \frac{V}{\left(\sqrt{\omega^{*2}T_1^2 + 1}\right)^n} = \frac{V}{\left(\sqrt{\tan^2(\pi/n) + 1}\right)^n} = V\cos^n(\pi/n).$$

Damit ist der Wert der Amplitudenreserve

$$A_r = \frac{1}{|F_o(j\omega^*)|} = \frac{1}{V\cos^n(\pi/n)}$$

und die kritische Kreisverstärkung

$$V_{krit} = A_r V = \frac{1}{\cos^n(\pi/n)} .$$

Um die Phasenreserve zu berechnen, muß man folgende nichtlineare Gleichung

$$|F_o(j\omega_d)| = \frac{V}{\left(\sqrt{\omega_d^2 T_1^2 + 1}\right)^n} = 1$$

nach ω_d lösen. Das ist hier analytisch ohne weiteres nicht möglich.

Diese einfachen Beispiele zeigen, daß die direkte Berechnung der Durchtrittskreisfrequenz ω_d und der kritischen Kreisfrequenz ω^* auf nichtlineare algebraische Gleichungen zurückgeführt wird. Viel einfacher lassen sich sowohl die Durchtrittskreisfrequenz ω_d und die kritische Kreisfrequenz ω^* als auch die Amplitudenreserve A_r und Phasenreserve φ_r anhand der Frequenzkennlinien des offenen Regelkreises bestimmen (Bild 5.10).

Dem kritischen Punkt $-1+j0$ der $F_o(j\omega)$–Ebene entsprechen im Bode–Diagramm die 0–dB–Linie für den Betrag und die -180°–Linie für den Phasenwinkel.

Um die Amplitudenreserve im logarithmischen Maßstab

$$A_r\Big|_{dB} = 20 \lg \frac{1}{|F_o(j\omega^*)|} = -20 \lg |F_o(j\omega^*)|$$

zu bestimmen, ist der Wert der Amplitudenkennlinie bei $\omega = \omega^*$ abzulesen und mit dem

Gegenvorzeichen zu versehen. Wenn man neben oder anstelle der 20lg $|F_o(j\omega)|$-Achse die $|F_o(j\omega)|$-Achse verwendet, dann läßt sich der reziproke Wert von A_r direkt ablesen (Bild 5.10).

Ganz ähnlich läßt sich die Phasenreserve φ_r im Bode-Diagramm ablesen. Man geht von der Durchtrittsfrequenz der Amplitudenkennlinie ω_d aus, und bestimmt die Differenz von der -180^0-Linie zur Phasenkennlinie. Das ist die gesuchte Phasenreserve φ_r.

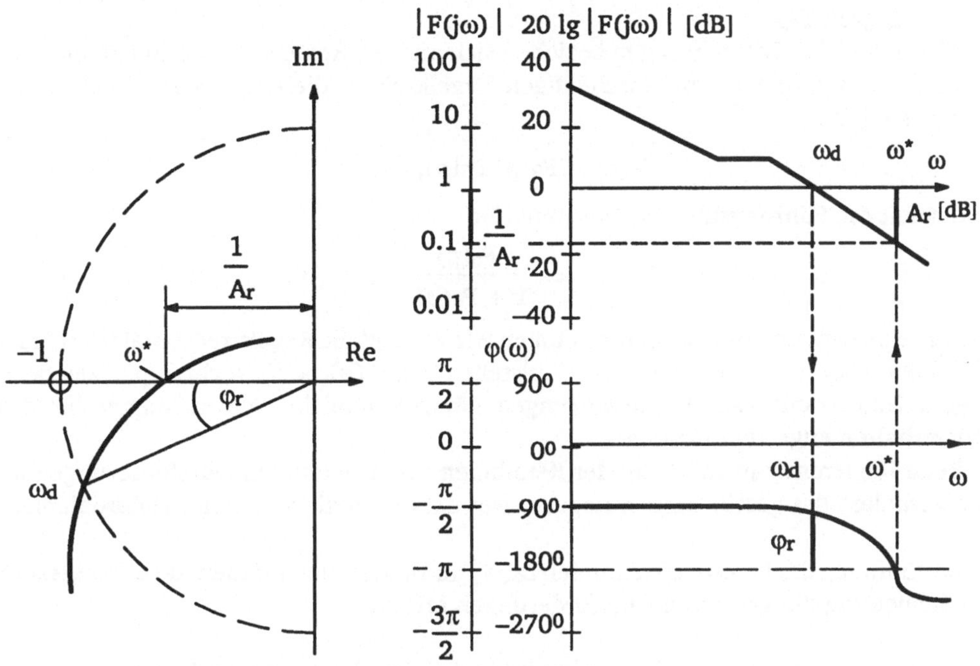

Bild 5.10: Amplituden- und Phasenreserve im Bode-Diagramm

5.3 Reglerentwurf mit Hilfe der Frequenzkennlinien

Der geschlossene Regelkreis muß bestimmte Güteforderungen an das stationäre und das Übergangsverhalten erfüllen (Siehe Abschnitt 4.2). Solche Güteforderungen beziehen sich auf Kennwerte, die das Führungs- und Störverhalten des Regelkreises in praktisch ausreichender Weise charakterisieren. Hier werden folgende Kennwerte berücksichtigt: Regelfehler im stationären Zustand $x_{d\infty}$, Überschwingweite h_m und Einschwingzeit T_{ep}.

Alle folgenden Betrachtungen beziehen sich auf den Reglerentwurf im Hinblick auf das Führungsverhalten von einschleifigen Regelkreisen, die eine starre Rückführung haben, so daß

$$F_o(p) = F_R(p)\, F_S(p), \tag{5.16}$$

und somit die Führungsübertragungsfunktion

$$F_W(p) = \frac{F_o(p)}{1 + F_o(p)} \tag{5.17}$$

ist. Als eine weitere Voraussetzung nehmen wir an, daß die Regelstrecke stabil und minimalphasig ist, d.h. keine Pole und Nullstellen von $F_s(p)$ in der rechten p–Halbebene liegen. Unter denselben Voraussetzungen können ähnliche Betrachtungen für das Störverhalten angestellt werden.

Beim Reglerentwurf mit Hilfe der Kennlinien und bestimmten Güteforderungen an das Verhalten des geschlossenen Regelkreises entstehen die folgenden Teilprobleme:

- Bestimmung der Frequenzkennlinien $L_o(w)$ und $\varphi_o(\omega)$ eines offenen Regelkreises, der bei Schließung die gestellten Güteforderungen erfüllt;

- Berechnung bzw. graphische Konstruktion der Kennlinien des Reglers

$$L_R(\omega) = L_o(\omega) - L_s(\omega)\,, \tag{5.18}$$
$$\varphi_R(\omega) = \varphi_o(\omega) - \varphi_s(\omega)\,. \tag{5.19}$$

- Wahl der Struktur und der Parameter einer Regeleinrichtung, die die erforderliche Amplitudenkennlinie $L_R(\omega)$ und Phasenkennlinie $\varphi_R(\omega)$ besitzt oder bestmöglich approximiert.

Bestimmung der Frequenzkennlinien $L_o(w)$ und $\varphi_o(\omega)$ eines offenen Regelkreises, der bei Schließung die gestellten Güteforderungen erfüllt

Die Amplitudenkennlinie $L_o(\omega)$ und Phasenkennlinie $\varphi_o(\omega)$, die bei Schließung die üblichen Güteforderungen bezüglich des Regelfehlers im stationären Zustand $x_{d\infty}$, der Überschwingweite $h_ü$ und der Einschwingzeit T_{ep} erfüllen kann, haben etwa die in Bild 5.11 angegebene Form.

Man kann den Verlauf der Frequenzkennlinien in drei Abschnitte einteilen und bewerten.

Abschnitt $\omega \leq 0.1\omega_d$: Der Verlauf von $L_o(\omega)$ in diesem Abschnitt ist im wesentlichen für das stationäre Verhalten des geschlossenen Kreises, d.h. für den Regelfehler im stationären Zustand $x_{d\infty}$ verantwortlich, sein Einfluß auf das dynamische Verhalten ist vernachlässigbar. Für den Regelfehler gilt

$$X_d(p) = \frac{1}{1 + F_o(p)} W(p) \,. \tag{5.20}$$

Bei $w(t) = \sigma(t)$ und unter Ausnutzung des Grenzwertsatzes der Laplace–Transformation erhält man

$$x_{d\infty} = \lim_{p \to 0} p\, X_d(p) = \lim_{p \to 0} \frac{1}{1 + F_o(p)} = \frac{1}{1 + F_o(0)} \tag{5.21}$$

Der Regelfehler im stationären Zustand $x_{d\infty}$ wird um so kleiner, je größer der Wert von $F_o(0)$ ist. Das wird durch genügend große Kreisverstärkung bei P–Verhalten des offenen Regelkreises oder beim I–Verhalten des offenen Regelkreises erreicht. Dem I–Verhalten entspricht eine Steigung von –20dB/Dekade. Damit wird eine bessere Genauigkeit der Regelung auch bei niedrigen Frequenzen erreicht.

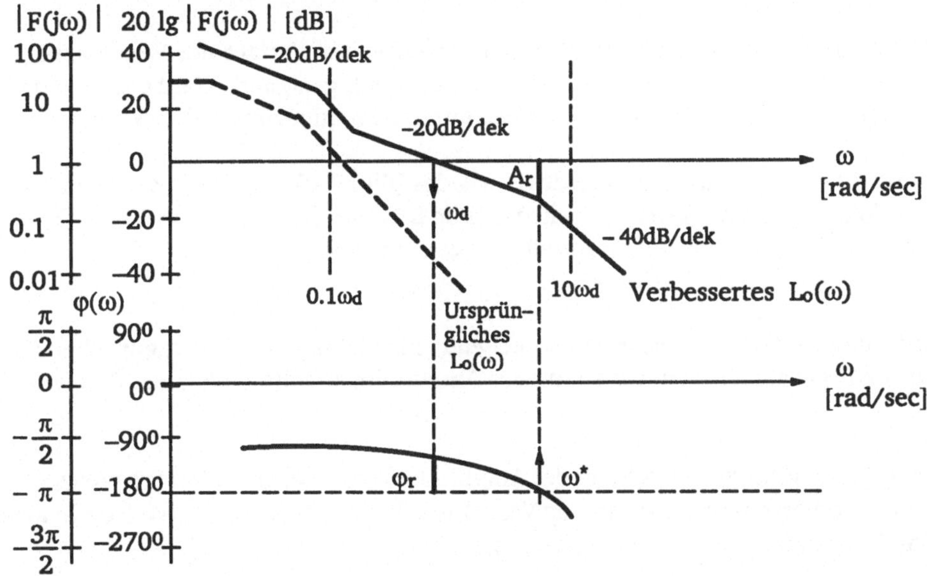

Bild 5.11: Frequenzkennlinien eines Regelkreises

Abschnitt $0.1\,\omega_d \leq \omega \leq 10\,\omega_d$: Der Verlauf von $L_o(\omega)$ und von $\varphi_o(\omega)$ in diesem Abschnitt ist im wesentlichen für das dynamische Verhalten des geschlossenen Kreises, d.h. für die Überschwingweite $h_ü$ und die Einschwingzeit T_{ep} verantwortlich, sein Einfluß auf das statische Verhalten ist vernachlässigbar.

Die Durchtrittsfrequenz ω_d kann aus der geforderten Einschwingzeit T_{ep} nach der Näherungsformel

$$\omega_d = \frac{\pi}{T_{ep}} \tag{5.22}$$

gewählt werden.

Eine genügende Dämpfung, d.h. eine ausreichende Phasenreserve, ist nur dann garantiert, wenn $L_o(\omega)$ in diesem Intervall um ω_d die Steigung -20dB/Dekade besitzt. Je breiter dieses Intervall ist, desto größer ist die Phasenreserve.

Die Erfahrung zeigt, daß ein gut gedämpftes Übergangsverhalten des geschlossenen Regelkreises zu erwarten ist, wenn die Amplitudenreserve größer als etwa 2.5 ist und die Phasenreserve zwischen 40^0 und 70^0 liegt.

Abschnitt $\omega > 10\,\omega_d$: Der Verlauf von $L_o(\omega)$ und von $\varphi_o(\omega)$ in diesem Abschnitt ist ohne nennenswerten Einfluß auf das statische oder dynamische Verhalten des geschlossenen Kreises, da $|F_o(j\omega)| \approx 0$ und $|F_w(j\omega)| \approx 0$ ist. Somit werden die Störungen in diesem Frequenzintervall unterdrückt.

Diese allgemeinen Gesichtspunkte sind bei jeder Syntheseaufgabe zu beachten.

Berechnung bzw. graphische Konstruktion der Kennlinien des Reglers

Nachdem man die Vorstellung über den gewünschten Verlauf der Frequenzkennlinien des offenen Regelkreises hat, können nun durch geeignete Wahl des Reglers die Frequenzkennlinien der Regelstrecke in bestimmten Frequenzintervallen korrigiert werden.

Anhand der Frequenzkennlinien des P–Gliedes (Bild 3.16), des I–Gliedes (Bild 3.17), des PD–Gliedes (Bild 3. 19), des PI–Gliedes (Bild 5.12) und PID–Gliedes (Bild 5.13) kann folgende Wirkung der einzelnen Anteile festgestellt werden:

- Änderung des P–Anteils durch entsprechende Einstellung des Übertragungsbeiwertes K_p führt zur gleichmäßigen Anhebung der Amplitudenkennlinie bei allen Frequenzen;

- Der I–Anteil führt zur Anhebung der Amplitudenkennlinie bei tiefen Frequenzen und damit zur Verbesserung des statischen Verhaltens. Die Nachstellzeit T_n wird meist an die größte Zeitkonstante der Regelstrecke angepaßt;

- Der D–Anteil kann bevorzugt zur Anhebung der Amplitudenkennlinie bei höheren Frequenzen und damit zur Verbesserung der Dynamik eingesetzt werden. Die Vorhaltezeit T_v wird meist an die größte Zeitkonstante der Regelstrecke angepaßt.

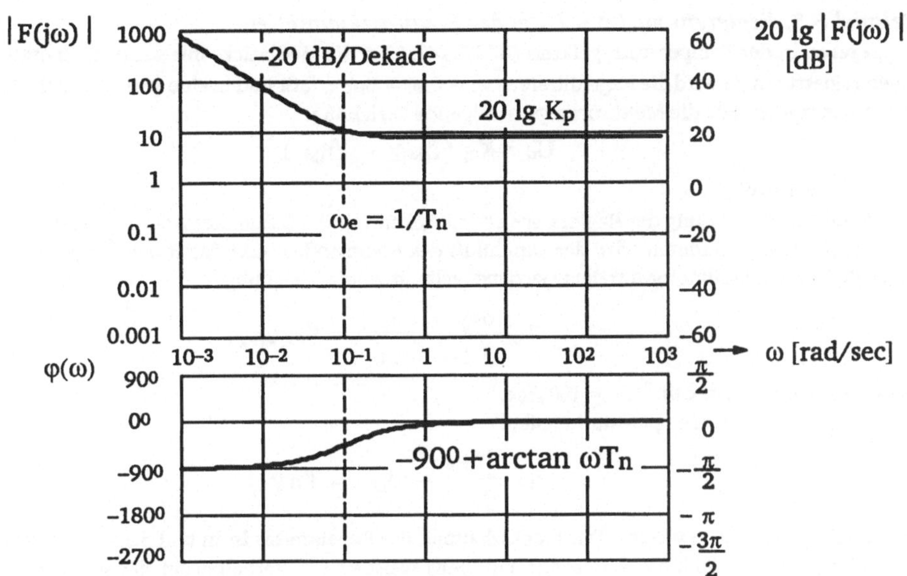

Bild 5.12: Frequenzkennlinien eines PI–Gliedes

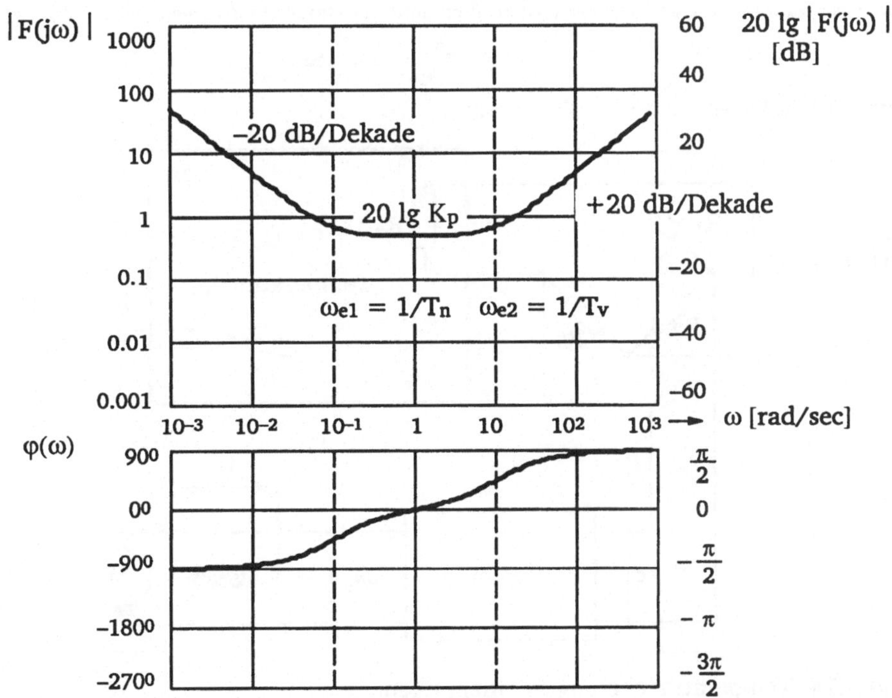

Bild 5.13: Frequenzkennlinien eines PID–Gliedes

Beispiel 5.5. Reglerentwurf mit Hilfe der Frequenzkennlinien

Gegeben ist der Temperaturregelkreis (Bild 5.14). Über die Meßbrücke mit einem temperaturabhängigen Widerstand R_4 wird die Regeldifferenz $x_d = \vartheta_{soll} - \vartheta_{ist}$ erfaßt und in eine proportionale Spannung U_d umgewandelt. Für die Meßbrücke gelte folgende Gleichung:

$$U_d = K_m\,(\vartheta_{soll} - \vartheta_{ist}), \tag{5.23}$$

wobei $K_m = 1$ V/°C.

Die Ausgangsspannung des Reglers speist den Ankerkreis des Stellmotors, der über das Getriebe das Stellventil betätigt. Dadurch wird der Durchfluß des Brennstoffes und damit die Temperatur im Ofen geregelt. Für den Stellmotor mit dem Getriebe gelte folgende Gleichung:

$$T_m \frac{d^2y}{d^2t} + \frac{dy}{dt} = K_M\, u_A, \tag{5.24}$$

wobei K_m=0.2cm/V·sec und T_m = 0.05sec.

Schließlich gilt für die Temperatur im Ofen:

$$T_1 \frac{d\vartheta_{ist}}{dt} + \vartheta_{ist} = K_0\, y \tag{5.25}$$

mit K_0=5 °C/cm und T_1=2sec . Das Blockschaltbild des Regelkreises ist in Bild 5.15 dargestellt.

Die Regelstrecke (Stellmotor, Getriebe und Ofen) weist ein IT_2–Verhalten auf. Sie soll so geregelt werden, daß bei einem Sprung der Führungsgröße ϑ_{soll} der Übergangsvorgang folgende Kennwerte aufweist:

- Einschwingzeit T_{ep} von höchstens 3 sec;
- Überschwingweite von höchstens 10%.

Um diese geforderten Gütekennwerte zu erfüllen, muß die Durchtrittsfrequenz nach (5.22) bei

$$\omega_d = \frac{\pi}{T_{ep}} \approx 1 \text{ rad/sec}$$

liegen und die Phasenreserve $\varphi_r \geq 60^0$ betragen.

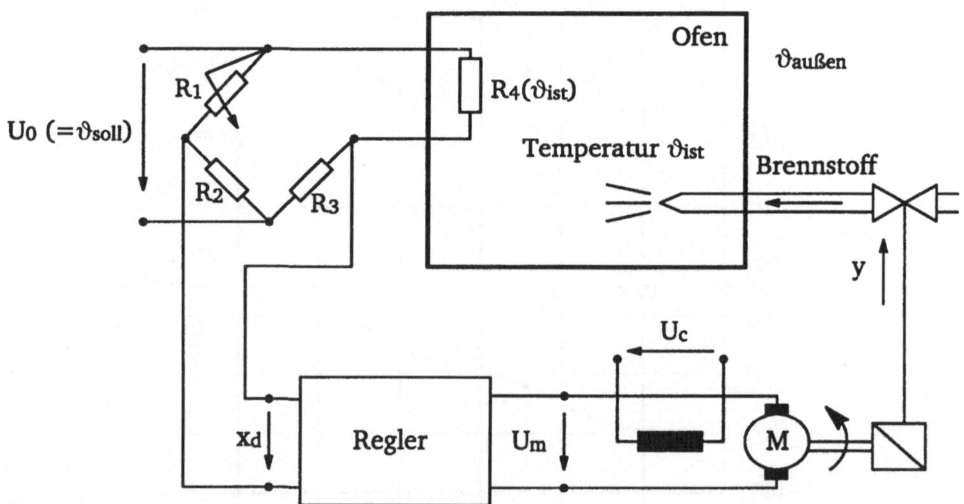

Bild 5.14: Temperaturregelung in einem Ofen.

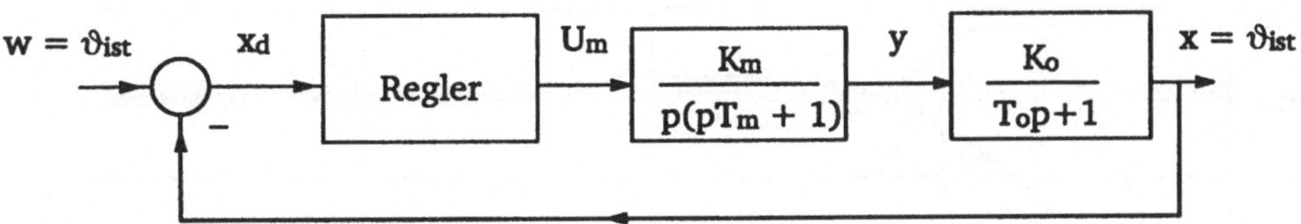

Bild 5.15: Temperaturregelkreis

Als erster Lösungsschritt wird der Frequenzgang der Regelstrecke gezeichnet (Bild 5.16). Dieser ist identisch mit dem Frequenzgang eines offenen Regelkreises, bestehend aus obiger Regelstrecke und einem P–Regler mit dem Übertragungsbeiwert $K_R = 1$.
Der so ausgelegte Regelkreis hat eine Phasenreserve von 40^0 und die Durchtrittsfrequenz von 0.62. Durch die Änderung des Übertragungsbeiwertes K_R kann man zwar die Phasenreserve φ_r, also die Dämpfung und damit die Überschwingweite einstellen, nicht aber die gewünschte Durchtrittsfrequenz. Das ist dadurch bedingt, daß der P–Regler nur den einen freien Parameter K_R hat.
Ein I–Regler an dieser Strecke führt zum strukturinstabilen Regelkreis, d.h. es gibt keinen Wert für T_n, welcher die Stabilität des geschlossenen Regelkreises gewährleistet.
Ein idealer PD–Regler mit der Vorhaltezeit T_v, die auf die größte Zeitkonstante der Regelstrecke eingestellt ist, d.h $T_v = T_1$, und $K_R = 10$, liefert dagegen die gewünschten Gütekennwerte (Bild 5.18).

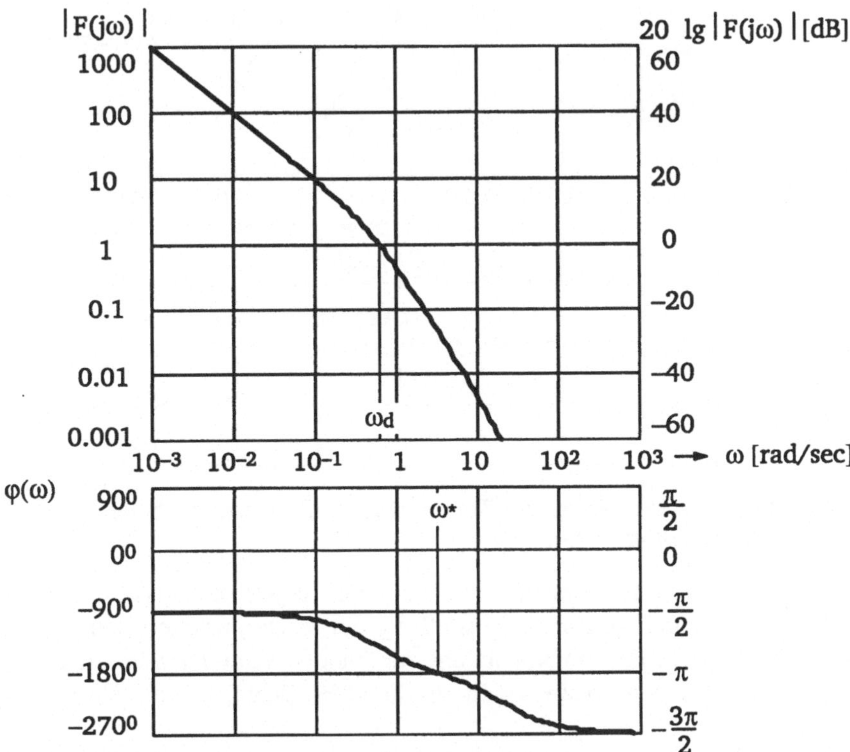

Bild 5.16: Frequenzkennlinien der Temperaturregelstrecke

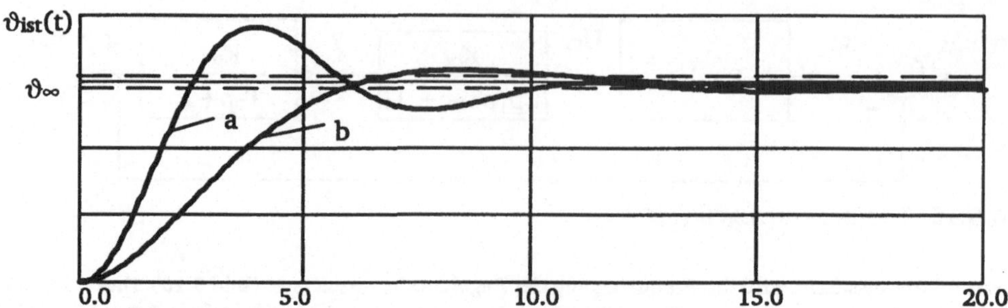

Bild 5.17: Übergangsvorgänge im Temperaturregelkreis beim Einsatz eines P–Reglers mit $K_R=1$ (a) und $K_R=0.3$ (b)

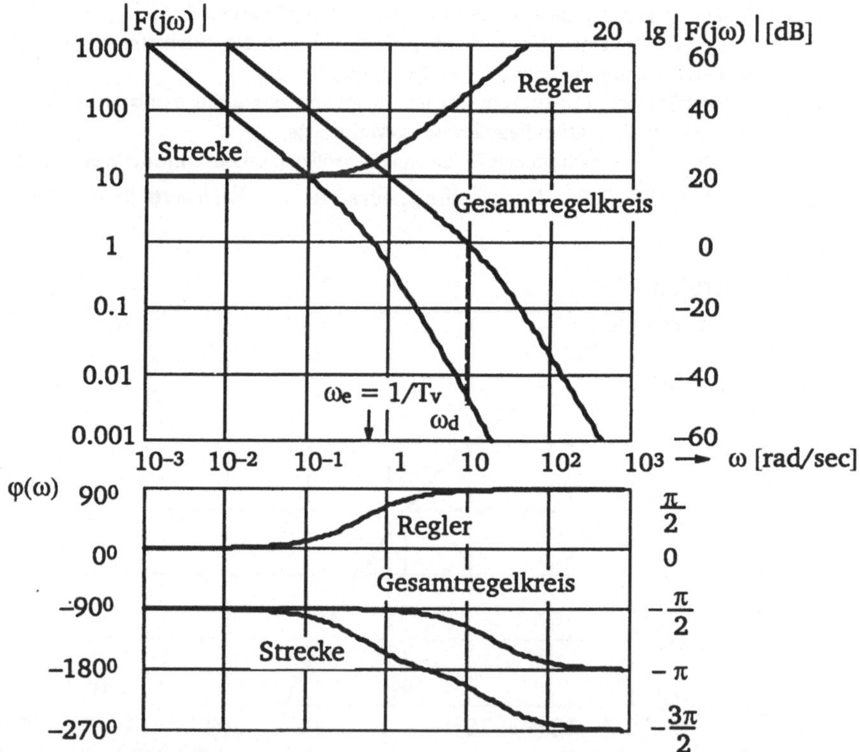

Bild 5.18: Frequenzkennlinien des Temperaturregelkreises mit einem optimal eingestellten PD–Regler

In Tabelle 5.5 sind für verschiedene Typen der Regelstrecken die geeigneten Regler und die Zusammenhänge für die Einstellung der Reglerparameter zusammengestellt. Sie sind für ein gutes Führungsverhalten mit 5% Überschwingweite ausgelegt. Die angegebene Einschwingzeit bezieht sich auf die ±5% –Schranke vom eingeschwungenen Zustand.

In der Fachliteratur findet man weitere Verfahren zur Reglersynthese anhand der Frequenzkennlinien [6,12,16,39,44,50, 60, 62, 64].

Typ der Regelstrecke		Typ und Parameter des Reglers		Kommentar	T_{ep}
P	$F_s(p) = K_S$	I	$F_R(p) = \frac{K_R}{p}$	Der geschlossene Regelkreis hat $P-T_1$–Verhalten, d.h. der Übergangsvorgang ist aperiodisch und hat keine Überschwingweite. Je größer K_R, desto schneller der Regelkreis. Der konkrete Wert von K_R wird durch den Aussteuerungsbereich der Stellgröße begrenzt.	$\frac{3}{K_R K_s}$
I	$F_s(p) = \frac{K_I}{p}$	P	$F_R(p) = K_R$	Der geschlossene Regelkreis hat $P-T_1$–Verhalten, d.h. der Übergangsvorgang ist aperiodisch und hat keine Überschwingweite. Je größer K_R, desto schneller der Regelkreis. Der konkrete Wert von K_R wird durch den Aussteuerungsbereich der Stellgröße begrenzt.	$\frac{3}{K_R K_s}$
$P-T_t$	$F_s(p) = K_S e^{-pT_t}$	I	$F_R(p) = \frac{K_R}{p}$ $K_R = \frac{\pi}{6 K_s T_t}$	Die kritische Kreisfrequenz wird durch T_t eindeutig festgelegt : $\omega^* = \frac{\pi}{2T_t}$ Durch K_R wird die Phasenreserve von 60^0 und die Amplitudenreserve ≥ 2 erreicht.	$5\,T_t$
$P-T_1$	$F_s(p) = \frac{K_S}{(pT_1 + 1)}$	I	$F_R(p) = \frac{K_R}{p}$	Der geschlossene Regelkreis hat $P-T_2$–Verhalten, Der Dämpfungsgrad d ist frei wählbar. Bei $d=1/\sqrt{2}$ wird die Überschwingweite den geforderten Kennwert nicht überschreiten.	$2\pi T_1$
		PI	$F_R(p) = \frac{K_R(pT_n + 1)}{pT_n}$ $T_n = T_1$, $K_R \not\to \infty$.	Durch $T_n = T_1$ wird die Zeitkonstante der Regelstrecke kompensiert. Der geschlossene Regelkreis weist $P-T_1$–Verhalten auf. Je größer K_R, desto schneller der Regelkreis. Der konkrete Wert von K_R wird durch den Aussteuerungsbereich der Stellgröße begrenzt.	$\frac{3T_1}{K_R K_s}$

Tabelle 5.5: Reglereinstellung anhand der Frequenzkennlinie der Regelstrecke

Typ der Regelstrecke		Typ und Parameter des Reglers		Kommentar	T_{ep}
P–T1–Tt	$F_s(p) = \frac{K_S}{(pT_1 + 1)} e^{-pT_t}$	PI	$F_R(p) = \frac{K_R\,(pT_n + 1)}{pT_n}$ $K_R = \frac{\pi\, T_1}{6\, K_s\, T_t}$, $T_n = T_1$	Durch $T_n = T_1$ wird die Zeitkonstante der Regelstrecke kompensiert. Durch K_R wird die notwendige Dämpfung des Regelkreises erreicht.	$5\,T_t$
P–T2	$F_s(p) = \frac{K_S}{(pT_1 + 1)(pT_2 + 1)}$	PI	$F_R(p) = \frac{K_R\,(pT_n + 1)}{pT_n}$ $K_R = \frac{T_1}{4\,d^2\,K_s\,T_2}$, $T_n = T_1$	Durch $T_n = T_1$ wird die größte Zeitkonstante der Regelstrecke kompensiert. Der geschlossene Regelkreis hat P–T_2–Verhalten. Der Dämpfungsgrad d ist frei wählbar.	$2\pi T_2$
P–T2–Tt	$F_s(p) = \frac{K_S\, e^{-pT_t}}{(pT_1 + 1)(pT_2 + 1)}$	PID	$F_R(p) = K_R\left(1 + \frac{1}{pT_n} + pT_v\right)$ $T_n = T_1 + T_2$, $T_v = \frac{T_1 T_2}{T_1 + T_2}$ $K_R = \frac{\pi\, T_n}{6\, K_s\, T_t}$	Durch T_n und T_v werden beide Zeitkonstanten der Regelstrecke kompensiert. Durch K_R wird die Phasenreserve von 60^0 und die Amplitudenreserve ≥ 2 erreicht.	$5\,T_t$
I–T1	$F_s(p) = \frac{K_S}{p(pT_1 + 1)}$	P	$F_R(p) = K_R$ $K_R = \frac{T_1}{4\,d^2\,K_s\,T_2}$	Der geschlossene Regelkreis hat P–T_2–Verhalten, Der Dämpfungsgrad d ist frei wählbar. Bei $d = 1/\sqrt{2}$ wird die Überschwingweite den geforderten Kennwert nicht überschreiten.	$2\pi T_1$
		PI	$F_R(p) = \frac{K_R\,(pT_n + 1)}{pT_n}$ $K_R = \frac{1}{3\,K_s\,T_1}$, $T_n = 9T_1$	Durch K_R wird die Phasenreserve von 53^0 und $A_r \to \infty$ erreicht.	$2\pi T_1$

Fortsetzung der Tabelle 5.5: Reglereinstellung anhand der Frequenzkennlinie der Regelstrecke

Typ der Regelstrecke		Typ	und Parameter des Reglers	Kommentar	Tep
I–T1–Tt	$F_s(p) = \frac{K_S}{p(pT_1 + 1)} e^{-pT_t}$	PD	$F_R(p) = K_R(pT_v + 1)$ $K_R = \frac{\pi}{6\,K_s\,T_t}$, $T_v = T_1$	Durch $T_v = T_1$ wird die Zeitkonstante der Regelstrecke kompensiert. Durch K_R wird die notwendige Dämpfung des Regelkreises erreicht.	$5\,T_t$
I–T2	$F_s(p) = \frac{K_S}{p(pT_1 + 1)(pT_2 + 1)}$	PD	$F_R(p) = K_R(pT_v + 1)$ $K_R = \frac{1}{4\,d^2\,K_s\,T_2}$, $T_v = T_1$	Durch $T_v = T_1$ wird die größte Zeitkonstante der Regelstrecke kompensiert. Der geschlossene Regelkreis hat P–T2–Verhalten. Der Dämpfungsgrad d ist frei wählbar.	$2\pi T_2$
I–Tt	$F_s(p) = \frac{K_S\,e^{-pT_t}}{p}$	P	$F_R(p) = K_R$ $K_R = \frac{\pi}{6\,K_s\,T_t}$	Durch K_R wird die Phasenreserve von 60^0 und die Amplitudenreserve $A_r \geq 2$ erreicht.	$5\,T_t$
I2	$F_s(p) = \frac{K_S}{p^2}$	PD	$F_R(p) = K_R(pT_v + 1)$ $K_R = \frac{\omega_0^2}{K_s}$, $T_v = \frac{2d}{\omega_0}$	Der geschlossene Regelkreis hat P–T2–Verhalten, Der Dämpfungsgrad d und die Eckfrequenz ω_0 sind frei wählbar. Bei $d = 1/\sqrt{2}$ wird die Überschwingweite den geforderten Kennwert nicht überschreiten. ω_0 soll möglichst groß sein.	$\frac{\pi}{\omega_0\sqrt{1-d^2}}$
I2–T1	$F_s(p) = \frac{K_S}{p^2(pT_1 + 1)}$	PD	$F_R(p) = K_R(pT_v + 1)$ $K_R = \frac{1}{45 K_s\,T_1^2}$, $T_v = 12.5\,T_1$	Durch diese Wahl von K_R und T_v wird die Phasenreserve von 60^0 erreicht.	

Fortsetzung der Tabelle 5.5: Reglereinstellung anhand der Frequenzkennlinie der Regelstrecke

Typ der Regelstrecke		Typ und Parameter des Reglers		Kommentar	T_{ep}
$P\!-\!T_3$	$F_s(p)=\dfrac{K_S}{(pT_1+1)(pT_2+1)(pT_3+1)}$ $T_1 > T_2 > T_3$	PID	$F_R(p)=K_R\left(1+\dfrac{1}{pT_n}+pT_v\right)$ $T_n=T_1+T_2,\ T_v=\dfrac{T_1T_2}{T_1+T_2}$ $K_R=\dfrac{T_1+T_2}{4\,d^2 K_s T_3}$	Durch T_n und T_v werden die beiden größten Zeitkonstanten der Regelstrecke kompensiert. Der geschlossene Regelkreis hat $P\!-\!T_2$-Verhalten, Der Dämpfungsgrad d ist frei wählbar. Bei $d=1/\sqrt{2}$ wird die Überschwingweite den geforderten Kennwert nicht überschreiten.	$2\pi T_3$
$P\!-\!T_3T_t$	$F_s(p)=\dfrac{K_S\,e^{-pT_t}}{(pT_1+1)(pT_2+1)(pT_3+1)}$ $T_1 > T_2 > T_3$	PID	$F_R(p)=K_R\left(1+\dfrac{1}{pT_n}+pT_v\right)$ $T_n=T_1+T_2,\ T_v=\dfrac{T_1T_2}{T_1+T_2}$ $K_R=\dfrac{T_n}{4\,(T_3+T_t)\,K_s}$	Durch T_n und T_v werden die beiden größten Zeitkonstanten der Regelstrecke kompensiert. Durch K_R wird die Phasenreserve von 60^0 und die Amplitudenreserve ≥ 2 erreicht.	$5\ T_t$

Fortsetzung der Tabelle 5.5: Reglereinstellung anhand der Frequenzkennlinie der Regelstrecke

5.4 Hinweise und Aufgaben für die Simulationsexperimente

a. Hinweise zu Simulationsprogrammen

Bei der Lösung dieser Aufgaben verwenden Sie die unter den Menüpunkten
F5–'Einschleifige Regelkreise: Analyse im Frequenzbereich',
F8–'Kaskadenregelkreis: Analyse im Frequenzbereich',
verfügbaren Programme.

Hinweise zur Simulation von einschleifigen Regelkreisen

Nach der Anwahl des Menüpunktes 'Einschleifige Regelkreise: Analyse im Frequenzbereich' durch die Funktionstaste F5 erscheint auf dem Bildschirm das Blockschaltbild eines einschleifigen Regelkreises gemäß Bild 5.19.

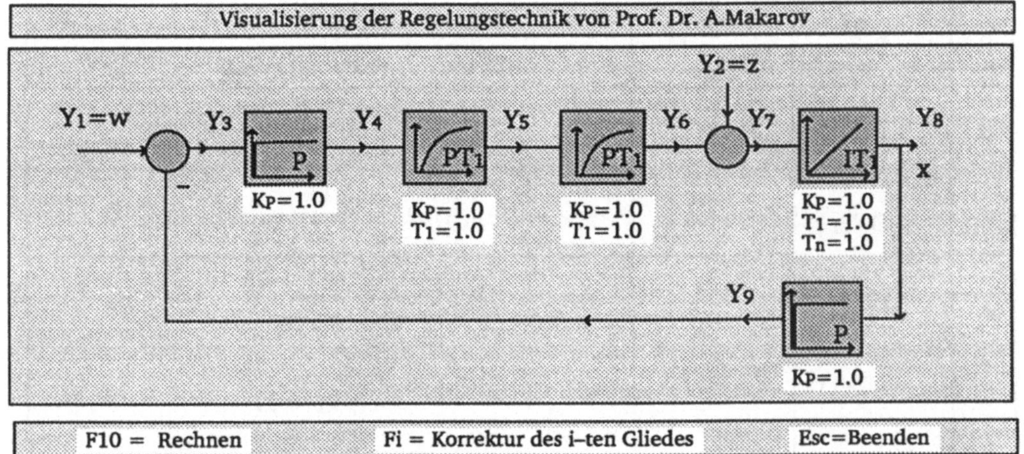

Bild 5.19: Darstellung eines einschleifigen Regelkreises als Blockschaltbild in VISU–RT

Diese Standardstruktur kann durch die Änderung der Parameter einzelner Übertragungsglieder (=Blöcke) an konkrete Aufgaben angepaßt werden. Der Typ (d.h. die Übertragungsfunktion) und die Parameter jedes einzelnen Gliedes können geändert werden, indem man die Funktionstaste Fi anwählt. Dabei ist i gleich der Nummer des Ausgangssignals Y_i des Blockes im Blockschaltbild, dessen Typ und/oder Parameter geändert werden sollen.

Die zulässigen Bezeichnungen des Typs eines Übertragungsgliedes sind in folgender Tabelle 5.6 zusammengestellt.

	Kurzbezeichnung		Übertragungsfunktion
	laut DIN	in VISU-RT	
1	P	___P	$F(p) = K_P$
2	I	___I	$F(p) = \frac{1}{pT_n} \quad , T_n = \frac{1}{K_I}$
3	D	___D	$F(p) = pT_v \quad , T_v = K_D$
4	PI	__PI	$F(p) = \frac{K_p (pT_n + 1)}{pT_n}$
5	PD	__PD	$F(p) = K_p (pT_v + 1)$
6	PID	_PID	$F(p) = K_p (1 + \frac{1}{pT_n} + pT_v)$
7	T_t	__TT	$F(p) = e^{-pT_t}$
8	$P\text{–}T_1$	_PT1	$F(p) = \frac{K_p}{(pT_1 + 1)}$
9	$I\text{–}T_1$	_IT1	$F(p) = \frac{1}{pT_n (pT_1 + 1)}$
10	$D\text{–}T_1$	_DT1	$F(p) = \frac{pT_v}{(pT_1 + 1)}$
11	$PI\text{–}T_1$	PIT1	$F(p) = \frac{K_p (pT_n + 1)}{pT_n(pT_1 + 1)}$
12	$PD\text{–}T_1$	PDT1	$F(p) = \frac{K_p(pT_v + 1)}{(pT_1 + 1)}$
13	$PID\text{–}T_1$	PIDT	$F(p) = K_p(1 + \frac{1}{pT_n} + \frac{pT_v}{(pT_1 + 1)})$
14	$P\text{–}T_2$	_PT2	$F(p) = \frac{K_p}{(pT_1 + 1)(pT_2 + 1)}$
15	$P\text{–}T_3$	_PT3	$F(p) = \frac{K_p}{(pT_1 + 1)(pT_2 + 1)(pT_3 + 1)}$
16	$P\text{–}T_n$	_PTN	$F(p) = \frac{b_m p^m + b_{m-1} p^{m-1} + \ldots + b_1 p + b_o}{a_n p^n + a_{n-1} p^{n-1} + \ldots + a_1 p + a_o}$
17	$PD\text{–}T_2$	PDT2	$F(p) = \frac{K_p(pT_v + 1)}{T^2 p^2 + 2dTp + 1}$

Tabelle 5.6: Bezeichnungen linearer Übertragungsglieder
(_ – entspricht einem Leerzeichen)

Die Übertragungsglieder 5 bis 9 können zur Beschreibung der Regelstrecke verwendet werden. Zum Beispiel ist das Ausgangssignal des Blockes im Rückführungszweig Y_9. Wenn deren Parameter oder Typ geändert werden soll, dann ist die Funktionstaste F9 zu drücken. Es erscheint eine Eingabemaske gemäß Bild 5.20.

Bei der Eingabe der Parameter eines $P\text{–}T_n$–Übertragungsgliedes sind die Koeffizienten der Übertragungsfunktion in die einzelnen Felder der Maske gemäß Bild 5.21 einzugeben.

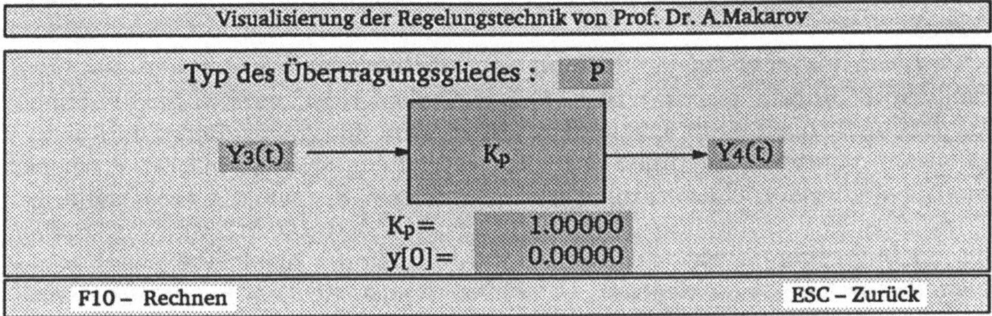

Bild 5.20: Maske zur Parametereinstellung eines der Übertragungsglieder

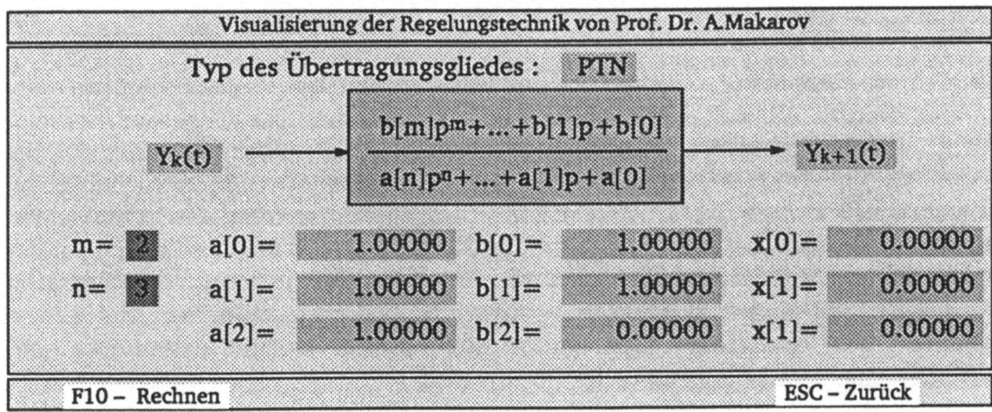

Bild 5.21: Maske zur Parametereinstellung eines $P\text{–}T_n$–Gliedes

Die Korrektur der Daten in einzelnen Eingabefeldern erfolgt durch einfaches Überschreiben eines Zeichens nach entsprechendem Vorrücken mit dem Cursor, wobei die Steuertasten folgende Belegung haben:

Escape – Zurückgehen auf die vorherige Menüebene.
Enter – Vorrücken auf die erste Position des folgenden Eingabefeldes.
<↓> – Rücken auf die erste Position des folgenden Eingabefeldes.
<↑> – Rücken auf die erste Position des vorhergehenden Eingabefeldes.
<←> – Rücken um eine Position nach links im aktuellen Eingabefeld.
<→> – Rücken um eine Position nach rechts im aktuellen Eingabefeld.

Syntaxfehler bei der Eingabe werden vom Programm gemeldet und können korrigiert werden. Dabei erscheint im Eingabefeld ein blinkendes Fragezeichen. In diesem Fall muß das gesamte Eingabefeld (einschließlich Leerzeichen) neu überschrieben werden.

Reelle Zahlen werden mit einem "." geschrieben. Die Eingabe von Zahlen in Exponentialform ist nicht zulässig.

Der Typ des Übertragungsgliedes muß *rechstsbündig in das obere Feld eingegeben werden.* Nach einer Änderung des Typs eines Blockes und Betätigen der Enter-Taste erscheinen entsprechende Eingabefelder für die einzelnen Parameter des Übertragungsgliedes.

Nachdem die notwendigen Änderungen vorgenommen wurden und das Blockschaltbild der Aufgabe angepaßt ist, kann durch Betätigen der Taste F10 die Berechnung des Frequenzganges gestartet werden. Dabei wird intern die Einstellung einiger Simulationsparameter überprüft. Wenn die Einstellung nicht korrekt ist, erscheinen oberhalb des Strukturbildes entsprechende Meldungen, die befolgt werden müssen.

Nachdem die Berechnung des Frequenzganges durch F10 gestartet wurde, erscheinen auf dem Bildschirm ein Maßstabsnetz und der Verlauf des Amplitudenganges des offenen Kreises im linearen Maßstab. Da vor dem Beginn der Berechnung nicht vorherzusehen ist, welche Werte der Amplitudengang annehmen wird, kann es vorkommen, daß die Kurve außerhalb des Maßstabsnetzes liegt. Erst nach Beendigung der Berechnung und Betätigen einer beliebigen Taste erscheinen die Ortskurve und die Frequenzkennlinien des offenen Kreises, etwa wie in Bild 5.22 dargestellt.

Mit Hilfe des Cursors kann der Verlauf der Ortskurve und der Frequenzkennlinien abgetastet werden. Diese Darstellung der Ergebnisse kann mit der Tastenkombination Alt+F1 ausgegeben werden. Anschließend kann durch das Betätigen der Taste F10 die Berechnung der Frequenzkennlinien des Reglers gestartet werden. Sie erscheinen ebenfalls auf dem Bildschirm (Bild 5.22) und können ausgegeben werden. Durch eine weitere Betätigung der Funktionstaste F10 wird die Berechnung der Frequenzkennlinien der Regelstrecke (der Blöcke 5 bid 9) gestartet. Sie erscheinen auch auf dem Bildschirm (Bild 5.22) und können ausgegeben werden. Anschließen kehrt man zum Blockschaltbild des Regelkreises 5.19 zurück. Nun können weitere Änderungen und anschließende Berechnungen durchgeführt werden.

Hinweise zur Berechnung von Kaskadenregelkreisen

Nach der Anwahl des Menüpunktes 'Kaskadenregelung: Analyse im Frequenzbereich' durch die Funktionstaste F8 erscheint auf dem Bildschirm das Blockschaltbild des Regelkreises gemäß Bild 5.23.

Dieses Standardstruktur kann durch die Änderung der Parameter einzelner Übertragungsglieder (=Blöcke) an konkrete Aufgaben angepaßt werden. *Allerdings ist bei diesem Regelkreis die Anzahl der Blöcke fest vorgegeben. D.h man muß mit 9 Blöcken auskommen. Ansonsten gelten dieselben Regeln, die bei der Berechnung des einschleifigen Regelkreises auch zutreffen.*

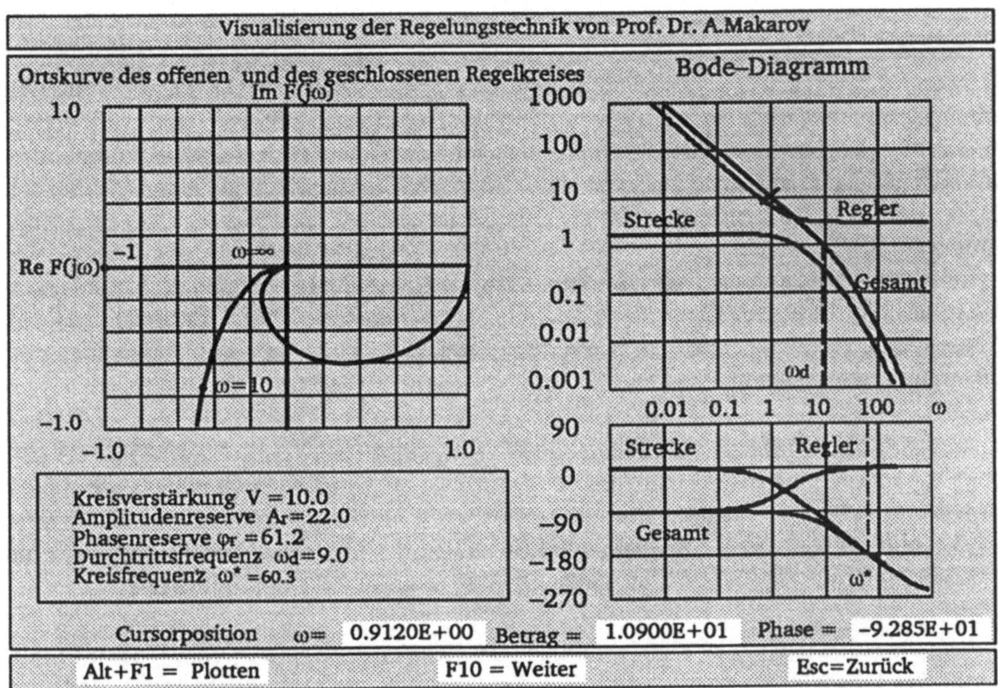

Bild 5.22: Darstellung der Ortskurve und der Frequenzkennlinien in VISU–RT

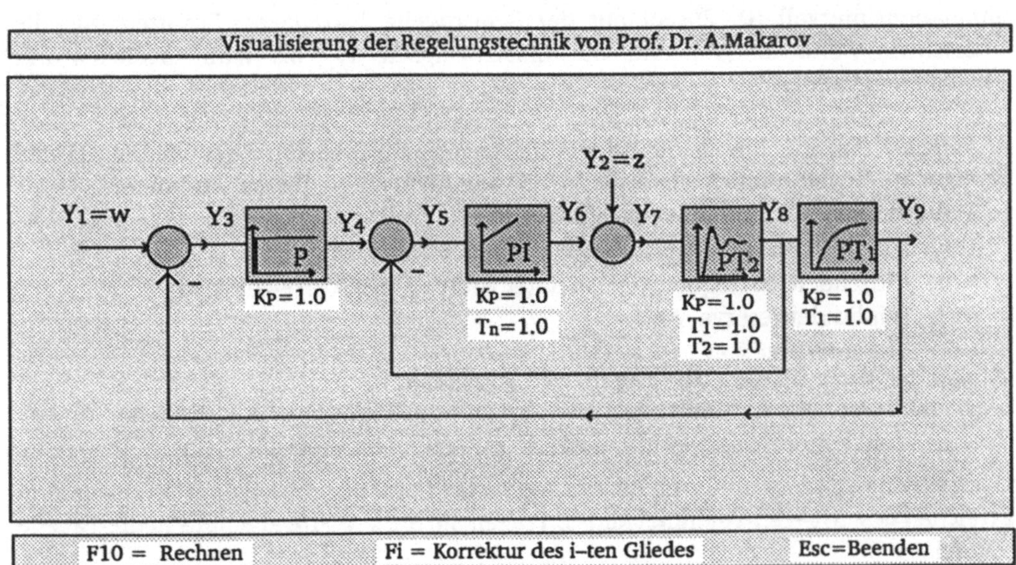

Bild 5.23: Darstellung eines Kaskadenregelkreises als Blockschaltbild in VISU–RT

b. Aufgabenstellungen zur Simulation

Aufgabe 5.1. Gegeben ist eine I–T_2–Regelstrecke $F_S(p) = K_S/p(pT_1+1)(pT_2+1)$ mit $K_S = 1\,sec^{-1}$, $T_1 = 1sec$, $T_2 = 0.4sec$. Sie soll durch einen P–Regler $F_R(z) = K_R$ geregelt werden. Bestimmen Sie, für welche Werte von K_R der Regelkreis stabil ist. Dazu erhöhen Sie K_R schrittweise, bis der kritische Punkt $-1+j0$ von der Ortskurve des Frequenzganges des offenen Regelkreises umschlungen wird. Ermitteln Sie die dazugehörigen Werte von K_{Rkrit} und ω_{krit}. Überprüfen Sie die Ergebnisse durch eine Simulation des Übergangsvorganges im Zeitbereich.

Simulieren Sie den Regelkreis mit $K_R = 0.5 \cdot K_{Rkrit}$ (Einstellung nach Ziegler–Nichols) auf dem Simulationsintervall [0;5sec] mit der Schrittweite h=0.05sec. Ermitteln Sie die Überschwingweite $h_ü$ [%] und die Einschwingzeit T_{ep} bis zum Erreichen des 5%–Toleranzbandes.

Aufgabe 5.2. Gegeben ist eine instabile P–T_2–Regelstrecke $F_S(p) = K_S/(p^2T_1^2+1)$ mit $K_S = 1$, $T_1 = 2sec$. Stabilisieren Sie diese Regelstrecke durch eine geeignete Wahl der Frequenzkennlinien des Reglers. Simulieren Sie diesen Regelkreis auf dem Simulationsintervall [0;20sec] mit der Schrittweite h=0.05sec. Ermitteln Sie die Überschwingweite $h_ü$ [%] und die Einschwingzeit T_{ep} bis zum Erreichen des 5%–Toleranzbandes.

Aufgabe 5.3. Gegeben ist eine instabile I_2–T_1–Regelstrecke $F_S(p) = K_S/p^2(pT_1+1)$ mit $K_S = 1$, $T_1 = 0.5sec$. Zeigen Sie mit Hilfe der Ortskurve des Frequenzganges, daß der Regelkreis durch einen P–Regler nicht stabilisiert werden kann. Stabilisieren Sie diese Regelstrecke durch einen PD–Regler. Simulieren Sie diesen Regelkreis auf dem Simulationsintervall [0; 20sec] mit der Schrittweite h=0.05sec. Ermitteln Sie die Überschwingweite $h_ü$ [%] und die Einschwingzeit T_{ep} bis zum Erreichen des 5%–Toleranzbandes.

Aufgabe 5.4. Für die in der Tabelle 5.6 gegebenen Regelstrecken wählen Sie den geeigneten Regler anhand der Tabelle 5.5 und berechnen dessen Parameter.

a. Bestimmen Sie mit Hilfe von VISU–RT:
- die Durchtrittsfrequenz ω_d, bei der $|F(j\omega)| = 1$ erreicht wird;
- die kritische Kreisfrequenz ω^*, bei der $\varphi(\omega) = -180^0$ erreicht wird;
- die Amplitudenreserve A_r;
- die Phasenreserve φ_r.

Tragen Sie diese Werte in die Tabelle 5.7 zusammen.

b. Simulieren Sie das Führungsverhalten der Regelkreise mit vorgegebenen Regelstrecken und von Ihnen gewählten Reglern mit Hilfe von VISU–RT . Bestimmen Sie die Überschwingweite $h_ü$ in % zum Beharrungszustand und die Einschwingzeit T_{ep} bis zum Erreichen des 5%–gen Toleranzbandes. Tragen Sie diese Werte ebenfalls in die Tabelle 5.7 ein.

c. Beurteilen Sie die Ergebnisse der Simulation.

Typ der Regelstrecke	Parameter der Regelstrecke						Typ und Parameter des Reglers			
	K_p	T_1	T_2	T_3	T_n	T_t	Typ	K_R	T_n	T_v
P–T_t	1	–	–	–	–	1s				
P–T_1–T_t	10	10s	–	–	–	3s				
P–T_2–T_t	4	0.5s	0.05	–	–	0.02s				
P–T_3–T_t	4	10s	5s	1s	–	2s				
P–T_3	1	1.6s	0.8s	0.4s	–	–				
I–T_1–T_t	–	10s	–	–	1s	2s				
I_2–T_1	–	0.15s	–	–	1s	–				

Tabelle 5.6: Typ und Parameter der Regelstrecken

Typ der Regelstreke	Typ des Reglers	ω_d	A_r	ω^*	φ_r	hü %	T_{ep} bei Δh_p=5%	Kommentar
P–T_t								
P–T_1–T_t								
P–T_2–T_t								
P–T_3–T_t								
P–T_3								
I–T_1–T_t								
I_2–T_1								

Tabelle 5.7: Ergebnisse der Simulation

Aufgabe 5.5. Gegeben ist ein Kaskadenregelkreis gemäß Bild 5.24.

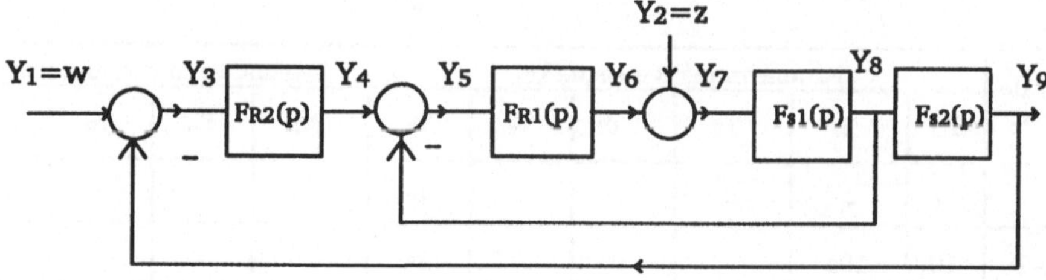

Bild 5.24: Kaskadenregelkreis

a. Die Übertragungsfunktionen der Teilregelstrecken sind [16]:

$$F_{s1}(p) = \frac{K_{s1}}{(pT_1+1)(pT_2+1)} \quad \text{mit } K_{s1}=2\text{ },T_1=0.8\text{sec},\ T_2=0.25\text{sec},$$

$$F_{s2}(p) = \frac{K_{s2}}{(pT_3+1)} \quad \text{mit } K_{s2}=1.8\text{ },T_3=0.6\text{sec}.$$

Entwerfen Sie die Regler $F_{R1}(p)$ und $F_{R2}(p)$ (Tabelle 5.8) mit Hilfe des Frequenzkennlinienverfahrens.

Führen Sie die Simulation des Regelkreises bei einem Führungsgrößensprung und einem Störgrößensprung durch. Bestimmen Sie die Kennwerte des Übergangsvorganges.

Typ des Reglers $F_{R1}(p)$	Typ des Reglers $F_{R2}(p)$	ω_d	A_r	ω^*	φ_r	h_a %	T_{ep} bei $\Delta h_p=5\%$
P–Regler	P–Regler						
PI– Regler	P–Regler						
P–Regler	PI– Regler						
PI– Regler	PI– Regler						

Tabelle 5.8: Kennwerte des Kaskadenregelkreises

b. Gegeben ist ein Lageregelkreis mit folgenden Übertragungsfunktionen der Teilregelstrecken:

$$F_{s1}(p) = \frac{K_{s1}}{T_1^2p^2+2dT_1p+1} \quad \text{mit } K_{s1}=2\text{ , }T_1=0.5\text{sec},\ d=0.5,$$

$$F_{s2}(p) = \frac{K_{s2}}{p} \quad \text{mit } K_{s2}=1\text{sec}.$$

Zeigen Sie mit Hilfe der Frequenzkennlinien, daß beim Einsatz eines PI–Reglers in der Außenschleife die Instabilität des Gesamtregelkreises eintritt. Entwerfen Sie die Regler so, daß im Regelkreis kein Überschwingen bei einem Sprung der Führungsgröße eintritt.

6 Digitale Simulation der kontinuierlichen Regelkreise

6.1 Grundbegriffe der digitalen Simulation

Der Begriff digitale Simulation wird in der Literatur unterschiedlich beschrieben. Stellvertretend für viele Definitionen sei hier folgende genannt: *digitale Simulation* ist die Darstellung von bestimmten interessierenden Eigenschaften eines Systems durch die Aktionen eines digitalen Rechners. Seit über einem Viertel Jahrhundert ist die digitale Simulation von zu regelnden Prozessen, ebenso wie die von regelungstechnischen Systemen insgesamt, ein wichtiges Forschungs- und Entwicklungswerkzeug [22, 33, 43, 53, 56]. Durch den Einsatz von leistungsfähigen Simulationssystemen ist es möglich geworden, den Informationskreislauf

Reales System⇒Modell⇒Simulation⇒Konsequenzen für das reale System

bei der Entwicklung von Regelungen und Steuerungen zu beschleunigen. Aber auch die Qualität und Quantität der Information (Genauigkeit und Umfang der Modelle der realen Prozesse, Effizienz der Simulationsverfahren, Aussagekraft der Ergebnisse der Simulation etc.) ist ständig gewachsen, was sich schließlich in der Qualität der realen Systeme niederschlägt.

Heute wird sowohl beim Entwurf von Regel- und Steuereinrichtungen als auch bei Echtzeitsteuerung und Regelung mit Prozeßleitsystemen die digitale Simulation des dynamischen Verhaltens der Regelstrecke oder des Gesamtsystems durchgeführt.

Eine der Voraussetzungen für die digitale Simulation ist das Vorhandensein des mathematischen Modells des zu simulierenden Systems in einer bestimmten Form. Dieses Problem wurde in Abschnitt 2.1 behandelt. Dort wurde gezeigt, daß das Zeitverhalten eines dynamischen Übertragungsgliedes durch die jeweilige gewöhnliche Differential- bzw. Integralgleichung (Tabelle 2.1) und deren Parameter beschrieben wird. Das Verhalten eines linearen statischen Übertragungsgliedes wird durch die entsprechende algebraische Gleichung beschrieben. Somit stellt das mathematische Modell eines linearen zeitinvarianten Regelkreises ein System von solchen Gleichungen dar. Des weiteren kann man diese Gleichungen zu einer bestimmten Form umwandeln.

Beispiel 6.1. Anhand des Blockschaltbildes des Standardregelkreises mit einem I-Regler an einer PT_2-Regelstrecke (Bild 6.1) ist das mathematische Modell in Form eines Differentialgleichungssystems aufzustellen.

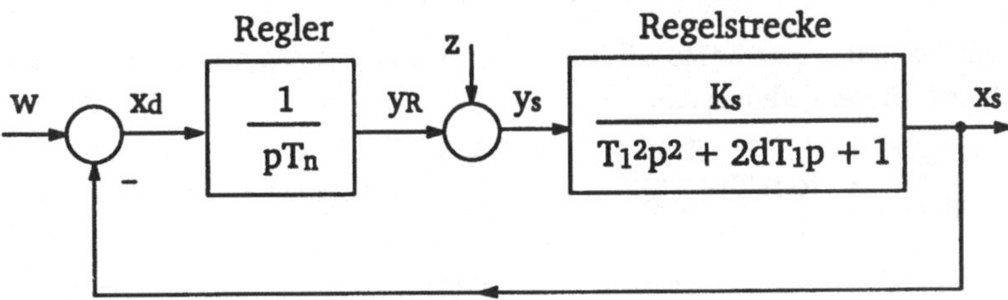

Bild 6.1: Blockschaltbild eines Regelkreises

Aus dem Blockschaltbild lassen sich die Gleichungen für die einzelnen Übertragungsglieder ablesen:

Für die Summierer:

$$x_d(t) = w(t) - x_s(t), \qquad (6.1a)$$

$$y_s(t) = y_R(t) + z(t). \qquad (6.1b)$$

Für den Regler:

$$y_R(t) = \frac{1}{T_n} \int_0^t x_d(\tau)\, d\tau \quad \text{bzw.} \quad \frac{dy_R(t)}{dt} = \frac{1}{T_n} x_d(t)\,. \qquad (6.1c)$$

Für die Regelstrecke:

$$T_1^2 \frac{d^2x_s(t)}{dt^2} + 2dT_1 \frac{dx_s(t)}{dt} + x_s(t) = K_s\, y_s(t)\,. \qquad (6.1d)$$

Setzt man die Gleichungen für $x_d(t)$ bzw. für $y_s(t)$ in die Differentialgleichungen des Reglers bzw. der Regelstrecke ein, erhält man das mathematische Modell des Regelkreises in Form eines Systems von zwei linearen gewöhnlichen Differentialgleichungen:

$$\frac{dy_R(t)}{dt} = \frac{1}{T_n} w(t) - \frac{1}{T_n} x_s(t), \qquad (6.2a)$$

$$T_1^2 \frac{d^2x_s(t)}{dt^2} + 2dT_1 \frac{dx_s(t)}{dt} + x_s(t) = K_s y_R(t) + K_s z(t). \qquad (6.2b)$$

Dabei sind $w(t)$ und $z(t)$ vorgegebene Eingangsfunktionen. $y_R(t)$ und $x_s(t)$ sind die unbekannten Lösungsfunktionen. Zur eindeutigen Lösung des Gleichungssystems (6.2) müssen die linksseitigen Anfangswerte für $y_R(t)$, $x_s(t)$ und $dx_s(t)/dt$ vorgegeben sein.

Ein äquivalentes mathematisches Modell läßt sich gewinnen, indem man mit Hilfe der Umformungsregel das Blockschaltbild umwandelt und die Führungsübertragungsfunktion und die Störübertragungsfunktion ermittelt (Bild 6.2).

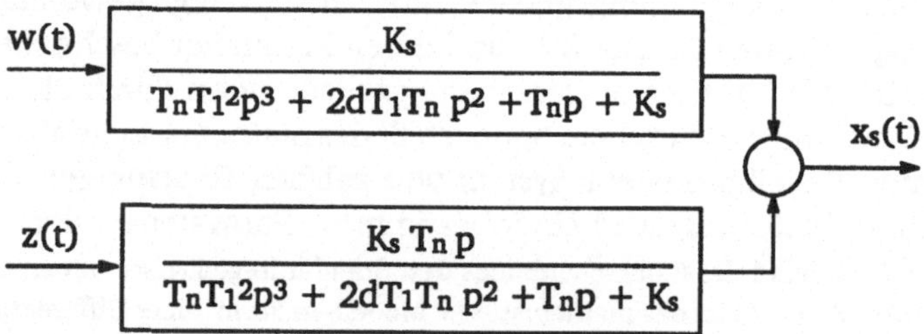

Bild 6.2: Das umgeformte Strukturbild des Regelkreises.

In diesem Fall stellt das mathematische Modell des Regelkreises zwei voneinander unabhängige Differentialgleichungen jeweils dritter Ordnung dar:

$$T_nT_1^2 \frac{d^3x_s(t)}{dt^3} + 2dT_nT_1 \frac{d^2x_s(t)}{dt^2} + T_n \frac{dx_s(t)}{dt} + K_s x_s(t) = K_s w(t)\,, \qquad (6.3a)$$

$$T_nT_1^2 \frac{d^3x_s(t)}{dt^3} + 2dT_nT_1 \frac{d^2x_s(t)}{dt^2} + T_n \frac{dx_s(t)}{dt} + K_s x_s(t) = K_s T_n \frac{dz(t)}{dt}\,. \qquad (6.3b)$$

Hier müssen ebenfalls die linksseitigen Anfangsbedingungen für $x_s(t)$, $dx_s(t)/dt$ und $d^2x_s(t)/dt^2$ vorgegeben sein.

Eine weitere Möglichkeit zur Darstellung des mathematischen Modells ist durch die Zustandsraumdarstellung gegeben [12, 19, 57, 64, 67].

Zustandsbeschreibung linearer Übertragungsglieder

Bekanntlich wird das dynamische Verhalten eines linearen zeitinvarianten Übertragungsgliedes für $t \geq 0$ allgemein durch eine gewöhnliche Differentialgleichung n–ter Ordnung der Form

$$\frac{d^n y(t)}{dt^n} + a_{n-1} \frac{d^{n-1} y(t)}{dt^{n-1}} + \ldots + a_1 \frac{dy(t)}{dt} + a_0\, y(t) = \\ = b_m \frac{d^m u(t)}{dt^m} + b_{n-1} \frac{d^{m-1} u(t)}{dt^{m-1}} + \ldots + b_1 \frac{du(t)}{dt} + b_0\, u(t) \tag{6.4}$$

oder entsprechende Übertragungsfunktion

$$F(p) = \frac{Y(p)}{U(p)} = \frac{b_m\, p^m + b_{m-1}\, p^{m-1} + \ldots + b_1\, p + b_0}{p^n + a_{n-1}\, p^{n-1} + a_{n-2}\, p^{n-2} + \ldots + a_1\, p + a_0} \tag{6.5}$$

beschrieben. Sie verknüpfen die Ausgangsgröße $y(t)$ und ihre zeitlichen Ableitungen $y^{(1)}(t),\ldots,y^{(n)}(t)$ mit der Eingangsgröße $u(t)$ und deren zeitlichen Ableitungen $u^{(1)}(t), \ldots, u^{(m)}(t)$. Die Parameter $a_0, \ldots, a_n$, $(a_n=1)$ und $b_0, \ldots, b_m$ sind von den physikalischen Eigenschaften des Übertragungsgliedes abhängig. Die Ordnungszahl n ist in der Regel größer oder mindestens gleich der Ordnung m der höchsten Ableitung der Eingangsgröße $u(t)$.

Bei der Darstellung linearer dynamischer Systeme im Zustandsraum werden n linear unabhängige Zustandsvariablen $\mathbf{x}(t) = [x_1(t), x_2(t), \ldots, x_n(t)]^T$ eingeführt, die ein System n–ter Ordnung vollständig beschreiben. Man bezeichnet $\mathbf{x}(t)$ als *Zustandsvektor*. Der entsprechende n–dimensionale Vektorraum R^n ist der *Zustandsraum*, in dem jeder Zustand $\mathbf{x}(t_k)$ als Punkt und jede Zustandsänderung des Systems als Teil einer Bahn darstellbar ist (Bild 6.3).

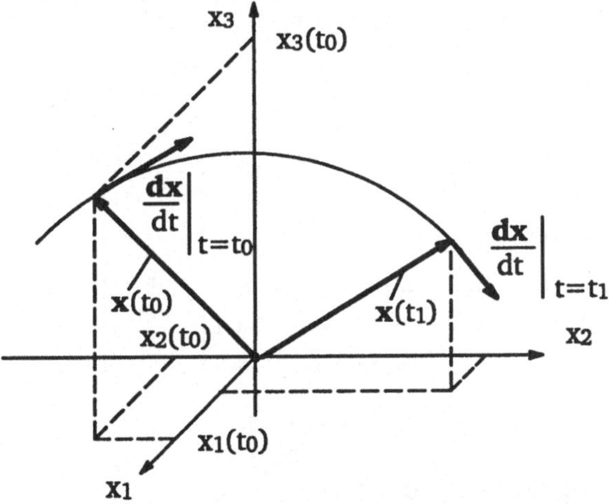

Bild 6.3: Veranschaulichung des Begriffes Zustandsraum für n=3.

Vom mathematischen Standpunkt aus entspricht die Darstellung eines linearen Übertragungsgliedes im Zustandsraum einer Umwandlung der Differentialgleichung n–ter Ordnung (6.4) in ein äquivalentes System von n Differentialgleichungen erster Ordnung:

$$\dot{\mathbf{x}}(t) = \mathbf{A}\mathbf{x}(t) + \mathbf{B}u(t)\,,\ \mathbf{x}(0)=\mathbf{x_0}\,, \tag{6.6}$$

$$y(t) = \mathbf{C}^T\mathbf{x}(t) + du(t). \tag{6.7}$$

Die vektorielle Gleichung (6.6) verknüpft die momentane Geschwindigkeit $dx_k(t)/dt$, mit der sich die Zustandsvariable $x_k(t)$ ändert, mit den momentanen Werten der Zustandsvariablen und dem momentanen Wert der Eingangsgröße u(t). Man bezeichnet diese vektorielle Gleichung als *Zustandsdifferentialgleichung*, die Matrix **A** als *Systemmatrix*, und den Vektor **B** als *Eingangsvektor*. Die Gleichung (6.7) bezeichnet man als *Ausgangsgleichung*. Im weiteren wird angenommen, daß $n>m$ ist. Unter dieser Bedingung ist $d=0$.

In der Abhängigkeit vom Ansatz für die Zustandsvariablen unterscheidet man zwischen der 1. und 2. Normalform [12, 19, 57, 64, 67]. Die 1. Normalform wird auch als *Regelungsnormalform*, und die 2. Normalform als *Beobachtungsnormalform* bezeichnet. Hier seien diese *für* $m<n$ ohne Beweis angegeben.

1. Normalform (Regelungsnormalform)

$$\begin{bmatrix} \dot{x}_1 \\ \dot{x}_2 \\ \dot{x}_3 \\ \dots \\ \dot{x}_{n-1} \\ \dot{x}_n \end{bmatrix} = \begin{bmatrix} 0 & 1 & 0 & \dots & 0 & 0 \\ 0 & 0 & 1 & \dots & 0 & 0 \\ 0 & 0 & 0 & \dots & 0 & 0 \\ \dots & \dots & \dots & \dots & \dots & \dots \\ 0 & 0 & 0 & \dots & 0 & 1 \\ -a_0 & -a_1 & -a_2 & \dots & -a_{n-2} & -a_{n-1} \end{bmatrix} \begin{bmatrix} x_1 \\ x_2 \\ x_3 \\ \dots \\ x_{n-1} \\ x_n \end{bmatrix} + \begin{bmatrix} 0 \\ 0 \\ 0 \\ \dots \\ 0 \\ 1 \end{bmatrix} u, \tag{6.8}$$

$$y = \begin{bmatrix} b_0 & b_1 & \dots & b_{n-2} & b_{n-1} \end{bmatrix} \begin{bmatrix} x_1 \\ x_2 \\ \dots \\ x_n \end{bmatrix}. \tag{6.9}$$

2. Normalform (Beobachtungsnormalform)

$$\begin{bmatrix} \dot{x}_1 \\ \dot{x}_2 \\ \dot{x}_3 \\ \dots \\ \dot{x}_{n-1} \\ \dot{x}_n \end{bmatrix} = \begin{bmatrix} 0 & 0 & 0 & \dots & 0 & -a_0 \\ 1 & 0 & 0 & \dots & 0 & -a_1 \\ 0 & 1 & 0 & \dots & 0 & -a_2 \\ \dots & \dots & \dots & \dots & \dots & \dots \\ 0 & 0 & 0 & \dots & 0 & -a_{n-2} \\ 0 & 0 & 0 & \dots & 1 & -a_{n-1} \end{bmatrix} \begin{bmatrix} x_1 \\ x_2 \\ x_3 \\ \dots \\ x_{n-1} \\ x_n \end{bmatrix} + \begin{bmatrix} b_0 \\ b_1 \\ b_2 \\ \dots \\ b_{n-2} \\ b_{n-1} \end{bmatrix} u, \tag{6.10}$$

$$y = \begin{bmatrix} 0 & 0 & \dots & 0 & 1 \end{bmatrix} \begin{bmatrix} x_1 \\ x_2 \\ \dots \\ x_n \end{bmatrix}. \tag{6.11}$$

Die Regelungsnormalform und die Beobachtungsnormalform sind dual zueinander, sie lassen sich sehr leicht ineinander überführen, denn es gilt

$$\mathbf{A_1} = \mathbf{A_2^T}\,,\ \mathbf{b_1} = \mathbf{c_2} \text{ und } \mathbf{c_1} = \mathbf{b_2}\ . \tag{6.12}$$

Beispiel 6.2. Es ist für das mathematische Modell (6.3a) die Zustandsraumdarstellung anzugeben.

Wir bezeichnen in der Gleichung (6.3a) die Eingangsgröße, hier die Führungsgröße w(t), durch u(t) und die Ausgangsgröße, hier die Regelgröße $x_s(t)$, durch y(t). Damit nimmt die Gleichung (6.3a) folgende Gestalt an:

$$T_nT_1^2\frac{d^3y(t)}{dt^3} + 2dT_nT_1\frac{d^2y(t)}{dt^2} + T_n\frac{dy(t)}{dt} + K_s\,y(t) = K_s\,u(t).$$

Sie unterscheidet sich von der Standardform (6.4) durch ein Koeffizient bei der höchsten Ableitung, das ungleich eins ist. Um auf die Standardform (6.4) zu kommen, muß man beide Seiten dieser Gleichung durch dieses Koeffizient $T_nT_1^2$ dividieren:

$$\frac{d^3y(t)}{dt^3} + \underbrace{\frac{2d}{T_1}}_{a_2}\frac{d^2y(t)}{dt^2} + \underbrace{\frac{1}{T_1^2}}_{a_1}\frac{dy(t)}{dt} + \underbrace{\frac{K_s}{T_nT_1^2}}_{a_0}y(t) = \underbrace{\frac{K_s}{T_nT_1^2}}_{b_0}u(t)\ .$$

Die Gleichung ist 3. Ordnung und kann somit durch drei Zustandsvariablen beschrieben werden.
Regelungsnormalform:

$$\begin{bmatrix}\dot{x}_1(t)\\ \dot{x}_2(t)\\ \dot{x}_3(t)\end{bmatrix} = \begin{bmatrix}0 & 1 & 0\\ 0 & 0 & 1\\ -\frac{K_s}{T_nT_1^2} & -\frac{1}{T_1^2} & -\frac{2d}{T_1}\end{bmatrix}\begin{bmatrix}x_1(t)\\ x_2(t)\\ x_3(t)\end{bmatrix} + \begin{bmatrix}0\\ 0\\ 1\end{bmatrix}u(t),$$

$$y(t) = \begin{bmatrix}\frac{K_s}{T_nT_1^2} & 0 & 0\end{bmatrix}\begin{bmatrix}x_1(t)\\ x_2(t)\\ x_3(t)\end{bmatrix}.$$

Beobachtungsnormalform:

$$\begin{bmatrix}\dot{x}_1(t)\\ \dot{x}_2(t)\\ \dot{x}_3(t)\end{bmatrix} = \begin{bmatrix}0 & 0 & -\frac{K_s}{T_nT_1^2}\\ 1 & 0 & -\frac{1}{T_1^2}\\ 0 & 1 & -\frac{2d}{T_1}\end{bmatrix}\begin{bmatrix}x_1(t)\\ x_2(t)\\ x_3(t)\end{bmatrix} + \begin{bmatrix}\frac{K_s}{T_nT_1^2}\\ 0\\ 0\end{bmatrix}u(t),$$

$$y(t) = \begin{bmatrix}0 & 0 & 1\end{bmatrix}\begin{bmatrix}x_1(t)\\ x_2(t)\\ x_3(t)\end{bmatrix}$$

Zustandsbeschreibung linearer Regelkreise

Ebenso wie sich ein einzelnes Übertragungsglied mit der Übertragungsfunktion (6.5) im Zustandsraum durch Regelungsnormalform (6.8) und (6.9) bzw. Beobachtungsnormalform (6.10) und (6.11) beschreiben läßt, kann auch ein Regelkreis durch die Zustandsgleichungen

$$\dot{\mathbf{x}}(t) = \mathbf{f}(\mathbf{x}(t), \mathbf{u}(t)), \ \mathbf{x}(0)=\mathbf{x}_0, \qquad (6.13)$$
$$\mathbf{y}(t) = \mathbf{g}(\mathbf{x}(t), \mathbf{u}(t)) \qquad (6.14)$$

beschrieben werden. Das Gleichungssystem in der Form (6.13) bezeichnet man auch als *Cauchy-Form*. Dabei ist unter $\mathbf{x}(t)$ ebenfalls ein Vektor der Zustandsvariablen zu verstehen, die den momentanen Zustand des Regelkreises kennzeichnen. Wenn der Regelkreis nur lineare Übertragungsglieder enthält, können die Gleichungen (6.13) und (6.14) in spezieller Matrizenform

$$\dot{\mathbf{x}}(t) = \mathbf{A}\mathbf{x}(t) + \mathbf{B}\mathbf{u}(t), \ \mathbf{x}(0)= \mathbf{x}_0, \qquad (6.15)$$
$$\mathbf{y}(t) = \mathbf{C}\mathbf{x}(t) + \mathbf{D}\mathbf{u}(t) \qquad (6.16)$$

geschrieben werden. Im Unterschied zur Zustandsraumdarstellung eines einzelnen Übertragungsgliedes n-ter Ordnung (6.6-6.7) sind hier $\mathbf{u}(t)$ und $\mathbf{y}(t)$ jeweils Vektoren, die die Eingangsgrößen und Ausgangsgrößen des Regelkreises beinhalten. Entsprechend bezeichnet man die Matrix **B** als *Eingangsmatrix* und die Matrix **D** als *Durchgangsmatrix*. Die Zustandsgleichungen (6.15) und (6.16) können durch das Blockschaltbild 6.4 veranschaulicht werden.

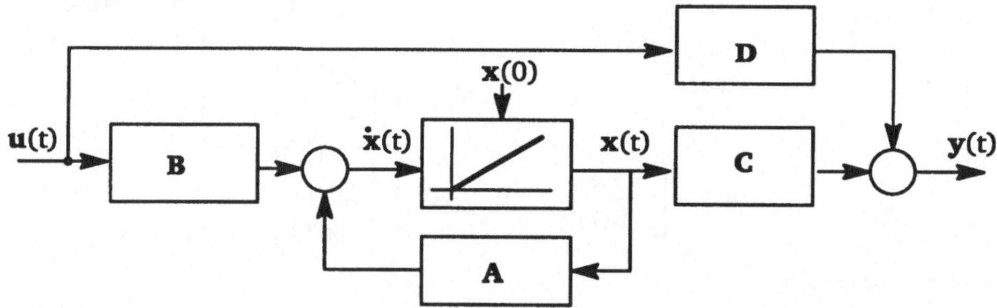

Bild 6.4: Blockschaltbild der Zustandsraumdarstellung eines linearen Regelkreises

Vom mathematischen Standpunkt aus entspricht die Darstellung eines linearen Regelkreises im Zustandsraum einer Umwandlung des mathematischen Modells des Regelkreises in ein äquivalentes System von Differentialgleichungen erster Ordnung.

Beispiel 6.3. Es ist für den Regelkreis aus Beispiel 6.1 die Zustandsraumdarstellung anzugeben.

Der in Bild 6.1 abgebildete Regelkreis hat zwei Eingangsgrößen $w(t)$ und $z(t)$. Mit den Bezeichnungen $u_1(t)=w(t)$ und $u_2(t)=z(t)$ erhält man einen zweidimensionalen Eingangsvektor

$$\mathbf{u}(t) = [u_1(t), u_2(t)]^T.$$

Das mathematische Modell des Regelkreises (6.1) enthält zwei Differentialgleichungen. Die Gleichung (6.1c) ist von der ersten Ordnung, hat also bereits die für die Zustandsraumdarstellung geforderte Ordnung. Wir führen nun die Zustandsvariable $x_1(t) = y_R(t)$ ein. Damit kann die Gleichung des Reglers

(6.1c) in folgender Form geschrieben werden:

$$\frac{dx_1(t)}{dt} = \frac{1}{T_n} x_d(t), \tag{6.17}$$

wobei $y_R(t) = x_1(t)$ ist.

Die Gleichung (6.1d) ist von der zweiten Ordnung, sie muß also in ein System von zwei Gleichungen erster Ordnung umgewandelt werden. Dazu führen wir zwei weitere Zustandsvariablen $x_2(t)$ und $x_3(t)$ ein. Damit kann die Gleichung der Regelstrecke

$$T_1^2 \frac{d^2 x_s(t)}{dt^2} + 2dT_1 \frac{dx_s(t)}{dt} + x_s(t) = K_s\, y_s(t)$$

in folgender Form (hier Regelungsnormalform) geschrieben werden:

$$\begin{bmatrix} \dot{x}_2(t) \\ \dot{x}_3(t) \end{bmatrix} = \begin{bmatrix} 0 & 1 \\ -\frac{1}{T_1^2} & -\frac{2d}{T_1} \end{bmatrix} \begin{bmatrix} x_2(t) \\ x_3(t) \end{bmatrix} + \begin{bmatrix} 0 \\ 1 \end{bmatrix} y_s(t), \tag{6.18}$$

$$x_s(t) = \begin{bmatrix} \frac{K_s}{T_1^2} & 0 \end{bmatrix} \begin{bmatrix} x_2(t) \\ x_3(t) \end{bmatrix}. \tag{6.19}$$

Im nächsten Schritt sind die Zwischenvariablen $x_d(t)$ und $y_s(t)$ unter Ausnutzung der Gleichungen (6.1a) und (6.1b) zu eliminieren. Setzt man (6.1a) in (6.17) ein, so erhält man

$$\frac{dx_1(t)}{dt} = \frac{1}{T_n}(w(t)-x_s(t)) = \frac{1}{T_n} u_1(t) - \frac{1}{T_n} x_s(t). \tag{6.20}$$

Setzt man nun in diese Gleichung für $x_s(t)$ die Beziehung (6.19) ein, dann erhält man endgültig

$$\frac{d\, x_1(t)}{dt} = \frac{1}{T_n} u_1(t) - \frac{K_s}{T_n T_1^2} x_2(t). \tag{6.21}$$

Ähnlich setzt man (6.1b) in (6.18) ein, so erhält man

$$\begin{bmatrix} \dot{x}_2(t) \\ \dot{x}_3(t) \end{bmatrix} = \begin{bmatrix} 0 & 1 \\ -\frac{1}{T_1^2} & -\frac{2d}{T_1} \end{bmatrix} \begin{bmatrix} x_2(t) \\ x_3(t) \end{bmatrix} + \begin{bmatrix} 0 \\ 1 \end{bmatrix} (x_1(t)+z(t))$$

oder

$$\begin{bmatrix} \dot{x}_2(t) \\ \dot{x}_3(t) \end{bmatrix} = \begin{bmatrix} 0 & 0 & 1 \\ 1 & -\frac{1}{T_1^2} & -\frac{2d}{T_1} \end{bmatrix} \begin{bmatrix} x_1(t) \\ x_2(t) \\ x_3(t) \end{bmatrix} + \begin{bmatrix} 0 \\ 1 \end{bmatrix} u_2(t). \tag{6.22}$$

Die Gleichungen (6.21) und (6.22) stellen die gesuchte Zustandsraumdarstellung (6.15) dar:

$$\begin{bmatrix} \dot{x}_1(t) \\ \dot{x}_2(t) \\ \dot{x}_3(t) \end{bmatrix} = \begin{bmatrix} 0 & -\frac{K_s}{T_n T_1^2} & 0 \\ 0 & 0 & 1 \\ 1 & -\frac{1}{T_1^2} & -\frac{2d}{T_1} \end{bmatrix} \begin{bmatrix} x_1(t) \\ x_2(t) \\ x_3(t) \end{bmatrix} + \begin{bmatrix} \frac{1}{T_n} & 0 \\ 0 & 0 \\ 0 & 1 \end{bmatrix} \begin{bmatrix} u_1(t) \\ u_2(t) \end{bmatrix}. \tag{6.23}$$

Als Ausgangsgröße kann im Prinzip jede beliebige Kombination der Zustandsvariablen aufgefaßt werden. Hier seien die Regelgröße $x_s(t)$ und die Stellgröße $y_R(t)$ als Ausgangsgrößen aufzufassen. Der Ausgangsgrößenvektor $\mathbf{y}(t)$ ist in diesem Fall zweidimensional

$$\mathbf{y}(t) = [y_1(t), y_2(t)]^T = [x_s(t), y_R(t)]^T,$$

und die Ausgangsgleichung (6.16) nimmt in diesem Fall folgende Gestalt an:

$$\begin{bmatrix} y_1(t) \\ y_2(t) \end{bmatrix} = \begin{bmatrix} 0 & \frac{K_s}{T_1^2} & 0 \\ 1 & 0 & 0 \end{bmatrix} \begin{bmatrix} x_1(t) \\ x_2(t) \\ x_3(t) \end{bmatrix} + \begin{bmatrix} 0 & 0 \\ 0 & 0 \end{bmatrix} \begin{bmatrix} u_1(t) \\ u_2(t) \end{bmatrix}. \tag{6.24}$$

Kurzer Überblick über klassische numerische Verfahren zur digitalen Simulation der Regelkreise

Die klassischen numerischen Verfahren setzen voraus, daß jede Gleichung des mathematischen Modells in der bereits erwähnten Cauchy–Form

$$\dot{x}(t) = f(x(t),u(t)),\ x(0)=x_0. \tag{6.25}$$

vorliegt [4, 7, 14, 24, 26, 27, 46, 59, 61]. Man bezeichnet diese Verfahren als *Integrationsverfahren*, da die Lösung des Anfangswertproblems (6.13) auf die numerische Integration des Gleichungssystems (6.13) bei vorgegebenen Anfangsbedingungen x_0 hinausläuft (Bild 6.5).

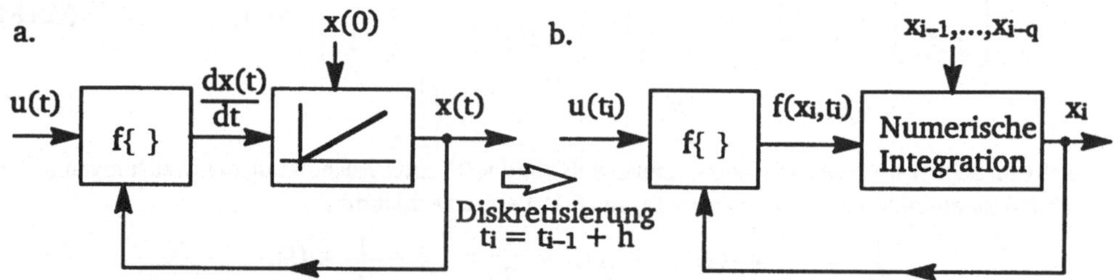

Bild 6.5: Blockschaltbild der analogen (a) und der digitalen (b) Simulation

Bei der numerischen Lösung wird das Gleichungssystem (6.25) für diskrete Zeitpunkte $t_{i+1} = t_i + h$ gelöst:

$$x_{i+1} = x_i + \int_{t_i}^{t_{i+1}} f(x(\tau),u(\tau))d\tau. \tag{6.26}$$

Man bezeichnet h als *Schrittweite.* Da die Eingangsgrößen u(t) vorgegeben werden und damit bekannt sind, werden wir sie im weiteren nicht explizit angegeben.

In Abhängigkeit vom Algorithmus zur numerischen Berechnung des bestimmten Integrals in (6.26) unterscheidet man zwischen *expliziten und impliziten Integrationsverfahren, und zwischen Einschritt– und Mehrschrittverfahren*. Die Übereinstimmung der dabei berechneten Werte x_i für diskrete Zeitpunkte t_i mit den exakten Werten $x(t_i)$ hängt sowohl vom konkreten Integrationsverfahren als auch von der Größe der Schrittweite h ab. Ebenso hängt der Rechenaufwand von diesen beiden Parametern ab. Das sind zwei grundlegende Probleme der digitalen Simulation eines vorgegebenen dynamischen Systems:

- Wahl des numerischen Integrationsverfahrens und
- Wahl der optimalen Schrittweite h.

Das einfachste Integrationsverfahren ist das explizite Euler–Verfahren, bei dem man das Integral in (6.26) näherungsweise mit der Rechteckregel berechnet (Bild 6.6):

$$x_{i+1} = x_i + h \cdot f(x_i,t_i). \tag{6.27}$$

Eine derartige Gleichung, die die diskreten Werte von Funktionen miteinander in Verbindung setzt, bezeichnet man als *Differenzengleichung.*

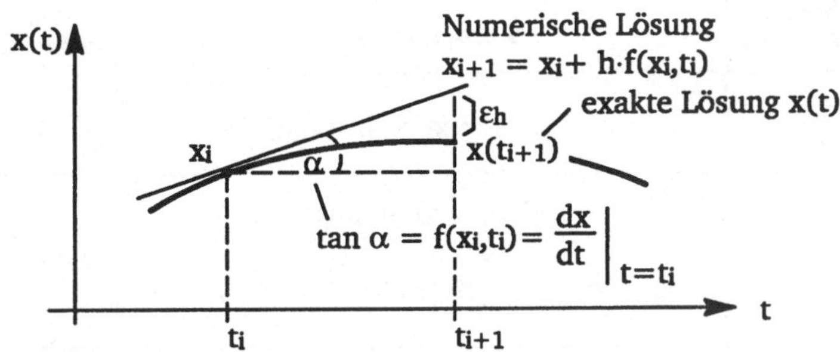

Bild 6.6: Veranschaulichung des expliziten Eulerschen Integrationsverfahrens

Aus dem Bild 6.6 geht hervor, daß der lokale Fehler ε_h, der wegen der Approximation von $f(x(t),t)$ auf dem Intervall $[t_i, t_{i+1}]$ durch einen konstanten Wert $f(x_i,t_i)$ entsteht, vom Verlauf der Funktion $f(x(t), t)$ und der Schrittweite h abhängig ist. Durch die Taylor-Entwicklung von $x(t)$ um $t=t_i$

$$x(t_i + h) = x_i + h \cdot f(x_i,t_i) + \frac{h^2}{2}\,\frac{df(x_i,t_i)}{dt} + \ldots , \tag{6.28}$$

und Vergleich mit (6.27) geht hervor, daß der lokale Fehler quadratisch von der Schrittweite h abhängt. *Man schreibt dafür $O(h^2)$ und bezeichnet dieses Verfahren als ein Verfahren erster Ordnung.* Einige weitere explizite Einschrittverfahren sind in Tabelle 6.1 angegeben. Für sie ist gemeinsam, daß alle zur Berechnung von x_{i+1} benutzten Werte dem einen Intervall $[t_i, t_{i+1}]$ entstammen, daher die Bezeichnung *Einschrittverfahren.*
Die Fehlerordnung $O(h^k)$ ist dabei ein Maß für die Genauigkeit des Verfahrens, und die Anzahl der Auswertungen von $f(x, t)$ gibt einen Anhaltspunkt für den erforderlichen Rechenaufwand.

Beim *impliziten Eulerschen Verfahren* wird folgende Differenzengleichung

$$x_{i+1} = x_i + h \cdot f(x_{i+1},t_{i+1}) \tag{6.29}$$

verwendet. Der zu berechnende Wert x_{i+1} tritt auf beiden Seiten der Differenzengleichung (6.29) auf. Wendet man diese Integrationsvorschrift auf das Differentialgleichungssystem eines linearen Regelkreises (6.15) an

$$\mathbf{x}_{i+1} = \mathbf{x}_i + h\,(\mathbf{A}\mathbf{x}_{i+1} + \mathbf{B}\mathbf{u}_{i+1}), \tag{6.30}$$

entsteht ein algebraisches Gleichungssystem mit $\mathbf{x}_{i+1}$ als Unbekanntenvektor:

$$(\mathbf{I} - h\mathbf{A})\,\mathbf{x}_{i+1} = \mathbf{x}_i + h\mathbf{B}\mathbf{u}_{i+1} . \tag{6.31}$$

Dieses Gleichungssystem ist auf jedem Simulationsschritt $[t_i, t_{i+1}]$ zu lösen. Der Rechenaufwand pro Simulationsschritt ist damit größer. Dafür bietet dieses Verfahren die Möglichkeit, mit weit größerer Schrittweite h vorzugehen, und zeichnet sich durch höhere numerische Stabilität aus. Der lokale Fehler des impliziten Eulerschen Verfahrens ist ebenfalls $O(h^2)$, und damit ist dieses Verfahren ein Verfahren erster Ordnung.

Bezeichnung des Verfahrens	Rechenvorschrift	Fehler-ordnung	Anzahl der Funktions-auswertungen
Explizites Euler	$x_{i+1} = x_i + h \cdot f(x_i,t_i)$	$O(h^2)$	1
Heun	$x^*_{i+1} = x_i + h \cdot f(x_i,t_i)$ $x_{i+1} = x_i + \frac{h}{2}[f(x_i,t_i) + f(x^*_{i+1},t_i+h)]$	$O(h^3)$	2
Euler–Maclaurin	$x^*_{i+1} = x_i + h \cdot f(x_i,t_i)$ $x^{**}_{i+1} = x_i + \frac{h}{2}[f(x_i,t_i) + f(x^*_{i+1},t_i+h)]$ $x_{i+1} = x^{**}_{i+1} + \frac{h^2}{12}[\frac{df(x_i,t_i)}{dt} + \frac{df(x^{**}_{i+1},t_i+h)}{dt}]$	$O(h^4)$	3
Runge–Kutta 4.Ordnung	$m_1 = f(x_i,t_i)$ $m_2 = f(x_i + \frac{h}{2} m_1, t_i + \frac{h}{2})$ $m_3 = f(x_i + \frac{h}{2} m_2, t_i + \frac{h}{2})$ $m_4 = f(x_i + hm_3, t_i + h)$ $x_{i+1} = x_i + \frac{h}{6}[m_1 + 2m_2 + 2m_3 + m_4]$	$O(h^5)$	4

Tabelle 6.1: Übersicht über die wichtigsten Einschrittverfahren

Beispiel 6.4. Es ist die Rechenvorschrift anzugeben, die bei der Simulation eines P–T_1–Übertragungsgliedes mit Hilfe des impliziten Eulerschen Verfahrens zu realisieren ist.

Die Differentialgleichung eines P–T_1–Übertragungsgliedes

$$T_1 \frac{dx(t)}{dt} + x(t) = K_p u(t)$$

nimmt in Cauchy–Form folgende Gestalt an:

$$\frac{dx(t)}{dt} = -\frac{1}{T_1} x(t) + \frac{K_p}{T_1} u(t).$$

Der rechte Teil dieser Gleichung ist nun in die Differenzengleichung des impliziten Eulerschen Verfahrens (6.29) einzusetzen:

$$x_{i+1} = x_i + h\left(-\frac{1}{T_1} x_{i+1} + \frac{K_p}{T_1} u_{i+1}\right).$$

Schließlich ist diese Gleichung nach x_{i+1} aufzulösen:

$$x_{i+1} = \frac{T_1}{(T_1 + h)}\left(x_i + \frac{hK_p}{T_1} u_{i+1} \right).$$

Beispiel 6.5. **Es ist das Gleichungssystem aufzustellen, welches bei der digitalen Simulation des Regelkreises aus Beispiel 6.3 mit Hilfe des impliziten Euler-Verfahrens zu lösen ist.**

In Beispiel 6.3 wurde das mathematische Modell des Regelkreises in Form der Zustandsgleichungen gewonnen. Die Zustandsgleichungen

$$\begin{bmatrix} \dot{x}_1(t) \\ \dot{x}_2(t) \\ \dot{x}_3(t) \end{bmatrix} = \begin{bmatrix} 0 & -\frac{K_s}{T_n T_1^2} & 0 \\ 0 & 0 & 1 \\ 1 & -\frac{1}{T_1^2} & -\frac{2d}{T_1} \end{bmatrix} \begin{bmatrix} x_1(t) \\ x_2(t) \\ x_3(t) \end{bmatrix} + \begin{bmatrix} \frac{1}{T_n} & 0 \\ 0 & 0 \\ 0 & 1 \end{bmatrix} \begin{bmatrix} u_1(t) \\ u_2(t) \end{bmatrix}$$

haben bereits die Cauchy-Form. Wenn man nun auf dieses Gleichungssystem die Differenzengleichung des Verfahrens (6.29) anwendet, erhält man zuerst folgendes System

$$\begin{bmatrix} x_{1,i+1} \\ x_{2,i+1} \\ x_{3,i+1} \end{bmatrix} = \begin{bmatrix} x_{1,i} \\ x_{2,i} \\ x_{3,i} \end{bmatrix} + \begin{bmatrix} 0 & -\frac{hK_s}{T_n T_1^2} & 0 \\ 0 & 0 & h \\ h & -\frac{h}{T_1^2} & -\frac{2dh}{T_1} \end{bmatrix} \begin{bmatrix} x_{1,i+1} \\ x_{2,i+1} \\ x_{3,i+1} \end{bmatrix} + \begin{bmatrix} \frac{h}{T_n} & 0 \\ 0 & 0 \\ 0 & h \end{bmatrix} \begin{bmatrix} u_{1,i+1} \\ u_{2,i+1} \end{bmatrix}.$$

Anschließend durch die Gruppierung der Unbekannten und der bekannten Größen erhält man folgendes algebraische Gleichungssystem:

$$\begin{bmatrix} 1 & \frac{hK_s}{T_n T_1^2} & 0 \\ 0 & 1 & -h \\ -h & \frac{h}{T_1^2} & 1+\frac{2dh}{T_1} \end{bmatrix} \begin{bmatrix} x_{1,i+1} \\ x_{2,i+1} \\ x_{3,i+1} \end{bmatrix} = \begin{bmatrix} x_{1,i} \\ x_{2,i} \\ x_{3,i} \end{bmatrix} + \begin{bmatrix} \frac{h}{T_n} & 0 \\ 0 & 0 \\ 0 & h \end{bmatrix} \begin{bmatrix} u_{1,i+1} \\ u_{2,i+1} \end{bmatrix}.$$

Dieses algebraische Gleichungssystem ist für jedes $t_{i+1} = t_i + h$ neu aufzustellen und mit einem der Verfahren zur Lösung von linearen algebraischen Systemen zu lösen [4, 14, 48, 59, 61, 67].

Der allgemeine Ansatz für die *Mehrschrittverfahren* lautet:

$$x_{i+1} = \sum_{j=0}^{s} \gamma_j x_{i-j} + h \sum_{j=-1}^{s} \beta_j f(x_{i-j}, t_{i-j}) \tag{6.32}$$

Die Koeffizienten γ_j und β_j sind so festgelegt, daß eine möglichst weitgehende Annäherung an die Taylor-Entwicklung (6.28) erfolgt. Ist $\beta_{-1} = 0$, so stellt die Gleichung (6.32) ein explizites, andernfalls ein implizites Mehrschrittverfahren dar. Abhängig von der Anzahl der zurückliegenden Funktionswerten $x_i, x_{i-1}, ..., x_{i-s}$, die zur Berechnung von x_{i+1} herangezogen werden, spricht man von einem s-Schrittverfahren. Diese zurückliegenden Funktionswerte ermittelt man in einer besonderen Anlaufrechnung.

Der lokale Fehler läßt sich für diese Verfahren durch folgende Beziehung

$$\varepsilon_h = C_p \, x^{(p+1)}(\tau) \, h^{p+1} \tag{6.33}$$

angeben, wobei p die Ordnung des Verfahrens und $x^{(p+1)}(\tau)$ – (p+1)-te Ableitung von x(t) auf dem betrachteten Simulationsschritt ist. Die Fehlerkoeffizienten C_p für einzelne

Verfahren sind in den Tabellen 6.2–6.4 angegeben.

Die Werte der Koeffizienten β_j für *das explizite Adams–Bashforth–Verfahren*

$$x_{i+1} = x_i + h \sum_{j=0}^{p-1} \beta_j f(x_{i-j}, t_{i-j}) \tag{6.34}$$

sind in Tabelle 6.2 zusammengestellt.

p	β0	β1	β2	β3	β4	β5	β6	Cp
2	2/3	–1/2	0	0	0	0	0	5/12
3	23/12	–16/12	5/12	0	0	0	0	3/8
4	55/24	–59/24	37/24	–9/24	0	0	0	251/720
5	1901/720	–2774/720	2616/720	–1274/720	251/720	0	0	95/2880
6	4277/1440	–7923/1440	9982/1440	–7298/1440	2877/1440	–475/1440	0	19087/60480
7	198721/60480	–447288/60480	705549/60480	–688256/60480	407139/60480	–134472/60480	19087/60480	5257/17280

Tabelle 6.2: Koeffizienten des expliziten Adams–Bashforth–Verfahrens

Für *das implizite Verfahren von Adams–Maulton*

$$x_{i+1} = x_i + h \sum_{j=-1}^{p-2} \beta_j f(x_{i-j}, t_{i-j}) \tag{6.35}$$

und *das implizite Verfahren von Gear*

$$x_{i+1} = \sum_{j=0}^{p-1} \gamma_j x_{i-j} + h \beta_{-1} f(x_{i+1}, t_{i+1}) \tag{6.36}$$

sind die Koeffizienten γ_j und β_j entsprechend in den Tabellen 6.3 und 6.4 zu finden. Das Gear–Verfahren ist besonders zur Integration von steifen Gleichungssystemen geeignet. Ein lineares Differentialgleichungssystem (6.15) heißt steif, falls die Eigenwerte der Matrix **A** sehr unterschiedliche negative Realteile aufweisen. Das Verfahren von Gear zeichnet sich durch einen größeren numerischen Stabilitätsbereich aus. Deshalb kann die Schrittweite h bei der Integration von steifen Systemen größer gewählt werden als bei der Integration mit anderen s–Schrittverfahren.

p	β_{-1}	β_0	β_1	β_2	β_3	β_4	C_p
1*	1	0	0	0	0	0	–1/2
2 **	1/2	1/2	0	0	0	0	–1/12
3	5/12	8/12	–1/12	0	0	0	–1/24
4	9/24	19/24	–5/24	1/24	0	0	–19/720
5	251/720	646/720	–264/720	106/720	–19/720	0	–3/160
6	475/1440	1427/1440	–798/1440	482/1440	–173/1440	27/1440	–8/60

* – entspricht dem impliziten Euler–Verfahren; **–entspricht dem impliziten Trapezverfahren

Tabelle 6.3: Koeffizienten des impliziten Adams–Moulton–Verfahrens

p	β_{-1}	γ_0	γ_1	γ_2	γ_3	γ_4	γ_5	C_p
1*	1	1	0	0	0	0	0	-1/2
2	2/3	4/3	-1/3	0	0	0	0	-2/9
3	6/11	18/11	-9/11	2/11	0	0	0	-3/22
4	12/25	48/25	-36/25	16/25	-3/25	0	0	-12/125
5	60/137	300/137	-300/137	200/137	-75/137	12/137	0	-10/137
6	60/147	360/147	-450/147	400/147	-225/147	72/147	-10/147	-60/1029

* – entspricht dem impliziten Euler–Verfahren

Tabelle 6.4: Koeffizienten des impliziten Gear–Verfahrens

Oft werden die expliziten und impliziten Mehrschrittverfahren im Integrationsalgorithmus kombiniert. Dabei verwendet man die explizite Formel, um eine möglichst gute erste Näherung für x_{i+1} zu berechnen. Diese wird in die implizite Formel eingesetzt. Dadurch wird die Berechnung von x_{i+1} aus der impliziten Gleichung vermieden. Eine solche Kombination bezeichnet man als *Prädiktor–Korrektor–Methode.*

Beispiel 6.6. Es ist das Gleichungssystem aufzustellen, welches bei der digitalen Simulation des Regelkreises aus dem Beispiel 6.3 mit Hilfe des Gear–Verfahrens zweiter Ordnung zu lösen ist.
In Beispiel 6.3 wurde das mathematische Modell des Regelkreises in Form der Zustandsgleichungen gewonnen. Die Zustandsgleichungen

$$\begin{bmatrix} \dot{x}_1(t) \\ \dot{x}_2(t) \\ \dot{x}_3(t) \end{bmatrix} = \begin{bmatrix} 0 & -\frac{K_s}{T_n T_1^2} & 0 \\ 0 & 0 & 1 \\ 1 & -\frac{1}{T_1^2} & -\frac{2d}{T_1} \end{bmatrix} \begin{bmatrix} x_1(t) \\ x_2(t) \\ x_3(t) \end{bmatrix} + \begin{bmatrix} \frac{1}{T_n} & 0 \\ 0 & 0 \\ 0 & 1 \end{bmatrix} \begin{bmatrix} u_1(t) \\ u_2(t) \end{bmatrix}$$

haben bereits die Cauchy–Form. Wenn man nun auf dieses Gleichungssystem die Differenzengleichung des Gear–Verfahrens zweiter Ordnung (siehe Tabelle 6.4)

$$x_{i+1} = \frac{4}{3} x_i - \frac{1}{3} x_{i-1} + h \frac{2}{3} f(x_{i+1}, t_{i+1})$$

anwendet, erhält man zuerst folgendes System

$$\begin{bmatrix} x_{1,i+1} \\ x_{2,i+1} \\ x_{3,i+1} \end{bmatrix} = \frac{4}{3} \begin{bmatrix} x_{1,i} \\ x_{2,i} \\ x_{3,i} \end{bmatrix} - \frac{1}{3} \begin{bmatrix} x_{1,i-1} \\ x_{2,i-1} \\ x_{3,i-1} \end{bmatrix} + \begin{bmatrix} 0 & -\frac{2hK_s}{3T_n T_1^2} & 0 \\ 0 & 0 & \frac{2h}{3} \\ \frac{2h}{3} & -\frac{2h}{3T_1^2} & -\frac{4dh}{3T_1} \end{bmatrix} \begin{bmatrix} x_{1,i+1} \\ x_{2,i+1} \\ x_{3,i+1} \end{bmatrix} + \begin{bmatrix} \frac{2h}{3T_n} & 0 \\ 0 & 0 \\ 0 & \frac{2h}{3} \end{bmatrix} \begin{bmatrix} u_{1,i+1} \\ u_{2,i+1} \end{bmatrix}$$

Anschließend durch die Gruppierung der unbekannten und der bekannten Größen erhält man folgendes algebraische Gleichungssystem:

$$\begin{bmatrix} 1 & \frac{2hK_s}{3T_n T_1^2} & 0 \\ 0 & 1 & \frac{2h}{3} \\ -\frac{2h}{3} & \frac{2h}{3T_1^2} & 1+\frac{4dh}{3T_1} \end{bmatrix} \begin{bmatrix} x_{1,i+1} \\ x_{2,i+1} \\ x_{3,i+1} \end{bmatrix} = \frac{4}{3} \begin{bmatrix} x_{1,i} \\ x_{2,i} \\ x_{3,i} \end{bmatrix} - \frac{1}{3} \begin{bmatrix} x_{1,i-1} \\ x_{2,i-1} \\ x_{3,i-1} \end{bmatrix} + \begin{bmatrix} \frac{2h}{3T_n} & 0 \\ 0 & 0 \\ 0 & \frac{2h}{3} \end{bmatrix} \begin{bmatrix} u_{1,i+1} \\ u_{2,i+1} \end{bmatrix}.$$

Dieses algebraische Gleichungssystem ist für jedes $t_{i+1} = t_i + h$ neu aufzustellen und mit einem der Verfahren zur Lösung von linearen algebraischen Systemen zu lösen.

Zusammenfassend kann man folgendes zur digitalen Simulation von linearen Regelkreisen mit Hilfe der klassischen Integrationsverfahren sagen:

1. Zuerst ist das mathematische Modell des Regelkreises in die Cauchy–Form (6.13)–(6.14) bzw. in die Zustandsraumform (6.15)–(6.16) zu verwandeln. Dabei ist für jedes Übertragungsglied n–ter Ordnung (6.4)–(6.5) ein Differentialgleichungssystem mit n Gleichungen 1.Ordnung (6.8)–(6.9) bzw. (6.10)–(6.11) anzusetzen.

2. Durch Anwendung numerischer Integrationsverfahren wird ein gegebenes Differentialgleichungssystem in ein System von *Differenzengleichungen* transformiert. Bei der Anwendung von expliziten Integrationsverfahren ist dieses Differenzengleichungssystem nach $\mathbf{x}_{i+1}$ aufgelöst. Bei der Anwendung von impliziten Integrationsverfahren entsteht ein algebraisches Gleichungssystem mit $\mathbf{x}_{i+1}$ als Unbekanntenvektor. Dieses Gleichungssystem ist in jedem Integrationsschritt für einen neuen rechten Teil zu lösen. Durch die Anwendung der Prädiktor–Korrektor–Technik kann dies vermieden werden.

3. Das durch Anwendung numerischer Integrationsverfahren entstandene Differenzengleichungssystem kann numerisch instabil sein, und somit können die berechneten Näherungslösungen mit den exakten Lösungsfunktionen sehr wenig zu tun haben oder schlicht sinnlos sein. Deshalb sind bei der Wahl eines bestimmten numerischen Verfahrens die Eigenschaften der gegebenen Differentialgleichungen und der resultierenden Lösungsfunktionen zu berücksichtigen. Es gibt kein Integrationsverfahren, das für alle Fälle optimal ist. Das grundsätzliche Ziel bei der Wahl des numerischen Verfahrens besteht darin, mit möglichst geringem Rechenaufwand einen akzeptablen Fehler nicht zu überschreiten.

4. Sowohl die Genaugkeit, mit der ein numerisches Integrationsverfahren die Lösung eines vorgelegten Differentialgleichungssystems liefert als auch der dabei entstehende Rechenaufwand hängen weitgehend von der richtigen Wahl der Schrittweite h ab. Deshalb ist es sehr sinnvoll, bei der Simulation eine der Strategien zur Schrittweitensteuerung [24, 26, 59, 61] einzusetzen.

6.2 Digitale Simulation von elementaren Übertragungsgliedern

Die im vorangegangenen Abschnitt kurz vorgestellten klassischen Integrationsverfahren können zur digitalen Simulation von elementaren Übertragungsgliedern angewendet werden. Allerdings werden dabei die Eigenschaften des jeweiligen Übertragungsgliedes nicht berücksichtigt: ob es sich z.B um ein I–Glied oder um ein P–T_1–Glied handelt, ist dabei ohne Bedeutung – sie werden durch dieselbe Integrationsvorschrift diskretisiert. Hier soll nun eine andere Vorgehensweise bei der digitalen Simulation vorgestellt werden. Der Grundgedanke dabei ist der folgende: jedes Übertragungsglied wird durch eine speziell für dieses Übertragugsglied hergeleitete Differenzengleichung simuliert. Dadurch werden die Eigenschaften eines jeden Übertragungsgliedes weitgehend berücksichtigt.

Differenzengleichung zur Simulation eines P–T_1–Übertragungsgliedes

Betrachten wir die Differentialgleichung eines P–T_1–Übertragungsgliedes auf einem Simulationsteilintervall $[t_i,t_{i+1}]$ mit $\tau = t - t_i$

$$T_1 \frac{d\,y(\tau)}{dt} + y(\tau) = K_p\, u(\tau)\,, \quad y(0)=y_i\,. \tag{6.37}$$

Diese Gleichung nimmt im Bildbereich der Laplace–Transformation folgende Gestalt an:

$$(T_1 p + 1)Y(p) - T_1\, y_i = K_p U(p)$$

oder aufgelöst nach Y(p)

$$Y(p) = \frac{T_1 y_i}{T_1 p + 1} + \frac{K_p}{T_1 p + 1} U(p)\,. \tag{6.38}$$

Die allgemeine Lösung der Gleichung (6.37) kann mittells der Rücktransformation von (6.38) gewonnen werden, wenn die Bildfunktion U(p) bekannt ist. Man kann die Originalfunktion u(t) auf dem Simulationsteilintervall $[t_i,t_{i+1}]$ durch folgende Polynome erster Ordnung

$$u(t) = u_i + \frac{(u_{i+1} - u_i)}{h}(t - t_i) \tag{6.39}$$

bzw. zweiter Ordnung

$$u(t) = u_i + \frac{(u_{i+1} - u_{i-1})}{2h}(t - t_i) + \frac{(u_{i+1} - 2u_i + u_{i-1})}{2h^2}(t - t_i)^2 \tag{6.40}$$

interpolieren (Bild 6.7).

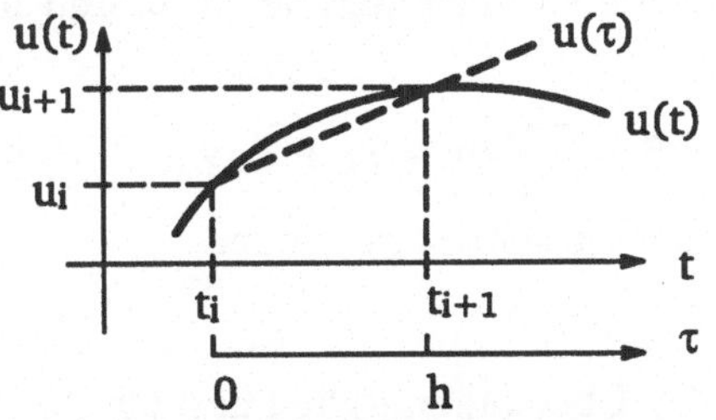

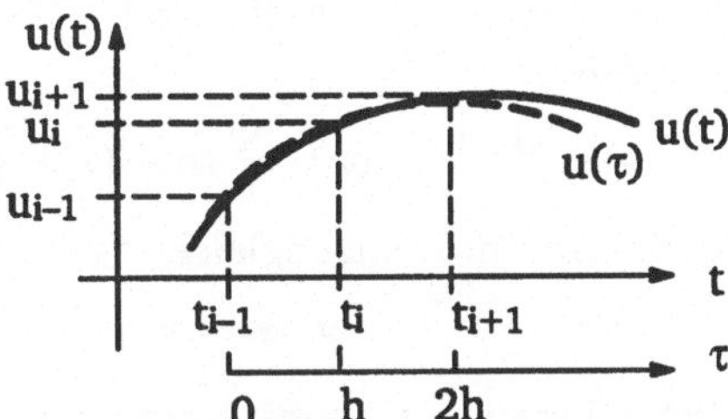

Bild 6.7: Interpolation des Eingangssignals

Durch die Substitution $\tau = t - t_i$ erhält man die Originalfunktionen des Eingangssignals zu

$$u(\tau) = u_i + \frac{(u_{i+1} - u_i)}{h}\,\tau \tag{6.41}$$

bzw. bei der quadratischen Interpolation zu

$$u(\tau) = u_i + \frac{(u_{i+1} - u_{i-1})}{2h}\,\tau + \frac{(u_{i+1} - 2u_i + u_{i-1})}{2h^2}\,\tau^2 . \tag{6.42}$$

Damit ergibt sich die Bildfunktion U(p) auf dem Simulationsteilintervall $[t_i, t_{i+1}]$ bei der linearen Interpolation (6.41) zu

$$U(p) = \frac{u_1}{p} + \frac{(u_{i+1} - u_i)}{h}\,\frac{1}{p^2} \tag{6.43}$$

bzw. bei der quadratischen Interpolation (6.42) zu

$$U(p) = \frac{u_1}{p} + \frac{(u_{i+1} - u_{i-1})}{2h}\,\frac{1}{p^2} + \frac{(u_{i+1} - 2u_i + u_{i-1})}{h^2}\,\frac{1}{p^3} . \tag{6.44}$$

Setzt man die Bildfunktion U(p) (6.43) in die Gleichung(6.38) ein, dann erhält man:

$$Y(p) = \frac{T_1 y_i}{T_1 p + 1} + \frac{K_p}{T_1 p + 1}\,\frac{u_1}{p} + \frac{K_p}{T_1 p + 1}\,\frac{(u_{i+1} - u_i)}{h}\,\frac{1}{p^2} \tag{6.45}$$

und nach der Gruppierung

$$Y(p) = \frac{T_1 y_i}{T_1 p + 1} + \frac{K_p u_i}{p(T_1 p + 1)} - \frac{K_p u_i / h}{p^2 (T_1 p + 1)} + \frac{K_p u_{i+1}/h}{p^2 (T_1 p + 1)} . \tag{6.46}$$

Nun kann die Rücktransformation von (6.46) mit Hilfe der Tabelle 2.4 durchgeführt werden. Man erhält somit:

$$\begin{aligned} y(\tau) = y_i\, e^{-\tau/T_1} - \frac{K_p}{h}(\tau - T_1 (1 - e^{-\tau/T_1}))u_i + \frac{K_p}{h}(\tau - T_1 (1 - e^{-\tau/T_1}))u_{i+1} + \\ + K_p(1 - e^{-\tau/T_1})u_i \ . \end{aligned} \tag{6.47}$$

Wir setzen nun in diese analytisch hergeleitete Lösung der ursprünglichen Differentialgleichung (6.37) $\tau = h$ ein, denn uns interessiert der Wert $y_{i+1} = y(h)$. Man erhält damit folgenden Ausdruck für y_{i+1}:

$$y_{i+1} = y_i\, e^{-h/T_1} - \frac{K_p}{h}(h\, e^{-h/T_1} - T_1(1 - e^{-h/T_1}))u_i + \frac{K_p}{h}(h - T_1(1 - e^{-h/T_1}))u_{i+1} . \tag{6.48}$$

Es ist eine implizite Differenzengleichung, die exakt den Eigenvorgang und näherungsweise den erzwungenen Vorgang eines P–T_1–Übertragungsgliedes auf dem Simulationsteilintervall $[t_i, t_{i+1}]$ beschreibt. Wir bezeichnen die Koeffizienten bei y_i, u_i und u_{i+1} durch γ, α und β.

$$\gamma = e^{-h/T_1}, \quad \alpha = \frac{K_p}{h}(h - T_1 + T_1 \gamma), \quad \beta = \frac{-K_p}{h}(h\gamma - T_1 + T_1 \gamma) . \tag{6.49}$$

Damit kann die Differenzengleichung (6.48) kürzer geschrieben werden

$$y_{i+1} = \gamma\, y_i + \alpha\, u_{i+1} + \beta\, u_i \ . \tag{6.50}$$

Ähnlich können die Koeffizienten für ein D–T_1–Übertragungsglied und ein PD–T_1–Übertragungsglied hergeleitet werden. Sie sind in Tabelle 6.5a zusammengestellt.

Ebenso kann anstelle der linearen Interpolation (6.41) das Interpolationspolynom zweiter Ordnung (6.42) und deren Bildfunktion (6.44) zur Herleitung der Differenzengleichungen verwendet werden. In diesem Fall erhält man eine 2–Schrittformel

$$y_{i+1} = \gamma\, y_i + \lambda\, u_{i+1} + \mu\, u_i + \nu\, u_{i-1}\,. \tag{6.51}$$

Die Formel zur Berechnung der Koeffizienten λ, μ und ν sind in Tabelle 6.5b zusammengestellt.

F(p)			γ	α	β
1	P–T1	$\frac{K_p}{(pT_1+1)}$	e^{-h/T_1}	$\frac{K_p}{h}(h - T_1 + T_1\gamma)$	$\frac{-K_p}{h}(h - T_1 + T_1\gamma)$
2	D–T1	$\frac{pT_v}{(pT_1+1)}$	e^{-h/T_1}	$\frac{T_v}{h}(1-\gamma)$	$\frac{-T_v}{h}(1-\gamma)$
3	PD–T1	$\frac{K_p(pT_v+1)}{(pT_1+1)}$	e^{-h/T_1}	$\frac{K_p}{h}((1-\gamma)(T_v-T_1)+h)$	$\frac{-K_p}{h}((1-\gamma)(T_v-T_1)+h\gamma)$

Tabelle 6.5a: Koeffizienten der Differenzengleichungen zur Simulation von $P\text{–}T_1$–, $D\text{–}T_1$– und $PD\text{–}T_1$–Übertragungsglieder nach (6.50)

F(p)		λ	μ	ν
1	P–T1	$\frac{K_p}{2h^2}((1-\gamma)(2T_1^2-hT_1)+2h^2-2hT_1)$	$\frac{-K_p}{h^2}((1-\gamma)(2T_1^2-h^2)-2hT_1)$	$\frac{K_p}{2h^2}((1-\gamma)(2T_1^2+hT_1)+2hT_1)$
2	D–T1	$\frac{K_p}{2h^2}((1-\gamma)(2T_1-h)-2h)$	$\frac{2K_p}{h^2}((1-\gamma)T_1-h)$	$\frac{-K_p}{2h^2}((1-\gamma)(2T_1-h)-2h)$
3	PD–T1	$\frac{K_p}{2h^2}((1-\gamma)(2T_v-T_1)(2T_1-h)+ +2h(h+T_v-T_1))$	$\frac{-K_p}{h^2}((1-\gamma)(2T_1^2-h^2+2T_vT_1- -h(2T_v+2T_1-h))$	$\frac{K_p}{2h^2}(1-\gamma)(T_v+T_1)(2T_1+h)$

Tabelle 6.5b: Koeffizienten der Differenzengleichungen zur Simulation von $P\text{–}T_1$–, $D\text{–}T_1$– und $PD\text{–}T_1$–Übertragungsglieder nach (6.51)

Sowohl die Differenzengleichung (6.50) als auch die Differenzengleichung (6.51) liefern eine analytisch exakte Lösung der ursprünglichen homogenen Gleichung

$$T_1 \frac{dy(\tau)}{dt} + y(\tau) = 0\;,\quad y(0)=y_i\,, \tag{6.52}$$

(Siehe Abschnitt 2.3), d.h. der Pol der charakteristischen Gleichung $p_1 = -1/T_1$ wird exakt durch einen Pol der Differenzengleichung (6.50) bzw. (6.51) $z_1=\gamma$ abgebildet. Deshalb sind diese Differenzengleichungen für jeden beliebig gewählten positiven Wert der Schrittweite h numerisch stabil. Eine solche Eigenschaft eines numerischen Integrationsverfahrens bezeichnet man als *A–Stabilität.*

Der lokale Fehler ε_h wird durch den Interpolationsfehler der Eingangsgröße und anschließende Integration verursacht. Der Interpolationsfehler für lineare Interpolation (6.39) läßt sich durch folgende Beziehung abschätzen [5,15,59] :

$$R_2(\tau) = \frac{\max\limits_{\tau\in[0,h]}\left|\frac{d^2u(\tau)}{d\tau^2}\right|}{2}\,|\tau(\tau-h)| = \frac{M_2}{2}\,|\tau(\tau-h)|\,. \tag{6.53}$$

Durch anschließende Integration von $R_2(\tau)$ auf dem Intervall [0;h] kann der lokale Fehler der Differenzengleichung (6.50) angegeben werden:

$$\varepsilon_h = \int_0^h \frac{M_2}{2}\,\tau(\tau-h)d\tau = -\frac{M_2}{12}h^3 . \tag{6.54}$$

Damit ist die Fehlerordnung der Differenzengleichung (6.50) $O(h^3)$. Analog kann gezeigt werden, daß die Differenzengleichung (6.51) die Fehlerordnung $O(h^4)$ hat.

Beispiel 6.7. Es ist die Antwort eines P–T_1–Übertragungsgliedes auf dem Intervall [0, 1sec] auf eine Rampe $u(t) = 2t$ zu simulieren. Die Parameter des P–T_1–Übertragungsgliedes sind $K_p= 10$, $T_1=2sec$. Wir setzen die Schrittweite h als ein Zehntel der Zeitkonstante des Übertragungsgliedes an. Damit ergeben sich folgende Werte für die Koeffizienten γ, α und β.

$$\gamma = e^{-h/T_1}=0.905,\quad \alpha= \frac{K_p}{h}(h-T_1+T_1\gamma)=0.484\,,\quad \beta =\frac{-K_p}{h}(h\gamma-T_1+T_1\gamma) = 0.45.$$

Die Werte des Eingangsgröße $u(t)$ für diskrete Zeitpunkte $t_{i+1}= t_i+h$ und die mit Hilfe der Differenzengleichung (6.50) berechneten Werte y_i sind in der Tabelle zusammengestellt.

Der lokale Fehler ist dabei gleich Null, denn die Rampe wird durch die hier verwendete lineare Interpolation fehlerfrei abgebildet ($M_2=0$).

i	0	1	2	3	4	5
t_i	0.0	0.2	0.4	0.6	0.8	1.0
u_i	0.0	0.4	0.8	1.2	1.6	2.0
y_i	0.0	0.19	0.74	1.63	2.81	4.26

Differenzengleichung zur Simulation eines I–Übertragungsgliedes

Die Gleichung des I–Gliedes

$$y(t) = \frac{1}{T_n}\int_0^t u(\tau)\,d\tau \tag{6.55}$$

in Cauchy–Form

$$\frac{dy(t)}{dt} = \frac{1}{T_n}u(t) \tag{6.56}$$

kann durch jedes der klassischen Integrationsverfahren aus Abschnitt 6.1 diskretisiert werden. Sie kann also durch explizite oder implizite, Einschritt– oder Mehrschrittformeln simuliert werden. Stellvertretend dafür leiten wir an dieser Stelle die Differenzengleichung, die sich bei der Anwendung des impliziten Trapezverfahrens ergibt, her. Beim Trapezverfahren wird die lineare Interpolation (6.41) bei der Berechnung des bestimmten Integrals verwendet:

$$y_{i+1} = y_i + h\,\frac{(\,f(y_i,t_i) + f(y_{i+1},t_{i+1})\,)}{2}\,. \tag{6.57}$$

Die Anwendung der Formel (6.57) auf die Differentialgleichung des I–Gliedes (6.56) führt zur impliziten Differenzengleichung

$$y_{i+1} = y_i + \frac{h}{2T_n}u_{i+1} + \frac{h}{2T_n}u_i\,. \tag{6.58}$$

Sie hat die gleiche Form wie die Differenzengleichung (6.50). Dabei ist

$$\gamma = 1, \quad \alpha = \frac{h}{2T_n}, \quad \beta = \frac{h}{2T_n} . \tag{6.59}$$

Ähnlich läßt sich die Zweischrittdifferenzengleichung der Form (6.51) für das I–Glied herleiten. Man erhält dabei für λ, μ und ν folgende Ausdrücke:

$$\gamma = 1, \quad \lambda = \frac{5h}{12T_n}, \quad \mu = \frac{2h}{3T_n}, \quad \nu = \frac{-h}{12T_n} . \tag{6.60}$$

Differenzengleichung zur Simulation eines D–Übertragungsgliedes

Die Gleichung des D–Gliedes

$$y(t) = T_v \frac{du(t)}{dt} \tag{6.61}$$

bei der Betrachtung auf einem Simulationsteilintervall $[t_i, t_{i+1}]$ nimmt folgende Form an:

$$y(\tau) = T_v \frac{du(\tau)}{d\tau} . \tag{6.62}$$

Abhängig von der gewählten Interpolation des Eingangssignals u(t) auf dem Simulationsteilintervall $[t_i, t_{i+1}]$ erhält man folgende Differenzengleichungen:

- im Fall von linearer Interpolation (6.41)

$$y_{i+1} = T_v \frac{(u_{i+1} - u_i)}{h} = \frac{T_v}{h} u_{i+1} - \frac{T_v}{h} u_i . \tag{6.63}$$

- im Fall von quadratischer Interpolation (6.42)

$$y_{i+1} = T_v \frac{(u_{i+1} - u_{i-1})}{2h} + T_v \frac{(u_{i+1} - 2u_i + u_{i-1})}{h} = \frac{3T_v}{2h} u_{i+1} - \frac{2T_v}{h} u_i + \frac{T_v}{2h} u_{i-1} . \tag{6.64}$$

- im Fall von kubischer Interpolation

$$y_{i+1} = \frac{11T_v}{6h} u_{i+1} - \frac{18T_v}{6h} u_i + \frac{9T_v}{6h} u_{i-1} - \frac{2T_v}{6h} u_{i-2} . \tag{6.65}$$

Die Differenzengleichungen (6.63)–(6.65) können zur Simulation eines D–Gliedes eingesetzt werden. Die Abschätzung für den dabei entstehende lokalen Fehler lautet

$$\varepsilon_h = \frac{\max\limits_{t \in [t_i, t_{i+1}]} \left| \frac{d^{n+1}u(t)}{dt^{n+1}} \right|}{(n+1)!} h^n , \tag{6.66}$$

wobei n – Grad des Interpolationspolynoms, und $u^{(n+1)}(t)$ die (n+1)–te Ableitung des echten Eingangssignals u(t) ist.

Differenzengleichungen zur Simulation von PI–, PD– und PID–Übertragungsgliedern

Bei der Simulation dieser Übertragungsglieder können die einzelnen P–, I– und D–Anteile unabhängig voneinander berechnet werden. Die anschließende Addition liefert den Wert der Ausgangsgröße. Nachteilig dabei ist der größere Rechenaufwand im Vergleich zur Simulation durch eine einzige Differenzengleichung von der Form (6.50) bzw.

(6.51). Sie lassen sich für PI–, PD– und PID–Übertragungsglieder ebenfalls herleiten. Die Differentialgleichung des PD–Gliedes

$$y(t) = K_P \left(u(t) + T_V \frac{du(t)}{dt} \right) \qquad (6.67)$$

geht bei der Anwendung der linearen Interpolation für das Eingangssignal $u(t)$ in folgende Differenzengleichung

$$y_{i+1} = K_p\left(u_{i+1} + \frac{T_V}{h} u_{i+1} - \frac{T_V}{h} u_i \right) = K_p\left(1+ \frac{T_V}{h}\right)u_{i+1} - K_p \frac{T_V}{h} u_i \qquad (6.68)$$

über.

Die Differentialgleichung des PI–Gliedes

$$y(t) = K_P \left(u(t) + \frac{1}{T_n} \int_0^t u(\tau)\, d\tau \right) \qquad (6.67)$$

geht bei der Anwendung der linearen Interpolation für das Eingangssignal $u(t)$ in folgende Differenzengleichung

$$y_{i+1} = K_p \left(u_{i+1} + y^*_i + \frac{h}{2T_n} u_{i+1} + \frac{h}{2T_n} u_i \right) \qquad (6.68)$$

über, wobei y^*_i der Wert des I–Anteils am vorangegangenen Integrationsschritt ist:

$$y^*_i = y^*_{i-1} + \frac{h}{2T_n} u_i + \frac{h}{2T_n} u_{i-1} \; . \qquad (6.69)$$

Um diesen Wert aus der Gleichung (6.68) zu eliminieren (damit man diesen Wert während der Simulation nicht extra berechnen und abspeichern muß), stellen wir die Differenzengleichung des PI–Gliedes für den vorhergehenden Simulationsteilintervall $[t_{i-1}, t_i]$ auf:

$$y_i = K_p \left(u_i + y^*_{i-1} + \frac{h}{2T_n} u_i + \frac{h}{2T_n} u_{i-1} \right). \qquad (6.70)$$

Nun bilden wir die Differenz der Gleichungen (6.68) und (6.70)

$$y_{i+1} - y_i = K_p \left((u_{i+1} - u_i) + (y^*_i - y^*_{i-1}) + \frac{h}{2T_n} u_{i+1} - \frac{h}{2T_n} u_{i-1} \right). \qquad (6.71)$$

Anschließend setzen wir für $y^*_i - y^*_{i-1}$ in der letzten Gleichung (6.71) den Ausdruck (6.69) ein:

$$y_{i+1} - y_i = K_p \left((u_{i+1} - u_i) + \frac{h}{2T_n} u_{i+1} + \frac{h}{2T_n} u_i \right). \qquad (6.72)$$

Durch anschließende Gruppierung erhält man die Differenzengleichung folgender Form

$$y_{i+1} = y_i + K_p \left(1 + \frac{h}{2T_n}\right) u_{i+1} - K_p \left(1 - \frac{h}{2T_n} \right) u_i \, . \qquad (6.73)$$

Die Differenzengleichung (6.73) kann zur Simulation eines PI–Übertragungsgliedes eingesetzt werden. Ähnlich läßt sich die Differenzengleichung in der Form (6.51) für ein PI–Übertragungsglied herleiten. Man erhält für λ, μ und ν folgende Ausdrücke:

$$\gamma = 1, \quad \lambda = K_p \left(1 + \frac{5h}{12T_n}\right), \quad \mu = -K_p \left(1 - \frac{2h}{3T_n}\right), \quad \nu = -K_p \frac{h}{12T_n} \quad . \qquad (6.74)$$

Die Differentialgleichung des PID–Gliedes

$$y(t) = K_P \left(u(t) + \frac{1}{T_n} \int_0^t u(\tau)\, d\tau + T_V \frac{du(t)}{dt} \right) \qquad (6.75)$$

geht bei der Anwendung der linearen Interpolation für das Eingangssignal u(t) in folgende Differenzengleichung

$$y_{i+1} = K_p\left(u_{i+1} + y^*_i + \frac{h}{2T_n}u_{i+1} + \frac{h}{2T_n}u_i + \frac{T_V}{h}u_{i+1} - \frac{T_V}{h}u_i\right) \qquad (6.76)$$

über, wobei y^*_i der Wert des I–Anteils für $t=t_i$ und durch (6.69) definiert ist. Zur deren Elimination aus der Differenzengleichung (6.76) ist die Differenzengleichung für den vorhergehenden Simulationsteilintervall zu bilden:

$$y_i = K_p\left(u_i + y^*_{i-1} + \frac{h}{2T_n}u_i + \frac{h}{2T_n}u_{i-1} + \frac{T_V}{h}u_i - \frac{T_V}{h}u_{i-1}\right). \qquad (6.77)$$

Anschließend ist die Differenz der Gleichungen (6.76) und (6.77) zu bilden und für $y^*_i - y^*_{i-1}$ der Ausdruck (6.69) zu setzen. Man erhält damit folgende Differenzengleichung zur Simulation eines PID–Gliedes:

$$y_{i+1} = y_i + K_p\left(1+ \frac{h}{2T_n} + \frac{T_V}{h}\right)u_{i+1} - K_p\left(1- \frac{h}{2T_n} + \frac{2T_V}{h}\right)u_i + \frac{K_pT_V}{h}u_{i-1}. \qquad (6.78)$$

Es ist eine Differenzengleichung der Form (6.51). Diese Gleichung wird meistens auch in den digitalen PID–Reglern realisiert.

Simulation eines T_t–Übertragungsgliedes

Die Gleichung eines Totzeitgliedes

$$y(t) = u(t-T_t) \qquad (6.79)$$

läßt sich sehr einfach simulieren, wenn die Totzeit T_t ein Vielfaches der Simulationsschrittweite h ist. Wir setzen dies voraus. Damit ist $m=T_t/h$ eine ganze positive Zahl. In diesem Fall geht die Gleichung (6.79) in folgende Differenzengleichung

$$y_i = u_{i-m} \qquad (6.80)$$

über. Diese Gleichung läßt sich am Rechner durch eine FIFO–Liste (Warteschlange) sehr einfach simulieren.

Simulation von Übertragungsgliedern zweiter und höherer Ordnung

Die Übertragungsfunktionen der übrigen zusammengesetzten Übertragungsglieder sind zweiter und höherer Ordnung. Damit sind sie ein Sonderfall eines Übertragungsgliedes n–ter Ordnung. Bei den bis jetzt bekannten Simulationssystemen werden die Gleichungen solcher Übertragungsglieder in ein äquivalentes System von Differentialgleichungen 1.Ordnung umgewandelt. Anschließend wird dieses System mit einem der klassischen Integrationsverfahren diskretisiert. Jedes Übertragungsglied n–ter Ordnung liefert damit ein System aus n Differenzengleichungen, das in jedem Simulationsteilintervall zusammen mit anderen gelöst werden muß. Das wirkt sich negativ auf die Rechenzeit aus. Im nächsten Abschnitt wird ein neues Verfahren vorgestellt, welches den Rechenaufwand bei der Simulation von Übertragungsgliedern zweiter und höherer Ordnung reduzieren hilft.

6.3 Simulation von linearen Übertragungsgliedern hoher Ordnung

Das dynamische Verhalten eines linearen zeitinvarianten Übertragungsgliedes n–ter Ordnung wird für $t \geq 0$ allgemein durch eine gewöhnliche Differentialgleichung n–ter Ordnung der Form

$$\begin{aligned} &\frac{d^n y(t)}{dt^n} + a_{n-1}\frac{d^{n-1}y(t)}{dt^{n-1}} + \dots + a_1\frac{dy(t)}{dt} + a_0\, y(t) = \\ &= b_m\frac{d^m u(t)}{dt^m} + b_{n-1}\frac{d^{m-1}u(t)}{dt^{m-1}} + \dots + b_1\frac{du(t)}{dt} + b_0\, u(t) \end{aligned} \tag{6.81}$$

oder entsprechende Übertragungsfunktion

$$F(p) = \frac{b_m p^m + b_{m-1} p^{m-1} + \dots + b_1 p + b_0}{p^n + a_{n-1} p^{n-1} + a_{n-2} p^{n-2} + \dots + a_1 p + a_0} \tag{6.82}$$

beschrieben. Sie verknüpfen die Ausgangsgröße $y(t)$ und ihre zeitlichen Ableitungen $y^{(1)}(t),\dots,y^{(n)}(t)$ mit der Eingangsgröße $u(t)$ und deren zeitlichen Ableitungen $u^{(1)}(t),\dots,$ $u^{(m)}(t)$. Die Parameter $a_0, \dots, a_n$, $(a_n=1)$ und $b_0, \dots, b_m$ sind von den physikalischen Eigenschaften des Übertragungsgliedes abhängig. Im weiteren nehmen wir an, daß die Ordnungszahl n größer als die Ordnung m der höchsten Ableitung der Eingangsgröße $u(t)$ ist.

In Abschnitt 6.1 haben wir festgestellt, daß die Gleichung (6.81) durch ein äquivalentes System von Zustandsgleichungen dargestellt werden kann. Wir betrachten im weiteren die Zustandsraumdarstellung in der Regelungsnormalform, wobei wir eine von (6.8) unterscheidende Numerierung der Zustandsvariablen vornehmen:

$$\begin{bmatrix} \dot{x}_0 \\ \dot{x}_1 \\ \dot{x}_2 \\ \dots \\ \dot{x}_{n-2} \\ \dot{x}_{n-1} \end{bmatrix} = \begin{bmatrix} 0 & 1 & 0 & \dots & 0 & 0 \\ 0 & 0 & 1 & \dots & 0 & 0 \\ 0 & 0 & 0 & \dots & 0 & 0 \\ \dots & \dots & \dots & \dots & \dots & \dots \\ 0 & 0 & 0 & \dots & 0 & 1 \\ -a_0 & -a_1 & -a_2 & \dots & -a_{n-2} & -a_{n-1} \end{bmatrix} \begin{bmatrix} x_0 \\ x_1 \\ x_2 \\ \dots \\ x_{n-2} \\ x_{n-1} \end{bmatrix} + \begin{bmatrix} 0 \\ 0 \\ 0 \\ \dots \\ 0 \\ 1 \end{bmatrix} u, \tag{6.83}$$

$$y = \begin{bmatrix} b_0 & b_1 & \dots & b_{n-2} & b_{n-1} \end{bmatrix} \begin{bmatrix} x_0 \\ x_1 \\ \dots \\ x_{n-1} \end{bmatrix}. \tag{6.84}$$

Der Grund für eine nicht übliche Numerierung der Zustandsvariablen wird in den nächsten Zeilen klar sein.

Alle Differentialgleichungen des Systems (6.83), bis auf die letzte, sind von der Form

$$\dot{x}_k = x_{k+1}, \quad k=0,(n-2). \tag{6.85}$$

Wenn man den rechten Teil der letzten Differentialgleichung des Systems (6.83)

$$\dot{x}_{n-1} = -a_0 x_0 - a_1 x_1 - \dots - a_{n-2} x_{n-2} - a_{n-1} x_{n-1} + u,$$

mit x_n bezeichnet, dann entsteht die modifizierte Regelungsnormalform, die aus (n+1)–er Gleichung besteht:

$$\begin{bmatrix} \dot{x}_0 \\ \dot{x}_1 \\ \dot{x}_2 \\ \dots \\ \dot{x}_{n-2} \\ \dot{x}_{n-1} \\ 0 \end{bmatrix} = \begin{bmatrix} 0 & 1 & 0 & \dots & 0 & 0 & 0 \\ 0 & 0 & 1 & \dots & 0 & 0 & 0 \\ 0 & 0 & 0 & \dots & 0 & 0 & 0 \\ \dots & \dots & \dots & \dots & \dots & \dots & \dots \\ 0 & 0 & 0 & \dots & 0 & 1 & 0 \\ 0 & 0 & 0 & \dots & 0 & 0 & 1 \\ -a_0 & -a_1 & -a_2 & \dots & -a_{n-2} & -a_{n-1} & -1 \end{bmatrix} \begin{bmatrix} x_0 \\ x_1 \\ x_2 \\ \dots \\ x_{n-2} \\ x_{n-1} \\ x_n \end{bmatrix} + \begin{bmatrix} 0 \\ 0 \\ 0 \\ \dots \\ 0 \\ 0 \\ 1 \end{bmatrix} u. \qquad (6.86)$$

Dabei sind die ersten n Differentialgleichungen von der Form (6.85), und die letzte Gleichung ist eine algebraische Gleichung

$$x_n = -a_0 x_0 - a_1 x_1 - \dots - a_{n-2} x_{n-2} - a_{n-1} x_{n-1} + u. \qquad (6.87)$$

Wenn man nun auf jede der Differentialgleichungen der modifizierten Normalform (6.86)

$$\dot{x}_k = x_{k+1}, \quad k=0,(n-1), \qquad (6.88)$$

das implizite Integrationsverfahren von Euler (6.29) anwendet, so geht diese in die algebraische Gleichung

$$x_{k,i+1} = x_{k,i} + h \cdot x_{k+1,i+1} \qquad (6.89)$$

über. Dabei ist h die Schrittweite und $x_{k,i+1}$ – der Wert der k–ten Zustandsvariable zum Zeitpunkt $t_{i+1} = t_i + h$. Der Wert $x_{k,i}$ der k–ten Zustandsvariable zum Zeitpunkt t_i ist bekannt (entspricht dem Anfangswert $x_k(0)$ beim Simulationsstart bzw. dem auf dem vorhergehenden Simulationsteilintervall berechneten Wert).

Damit gehen die ersten n Gleichungen des Systems (6.86) bei der Diskretisierung mit Hilfe des impliziten Euler–Verfahrens in Differenzengleichungen folgender Form

$$x_{k,i+1} - h \cdot x_{k+1,i+1} = x_{k,i} \ , \qquad (6.90)$$

und das Gleichungssystem (6.86) in ein algebraisches Gleichungssystem

$$\begin{bmatrix} 1 & -h & 0 & 0 & \dots & 0 & 0 \\ 0 & 1 & -h & 0 & \dots & 0 & 0 \\ 0 & 0 & 1 & -h & \dots & 0 & 0 \\ \dots & \dots & \dots & \dots & \dots & \dots & \dots \\ 0 & 0 & 0 & 0 & \dots & 1 & -h \\ a_0 & a_1 & a_2 & a_3 & \dots & a_{n-1} & 1 \end{bmatrix} \begin{bmatrix} x_{0,i+1} \\ x_{1,i+1} \\ x_{2,i+1} \\ \dots \\ x_{n-1,i+1} \\ x_{n,i+1} \end{bmatrix} = \begin{bmatrix} x_{0,i} \\ x_{1,i} \\ x_{2,i} \\ \dots \\ x_{n-1,i} \\ u_{i+1} \end{bmatrix} \qquad (6.91)$$

über. Es ist ein lineares algebraisches Gleichungssystem der Form

$$\mathbf{A}^* \mathbf{x}_{i+1} = \mathbf{b}^* \qquad (6.92)$$

mit $x_{k,i+1}$ (k=0,n) als Unbekannten.

Da die Matrix $\mathbf{A}^*$ des Gleichungssystems (6.91) eine ganz bestimmte Struktur hat, ist es gelungen, dieses algebraische Gleichungssystem analytisch mit Hilfe der Cramerschen Regel nach $x_{k,i+1}$ zu lösen:

$$x_{k,i+1} = \det \mathbf{A}^*_k / \det \mathbf{A}^*, \tag{6.93}$$

$$\det \mathbf{A}^* = 1 + a_{n-1} h + a_{n-2} h^2 + \ldots + a_0 h^n, \tag{6.94}$$

$$\det \mathbf{A}^*_k = h^{n-k} u_{i+1} + \sum_{l=k+1}^{n} [\, a_l h^{n-l} \sum_{j=k+1}^{l} x_{j-1,i} h^{j-k-1}] - \sum_{l=1}^{k} [x_{l-1,i} h^{n-k} \sum_{j=0}^{l-1} a_j h^{l-j-1}]\,. \tag{6.95}$$

Die Ausgangsgleichung (6.84) hat für $t = t_{i+1}$ folgendes Aussehen:

$$y_{i+1} = b_0 x_{0,i+1} + b_1 x_{1,i+1} + \ldots + b_{n-2} x_{n-2,i+1} + b_{n-1} x_{n-1,i+1}\,. \tag{6.96}$$

Die Werte $x_{k,i+1}$ kann man aus dieser Gleichung mit Hilfe der Beziehungen (6.93)–(6.95) eliminieren. Man erhält dann folgende Differenzengleichung

$$y_{i+1} = \frac{b_{n-1} h + b_{n-2} h^2 + \ldots + b_1 h^{n-1} + b_0 h^n}{1 + a_{n-1} h + a_{n-2} h^2 + \ldots + a_1 h^{n-1} + a_0 h^n}\, u_{i+1} + v_i = \tag{6.97}$$

$$= K_D\, u_{i+1} + v_i\,,$$

welche explizit die Dynamik eines linearen zeitinvarianten Übertragungsgliedes n–ter Ordnung auf dem Simulationsteilintervall $[t_i, t_{i+1}]$ beschreibt.

Bei einer konstanten Schrittweite h kann der Koeffizient bei u_{i+1} mit Hilfe des Horner–Schema vor der eigentlichen Simulation berechnet werden:

$$K_D = \frac{((..(b_0 h + b_1) h + b_2) h + \ldots + b_{n-1}) h}{((..(a_0 h + a_1) h + a_2) h + \ldots + a_{n-1}) h + 1} \tag{6.98}$$

Die Werte der Zustandsvariablen $x_{k,i+1}$ können nach (6.93) berechnet werden, wobei $\det \mathbf{A}^*$ nach (6.94) berechnet wird.

In der Differenzengleichung (6.97) ist eine Konstante v_i vorhanden, die vor jedem Simulationsschritt zu berechnen ist, und für die gilt:

$$v_i = \sum_{q=0}^{n-1} \frac{b_q}{\det \mathbf{A}^*} \left[\sum_{l=q+1}^{n} [\, a_l h^{n-l} \sum_{j=q+1}^{l} x_{j-1,i} h^{j-q-1}] - \sum_{l=1}^{q} [x_{l-1,i} h^{n-q} \sum_{j=0}^{l-1} a_j h^{l-j-1}] \right]. \tag{6.99}$$

Die Differenzengleichung (6.97) wurde analytisch hergeleitet, deshalb kann man annehmen, daß der lokale Fehler dem Fehler des impliziten Euler–Verfahrens, das hier als Basisverfahren genutzt wurde, entspricht. Ähnliche Differenzengleichungen kann man mit Hilfe anderer impliziter Integrationsverfahren (Siehe Abschnitt 6.1) herleiten [43].

Die Anwendung der Differenzengleichung (6.97) zur Simulation von linearen zeitinvarianten Übertragungsgliedern n–ter Ordnung ist besonders von Vorteil, wenn das Gesamtsystem nichtlinear ist. Allgemein gesehen kann man in einem Regelkreis ein oder mehrere Teilsysteme formell ausgliedern, z.B. solche, die durch nichtlineare Differentialgleichungssysteme

$$\dot{\mathbf{u}}(t) = \mathbf{f}(\mathbf{z}, \mathbf{u}, \mathbf{y}, t), \; \mathbf{u}(0) = \mathbf{u}_0\,, \tag{6.100}$$

und solche, die durch lineare gewöhnliche Differentialgleichungen in der Form (6.81) oder durch die Zustandsgleichungen

$$\begin{aligned} \dot{\mathbf{x}}(t) &= \mathbf{A}\mathbf{x}(t) + \mathbf{B}\,\mathbf{u}(t), \; \mathbf{x}(0) = \mathbf{x}_0, \\ \mathbf{y}(t) &= \mathbf{C}\,\mathbf{x}(t) + \mathbf{D}\,\mathbf{u}(t) \end{aligned} \tag{6.101}$$

beschrieben werden (Bild 6.8).

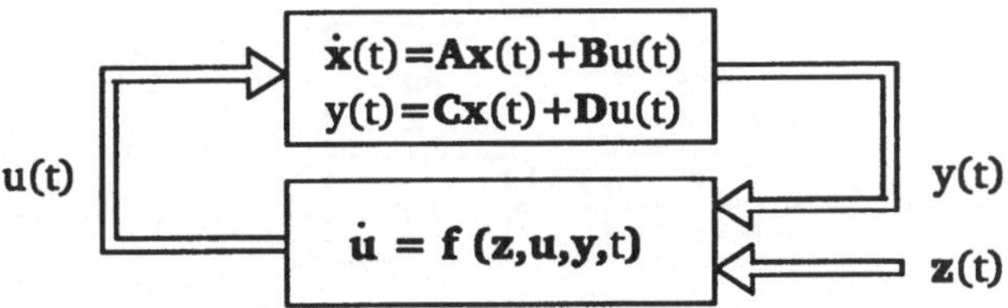

Bild 6.8: Regelkreis mit einem linearen und einem nichtlinearen Teilsystem

Wenn ein nichtlineares Teilsystem durch q nichtlineare Gleichungen und ein lineares Teilsystem durch n Gleichungen erster Ordnung dargestellt wird, dann ist bei der digitalen Simulation des dynamischen Verhaltens bei jedem Simulationsschritt ein insgesamt nichtlineares Gleichungssystem, bestehend aus (q+n) Differentialgleichungen zu lösen. Wenn noch hinzu kommt, daß das zu simulierende System zu den steifen gehört, und man implizite Integrationsverfahren verwenden muß, dann steigt der Rechenaufwand enorm.

Dazu ein Beispiel. In Bild 6.9 ist ein Regelkreis, bestehend aus der Regelstrecke, einem Meßwandler, einem Tiefpaßfilter und einem Zweipunktregler, dargestellt.

Die Regelstrecke wird durch folgende Übertragungsfunktionen beschrieben:

$$F_s(p) = \frac{0.16p^4+70p^2+1150}{p^6 + 5\cdot10^4 p^4 + 2\cdot10^6p^2+ 260},$$

$$F_{st}(p) = \frac{p^6 + 5\cdot10^4 p^4 + 2\cdot10^6p^2 + 237}{p^6 + 5\cdot10^4 p^4 + 2\cdot10^6p^2 + 260}.$$

Die Ubertragungsfunktion des Tiefpaßfilters ist

$$F_{tp}(p) = \frac{10p + 1}{(0.2p+1)^{11}}.$$

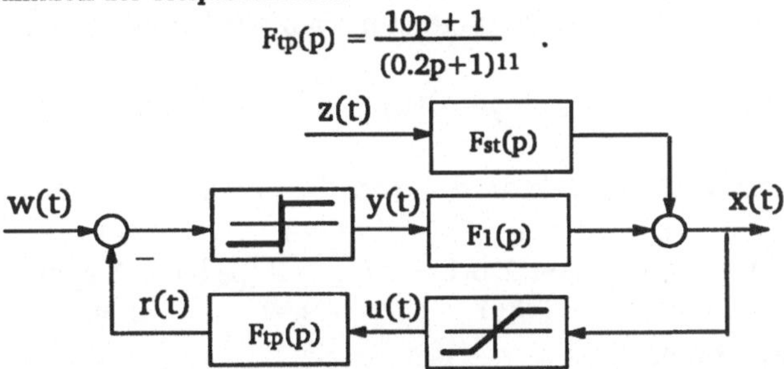

Bild 6.9: Blockschaltbild eines nichtlinearen Regelkreises

Man hat also insgesamt ein System aus 23 Differentialgleichungen 1.Ordnung (12 Gleichungen für die Regelstrecke und 11 Gleichungen für den Tiefpaßfilter) Schritt für Schritt auf dem Simulationsintervall zu lösen. Wenn man die Differenzengleichung (6.97) für die Simulation der Regelstrecke und des Filters einsetzt, reduziert sich das zu lösende Gleichungssystem von 23 Gleichungen auf 4 Gleichungen (Bild 6.10). Entsprechend reduziert sich der Rechenzeitaufwand um mehr als das Zehnfache.

An dieser Stelle soll noch einmal unterstrichen werden, daß der Einsatz dieses Verfahrens bei der Simulation von nichtlinearen Systemen dort besonders vorteilhaft ist, wo für ein lineares Teilsystem anstatt von n Gleichungen 1.Ordnung nur diese eine (6.97) verwendet werden kann. Damit sind für das nichtlineare System anstatt (q+n) nur (q+1) Gleichungen auf jedem Simulationsschritt zu lösen. Der Rechenaufwand wird um ein (q+n)/(q+1)–faches geringer, ohne daß die Genauigkeit der Simulation verschlechtert wird.

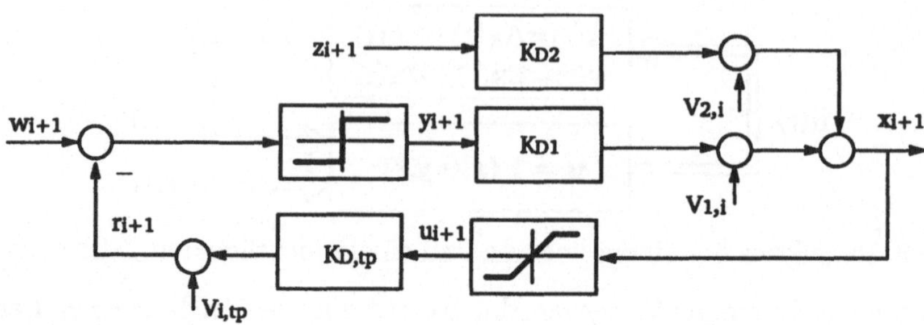

Bild 6.10: Diskretes Modell des Regelkreises

Aufgabe zum Abschnitt 6

Schreiben Sie ein Programm zur numerischen Lösung einer gewöhnlichen Differentialgleichung n–ter Ordnung

$$y^{(n)}(t) + a_{n-1}\, y^{(n-1)}(t) + \ldots + a_1\, y^{(1)}(t) + a_0\, y(t) = b_0\, u\,(t)$$

bei vorgegebenen linksseitigen Anfangsbedingungen

$$y(0) = y_0,\quad y^{(1)}(0) = y^{(1)}{}_0,\ \ldots,\ y^{(n-1)}\,(0) = y^{(n-1)}{}_0\,.$$

Für jeden diskreten Zeitpunkt $t_{i+1} = t_i + h$ soll auf dem Simulationsintervall $[0, T_{fin}]$ nach folgendem Algorithmus vorgegangen:

1. *Schritt:* Es wird $u(t_{i+1})$ berechnet, wobei $u(t)$ eine vorgegebene Funktion der Zeit ist, z.B. $u(t) = t$ oder $u(t) = \sin\,(\omega t)$.
2. *Schritt:* Anhand der Anfangsbedingungen für $t = t_i$ wird ein Vektor $p = (p_1, p_2, \ldots, p_n)$ mit folgenden Werten

$$p_k = y^{(k-1)}(t_i),\quad k = 1, 2, \ldots, n$$

belegt.

3. *Schritt:* Es wird ein weiterer Vektor $d = (d_0, d_1, \ldots, d_n)$ nach der Vorschrift

$$d_k = h^{n-k}\, u(t_{i+1}) + \sum_{q=k+1}^{n} \left(a_q\, h^{n-q} \sum_{j=k+1}^{q} p_j\, h^{j-k-1}\right) - \sum_{q=1}^{k} \left(p_q\, h^{n-k} \sum_{j=0}^{q-1} a_j\, h^{q-j-1}\right)$$

$k = 0, 1, \ldots, n$ berechnet.

Achtung ! Für $k=0$ wird die zweite Summe gleich 0 gesetzt.

Für $q=n+1$ wird die erste Summe gleich 0 gesetzt.

4. *Schritt:* Es werden

$$y^{(k)}(t_{i+1}) = d_k / \det A,\ k = 0, 1, \ldots, n$$

berechnet, wobei

$$\det A = 1 + a_{n-1}\, h + \ldots + a_0\, h^n$$

ist. Dieser Wert soll mit Hilfe des Horner–Schemas einmal am Anfang des Programms berechnet werden.

Die berechneten Werte $y^{(k)}(t_{i+1})$ werden zu $y^{(k)}(t_i)$, und damit ist die Berechnung für den Zeitpunkt t_{i+1} abgeschlossen.

Stellen Sie ein Programm auf, daß für vogegebene T_{fin}, h, n, $y^{(k)}(0)$, a_k, $k=0,n$, b_0, $u(t)$ die numerische Lösung $y(t_i)$ liefert.

7 Einführung in die digitale Regelung

7.1 Mathematische Beschreibung der Abtastregelkreise

Der Regelalgorithmus eines konventionellen analogen Reglers wird komplett auf kontinuierlich wirkenden mechanischen, hydraulischen, pneumatischen, elektrischen, elektronischen Bauelementen realisiert. Eine solche komplette Implementierung des Regelalgorithmus in kontinuierlich wirkender Hardware ist nicht flexibel und hat einige weitere Nachteile. Praktikabler sind deshalb Regeleinrichtungen, deren Regelalgorithmen sich je nach Bedarf leicht ändern lassen. Deshalb vollzieht sich in der Steuer- und Regelungstechnik ein Wandel: die analogen Regeleinrichtungen werden in zunehmendem Maße durch digitale frei programmierbare Regler ersetzt. Das Herzstück eines digitalen Reglers bildet ein Digitalrechner. Mit einem Rechner als Regler können in einfacher Weise neben klassischen Regelungsaufgaben moderne Regelalgorithmen wie Zustandsregler, Mehrgrößenregler, adaptive Regler, Fuzzy-Regler und weitere nützliche Funktionen wie Führungsgrößenglättung und Überwachung realisiert werden [1, 10, 12, 20, 30, 34, 36, 37, 38, 42, 52, 55, 58, 64, 69]. Von Vorteil ist auch die Möglichkeit der Einbindung der lokalen Regelung in globale Automatisierungssysteme, höhere Sicherheit bei der Übertragung von Meßsignalen und Stellgrößen in digitaler Form, auch über große Entfernungen. Allerdings bringt die digitale Realisierung von Reglern auch einige Probleme mit sich. Auf einige dieser Probleme wird im weiteren eingegangen. Im folgenden wird der grundsätzliche Aufbau einer Regelung mit einem digitalen Regler betrachtet.
Die Rückführungsstruktur bleibt beim Einsatz eines digitalen Reglers (Bild 7.1) erhalten.

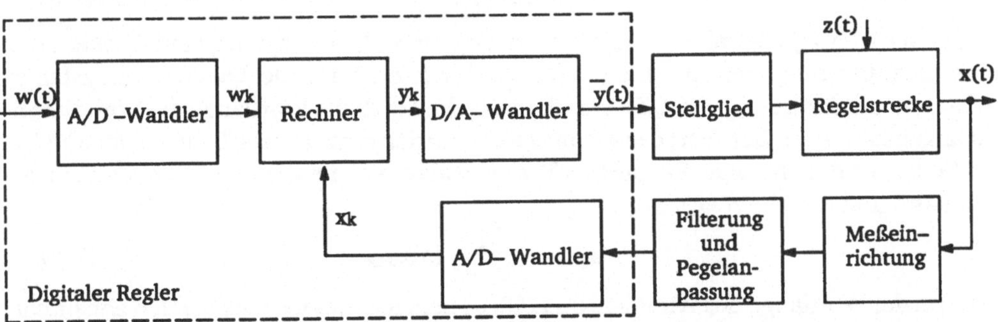

Bild 7.1: Blockstruktur des einschleifigen Regelkreises mit einem digitalen Regler

Analog-Digital-Umwandlung der Regelgröße und der Führungsgröße

Der Istwert $x(t)$ der Regelgröße wird laufend von der Meßeinrichtung erfaßt und nach der Filterung und Pegelanpassung einem Analog/Digital-Wandler zugeführt. Er erzeugt aus dem analogen zeitkontinuierlichen Signal $x(t)$ eine zeitdiskrete *Wertefolgefunktion* (x_k). Diesen Vorgang der Entnahme von Funktionswerten x_k zu diskreten Zeitpunkten $t=kT$ aus einem kontinuierlichen Funktionsverlauf $x(t)$ bezeichnet man als *Abtastung*.

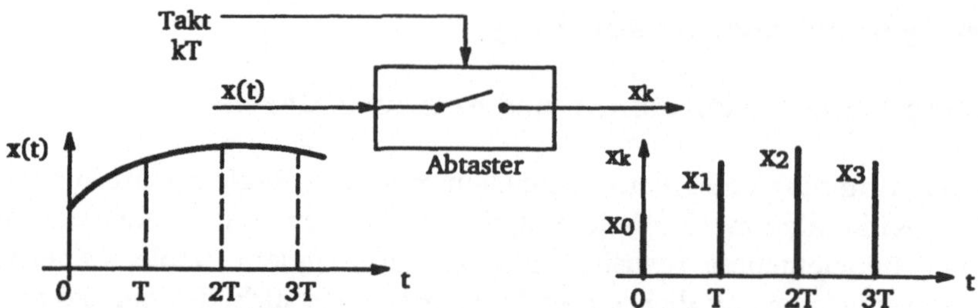

Bild 7.2: Abtastung einer kontinuierlichen Zeitfunktion x(t)

Der Abtaster wird in Blockschaltbildern durch einen taktgesteuerten Schalter dargestellt (Bild 7.2). Wird ein Signal x(t) mit der *Abtastperiode* T, d.h. mit der Tastfrequenz

$$f_T = \frac{1}{T} \tag{7.1}$$

abgetastet, so werden laut *des Shannonschen Abtasttheorem* die Signalanteile mit der Frequenz

$$f_s > \frac{1}{2} f_T \tag{7.2}$$

falsch erfaßt. In diesem Fall tritt der sogenannte *Aliasing–Effekt* auf. Um diese Signalanteile oberhalb von 0.5 f_T zu unterdrücken, kann die Bandbegrenzung des Signals mittels eines Tiefpaßfilters *(Anti–Aliasing–Filter)* vor dem Abtaster realisiert werden.

Die Grenzfrequenz des abzutastenden Nutzsignals $\omega_g = 2\pi f_g$ und das Shannonsche Abtasttheorem setzen die obere Schranke für die Abtastzeit:

$$T \leq \frac{\pi}{\omega_g} \; . \tag{7.3}$$

Bei der Analog/Digital–Umwandlung erfolgt zusätzlich zur Zeitquantisierung auch eine Quantisierung der Amplitude. Der dadurch entstehende Quantisierungsfehler hängt von der Auflösung des A/D–Wandlers ab, die durch die Wortlänge des Wandlers in Bit angegeben wird. Der Wert des absoluten Quantisierungsfehlers gibt an, welche kleinste Änderung der analogen Eingangsgröße noch als ein neuer digitaler Wert erfaßt werden kann und errechnet sich zu

$$a_{adw} = \frac{1}{2^n - 1} MB_{max} \; , \tag{7.4}$$

wobei n der Wortlänge des Wandlers und MB_{max} dem maximalen Meßbereich entspricht. Verwendet man z.B. einen 8–Bit–A/D–Wandler mit einem Meßbereich von 0 bis 10V, wird dieser Bereich in 256 Quantisierungsabschnitte aufgeteilt. Der absolute Quantisierungsfehler errechnet sich zu

$$a_{adw} = \frac{1}{2^8 - 1} 10V = 19.57mV.$$

Das entspricht in diesem Fall einem relativen Fehler von nur 0.2%. Heutzutage reicht die Auflösung der verfügbaren A/D–Wandler von 8 bis 16 Bit, so daß die Amplitudenquantisierung als quasikontinuierlich betrachtet werden kann.

Eine weitere wichtige Kenngröße eines A/D–Wandlers ist dessen Wandlungszeit. Es gibt eine Reihe verschiedener Wandlertypen wie sukzessive Approximations–, Integrations– und Parallel–Wandler (Flash–ADU). Mit gängigen Bauelementen liegt die Wandlungszeit bei den Integrationswandlern mit der Dual–Slope–Methode im Millisekundenbereich, bei der sukzessiven Approximation und bei den Parallelwandlern im Mikrosekundenbereich.

In gleicher Weise wird der Sollwert w(t) (Bild 7.1) einem A/D–Wandler zugeführt. Diese Größe kann aber auch in digitaler Form vorliegen, z.B. von der übergeordneten CNC–Steuerung bei einer Folgeregelung oder als eine Konstante im ROM des Rechners bei einer Festwertregelung. In diesen Fällen entfällt natürlich dieser A/D–Wandler.

In manchen Fällen liegt auch die Regelgröße x(t) in digitaler Form vor, bedingt durch das digitale Meßverfahren. Zum Beispiel [31, 52, 55] wird bei numerisch gesteuerten CNC–Maschinen und Industrierobotern ein absolut kodierter Lage– oder Winkelmaßstab optisch abgetastet, und stellt somit unmittelbar ein digitales Signal bereit, das den Absolutwert der Lage abbildet. Sie sind mit unterschiedlicher Auflösung verfügbar, wie z.B. die Winkelpositionsgeber mit 1024 Schritte/Umdrehung; 8192 Schritte/ Umdrehung; 131072 Schritte/Umdrehung, was einer Auflösung von 12, 13 bzw. 17 Bit entspricht. Der absolute Quantisierungsfehler liegt entsprechend bei ca. 10 Winkelminuten, ca. 1,32 Winkelminuten bzw. ca. 5 Winkelsekunden.

Ebenso oft werden in der Antriebstechnik [52, 55] inkrementale Drehgeber eingesetzt, die von 50 bis 100 000 Impulse pro Umdrehung liefern. Die nachgeschaltete Elektronik erzeugt aus diesen die 4–, 5–, 10– oder 25–fache Anzahl der Meßimpulse. Sie werden in einen Zähler eingezählt. Zwischen den Abtastzeitpunkten (k–1)T und kT, d.h. während der Zeit T, werden

$$z = K_m\,(\varphi_k - \varphi_{k-1}) \tag{7.5}$$

Impulse in den Zähler eingezählt. Dabei ist K_m der Maßstabsfaktor des Gebers (Anzahl der Impulse pro Umdrehung) und $\varphi_k - \varphi_{k-1}$ die Winkeländerung. Somit repräsentiert die Impulszahl z die in der Zeit T erfolgte Winkeländerung bzw. Drehzahl. Auch diese Meßsysteme sind Abtastsysteme und können durch das Blockschema in Bild 7.2 dargestellt werden.

Der Mikrorechner als Regler

Der Funktionsumfang der Regeleinrichtung wird durch Programmieren des Rechners realisiert. Die Software realisiert die Gesamtheit der arithmetischen und logischen Funktionen des Reglers, welche in Echtzeit abgearbeitet und meist in Assemblercode geschrieben werden muß. Heute sind digitale Regler üblich, bei denen man Struktur, Typ und Parameter des Reglers durch Softwareschalter bei der Inbetriebnahme einstellen kann.

Die Leistungsfähigkeit des eingesetzten Prozessors bedingt den Umfang der Funktionen des Reglers und legt die untere Schranke für die Abtastzeit T fest. Der Prozessor führt den Regelalgorithmus, der im Speicher des Rechners programmiert vorliegt, zu den diskreten Zeitpunkten kT aus. Die notwendige Rechenzeit für den Regelalgorithmus muß daher kleiner sein als die Abtastzeit T.

Der klassische Regelalgorithmus setzt sich im wesentlichen aus folgenden Schritten zusammen:

- Einlesen der aktuellen abgetasteten Werte w_k und x_k, Bildung der Regeldifferenz

$$x_{d,k} = w_k - x_k \,, \tag{7.6}$$

und Abspeicherung dieser Werte;

- Berechnung des Wertes für die Stellgröße y_k entsprechend der vorgegebenen Differenzengleichung der Form

$$y_k = c_1\, y_{k-1} + c_2\, y_{k-2} + \ldots + c_n\, y_{k-n} + d_0\, x_{d,k} + d_1\, x_{d,k-1} + \ldots + d_m\, x_{d,k-m}\,; \tag{7.7}$$

- Ausgabe des Wertes y_k an den Digital/Analog-Wandler.

Im weiteren wird angenommen, daß die für diesen Regelalgorithmus notwendige Rechenzeit gegenüber der Abtastperiode T vernachlässigt werden kann. Die Werte x_k, $x_{d,k}$, w_k und y_k dürfen also als gleichzeitig angesehen werden. Wenn das nicht zutrifft, dann ist die Rechenzeit als Totzeit im Regelkreis zu berücksichtigen, was sich natürlich negativ auf das dynamische Verhalten des Regelkreises auswirkt und sogar zur strukturellen Instabilität führen kann.

Prinzipiell kann jeder Digitalrechner als Regler eingesetzt werden. Seine Leistungsfähigkeit und Wortlänge bestimmen die erreichbare Güte der Regelung mit. Heute werden 8-, 16- und 32-bit-Mikroprozessoren in Steuer- und Regeleinrichtungen eingesetzt. Dabei verwendet man Prozessoren unterschiedlicher Architektur und damit verbundener Leistungsfähigkeit [42]:

- universelle Mikroprozessoren (CISC=Complex Instruction Set Computer, z.B. Intel 8085, Intel 80x86, Motorola 680x0);
- RISC-Prozessoren(RISC=Reduced Instruction Set Computer, z.B. Intel i860, FRP1600, MIPS Rx000);
- Transputer (z.B. IMS T212, T800);
- Signalprozessoren(z.B. ADSP2102, DSP96001);
- Mikrocontroller (z.B. Intel 8051, HCTL-1100, LM628/LM629, SAB80C166)).

Für die Analyse des Verhaltens des Regelkreises ist die Architektur des eingesetzten Prozessors von untergeordneter Bedeutung, vorausgesetzt daß die oben erwähnte Forderung bezüglich der Rechenzeit erfüllt ist.

Digital- Analog-Umwandlung der Stellgröße

Der nach (7.7) berechnete digitale Wert der Stellgröße y_k wird an einen D/A-Wandler übergeben (Bild 7.1). Da das Stellglied bzw. die Regelstrecke als Eingangsgröße ein zeitkontinuierliches Signal benötigt, wird durch ein an den D/A-Wandler angeschlossenes Halteglied dem Stellsignal zwischen den Abtastzeitpunkten kT und (k+1)T dieser Wert y_k zugewiesen (BIld 7.3). Durch diese Speicherung über der Abtastperiode T entsteht eine Treppenfunktion. Damit ist der Regelkreis mit Abtastung nur zu den diskreten Zeitpunkten kT geschlossen. Dazwischen liegt ein gesteuertes Verhalten vor: die Regelstrecke wird von einem konstanten Signal angesteuert.

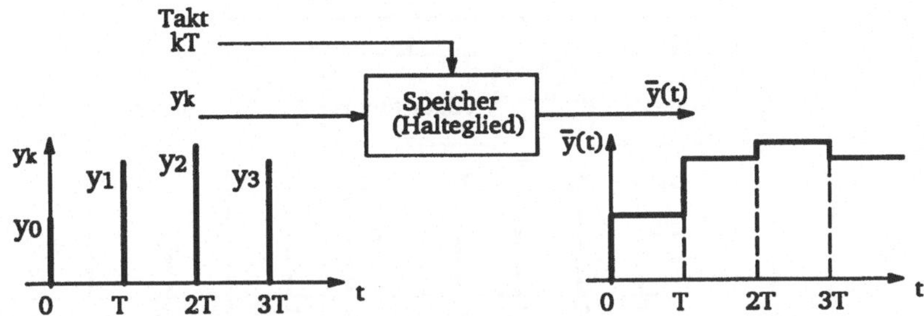

Bild 7.3: Ersatzschaltbild der Digital–Analog –Wandlung

Zu den wichtigsten Parametern eines D/A–Wandlers gehört neben der Konvertierungszeit die Auflösung, die als Breite des Digitalwertes angeben wird. Ein n–Bit D/A–Wandler erzeugt aus 2^n möglichen Binärkombinationen 2^n verschiedene Ausgangsspannungen

$$y(kT) = U_{ref}\left(\frac{d_1}{2} + \frac{d_2}{2^2} + \frac{d_3}{2^3} + \cdots + \frac{d_n}{2^n} \right), \qquad (7.8)$$

wobei U_{ref} die Referenzspannung und d_1 bis d_n die Bits des Digitalwertes y_k sind. In der Praxis reicht die Auflösung von 8 Bit bis 16 Bit aus.

Mathematische Beschreibung des Abtastvorganges

Eine wesentliche Eigenschaft digitaler Regelkreise besteht darin, daß das Auftreten eines Abtastsignals in einem linearen Regelkreis an der Linearität nichts ändert. Damit ist die theoretische Behandlung linearer digitaler Regelkreise in weitgehender Analogie zu der Behandlung linearer kontinuierlicher Regelkreise möglich. Dies wird dadurch erreicht, daß auch die kontinuierlichen Signale (Stellsignal y(t) und die Regelgröße x(t)) nur zu den Abtastzeitpunkten kT, also als Abtastsignale, betrachtet werden. Damit ergibt sich eine diskrete Systemdarstellung, bei der alle auftretenden Signale Zahlenfolgen sind und alle Glieder des Regelkreises durch die Differenzengleichungen beschrieben werden.

Anhand der obigen Betrachtungen ergibt sich für die digitale Regeleinrichtung eine Struktur, die in Bild 7.4a dargestellt ist. Die Speicherung und die Anwendung eines Algorithmus lassen sich bei der mathematischen Beschreibung vertauschen (Bild 7.4b), denn man betrachtet die auftretenden Signale nur zu den Abtastzeitpunkten kT.

Die Anordnung 'Abtaster+Speicher', die aus der Funktion x(t) die Treppenfunktion $\bar{x}(t)$ erzeugt, bezeichnet man als *Abtast–Halteglied* (Bild 7.4b).

Um bei der theoretischen Behandlung solcher Systeme bereits bekannte Laplace–Transformation und weitere Verfahren verwenden zu können, wurde folgende *mathematische Idealisierung der Abtastung* vorgenommen: jeder entnommene Wert x_k wird mit einem δ–Impuls δ(t–kT) multipliziert. Dadurch erhält man als Ergebnis der Abtastung Impulse, deren Höhe proportional zur Höhe des kontinuierlichen Signals zu den Abtastzeitpunkten ist (Bild 7.5).

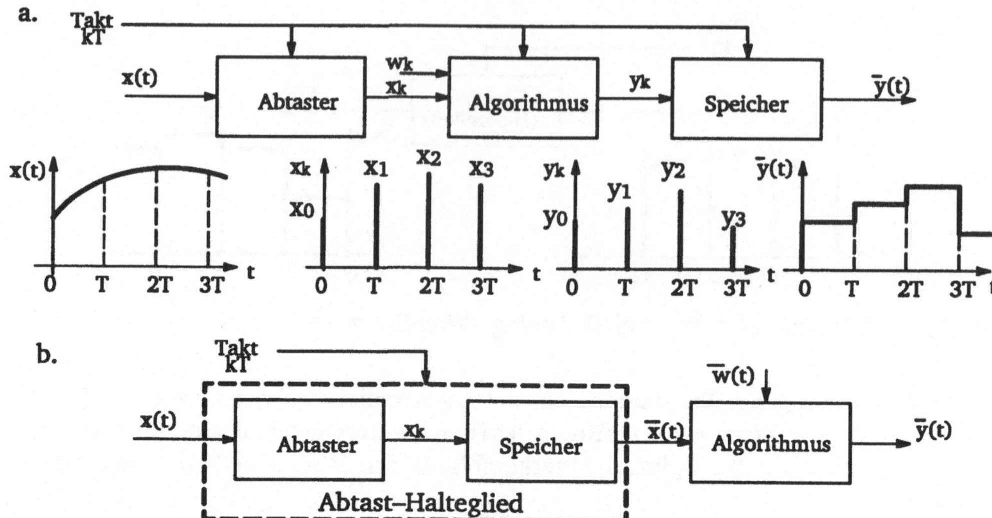

Bild 7.4: Äquivalente Strukturen der digitalen Regeleinrichtung

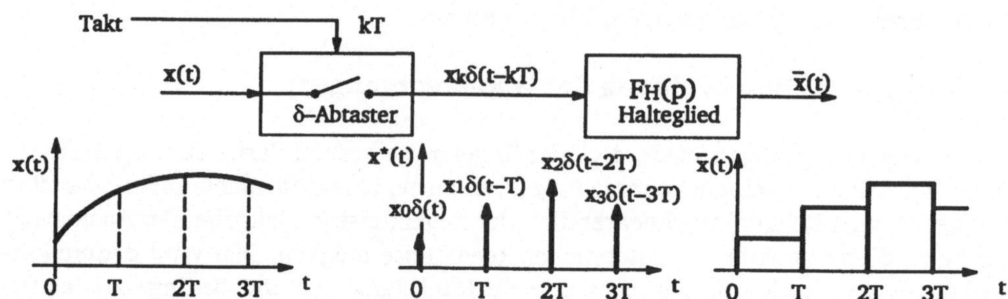

Bild 7.5: Idealisierung des Abtastvorganges

Man bezeichnet $x^*(t)$ als *Impulsfolgefunktion:*

$$x^*(t) = \sum_{k=0}^{\infty} x_k\,\delta(t-kT)\ . \tag{7.9}$$

Hiermit läßt sich die Übertragungsfunktion des Haltegliedes bestimmen. Auf jeden einzelnen Impuls

$$x_k\delta(t-kT) \tag{7.10}$$

reagiert das Halteglied mit einem Rechteckimpuls (Siehe Bild 7.5)

$$x_k\,[\sigma(t-kT) - \sigma(t-(k+1)T)]\ . \tag{7.11}$$

Wendet man auf (7.10) und (7.11) die Laplace–Transformation an, so ergibt sich die Übertragungsfunktion des Haltegliedes zu:

$$F_H(p) = \frac{\overline{X}(p)}{X^*(p)} = \frac{x_k\,(e^{-pkT} - e^{-p(k+1)T})\,/p}{x_k\,e^{-pkT}} = \frac{1 - e^{-pT}}{p} \quad . \qquad (7.12)$$

Durch eine solche mathematische Idealisierung des Abtastvorganges kann auch die Differenzengleichung des Reglers (7.7) in den Bildbereich der Laplace–Transformation

$$\begin{aligned}(1 - c_1\,e^{-pT} - c_2\,e^{-p2T} - \ldots - c_n\,e^{-pnT}\,)\,e^{-pkT}\,\overline{Y}(p) &= \\ = (d_0 + d_1\,e^{-pT} + \ldots + d_m\,e^{-pmT})e^{-pkT}\,\overline{X}_d(p) & \qquad (7.13)\end{aligned}$$

überführt werden. Damit ist die Übertragungsfunktion des digitalen Reglers

$$F_R(e^{pT}) = \frac{d_0 + d_1\,e^{-pT} + d_2\,e^{-p2T} + \ldots + d_m\,e^{-pmT}}{1 - c_1\,e^{-pT} - c_2\,e^{-p2T} - \ldots - c_n\,e^{-pnT}} \quad . \qquad (7.14)$$

Somit ergibt sich für einen Regelkreis mit einem digitalen Regler ein Blockschaltbild gemäß Bild 7.6.

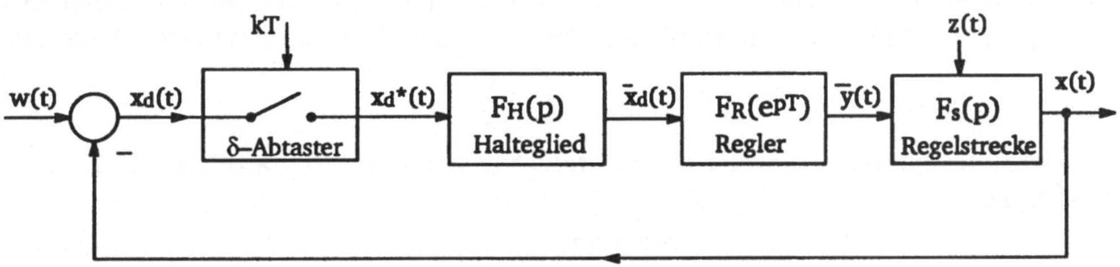

Bild 7.6: Ersatzblockschaltbild des einschleifigen Regelkreises mit einem digitalen Regler

Diese Darstellung eines Abtastregelkreises dient als Grundlage für die Analyse vor allem im Frequenzbereich. Sie kann weiter vereinfacht werden, indem man die z–Transformation zur Beschreibung des Abtastregelkreises heranzieht.

7.2 Beschreibung von digitalen Regelkreisen im Bildbereich der z–Transformation

Definition der z–Transformation

Die Impulsfolgefunktion $x^*(t)$, die sich bei der Abtastung aus der kontinuierlichen Zeitfunktion $x(t)$ ergibt

$$x^*(t) = \sum_{k=0}^{\infty} x_k \, \delta(t-kT) \,, \qquad (7.15)$$

läßt sich im Bildbereich der Laplace–Transformation durch folgende Beziehung darstellen:

$$X^*(p) = \sum_{k=0}^{\infty} x_k \, e^{-kTp} \,. \qquad (7.16)$$

Zur Vereinfachung wird in der Gleichung (7.16) folgende Bezeichnung eingeführt:

$$z = e^{\,Tp} \,. \qquad (7.17)$$

Somit wird von einer komplexen Variablen p zu einer anderen komplexen Variablen z übergegangen. Damit wird aus der komplexen Funktion $X^*(p)$ eine rationale Funktion

$$X_z(z) = X^*(p)\Big|_{e^{pT}=z} = \sum_{k=0}^{\infty} x_k \, z^{-k} \,. \qquad (7.18)$$

$X_z(z)$ wird als *die z–Transformierte der Impulsfolgefunktion $f^*(t)$* bezeichnet, und man schreibt dafür

$$X_z(z) = Z\{x^*(t)\} \,. \qquad (7.19)$$

Formell kann man auch direkt von der Wertefolge (x_k) zur z–Transformierten nach (7.18) gelangen, indem man die Werte x_k als Koeffizienten einer Potenzreihe mit negativen Exponenten auffaßt. *Damit ist die z–Transformation eine Funktionaltransformation, die einer Wertefolgefunktion (x_k) durch die Beziehung*

$$X_z(z) = Z\{(x_k)\} = \sum_{k=0}^{\infty} x_k \, z^{-k} \qquad (7.20)$$

eine Funktion der komplexen Veränderlichen z zuordnet. Dabei gilt stets $x_k = 0$ für $k<0$. Oft wendet man formell die z–Transformation auf eine Laplace–Transformierte an und schreibt

$$X_z(z) = Z\{X(p)\} \,, \qquad (7.21)$$

was als eine Abkürzung für die Berechnung nach folgendem Schema

X(p) ⟶ Inverse Laplace-Transformation ⟶ x(t) ⟶ δ–Abtastung ⟶ $x^*(t)$ ⟶ z–Transformation ⟶ $X_z(z)$

zu verstehen ist. In Tabelle 7.1 sind die Rechenregeln der z–Transformation zusammengestellt. In Tabelle 7.2 sind die wichtigsten z–Transformierten X(z) für die dazugehörige Zeitfunktionen x(t) und ihre Laplace–Transformierten X(p) aufgeführt.

Für zusammengesetzte Zeitfunktionen gewinnt man die z–Transformierte unter Ausnutzung der Rechenregeln der z–Transformation und der Korrespondenztabelle 7.2.

Regel	**Operationen mit den Wertefolgen**	**Operationen mit den z–Transformierten**
Linearität	$c_1 x_{1,k} + c_2 x_{2,k}$	$c_1 X_1(z) + c_2 X_2(z)$
Rechtsverschiebung	x_{k-n}	$z^{-n} [X(z) + \sum_{m=1}^{n} x_{-m} z^{m}]$
Linksverschiebung	x_{k+n}	$z^{n} [X(z) - \sum_{m=0}^{n-1} x_m z^{-m}]$
Dämpfung	$x_k e^{akT}$	$X(z e^{-aT})$
Rückwärtsdifferenz	$x_k - x_{k-1}$	$\frac{z-1}{z} X(z) - x_{-1}$
Vorwärtsdifferenz	$x_{k+1} - x_k$	$(z-1) X(z) - x_0 z$
Differentiation	$kT x_k$	$-Tz \frac{dX(z)}{dz}$
Summation	$\sum_{m=0}^{k} x_m$	$\frac{z}{z-1} X(z)$
Faltung	$\sum_{m=0}^{k} x_m y_{k-m}$	$X(z) \cdot Y(z)$
Anfangswertsatz	x_0	$\lim_{z \to \infty} X(z)$
Endwertsatz	$\lim_{k \to \infty} x_k$	$\lim_{z \to 1} (z-1) \cdot X(z)$
z–Transformierte einer Wertefolge a^k, mit $\lvert a \rvert \leq 1$.	$x_k = a^k$	$X(z) = \frac{z}{z-a}$
z–Transformierte einer Wertefolge ka^{k-1}, mit $\lvert a \rvert \leq 1$.	$x_k = ka^{k-1}$	$X(z) = \frac{z}{(z-a)^2}$

Tabelle 7.1: Rechenregeln der z–Transformation

	X(p)	x(t)		X(z)
1	1	$\delta(t)$		1
2	$\frac{1}{p}$	$\sigma(t)$		$\frac{z}{z-1}$
3	$\frac{1}{p^2}$	t		$\frac{Tz}{(z-1)^2}$
4	$\frac{1}{p^3}$	$\frac{t^2}{2}$		$\frac{T^2 z (z+1)}{2 (z-1)^3}$
5	$\frac{1}{(p+a)}$ $\frac{T_1}{(pT_1+1)}$	e^{-at} e^{-t/T_1}		$\frac{z}{z-e^{-aT}}$ $\frac{z}{z-e^{-T/T_1}}$
6	$\frac{1}{(p+a)^2}$	te^{-at}		$\frac{T z e^{-aT}}{(z-e^{-aT})^2}$

Tabelle 7.2: Korrespondenztabelle der z–Transformation

	X(p)	x(t)		X(z)
7	$\frac{a}{p(p+a)}$ $\frac{1}{p(pT_1+1)}$	$1-e^{-at}$ $1-e^{-t/T_1}$		$\frac{z(1-e^{-aT})}{(z-1)(z-e^{-aT})}$ $\frac{z(1-e^{-T/T_1})}{(z-1)(z-e^{-T/T_1})}$
8	$\frac{1}{(p+a)(p+b)}$ $\frac{1}{(pT_1+1)(pT_2+1)}$	$\frac{1}{(b-a)}(e^{-at}-e^{-bt})$ $\frac{1}{(T_1-T_2)}(e^{-t/T_1}-e^{-t/T_1})$		$\frac{1}{b-a}\left(\frac{z}{z-e^{-aT}}-\frac{z}{z-e^{-bT}}\right)$ $\frac{(e^{-T/T_1}-e^{-T/T_2})z}{(T_1-T_2)\ (z-e^{-T/T_1})(z-e^{-T/T_2})}$
9	$\frac{1}{p^2(pT_1+1)}$	$t-T_1(1-e^{-t/T_1})$		$\frac{Tz}{(z-1)^2}-\frac{zT_1(1-e^{-T/T_1})}{(z-1)(z-e^{-T/T_1})}$
10	$\frac{1}{p(pT_1+1)^2}$	$1-(1+t/T_1)\,e^{-t/T_1}$		$\frac{z}{z-1}-\frac{z}{z-e^{-T/T_1}}-\frac{z\,T\,e^{-T/T_1}}{T_1(z-e^{-T/T_1})^2}$
11	$\frac{1}{p(pT_1+1)(pT_2+1)}$	$1+\frac{1}{T_2-T_1}(T_1e^{-t/T_1}-T_2e^{-t/T_1})$		$\frac{z}{z-1}+\frac{T_1z}{(T_2-T_1)(z-e^{-T/T_1})}-\frac{T_2z}{(T_2-T_1)(z-e^{-T/T_2})}$
12	$\frac{(pT_2+1)}{p(pT_1+1)}$	$1+\frac{(T_2-T_1)}{T_1}e^{-t/T_1}$	$T_2>T_1$	$\frac{z}{z-1}+\frac{(T_2-T_1)z}{T_1(z-e^{-T/T_1})}$

Fortsetzung der Tabelle 7.2: Korrespondenztabelle der z–Transformation

	X(p)	x(t)		X(z)
13	$\frac{\omega}{(p^2+\omega^2)}$	$\sin \omega t$		$\frac{z \sin \omega T}{z^2 - 2\ z \cos \omega T + 1}$
14	$\frac{p}{(p^2+\omega^2)}$	$\cos \omega t$		$\frac{z\,(z - \cos \omega T)}{z^2 - 2\ z \cos \omega T + 1}$
15	$\frac{\omega}{(p+a)^2+\omega^2}$	$e^{-at} \sin \omega t$		$\frac{z\, e^{-aT} \sin \omega T}{z^2 - 2\ z\, e^{-aT} \cos \omega T + e^{-2aT}}$
16	$\frac{p+a}{(p+a)^2+\omega^2}$	$e^{-at} \cos \omega t$		$\frac{z\,(z - e^{-aT} \cos \omega T)}{z^2 - 2\, z\, e^{-aT} \cos \omega T + e^{-2aT}}$
17	$\frac{a^2+\omega^2}{p((p+a)^2+\omega^2)}$	$1 - e^{-at}(\cos \omega t + \frac{a}{\omega} \sin \omega t)$		$\frac{z}{z-1} - \frac{z^2 - z(e^{-aT} \cos \omega T - (a/\omega)\, e^{-aT} \sin \omega T)}{z^2 - 2\, z\, e^{-aT} \cos \omega T + e^{-2aT}}$
18	$\frac{\omega^2}{p\,(p^2+\omega^2)}$	$1 - \cos \omega t$		$\frac{z}{z-1} - \frac{z\,(z - \cos \omega T)}{z^2 - 2\, z\, \cos \omega T + 1}$

Fortsetzung der Tabelle 7.2: Korrespondenztabelle der z–Transformation

Beispiel 7.1. Es ist die z–Transformierte des in Bild 7.7 abgebildeten Signals zu ermitteln.

a. Da die abgetasteten Werte x_k vorgegeben sind bzw. sich berechnen lassen, kann die z–Transformierte $X_z(z)$ anhand der Definitionsgleichung (7.20) bestimmt werden. Man erhält eine unendliche Potenzreihe mit negativen Exponenten:

$$X_z(z) = Z\{(x_k)\} = 0\,z^0 + 0z^{-1} + 0z^{-2} + x_3\,z^{-3} + x_4\,z^{-4} + x_5\,z^{-5} + \ldots = z^{-3}\,(x_3 + x_4\,z^{-1} + x_5\,z^{-2} + \ldots).$$

b. Für den abgebildeten Verlauf von x(t) kann durch Anwendung der Rechenregeln und der Korrespondenztabelle ein geschlossener Ausdruck für $X_z(z)$ bestimmt werden.

Mit der Formel 7 der Korrespondenztabelle und der Linearitätsregel ergibt sich die z–Transformierte von $x(\tau)$ zu

$$Z\{x(\tau)\Big|_{\tau=kT}\} = \frac{A\,z\,(1-e^{-T/T1})}{(z-1)(z-e^{-T/T1})}\,.$$

Für x(t) gilt:

$$x(t) = x(\tau-2T).$$

Die Wertefolge für x(t) erhält man durch eine Verschiebung der Wertefolge für $x(\tau)$ um 2 Abtastperioden nach rechts. Damit ist laut der Rechtsverschiebungsregel die z–Transformierte von $x(\tau)$ mit z^{-2} zu multiplizieren. Man erhält damit

$$X_z(z) = z^{-2}\frac{A\,z\,(1-e^{-T/T1})}{(z-1)(z-e^{-T/T1})} = \frac{A\,(1-e^{-T/T1})}{z(z-1)(z-e^{-T/T1})}\,.$$

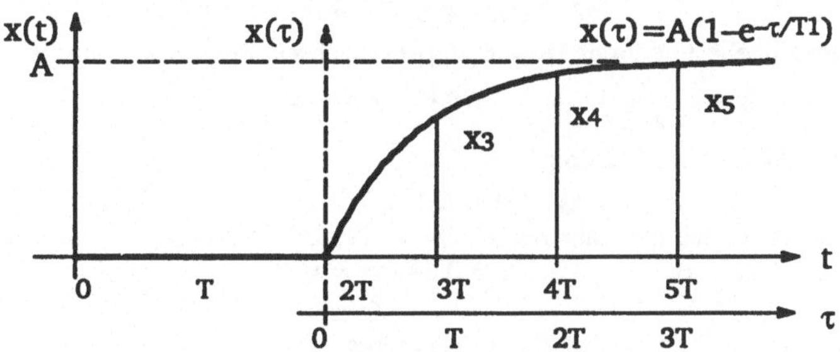

Bild 7.7: Zeitfunktion x(t) und deren abgetastete Werte

Die inverse z–Transformation

Die inverse z–Transformation liefert die Zahlenwerte x_k der Wertefolgefunktion (x_k). Bei der Rücktransformation werden ebenfalls die Korrespondeztabellen verwendet. Für kompliziertere Fälle, die nicht in den Tabellen enthalten sind, kann die Berechnung auf verschiedene Weise durchgeführt werden.

Potenzreihenentwicklung

Ist $X_z(z)$ eine gebrochen rationale Funktion, dann erhält man die Reihenentwicklung einfach durch Division von Zähler durch Nenner.

Beispiel 7.2. Gegeben ist die z–Transformierte

$$X_z(z) = \frac{0.4z}{z^2 - 1.6z + 0.6}\,.$$

Durch Division von Zähler durch Nenner erhält man

$$X_z(z) = 0.4z^{-1} + 0.64z^{-2} + 0.78\,z^{-3} + \ldots\,.$$

Die Koeffizienten bei z^{-k} stellen die Werte x_k der gesuchten Wertefolgefunktion dar:

$$x_0 = 0,\ x_1 = 0.4\,,\ x_2 = 0.64\,, x_3 = 0.784, \dots .$$

Die Rechnung für große k ist langwierig und fehleranfällig.

b. Partialbruchzerlegung

Die Bildfunktion $X_z(z)$ wird einer Partialbruchzerlegung unterzogen. Dabei entstehen einfache Terme, die anhand der Korrespondenztabelle rücktransformiert werden.

Beispiel 7.3. Gegeben ist die z–Transformierte

$$X_z(z) = \frac{0.4z}{z^2 - 1.6z + 0.6} \,.$$

Zuerst sind die Nennerwurzeln zu bestimmen. Sie ergeben sich zu $z_1=1.0$ und $z_2=0.6$.
Der Ansatz bei der Partialbruchzerlegung lautet damit

$$\frac{0.4z}{z^2 - 1.6z + 0.6} = \frac{A_1}{z-1} + \frac{A_2}{z-0.6} \,.$$

Die unbekannten Koeffizienten lassen sich zu $A_1=1$, $A_2=-A_1=-1$ berechnen und damit liefert die Partialbruchzerlegung

$$\frac{0.4z}{z^2 - 1.6z + 0.6} = \frac{z}{z-1} - \frac{z}{z-0.6} \,.$$

Aus der Korrespondenztabelle und unter Ausnutzung der Eigenschaften der z–Transformation ergibt sich

$$Z^{-1}\{ \frac{z}{z-1} \} = 1 \quad \text{und} \quad Z^{-1}\{ \frac{z}{z-0.6}\} = 0.6^k \,.$$

Somit ist die gesuchte Wertefolgefunktion

$$x_k = 1 - 0.6^k \,.$$

Mit diesem Ausdruck lassen sich die einzelnen Werte x_k für jedes beliebige k berechnen :

$$x_0 = 0,\ x_1 = 0.4,\ x_2 = 0.64\,, x_3 = 0.784\,,\dots .$$

c. Rücktransformation mit Hilfe des Residuensatzes

Die Rücktransformation kann durch die Auswertung des Umkehrintegrals der z–Transformation mit Hilfe des Residuensatzes

$$x_k = \frac{1}{2\pi j} \oint X_z(z)\, z^{k-1}\, dz = \sum_{m=1}^{n} \text{Res}\, \{ X_z(z)\, z^{k-1}\}_{z=z_m} \,, \qquad (7.22)$$

erfolgen. Dabei sind z_i die Pole von $X_z(z)$. Für einen einfachen Pol z_i gilt:

$$\text{Res}\, \{ X_z(z)\, z^{k-1}\}_{z=z_i} = \lim_{z\to z_i} (z-z_i)\, X_z(z)\, z^{k-1} \,. \qquad (7.23)$$

Beispiel 7.4. Gegeben ist die z–Transformierte

$$X_z(z) = \frac{0.4z}{z^2 - 1.6z + 0.6} \,.$$

Die Pole von $X_z(z)$ sind $z_1=1.0$ und $z_2=0.6$. Die Residuenwerte ergeben sich nach (7.23) zu

$$\text{Res}\, \{ X_z(z)\, z^{k-1}\}_{z=1} = \lim_{z\to 1} (z-1) \frac{0.4z}{(z-1)(z-0.6)} z^{k-1} = 1,$$

$$\text{Res}\, \{ X_z(z)\, z^{k-1}\}_{z=0.6} = \lim_{z\to 0.6} (z-0.6) \frac{0.4z}{(z-1)(z-0.6)} z^{k-1} = -0.6^k \,.$$

Die gesuchte Wertefolgefunktion ist damit

$$x_k = 1 - 0.6^k \ .$$

Man erhält bei dieser Art der Rücktransformation ebenfalls einen geschlossenen Ausdruck, dessen Wert für jedes beliebige k sehr einfach berechnet werden kann.

z-Übertragungsfunktion des digitalen Reglers

Der digitale Regler verarbeitet die Wertefolge der Regeldifferenz $(x_{d,k})$ entsprechend der programmierten Differenzengleichung, die allgemein folgende Form hat:

$$y_k = c_1 y_{k-1} + c_2 y_{k-2} + \ldots + c_n y_{k-n} + d_0 x_{d,k} + d_1 x_{d,k-1} + \ldots + d_m x_{d,k-m} \qquad (7.24)$$

Wird hierauf die Verschiebungsregel der z-Transformation angewendet, so erhält man

$$\begin{aligned}(1 - c_1 z^{-1} - c_2 z^{-2} - \ldots - c_n z^{-n})\, Y(z) &= \\ &= (d_0 + d_1 z^{-1} + d_2 z^{-2} + \ldots + d_m z^{-m})\, X_d(z).\end{aligned} \qquad (7.25)$$

Damit kann die *z-Übertragungsfunktion* als Quotient aus der z-Transformierten der Ausgangsfolge Y(z) und der Eingangsfolge $X_d(z)$ definiert werden. Die z-Übertragungsfunktion wird allgemein mit F(z), die des Reglers mit $F_R(z)$ bezeichnet:

$$F_R(z) = \frac{Y(z)}{X_d(z)} = \frac{d_0 + d_1 z^{-1} + d_2 z^{-2} + \ldots + d_m z^{-m}}{1 - c_1 z^{-1} - c_2 z^{-2} - \ldots - c_n z^{-n}} \ . \qquad (7.26)$$

Wie kommt man nun auf die Differenzengleichung des Reglers, wie sind die Koeffizienten c_i und d_i zu bestimmen? Entweder geht man von der Gleichung des kontinuierlichen Reglers aus und diskretisiert sie, oder man führt den Entwurf mit einem der Verfahren im Bildbereich der z-Transformation [1, 12, 20, 23, 30, 34, 38, 55, 58, 64, 69] durch.

Differenzengleichungen und z-Übertragungsfunktionen der Standardregler

Bei der Diskretisierung der Gleichungen der herkömmlichen Standardregler wird die Integration durch Summenbildung und die Differentation durch Differenzbildung ersetzt.

P-Regler

Die Gleichung des kontinuierlichen P-Reglers

$$y(t) = K_R x_d(t) \qquad (7.27)$$

nimmt bei der Diskretisierung für Abtastzeitpunkte kT folgende Form an:

$$y_k = K_R x_{d,k} \ . \qquad (7.28)$$

Damit ergibt sich seine z-Übertragungsfunktion zu

$$F_R(z) = K_R \ . \qquad (7.29)$$

I–Regler

Die Gleichung des I–Reglers

$$y(t) = \frac{1}{T_n} \int_0^t x_d(\tau)\, d\tau \tag{7.30}$$

kann mit Hilfe der Rechtecknäherung oder der Trapeznäherung diskretisiert werden. Bei der Rechtecknäherung wird die Integration durch die Summenbildung folgender Form

$$y_k = \frac{T}{T_n} \sum_{i=0}^{k-1} x_{d,i} \tag{7.31}$$

ersetzt. Bildet man die Differenz $y_k - y_{k-1}$, erhält man den rekursiven Algorithmus des I–Reglers

$$y_k = y_{k-1} + \frac{T}{T_n} x_{d,k-1} \tag{7.32}$$

und damit seine z–Übertragungsfunktion

$$F_R(z) = \frac{(T/T_n)z^{-1}}{1 - z^{-1}} = \frac{(T/T_n)}{z - 1}\,. \tag{7.33}$$

Wenn anstelle der expliziten Rechteckintegration (7.31) die implizite Rechteckintegration verwendet wird, ergibt sich die z–Übertragungsfunktion des digitalen Integrierers zu

$$F_R(z) = \frac{(T/T_n)}{1 - z^{-1}} = \frac{(T/T_n)z}{z - 1}\,. \tag{7.34}$$

Vergleicht man die z–Übertragungsfunktion (7.34) mit der Übertragungsfunktion des analogen I–Gliedes

$$F(p) = \frac{1}{pT_n}\,, \tag{7.35}$$

so ergibt sich folgende Substitutionsbeziehung

$$p = \frac{z - 1}{Tz}\,. \tag{7.36}$$

Diese Beziehung kann zur Bestimmung der z–Übertragungsfunktion eines kontinuierlichen Übertragungsgliedes bei quasikontinuierlicher Betrachtung (die Abtastzeit T ist viel kleiner als die Zeitkonstanten des Gliedes) eingesetzt werden.

Wird die kontinuierliche Integration durch Trapezintegration angenähert, nimmt der rekursive Algorithmus des I–Reglers folgende Form an:

$$y_k = y_{k-1} + \frac{T}{2T_n}(x_{d,k} + x_{d,k-1})\,. \tag{7.37}$$

Somit nimmt die z–Übertragungsfunktion des digitalen Integrierers mit der Trapezregel folgende Form an:

$$F_R(z) = \frac{(T/2T_n)(1+z^{-1})}{1 - z^{-1}} = \frac{(T/2T_n)(z+1)}{z - 1}\,. \tag{7.38}$$

Vergleicht man die z–Übertragungsfunktion (7.38) mit der Übertragungsfunktion des analogen I–Gliedes (7.35), so ergibt sich folgende Substitutionsbeziehung

$$p = \frac{2}{T}\frac{(z - 1)}{(z + 1)}\,. \tag{7.39}$$

Diese Beziehung kann zur Bestimmung der z–Übertragungsfunktion eines kontinuierlichen Übertragungsgliedes bei quasikontinuierlicher Betrachtung (die Abtastzeit T ist viel kleiner als die Zeitkonstanten des Gliedes) verwendet werden

PI–Regler

Die Differentialgleichung des PI–Reglers

$$y(t) = K_P \left(x_d(t) + \frac{1}{T_n} \int_0^t x_d(\tau)\, d\tau \right) \tag{7.40}$$

geht bei der Anwendung der Trapezintegration in folgende Differenzengleichung

$$y_k = y_{k-1} + K_p\left(1 + \frac{T}{2T_n}\right)x_{d,k} - K_p\left(1 - \frac{T}{2T_n}\right) x_{d,k-1}\,, \tag{7.41}$$

über. Damit hat der digitale PI–Regler die z–Übertragungsfunktion erster Ordnung

$$F_R(z) = \frac{Y(z)}{X_d(z)} = \frac{d_0 + d_1 z^{-1}}{1 - c_1 z^{-1}} \tag{7.42}$$

mit den Parametern

$$c_1 = 1,\quad d_0 = K_p\left(1 + \frac{T}{2T_n}\right),\quad d_1 = -\,K_p\left(1 - \frac{T}{2T_n}\right). \tag{7.43}$$

D–T₁–Regler

Die z–Übertragungsfunktion des D–T_1–Reglers kann u.a. mit Hilfe der Substitutonsbeziehungen (7.36) bzw. (7.39) ermittelt werden. Wird die Substitutionsbeziehung (7.39) in die Übertragungsfunktion des Reglers

$$F_R(p) = \frac{pT_v}{pT_1+1} \tag{7.44}$$

eingesetzt, erhält man

$$F_R(z) = \frac{\dfrac{2T_v}{T}\dfrac{(z-1)}{(z+1)}}{\dfrac{2T_1}{T}\dfrac{(z-1)}{(z+1)} + 1}\,. \tag{7.45}$$

Nach der anschließenden Umwandlung ergibt sich die z–Übertragungsfunktion in der Form (7.42) mit den Parametern

$$c_1 = -\frac{T_1 - T/2}{T_1 + T/2}\,,\qquad d_0 = \frac{T_v}{T_1 + T/2}\,,\qquad d_1 = -\frac{T_v}{T_1 + T/2}\,. \tag{7.46}$$

PID–Regler

Die Differentialgleichung des PID–Reglers

$$y(t) = K_P \left(x_d(t) + \frac{1}{T_n} \int_0^t x_d(\tau)\, d\tau + T_v \frac{dx_d(t)}{dt} \right) \tag{7.47}$$

geht bei der Anwendung der Rechteckregel für Integration, und der Differenzbildung für Differentiation in folgende Differenzengleichung über:

$$y_k = K_p\left(x_{d,k} + \frac{T}{T_n} \sum_{i=0}^{k-1} x_{d,i} + \frac{T_v}{T}\left(x_{d,k} - x_{d,k-1} \right)\right). \tag{7.48}$$

Das ist die nichtrekursive Form des PID–Regelalgorithmus. Zur Ableitung des rekursiven Algorithmus subtrahiert man den Ausdruck für y_{k-1}

$$y_{k-1} = K_p \left(x_{d,k-1} + \frac{T}{T_n} \sum_{i=0}^{k-2} x_{d,i} + \frac{T_v}{T} (x_{d,k-1} - x_{d,k-2}) \right) \tag{7.49}$$

vom Ausdruck (7.48). Somit ergibt sich der rekursive PID–Algorithmus in folgender Form:

$$y_k = y_{k-1} + K_p \left(1 + \frac{T_v}{T}\right) x_{d,k} - K_p \left(1 + 2\frac{T_v}{T} - \frac{T}{T_n}\right) x_{d,k-1} + K_p \frac{T_v}{T} x_{d,k-2}\,. \tag{7.50}$$

Dieser Differenzengleichung entspricht die z–Übertragungsfunktion zweiter Ordnung

$$F_R(z) = \frac{Y(z)}{X_d(z)} = \frac{d_0 + d_1 z^{-1} + d_2 z^{-2}}{1 - c_1 z^{-1}} \tag{7.51}$$

mit den Parametern

$$c_1 = 1,\ d_0 = K_p \left(1 + \frac{T_v}{T}\right),\ d_1 = -K_p \left(1 + 2\frac{T_v}{T} - \frac{T}{T_n}\right),\ d_2 = K_p \frac{T_v}{T}\,. \tag{7.52}$$

Wird die kontinuierliche Integration durch Trapezintegration angenähert, erhält man ebenfalls die z–Übertragungsfunktion der Form (7.51) mit den Parametern:

$$c_1 = 1,\ d_0 = K_p \left(1 + \frac{T}{2T_n} + \frac{T_v}{T}\right),\ d_1 = -K_p \left(1 + 2\frac{T_v}{T} - \frac{T}{2T_n}\right),\ d_2 = K_p \frac{T_v}{T}\,. \tag{7.53}$$

Wenn man folgende Kennwerte des digitalen Reglers festlegt [30]:

Verstärkungsfaktor $K = d_0 - d_2$, (7.54)
Vorhaltefaktor $C_D = d_2/K$, (7.55)
Integrierfaktor $C_I = (d_0 + d_1 + d_2)/K$, (7.56)
wobei folgende Bedingungen erfüllt sind: $C_D > 0$, $C_I > 0$, $C_I < C_D$,

und sie in die z–Übertragungsfunktion (7.51) einsetzt, nimmt die z–Übertragungsfunktion des digitalen PID–Reglers folgende Form an:

$$F_R(z) = \frac{Y(z)}{X_d(z)} = K \left(1 + C_I \frac{z^{-1}}{1 - z^{-1}} + C_D (1 - z^{-1})\right). \tag{7.57}$$

Hier kommen die einzelnen P–, I– und D–Anteile, ähnlich wie beim zeitkontinuierlichen PID–Regler, zum Vorschein (Bild 7.8).

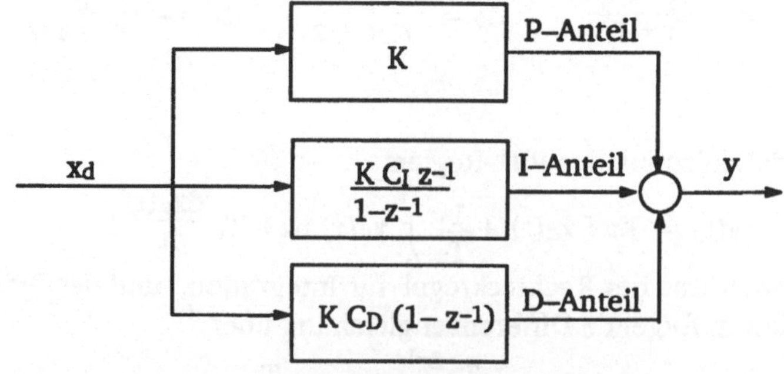

Bild 7.8: Blockschaltbild des digitalen PID–Regelalgorithmus

Eine weitere Ähnlichkeit besteht darin, daß der digitale PID-Regler ebenfalls einen Pol ($z_1=1$) und zwei Nullstellen besitzt.

Beispiel 7.5. Für eine Regelstrecke wurden folgende Parameter eines analogen PID-Reglers als optimal gefunden:

$$K_p = 2\,,\quad T_n = 10\text{sec}\,,\quad T_v = 4\text{sec}\,.$$

Er soll durch einen digitalen PID-Regler ersetzt werden. Die Abtastzeit T beträgt 0.5sec. Zu berechnen sind die Parameter der z-Übertragungsfunktion.

Die Parameter des digitalen PID-Reglers mit Rechteckintegration nach (7.52) lauten

$$c_1 = 1,\ d_0 = 18.0\,,\ d_1 = -33.9\,,\ d_2 = 16.0\,.$$

Die Parameter des digitalen PID-Reglers mit Trapezintegration nach (7.53) lauten

$$c_1 = 1,\ d_0 = 18.05\,,\ d_1 = -33.95\,,\ d_2 = 16.0\,.$$

Es ergeben sich also vernachlässigbar kleine Unterschiede.

Beispiel 7.6. Ein digitaler Regler verarbeitet die Regeldifferenz ($x_{d,k}$) entsprechend folgender Differenzengleichung

$$y_k = -0.5\, y_{k-1} + \frac{1}{T^2}\left(x_{d,k} - x_{d,k-1}\right).$$

Die Abtastzeit T beträgt 0.5sec. Zu bestimmen ist die Sprungantwort des Reglers.
Der Differenzengleichung des Reglers entspricht folgender z-Übertragungsfunktion des Reglers

$$F_R(z) = \frac{(1/T^2)(z-1)}{z+0.5} = \frac{4(z-1)}{z+0.5}\,.$$

Die z-Transformierte der Sprungfunktion entsprechend der Tabelle 7.2 ist

$$X_d(z) = \frac{z}{z-1}\,.$$

Damit ergibt sich die z-Transformierte der Sprungantwort zu

$$Y(z) = \frac{4(z-1)}{z+0.5}\cdot\frac{z}{z-1} = \frac{4z}{z+0.5}\,.$$

Die Rücktransformation kann auf verschiedene Weise erfolgen. Mit der Korrespondenztabelle 7.2 erhält man die Sprungantwort zu

$$y_k = 4\,(-0.5)^k\,.$$

z-Führungs-Übertragungsfunktionen des einschleifigen Regelkreises mit einem digitalen Regler

Im Abschnitt 7.1 wurde ein Blockschaltbild des Abtastregelkreises erstellt (Bild 7.6). Nachdem nun die z-Übertragungsfunktion eines digitalen Reglers (7.26) definiert wurde, kann eine weitere äquivalente Struktur des einschleifigen Regelkreises gemäß Bild 7.9 angegeben werden.

Die z-Übertragungsfunktion des offenen Kreises erhält man zu

$$F_o(z) = F_R(z)\cdot Z\{\, F_H(p)\, F_s(p)\} = F_R(z)\cdot F_HF_s(z)\,, \tag{7.58}$$

wobei $F_HF_s(z)$ die z-Übertragungsfunktion der Anordnung δ-Abtaster+Halteglied+Regelstrecke ist:

$$F_HF_s(z) = Z\{\, \frac{1-e^{-pT}}{p} F_s(p)\} = \frac{z-1}{z} Z\{\, \frac{F_s(p)}{p}\,\}\,. \tag{7.59}$$

Die z-Übertragungsfunktionen für einige Regelstrecken ohne und mit Halteglied sind in Tabelle 7.3 zusammengestellt.

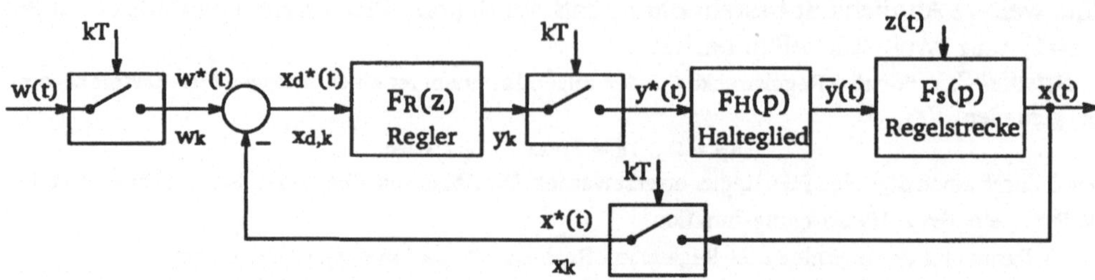

Bild 7.9: Äquivalente Blockstruktur des einschleifigen Regelkreises mit einem digitalen Regler

$F_s(p)$	$F_s(z) = Z\{F_s(p)\}$ (ohne Halteglied)	$F_HF_s(z)$ (mit Halteglied)
$\frac{K_I}{p}$	$\frac{K_I z}{z-1}$	$\frac{K_I T}{z-1}$
$\frac{K_{I2}}{p^2}$	$\frac{K_{I2} T z}{(z-1)^2}$	$\frac{K_{I2} T^2 (z+1)}{2\,(z-1)^2}$
$\frac{K_s}{(pT_1+1)}$	$\frac{(K_s/T_1) z}{z - e^{-T/T_1}}$	$\frac{K_s(1-e^{-T/T_1})}{z - e^{-T/T_1}}$
$\frac{K_s}{p(pT_1+1)}$	$\frac{K_s z\,(1-e^{-T/T_1})}{(z-1)(z-e^{-T/T_1})}$	$\frac{K_s\,(az+b)}{(z-1)(z-e^{-T/T_1})}$ 1)
$\frac{K_s}{(pT_1+1)(pT_2+1)}$	$\frac{K_s\,(e^{-T/T_1}-e^{-T/T_2}) z}{(T_1-T_2)(z-e^{-T/T_1})(z-e^{-T/T_2})}$	$\frac{K_s(az+b)}{(z-e^{-T/T_1})(z-e^{-T/T_2})}$ 2)
$\frac{K_s}{p^2T_1^2+2dT_1p+1}$	$\frac{K_s\, c\, \omega \sin \omega T\, z}{z^2 - 2c\cos\omega T\, z + c^2}$ 3)	$\frac{b_1 z + b_2}{z^2 - 2c\cos\omega T\, z + c^2}$ 3)

1) $a = T - T_1\,(1-e^{-T/T_1}),\quad b = T_1\,(1-e^{-T/T_1}) - T\,e^{-T/T_1}$.

2) $a = 1 + \frac{T_1}{T_2-T_1}\,e^{-T/T_1} - \frac{T_2}{T_2-T_1}\,e^{-T/T_2},\quad b = e^{-T/T_1}e^{-T/T_2} + \frac{T_1}{T_2-T_1}e^{-T/T_2} - \frac{T_2}{T_2-T_1}\,e^{-T/T_1}$.

3) $a = \frac{d}{T_1},\ \omega = \frac{\sqrt{1-d^2}}{T_1},\ c = e^{-d\cdot T/T_1}\ b_1 = K_s(1-a(\cos\omega T + \frac{a}{\omega}\sin\omega T)), b_2 = K_s c(c - \cos\omega T + \frac{a}{\omega}\sin\omega T)$

Tabelle 7.3: z–Übertragungsfunktionen einiger typischer Regelstrecken ohne und mit Halteglied

Man erhält damit eine diskrete Darstellung des Regelkreises entsprechend Bild 7.10. Hierbei sind sowohl der Regler als auch die Regelstrecke einschließlich Halteglied diskrete Systeme, *alle Signale sind Abtastsignale* $w^*(t)$, $y^*(t)$, $x^*(t)$ bzw. w_k, y_k und x_k. Die z–Führungsübertragungsfunktion des einschleifigen Regelkreises ergibt sich damit zu

$$F_w(z) = \frac{X(z)}{W(z)} = \frac{F_o(z)}{1+F_o(z)} = \frac{F_R(z)F_HF_s(z)}{1+F_R(z)\,F_HF_s(z)}\,. \qquad (7.60)$$

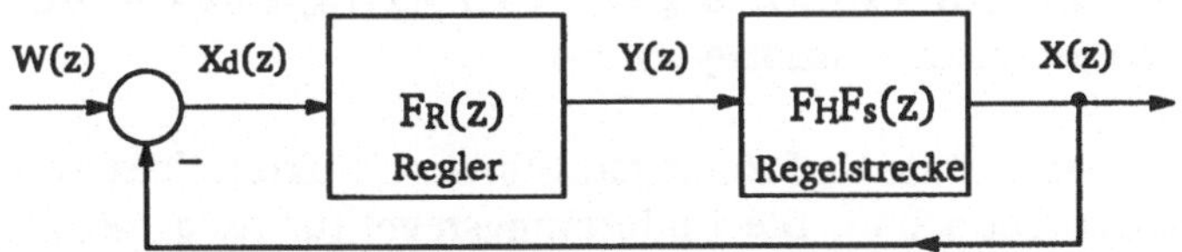

Bild 7.10: Blockstruktur des einschleifigen Regelkreises für Abtastsignale

Beispiel 7.7. Gegeben ist ein Regelkreis mit einer PT1–Regelstrecke und einem digitalen I–Regler, bei dem das Trapezintegrationsverfahren realisiert ist. Zu bestimmen ist die z–Führungsübertragungsfunktion des Regelkreises.

Die z–Übertragungsfunktion des digitalen I–Reglers mit Trapezintegration ist (7.38). Für die z–Übertragungsfunktion der Regelstrecke mit Halteglied ergibt sich nach (7.59) (Siehe Tabelle 7.3)

$$F_H F_s(z) = \frac{z-1}{z} Z\{ \frac{F_s(p)}{p} \} = \frac{K_s(1-e^{-T/T_1})}{z - e^{-T/T_1}} .$$

Die z–Übertragungsfunktion des offenen Kreises ergibt sich nach (7.58) zu

$$F_o(z) = = K_s(T/2T_n)(1-e^{-T/T_1}) \frac{(z+1)}{(z-1)(z - e^{-T/T_1})} = K_o \frac{(z+1)}{(z-1)(z - e^{-T/T_1})} .$$

Damit ergibt sich die z–Führungsübertragungsfunktion zu

$$F_w(z) = \frac{K_o(z+1)}{z^2 - (1+ e^{-T/T_1} - K_o)z + e^{-T/T_1} + K_o} .$$

Im Fall *der quasikontinuierlichen Regelung*, der eintritt, wenn die Abtastzeit T viel kleiner als die Zeitkonstanten des Regelkreises ist, kann der Einfluß des Haltegliedes vernachlässigt werden. In diesem Fall kann bei der Analyse des Regelkreises die z–Übertragungsfunktion der Regelstrecke ohne Halteglied verwendet werden.

Für den betrachteten einschleifigen Abtastregelkreis aus dem Bild 7.9 kann die z–Störübertragungsfunktion gar nicht definiert werden, da das Störsignal z(t) nicht abgetastet wird. Es kann lediglich seine Auswirkung auf das System durch folgende Beziehung

$$X(z) = \frac{Z\{F_{st}(p)Z(p)\}}{1 + F_o(z)} \tag{7.61}$$

beschrieben werden. Dabei ist X(z) der durch die Störung z(t) verursachte Anteil in der Regelgröße, $F_{st}(p)$ Störübertragungsfunktion der Regelstrecke, Z(p) Laplace–Transformierte des Störsignals z(t) und $Z\{F_{st}(p)Z(p)\}$ die z–Transformierte des Produkts $F_{st}(p)Z(p)$. Die Beziehung (7.61) setzt also die genauen Kenntnisse über das Störsignal z(t) voraus. Sie ist gleichzeitig eine Vorschrift zur Umrechnung einer Störgröße, die innerhalb der Regelstrecke eingreift, auf den Ausgang der Regelstrecke. Deshalb betrachtet man $Z\{F_{st}(p)Z(p)\}$ als die eigentliche Störgröße und definiert die *z–Störübertragungsfunktion* zu

$$F_{st}(z) = \frac{X(z)}{Z\{F_{st}(p)Z(p)\}} = \frac{1}{1 + F_o(z)} = \frac{1}{1 + F_R(z)\, F_H F_s(z)} . \tag{7.62}$$

Umformungsregel zur Ermittlung der z–Übertragungsfunktionen für zusammengesetzte Abtastsysteme

Im Abschnitt 4.1 wurden die Umformungsregeln des Strukturbildes für kontinuierliche lineare Regelkreise betrachtet. Die Umformungsregel für Abtastregelkreise sind für einige elementare Strukturbilder in Bild 7.11 dargestellt.

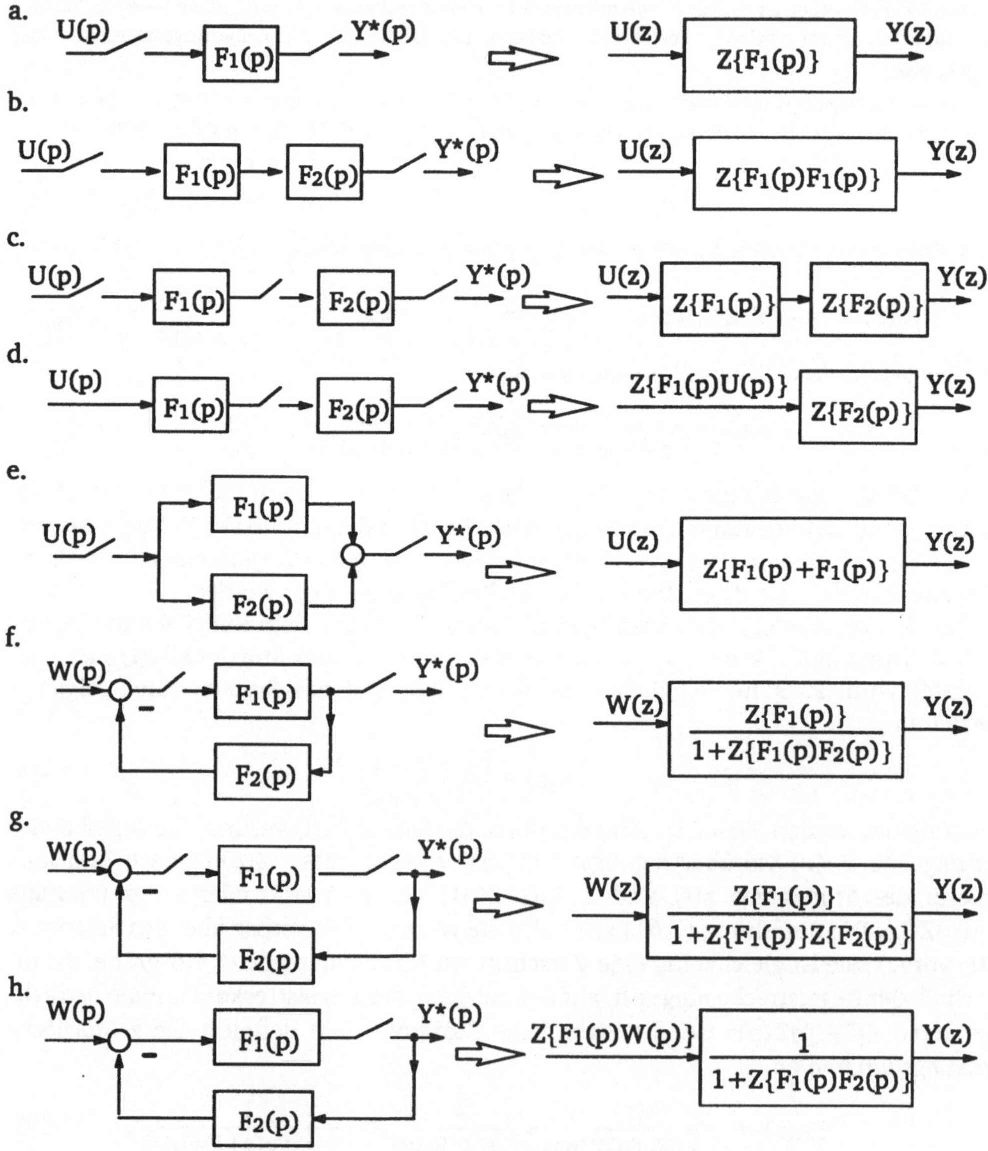

Bild 7.11: Umformungsregeln für Abtastsysteme beim Übergang zur diskreten Darstellung

	Kontinuierliches System	**Abtastsystem**
Zeit	$0 \leq t \leq \infty$	$kT, k = 0,1,\ldots,\infty$
Funktion	Kontinuierliche Funktion $x(t)$	Wertefolgefunktion x_k Impulsfolgefunktion $x^*(t)$
Systembeschreibung im Zeitbereich	Differentialgleichung $y^{(n)}+a_{n-1}y^{(n-1)}+\ldots+a_0y=$ $b_mu^{(m)}+b_{m-1}u^{(m-1)}+\ldots+b_0u$	Differenzengleichung $y_{k+n}+a_1y_{k+n-1}+\ldots+a_ny_k=$ $b_0u_{k+n}+b_1u_{k+n-1}+\ldots+b_nu_k$
Berechnung des Übergangsvorganges	$y(t) = \sum_{i=1}^{n} C_ie^{p_it} + y_p(t)$ wobei p_i Wurzeln der charakteristischen Gleichung sind.	$y_k = \sum_{i=1}^{n} C_i(z_i)^k + y_{p,k}$ wobei z_i Wurzeln der charakteristischen Gleichung sind.
Charakteristische Gleichung	$A(p)=p^n+a_{n-1}p^{n-1}+\ldots+a_0=0$	$A(z)=z^n+a_1z^{n-1}+\ldots+a_n=0$
Transformation	Laplace–Transformation $X(p)=\int_0^\infty x(t)e^{-pt}\,dt$	z–Transformation $X(z) = \sum_{k=0}^{\infty} x_kz^{-k}$
Übertragungsfunktion	$F(p)=\dfrac{b_mp^m+b_{m-1}p^{m-1}+\ldots+b_0}{p^n+a_{n-1}p^{n-1}+\ldots+a_0}$	$F(z)=\dfrac{b_0z^n+b_1z^{n-1}+\ldots+b_n}{z^n+a_1z^{n-1}+\ldots+a_n}$
Faltungsoperation im Zeitbereich	$y(t) = \int_0^t g(t-\tau)u(\tau)d\tau$	$y_k = \sum_{i=0}^{k} g_{k-i}\,u_i$
Faltungsoperation im Bildbereich	$Y(p) = F(p)U(p)$	$Y(z) = F(z)U(z)$
Verschiebung im Zeitbereich	$x(t-\tau)$	x_{k-m}, mit $m=\tau/T$
Bild der Verschiebung	$X(p)\,e^{-p\tau}$	$z^{-m}X(z)$
Stabilitätsbedingung	$\mathrm{Re}\,p_i < 0$	$\lvert z_i \rvert < 1$
Anfangswertsatz	$x(+0) = \lim_{p\to\infty} pX(p)$	$x_0 = \lim_{z\to\infty} X(z)$
Endwertsatz	$\lim_{t\to\infty} x(t) = \lim_{p\to 0} pX(p)$	$\lim_{k\to\infty} x_k = \lim_{z\to 1} (z-1)\cdot X(z)$
Dämpfungssatz	$Z\{x_ke^{akT}\} = X(ze^{-aT})$	$L\{x(t)e^{at}\} = X(p-a)$
Multiplikation	mit p^{-n} im Bildbereich entspricht einer m–facher Integration im Zeitbereich	mit z^{-n} im Bildbereich entspricht einer Verschiebung im Zeitbereich

Tabelle 7.4: Formelle Analogie zwischen kontinuierlichen Systemen und Abtastsystemen

7.3 Stabilitätsprüfung der Abtastregelkreise

Für die Stabilität eines Abtastregelkreises ist die Lage der Pole seiner z–Übertragungsfunktion

$$F(z) = \frac{B(z)}{A(z)} \tag{7.63}$$

entscheidend. *Ein linearer Abtastregelkreis ist stabil, wenn alle Pole z_i von F(z) innerhalb des Einheitskreises liegen*

$$|z_i| < 1 \, . \tag{7.64}$$

Dieser Stabilitätsbereich der komplexen z–Ebene ist in Bild 7.12 dargestellt.

Die Anwendung dieses Stabilitätskriteriums auf einen einschleifigen Regelkreis gemäß Bild 7.10 und auf dessen Übertragungsfunktion (7.60) führt zu folgender Definition: Der geschlossene Abtastregelkreis ist stabil, wenn alle Nullstellen z_i der charakteristischen Gleichung

$$A(z) = 1 + F_o(z) = 0 \tag{7.65}$$

im Inneren des Einheitskreises liegen.

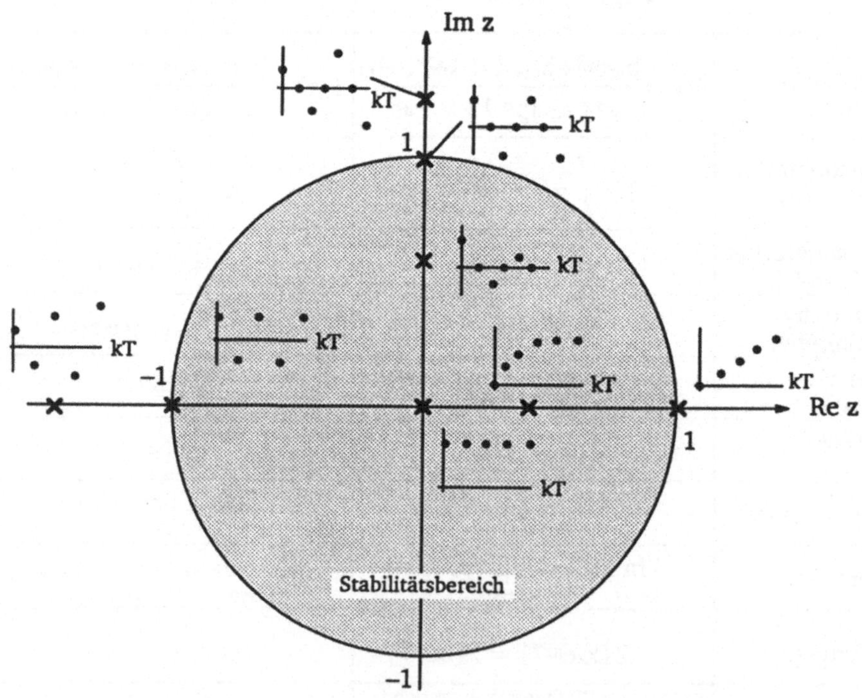

Bild 7.12: Ausgewählte Polstellen in der z–Ebene sowie qualitativer Zusammenhang zu den Systemtransienten

In Analogie zum Hurwitz–Kriterium hat man notwendige und hinreichende Stabilitätsbedingungen für Abtastsysteme hergeleitet, die es erlauben, ohne Nullstellenberechnung auf die Stabilität eines Regelkreises zu schließen. Dabei wird vom Nennerpolynom der z–Übertragungsfunktion n–ter Ordnung

$$A(z) = a_0 z^n + a_1 z^{n-1} + a_2 z^{n-2} + \ldots + a_{n-1} z + a_n \tag{7.66}$$

ausgegangen.

Wenn die notwendigen Bedingungen erfüllt sind, müssen danach noch die hinreichenden Bedingungen geprüft werden. Sie sind für die Polynome A(z) niedriger Ordnung in Tabelle 7.4 zusammengestellt [17].

Ordnung des Polynoms A(z)	Notwendige Bedingungen (bei $a_0>0$)	Hinreichende Bedingungen
n=2	$A(1)=a_0+a_1+a_2 > 0$ $A(-1)=a_0-a_1+a_2 > 0$	$a_0 > \lvert a_2 \rvert$
n=3	$A(1)=a_0+a_1+a_2+a_3 > 0$ $A(-1)=-a_0+a_1-a_2+a_3 > 0$	$a_0 > \lvert a_3 \rvert$ $a_0a_2-a_3a_1 < a_0^2-a_3^2$
n=4	$A(1)=a_0+a_1+a_2+a_3+a_4 > 0$ $A(-1)=a_0-a_1+a_2-a_3+a_4 > 0$	$\lvert a_0a_3-a_1a_4 \rvert < a_0^2-a_4^2$ $(a_0-a_4)^2(a_0-a_2+a_4)+$ $(a_1-a_3)(a_0a_3-a_1a_4) > 0$

Tabelle 7.4: Stabilitätsbedingungen für Abtastregelkreise nach [17]

Beispiel 7.8. Gegeben ist ein Regelkreis mit einer P–T_1–Regelstrecke und einem digitalen I–Regler, bei dem das Trapezintegrationsverfahren realisiert ist (Siehe Beispiel 7.7). Zu bestimmen ist die kritische Kreisverstärkung des offenen Kreises K_0.

In Beispiel 7.7 wurde die z–Führungsübertragungsfunktion des Regelkreises zu

$$F_w(z) = \frac{K_0(z+1)}{z^2 - (1+e^{-T/T_1} - K_0)z + e^{-T/T_1} + K_0}$$

ermittelt. Das Nennerpolynom

$$A(z) = z^2 - (1+e^{-T/T_1} - K_0)z + e^{-T/T_1} + K_0$$

ist zweiter Ordnung. Die notwendigen Stabilitätsbedingungen

$$A(1) = 1 - 1 - e^{-T/T_1} + K_0 + e^{-T/T_1} + K_0 = 2K_0 > 0\,,$$

$$A(-1) = 1 + 1 + e^{-T/T_1} - K_0 + e^{-T/T_1} + K_0 > 0$$

sind erfüllt bei $K_0>0$.

Die hinreichende Stabilitätsbedingung lautet in diesem Fall

$$-1 < e^{-T/T_1} + K_0 < 1$$

und damit ergibt sich der kritische Wert der Kreisverstärkung zu

$$K_0 = 1 - e^{-T/T_1}\,.$$

7.4 Einige Entwurfsverfahren für digitale Regler

Einstellregeln für digitale PID–Regler nach Takahashi

In Anlehnung an die bekannten Einstellregeln von Ziegler–Nichols wurden die Parametereinstellregeln für den digitalen PID–Regelalgorithmus entwickelt [30, 62]. Man geht dabei entweder von Zeitkennwerten der Sprungantwort der Regelstrecke oder von Versuchen an der Stabilitätsgrenze mit einem P–Regler aus.

Einstellregeln anhand der Kennwerte der Sprungantwort der Regelstrecke

Aus der Übergangsfunktion der Regelstrecke werden die Verzugszeit T_u und die Ausgleichszeit T_g ermittelt (Bild 7.13). Anhand dieser Werte werden die Parameter eines digitalen P–, PI– oder PID–Reglers eingestellt (Tabelle 7.5). Sie sind allerdings bei $T_u / T \to 0$ nicht anwendbar

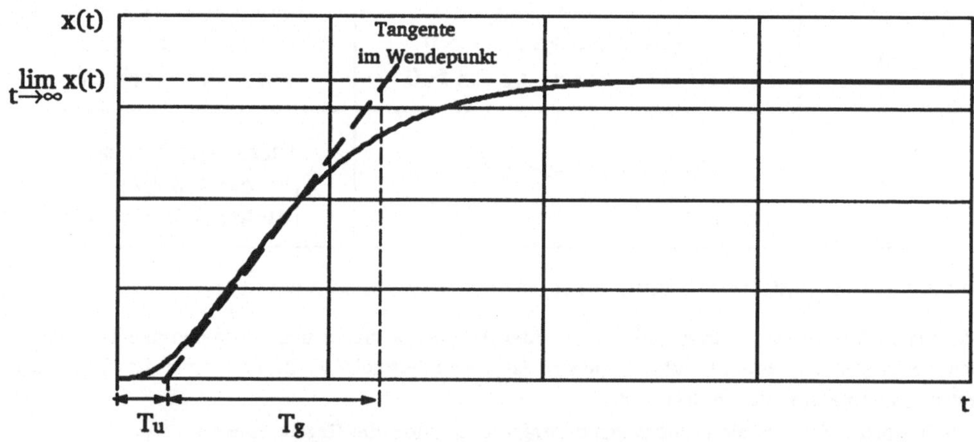

Bild 7.13: Kennwerte der Sprungantwort einer Regelstrecke

Typ des Reglers	K_R	$\frac{T}{T_n}$	$\frac{T_v}{T}$
P	$\frac{T_g}{T_u + T}$	–	–
PI	$\frac{0.9\, T_g}{T_u + T/2} - \frac{0.135\, T_g T}{(T_u + T/2)^2}$	$\frac{0.27\, T_g T}{K_R (T_u + T/2)^2}$	–
PID	$\frac{1.2\, T_g}{T_u + T} - \frac{0.3\, T_g T}{(T_u + T/2)^2}$	$\frac{0.6\, T_g T}{K_R (T_u + T/2)^2}$	$\frac{0.5\, T_g}{K_R T}$

Tabelle 7.5: Einstellregeln nach Zeitkennwerten der Übergangsfunktion

Einstellregeln mit Schwingversuchen

Hierbei wird der Übertragungsbeiwert eines digitalen P–Reglers solange bis zum Wert K_{krit} vergrößert, bis sich Dauerschwingungen der Periodendauer T_p (Bild 7.14) einstellen. Anhand des Wertes T_p werden die Parameter eines digitalen P–, PI– oder PID–Reglers eingestellt (Tabelle 7.6). Sie gelten für $T<2T_u$.

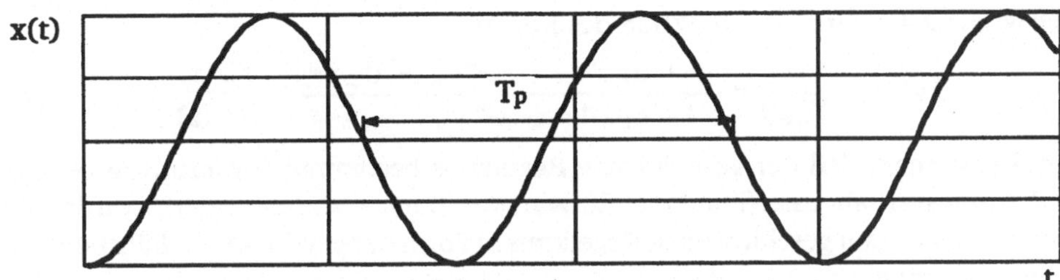

Bild 7.14: Periodendauer der Schwingungen an der Stabilitätsgrenze

Typ des Reglers	K_R	$\frac{T}{T_n}$	$\frac{T_v}{T}$
P	$\frac{K_{krit}}{2}$	–	–
PI	$(0.45\,K_{krit} \ldots 0.27\,K_{krit})\frac{T}{T_p}$	$0.54\,\frac{K_{krit}}{K_R}\,\frac{T}{T_p}$	–
PID	$0.6\,K_{krit} - 0.6\,K_{krit}\,\frac{T}{T_p}$	$1.2\,\frac{K_{krit}}{K_R}\,\frac{T}{T_p}$	$\frac{3K_{krit}}{40K_R}\,\frac{T}{T_p}$

Tabelle 7.6: Einstellregeln nach Schwingversuchen

Kompensationsregler

Ausgangspunkt für den Entwurf diskreter Kompensationsalgorithmen ist ein Abtastregelkreis in diskreter Darstellung gemäß Bild 7.15, wobei die z–Übertragungsfunktion der Regelstrecke

$$F_s(z) = F_HF_s(z) = \frac{X(z)}{Y(z)} = \frac{b_1 z^{-1} + b_2 z^{-2} + \ldots + b_n z^{-n}}{1 + a_1 z^{-1} + a_2 z^{-2} + \ldots + a_n z^{-n}}\, z^{-d} = \frac{B(z)}{A(z)}\, z^{-d} \qquad (7.67)$$

vorgegeben ist. Sie besitzt kein sprungfähiges Verhalten ($b_0=0$). Die Totzeit der Regelstrecke T_t ist ein Vielfaches der Abtastzeit, somit gilt $d = T_t / T$.

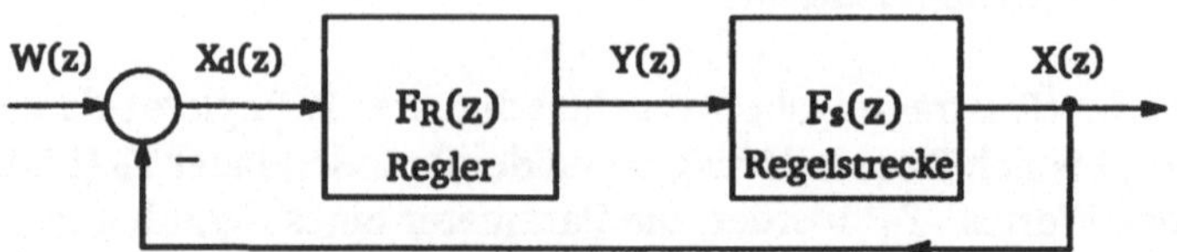

Bild 7.15: Blockstruktur des einschleifigen Regelkreises für Abtastsignale

Es ist die z–Übertragungsfunktion des Reglers

$$F_R(z) = \frac{Y(z)}{X_d(z)} = \frac{d_0 + d_1 z^{-1} + d_2 z^{-2} + \ldots + d_m z^{-m}}{1 - c_1 z^{-1} - c_2 z^{-2} - \ldots - c_m z^{-m}} = \frac{D(z)}{C(z)} \tag{7.68}$$

so zu bestimmen, daß der geschlossene Regelkreis bestimmte Forderungen bezüglich des Führungsverhaltens erfüllt. Beim Entwurf von Kompensationsreglern werden diese Forderungen an den geschlossenen Regelkreis in Form der gewünschten Führungsübertragungsfunktion

$$F_W(z) = \frac{X(z)}{W(z)} = \frac{F_R(z)F_s(z)}{1 + F_R(z)F_s(z)} \tag{7.69}$$

vorgegeben. Anhand des damit vorgegebenen Führungsverhaltens $F_W(z)$ und der Beziehung (7.67) läßt sich die z–Übertragungsfunktion des Reglers

$$F_R(z) = \frac{1}{F_s(p)} \cdot \frac{F_W(z)}{1 - F_W(z)} \tag{7.70}$$

berechnen. Diese Beziehung stellt die Grundgleichung der diskreten Kompensation dar. Allerdings ist der Entwurf von Kompensationsreglern auf gut gedämpfte, asymptotisch stabile Regelstrecken mit minimalem Phasenverhalten beschränkt [30]. Außerdem sind bei der Vorgabe der geforderten Führungsübertragungsfunktion $F_W(z)$ folgende Randbedingungen zu beachten:

- Die Reglerübertragungsfunktion $F_R(z)$ muß realisierbar sein, d.h. der Absolutkoeffizient des Nennerpolynoms von $F_R(z)$ in (7.68) darf nicht verschwinden. Es muß also gelten

$$F_W(z) = \frac{P(z)}{N(z)} \cdot z^{-d}, \tag{7.71}$$

wobei P(z) und N(z) zunächst noch frei wählbare Polynome sind.

- Die Führungsübertragungsfunktion muß den Verstärkungsfaktor 1 besitzen, d.h.

$$F_W(1) = \frac{P(1)}{N(1)} = 1. \tag{7.72}$$

Das bedeutet, daß der offene Regelkreis $F_R(z)F_s(z)$ mindestens einen Pol bei z=1 aufweisen muß. Somit muß der Regler einen I–Anteil enthalten.

Für einige Regelstrecken sind solche Kompensationsregler in Tabelle 7.7 angegeben [55]. Dabei werden die Linearfaktoren im Nenner der Regelstrecke

$$(z - e^{-T/T1})(z - e^{-T/T2})\ldots(z - e^{-T/Tn})$$

durch entsprechende Faktoren $(z-\alpha_1)(z-\alpha_2)\ldots(z-\alpha_n)$ im Zähler der z–Übertragungsfunktion des Reglers kompensiert.

$F_s(p)$	$F_s(z)=F_HF_s(z)$ (mit Halteglied)	$F_R(z)$	K_RK_s
$\dfrac{K_s}{(pT_1+1)}$	$\dfrac{K_s(1-e^{-T/T_1})}{z-e^{-T/T_1}}$	$\dfrac{K_R(z-e^{-T/T_1})}{z-1}$	$\dfrac{1}{\alpha}$ 1)
$\dfrac{K_s\,e^{-pT}}{(pT_1+1)}$	$\dfrac{K_s(1-e^{-T/T_1})}{z(z-e^{-T/T_1})}$	$\dfrac{K_R(z-e^{-T/T_1})}{z-1}$	$\dfrac{1}{3\alpha}$ 1)
$\dfrac{K_s}{(pT_1+1)(pT_2+1)}$	$\dfrac{K_s(\alpha z+\beta)}{(z-e^{-T/T1})(z-e^{-T/T2})}$ 2)	$\dfrac{K_R(z-e^{-T/T1})(z-e^{-T/T2})}{z(z-1)}$	$\dfrac{1}{\alpha+3\beta}$ 2)
$\dfrac{K_s\,e^{-pT}}{(pT_1+1)(pT_2+1)}$	$\dfrac{K_s(\alpha z+\beta)}{z(z-e^{-T/T1})(z-e^{-T/T2})}$ 2)	$\dfrac{K_R(z-e^{-T/T1})(z-e^{-T/T2})}{z(z-1)}$	$\dfrac{1}{3\alpha+5\beta}$ 2)

1) $\alpha = 1 - e^{-T/T_1}$

2) $\alpha = 1 + \dfrac{T_1}{T_2-T_1}\,e^{-T/T1} - \dfrac{T_2}{T_2-T_1}\,e^{-T/T2}$,

$\beta = e^{-T/T1}e^{-T/T2} + \dfrac{T_1}{T_2-T_1}\,e^{-T/T2} - \dfrac{T_2}{T_2-T_1}\,e^{-T/T1}$.

Tabelle 7.7: z–Übertragungsfunktionen der Kompensationsregler für einige Regelstrecken mit Halteglied

Berechnung des Reglers für endliche Einstellzeit (Deadbeat–Regler) ohne Stellgrößenvorgabe

Die Regler für endliche Einstellzeit gehören ebenfalls zu den Kompensationsreglern. Allerdings sind Deadbeat–Regler nur mit digitalen Mitteln realisierbar.
Beim Entwurf eines Deadbeat–Reglers schreibt man einen gegebenen Sollverlauf für die Regelgröße x(t) und die Stellgröße y(t) vor. Ab einer endlichen Einstellzeit, die ein Vielfaches der Abtastzeit T ist, muß die Stellgröße und die Regelgröße nach einer z.B. sprungförmigen Sollwertänderung im Beharrungszustand sein (Bild 7.16). Die Regelabweichung $x_{d,k}$ wird dabei nach qT exakt zu Null.

Die minimal erreichbare Einstellzeit qT hängt von den Eigenschaften der Regelstrecke ab. Für eine Regelstrecke mit der z–Übertragungsfunktion (7.67) kann durch ein Deadbeat–Regler erreicht werden, daß sich nach

$$q=n+d \tag{7.73}$$

Abtastperioden der neue Beharrungszustand nach einem Sprung der Führungsgröße einstellt. Durch Gleichung (7.73) ist die minimale Ausregelzeit (entspricht der Einstellzeit) eines Sollwertsprungs festgelegt. Falls keine Totzeit vorhanden ist ($d=T_t/T=0$), wird die minimale Anzahl der dazu notwendigen Abtastperioden q gleich der Ordnung n der Regelstrecke.

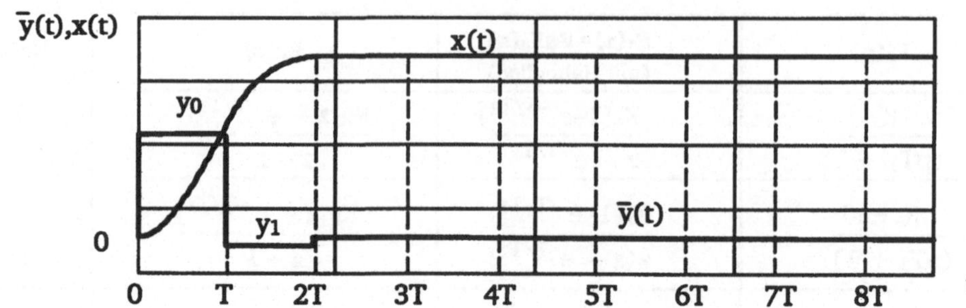

Bild 7.16: Verlauf der Stellgröße y(t) und der Regelgröße x(t) bei Einsatz eines Deadbeat–Reglers an einer Regelstrecke 2.Ordnung

Ausgehend von den Parametern der z–Übertragungsfunktion der Regelstrecke

$$F_s(z) = \frac{X(z)}{Y(z)} = \frac{b_1 z^{-1} + b_2 z^{-2} + ... + b_n z^{-n}}{1 + a_1 z^{-1} + a_2 z^{-2} + ... + a_n z^{-n}} = \frac{B(z)}{A(z)} \tag{7.74}$$

ergibt sich die gesuchte z–Übertragungsfunktion des Deadbeat–Reglers zu

$$F_R(z) = \frac{Y(z)}{X_d(z)} = \frac{d_0 + d_1 z^{-1} + d_2 z^{-2} + ... + d_n z^{-n}}{1 - c_1 z^{-1} - c_2 z^{-2} - ... - c_n z^{-n}} = \frac{D(z)}{C(z)}, \tag{7.75}$$

wobei deren Parameter nach folgenden Beziehungen zu berechnen sind:

$$\begin{aligned} d_0 &= \frac{1}{b_1 + b_2 + ... + b_n}, \\ d_1 &= a_1 d_0, \quad & c_1 &= b_1 d_0, \\ d_2 &= a_2 d_0, \quad & c_2 &= b_2 d_0, \\ &... & &... \\ d_n &= a_n d_0, \quad & c_n &= b_n d_0, \end{aligned} \tag{7.76}$$

Falls die Regelstrecke eine Totzeit aufweist ($d \neq 0$), lautet die z–Übertragungsfunktion des Reglers

$$F_R(z) = \frac{Y(z)}{X_d(z)} = \frac{d_0 + d_1 z^{-1} + d_2 z^{-2} + ... + d_n z^{-n}}{1 - c_1 z^{-(1+d)} - c_2 z^{-(2+d)} - ... - c_n z^{-(n+d)}}, \tag{7.77}$$

wobei deren Koeffizienten d_i und c_i ebenfalls nach (7.76) zu berechnen sind. Man kann zeigen [30], daß die resultierende Führungsübertragungsfunktion des Regelkreises mit einer Regelstrecke ohne Totzeit und mit einem Deadbeat–Regler folgendermaßen aussieht:

$$F_w(z) = \frac{X(z)}{W(z)} = c_1 z^{-1} + c_2 z^{-2} + ... + c_n z^{-n} = \frac{c_1 z^{n-1} + c_2 z^{n-2} + ... + c_n}{z^n}. \tag{7.78}$$

Daraus folgt, daß der Regelkreis mit einem Deadbeat–Regler einen m–fachen Pol im Ursprung der z–Ebene besitzt. Bei einem Sprung der Führungsgröße ($w_k=1$)

$$W(z) = \frac{z}{z-1} \tag{7.79}$$

ergibt sich die z–Transformierte der Regelgröße zu

$$\begin{aligned} X(z) = F_w(z)W(z) &= (c_1 z^{-1} + c_2 z^{-2} + ... + c_n z^{-n})\frac{z}{z-1} = \\ & c_1 z^{-1}\frac{z}{z-1} + c_2 z^{-2}\frac{z}{z-1} + ... + c_n z^{-n}\frac{z}{z-1}. \end{aligned} \tag{7.80}$$

Durch die Rücktransformation der Gleichung (7.80) erhält man folgende Werte der abgetasteten Regelgröße:

$$x_0=0,\ x_1 = c_1,\ x_2= c_1+c_2,\ x_n= c_1+c_2\ +\ldots +\ c_n, \qquad (7.81)$$
$$x_{n+1} = x_n, \ldots \quad .$$

Damit nimmt die Regelgröße x(t) nach n Abtastschritten ihren neuen Beharrungszustand ein.

Für einige typische Regelstrecken sind die z–Übertragungsfunktionen der Deadbeat–Regler in Tabelle 7.8 angegeben. Sie sind für einen Führungsgrößensprung ausgelegt. Die Deadbeat–Regler wie auch die Kompensationsregler insgesamt sind gegen geringe Ungenauigkeiten oder Änderungen in der Übertragungsfunktion der Regelstrecke sehr empfindlich.

$F_s(p)$	$F_R(z)$	Parameter des Reglers
$\frac{K_s}{p^2}$	$\frac{K_R(1+ d_1 z^{-1})}{1-c_1 z^{-1}}$	$K_R=1/(K_sT^2)$, $d_1=-1,\ c_1 = -0.5$
$\frac{K_s}{p(p+ \alpha)}$	$\frac{K_R(1+ d_1 z^{-1})}{1-c_1 z^{-1}}$	$K_R= \frac{\alpha}{K_sT(1-A)}$, $A = e^{-\alpha T}$, $c_1= \frac{A(1+\alpha T)-1}{\alpha T(1-A)}$, $d_1=- e^{-\alpha T}$
$\frac{K_s}{(p + \alpha)(p + \beta)}$	$\frac{K_R(1+ d_1 z^{-1}+ d_2 z^{-2})}{(1-z^{-1})(1+c_1 z^{-1})}$	$A = e^{-\alpha T},\ B = e^{-\beta T}$, $K_R= \frac{\alpha\beta}{K_s(1-A)(1-B)}$, $c_1= \frac{\beta B - \alpha A +(\alpha-\beta)AB}{(\alpha-\beta)(1-A)(1-B)}$, $d_1=- (A+B)\ ,\ d_2 = AB$.
$\frac{K_s}{(p + \alpha)^2}$	$\frac{K_R(1+ d_1 z^{-1}+ d_2 z^{-2})}{(1-z^{-1})(1+c_1 z^{-1})}$	$A = e^{-\alpha T}$, $K_R= \frac{\alpha^2}{K_s(1-A)^2}$, $c_1= \frac{A(\alpha T -1+ A)}{(1-A)^2}$, $d_1=- 2A\ ,\ d_2 = A^2$.
$\frac{K_s}{p^2 + \beta p + \alpha}$ wobei $4\alpha-\beta^2>0$ ist.	$\frac{K_R(1+ d_1 z^{-1}+ d_2 z^{-2})}{(1-z^{-1})(1+c_1 z^{-1})}$	$B = e^{-\beta T},\ \gamma= \sqrt{\alpha-\beta^2/4}$, $K_R= \frac{\alpha}{K_s(1-2\sqrt{B}\cos\gamma T +B)}$, $d_1=- 2\sqrt{B}\cos\gamma T\ ,\ d_2 = B$. $c_1= \frac{\sqrt{B}\ ((\beta/2\gamma)\sin\gamma T -\cos\gamma T)+B}{1-2\sqrt{B}\cos\gamma T +B}$.

Tabelle 7.8: z–Übertragungsfunktionen der Deadbeat–Regler für einige Regelstrecken, ausgelegt für einen Führungsgrößensprung

7.5 Hinweise und Aufgaben für die Simulationsexperimente

a. Hinweise zum Simulationsprogramm

Bei der Lösung dieser Aufgaben verwenden Sie das unter Menüpunkt

F10–'Abtastregelkreis'

verfügbare Programm zur Analyse der einschleifigen Abtastregelkreise im Zeitbereich. Nach der Anwahl des Menüpunktes 'Abtastregelkreis' durch die Funktionstaste F10 erscheint auf dem Bildschirm ein einschleifiger Abtastregelkreis gemäß Bild 7.17.

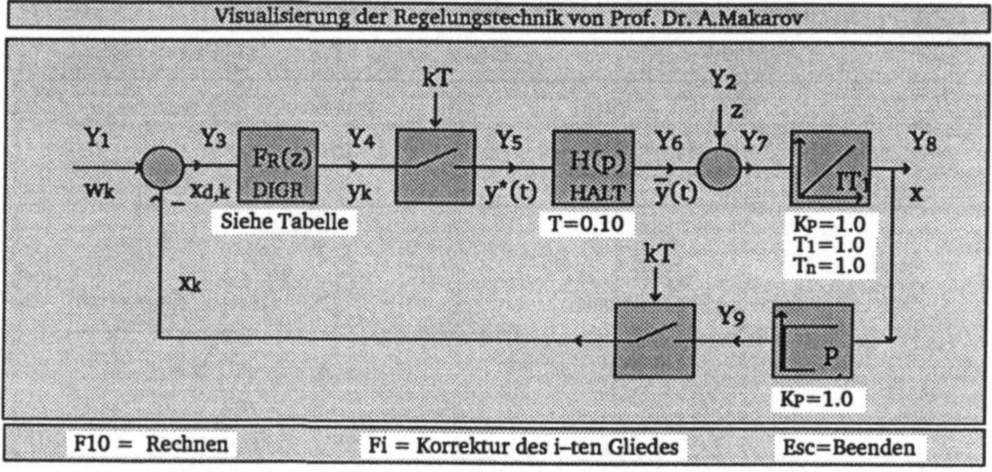

Bild 7.17: Darstellung eines Abtastregelkreises als Blockschaltbild in VISU–RT

Diese Standardstruktur kann durch die Änderung der Parameter einzelner Übertragungsglieder (=Blöcke) an konkrete Aufgaben angepaßt werden. Der Typ (d.h die Übertragungsfunktion) und die Parameter jedes einzelnen Gliedes können geändert werden, indem man die Funktionstaste Fi anwählt. Dabei ist i gleich der Nummer des Ausgangssignals Y_i des Blockes im Blockschaltbild, dessen Typ und/oder Parameter geändert werden sollen.

Zur Beschreibung der Regelstrecke stehen die Blöcke 7, 8 und 9 zur Verfügung. Damit kann mit einem der Blöcke die eventuell vorhandene Totzeit und mit den anderen die Übertragungsfunktion $F_s(p)$ der Regelstrecke angegeben werden. Wenn nur einer der Blöcke für die Beschreibung der Regelstrecke genügt, sind die anderen als P–Glieder mit $K_p=1$ einzustellen.

Die zulässigen Bezeichnungen des Typs eines der Übertragungsglieder 7 bis 9 sind in Tabelle 7.9 zusammengestellt.

Zum Beispiel das Ausgangssignal der Teilregelstrecke ist Y_8. Wenn deren Parameter oder Typ geändert werden soll, dann ist die Funktionstaste F8 zu drücken.
Es erscheint eine Eingabemaske gemäß Bild 7.18. Die Korrektur der Daten in einzelnen Eingabefeldern erfolgt durch einfaches Überschreiben eines Zeichens nach entsprechendem Vorrücken mit dem Cursor.

	Kurzbezeichnung		Übertragungsfunktion
	laut DIN	in VISU-RT	
1	P	_ _ _P	$F(p) = K_P$
2	I	_ _ _I	$F(p) = \frac{1}{pT_n}$, $T_n = \frac{1}{K_I}$
3	D	_ _ _D	$F(p) = pT_v$, $T_v = K_D$
4	PI	_ _PI	$F(p) = \frac{K_p\,(pT_n + 1)}{pT_n}$
5	PD	_ _PD	$F(p) = K_p\,(pT_v + 1)$
6	PID	_PID	$F(p) = K_p\,(1 + \frac{1}{pT_n} + pT_v)$
7	T_t	_ _TT	$F(p) = e^{-pT_t}$
8	$P\text{–}T_1$	_ PT1	$F(p) = \frac{K_p}{(pT_1 + 1)}$
9	$I\text{–}T_1$	_IT1	$F(p) = \frac{1}{pT_n\,(pT_1 + 1)}$
10	$D\text{–}T_1$	_DT1	$F(p) = \frac{pT_v}{(pT_1 + 1)}$
11	$PI\text{–}T_1$	PIT1	$F(p) = \frac{K_p\,(pT_n + 1)}{pT_n(pT_1 + 1)}$
12	$PD\text{–}T_1$	PDT1	$F(p) = \frac{K_p(pT_v + 1)}{(pT_1 + 1)}$
13	$PID\text{–}T_1$	PIDT	$F(p) = K_p(1 + \frac{1}{pT_n} + \frac{pT_v}{(pT_1 + 1)})$
14	$P\text{–}T_2$	_PT2	$F(p) = \frac{K_p}{(pT_1 + 1)(pT_2 + 1)}$
15	$P\text{–}T_3$	_PT3	$F(p) = \frac{K_p}{(pT_1 + 1)(pT_2 + 1)(pT_3 + 1)}$
16	$P\text{–}T_n$	_PTN	$F(p) = \frac{b_m p^m + b_{m-1} p^{m-1} + \ldots + b_1 p + b_o}{a_n p^n + a_{n-1} p^{n-1} + \ldots + a_1 p + a_o}$
17	$PD\text{–}T_2$	PDT2	$F(p) = \frac{K_p(pT_v + 1)}{T^2p^2 + 2dTp + 1}$

Tabelle 7.9: Zulässige Bezeichnungen linearer Übertragungsglieder

(_ - entspricht einem Leerzeichen)

Die Steuertasten haben dabei folgende Belegung:

Escape – Zurückgehen auf die vorherige Menüebene.
Enter – Vorrücken auf die erste Position des folgenden Eingabefeldes.
<↓> – Rücken auf die erste Position des folgenden Eingabefeldes.
<↑> – Rücken auf die erste Position des vorhergehenden Eingabefeldes.
<←> – Rücken um eine Position nach links im aktuellen Eingabefeld.
<→> – Rücken um eine Position nach rechts im aktuellen Eingabefeld.

Syntaxfehler bei der Eingabe werden vom Programm gemeldet und können korrigiert werden. Dabei erscheint im Eingabefeld ein blinkendes Fragezeichen. In diesem Fall muß das gesamte Eingabefeld (einschließlich Leerzeichen) neu überschrieben werden.

Reelle Zahlen werden mit einem "." geschrieben. Die Eingabe von Zahlen in Exponentialform ist nicht zulässig.

Der Typ des Übertragungsgliedes muß *rechstsbündig in das obere Feld eingegeben werden.* Nach einer Änderung des Typs eines Blockes und Betätigen der Enter–Taste erscheinen entsprechende Eingabefelder für die einzelnen Parameter des Übertragungsgliedes.

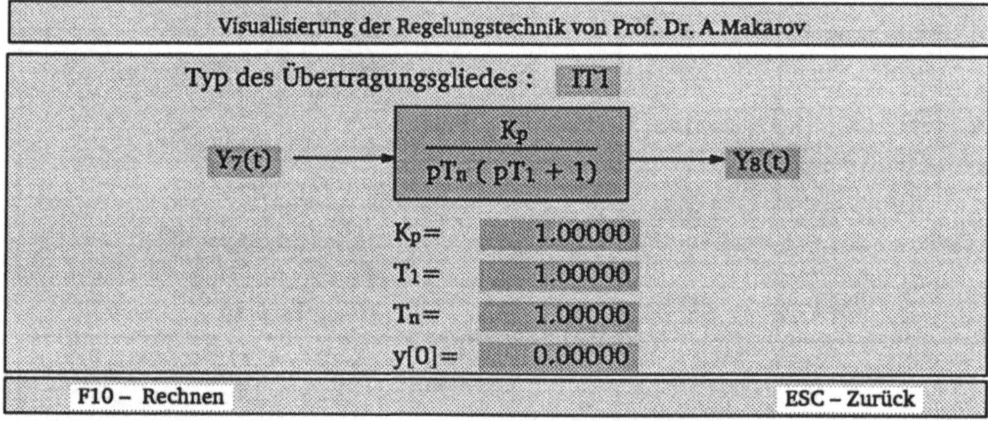

Bild 7.18: Maske zur Einstellung eines der Übertragungsglieder

Bei der Eingabe der Parameter eines PT_n–Übertragungsgliedes sind die Koeffizienten der Übertragungsfunktion in die einzelnen Felder der Maske gemäß Bild 4.32 einzugeben.

Zum Einstellen des Reglers ist die Funktionstaste F4 zu drücken. Dabei erscheint auf dem Bildschirm die Eingabemaske gemäß Bild 7.19.
Hier kann man zwischen einem digitalen Regler mit der z–Übertragungsfunktion

$$F_R(z) = \frac{Y(z)}{X_d(z)} = \frac{d_0 + d_1 z^{-1} + d_2 z^{-2} + \ldots + d_m z^{-m}}{c_0 + c_1 z^{-1} + c_2 z^{-2} + \ldots + c_n z^{-n}} \quad \text{, wobei } n,m = \max(n,m)$$

und einem der digitalen Standardreglern vom Typ P , I , PI , PD , PID wählen. Diese Bezeichnungen des Typs sind *rechtsbündig* ins entsprechende Eingabefeld einzugeben. Bei diesen Standardreglern erfolgt die Berechnung des I–Anteils durch Trapezintegration.

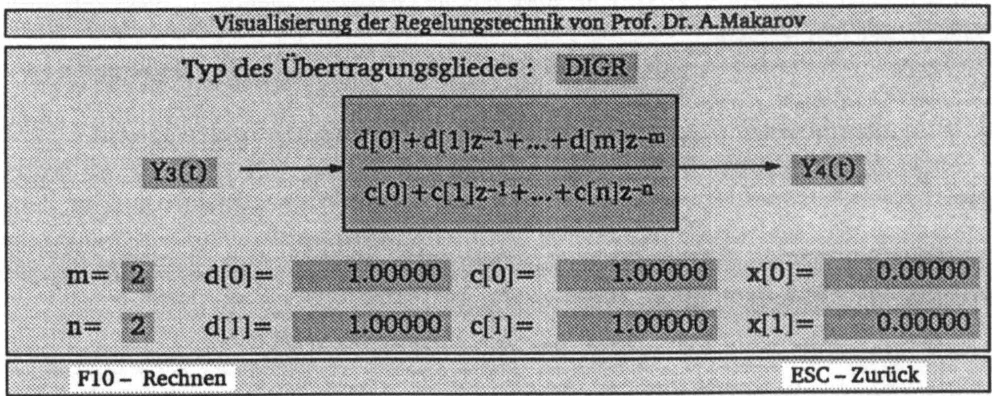

Bild 7.19: Maske zur Einstellung des digitalen Reglers

Im Abtastregelkreis sind zwei Eingangssignale Y_1 (=Führungsgröße w(t)) und Y_2 (=Störgröße z(t)) vorgesehen. Bei der Anwahl von Funktionstasten F1 oder F2 erscheint auf dem Bildschirm eine Maske gemäß Bild 7.20.

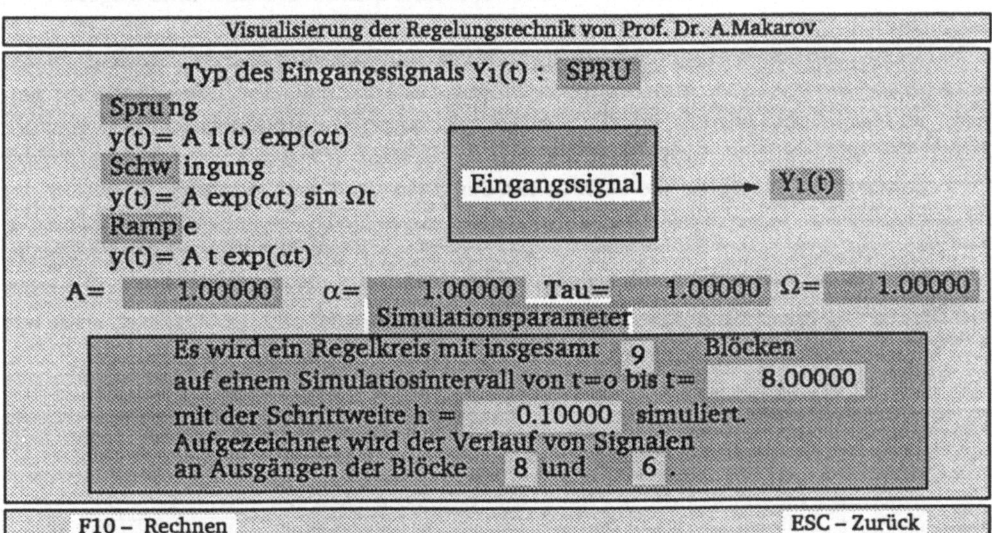

Bild 7.20: Maske zur Einstellung der Eingangssignale $Y_1(t)$, $Y_2(t)$ und der Simulationsparameter

Sie können zwischen

einem <u>Spru</u>ng	$y(t) = A\,\sigma(t)\,e^{\alpha t}$,
einer <u>Schw</u>ingung	$y(t) = A\,e^{\alpha t}\sin \Omega t$,
und einer <u>Ramp</u>e	$y(t) = A\,t\,e^{\alpha t}$

wählen. Durch A wird die Amplitude, durch α die Dämpfung und durch Ω die Kreisfrequenz eingestellt.

Durch Angabe des Parameters 'Tau' kann das entsprechende Signal um diese Zeit nach rechts verschoben werden.

Durch Anwählen der Funktionstasten F1 oder F2 können noch folgende Simulations-parameter eingestellt werden:

- *Simulationsintervall* $[0,T_{fin}]$, auf dem der Übergangsvorgang berechnet wird.
- *Simulationsschrittweite h.* Obwohl im Programm nachgeprüft wird, ob sie richtig gewählt wurde, sollte man einen Wert vorgeben. Dieser Wert soll sich nach den Zeitkonstanten der Regelstrecke richten. *Die Simulationsschrittweite h muß um mindestens das Fünffache kleiner sein als die kleinste Zeitkonstante der Regelstrecke und um ein Ganzzahliges kleiner sein als die Abtastzeit* T

$$h = \frac{T}{L} \qquad \text{wobei } L=1,2,3,\ldots\;.$$

Wenn im Regelkreis ein Totzeitglied vorhanden ist, muß die Simulationsschrittweite h um ein Vielfaches kleiner sein als die Totzeit T_t.

- *die Nummer der Signale, deren Verlauf ausgegeben werden soll.* Man kann zwei der Siganale Y_1 bis Y_9 gleichzeitig ausgeben lassen. Wenn nur ein Signal ausgegeben werden soll, ist dessen Nummer in beiden dafür vorgesehenen Feldern anzugeben.
- *die Anzahl der Blöcke im Regelkreis* läßt sich bei der Simulation des Abtastregelkreises nicht ändern.

Nachdem die notwendigen Änderungen vorgenommen sind und das Blockschaltbild der Aufgabe angepaßt ist, kann durch Betätigen der Taste F10 der Simulationslauf gestartet werden. Dabei wird intern die Einstellung einiger Simulationsparameter geprüft. Wenn die Einstellung nicht korrekt ist, erscheinen oberhalb des Strukturbildes entsprechende Meldungen, die befolgt werden müssen. Sonst erscheint oberhalb des Strukturbildes ein Maßstabsnetz und der Verlauf der Signale. Da vor Beginn der Simulation nicht vorherzusehen ist, welche Werte diese Signale annehmen, können die Signalverläufe außerhalb des Maßstabsnetzes liegen. Erst nach Beendigung der Simulation und Betätigung einer beliebigen Taste erscheint der lückenlose Signalverlauf, etwa wie in Bild 7.21.

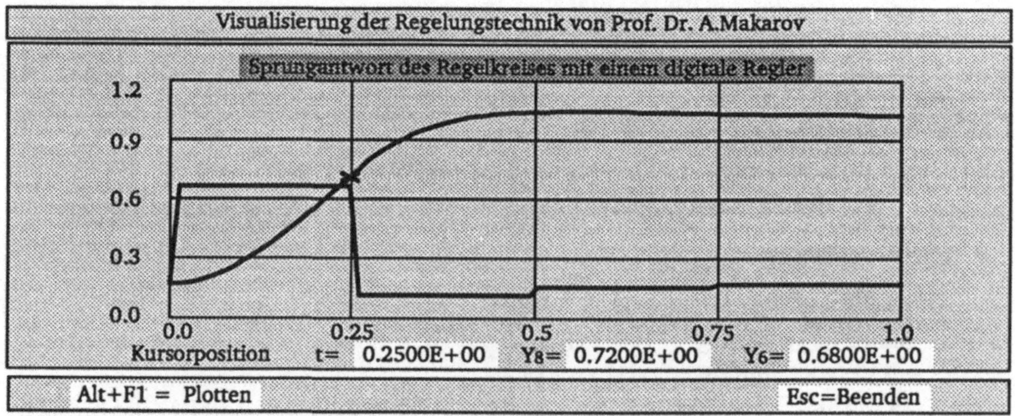

Bild 7.21: Darstellung der Simulationsergebnisse in VISU–RT

Diese Darstellung der Simulationsergebnisse kann ausgegeben werden. Nach Beendigung der Ausgabe oder der Betätigung der Taste F10 kehrt man zum Strukturbild 7.17 zurück. Nun können weitere Änderungen und anschließende Simulationsläufe durchgeführt werden.

b. Aufgabenstellungen zur Simulation

Aufgabe 7.1. Gegeben ist eine IT_1–Regelstrecke $F_S(p) = K_s/p(pT_1+1)$ mit $K_s = 1 sec^{-1}$, $T_1 = 1 sec$. Die Abtastzeit T beträgt 0.2sec. Sie soll durch einen digitalen P–Regler geführt werden. Bestimmen Sie, für welche Werte von K_R der Regelkreis stabil ist. Simulieren Sie diesen Regelkreis mit $K_R = 0.5\ K_{Rkrit}$ auf dem Simulationsintervall [0;2sec] mit der Schrittweite h=0.025sec.
Ermitteln Sie die Überschwingweite $h_ü$ [%] und die Einschwingzeit T_{ep} bis zum Erreichen des 5%–Toleranzbandes.

Aufgabe 7.2. Gegeben ist eine PT_1–Regelstrecke $F_S(p) = K_s/(pT_1+1)$ mit $K_s = 1$, $T_1 = 0.5 sec$. Die Abtastzeit T beträgt 0.2 sec. Sie soll durch einen digitalen PI–Regler geführt werden. Bestimmen Sie die Nachstellzeit T_n des Reglers so, daß die Zeitkonstante T_1 der Regelstrecke durch den Regler kompensiert wird. Simulieren Sie diesen Regelkreis auf dem Simulationsintervall [0; 5sec] mit der Schrittweite h=0.025sec.
Ermitteln Sie die Überschwingweite $h_ü$ [%] und die Einschwingzeit T_{ep} bis zum Erreichen des 5%–Toleranzbandes.

Aufgabe 7.3. Gegeben ist eine PT_1–Regelstrecke $F_S(p) = K_s/(pT_1+1)$ mit $K_s = 1$, $T_1 = 5 sec$. Die Abtastzeit T beträgt 2 sec. Sie soll durch einen digitalen Deadbeat–Regler geführt werden. Bestimmen Sie die z–Übertragungsfunktion des Deadbeat–Reglers. Simulieren Sie diesen Regelkreis auf dem Simulationsintervall [0;10sec] mit der Schrittweite h=0.25sec.
Ermitteln Sie die Überschwingweite $h_ü$ [%] und die Einschwingzeit T_{ep} bis zum Erreichen des 5%–Toleranzbandes.

Aufgabe 7.4. Es sind für die in Tabelle 7.10 vorgegebenen Regelstrecken die Reglerparameter zu berechnen. Führen Sie die digitale Simulation dieser Abtastregelkreise durch. Ermitteln Sie die Überschwingweite $h_ü$ [%] und die Einschwingzeit T_{ep} bis zum Erreichen des 5%–Toleranzbandes. Stellen Sie diese in einer Tabelle zusammen und beurteilen Sie die Ergebnisse der Simulation.

Regelstrecke					Regler	T
Typ	$F_s(p)$	K_s	T_1	T_2		
P	K_s	2	–	–	I– Regler	1sec
I	$\frac{K_s}{p}$	$4 sec^{-1}$	–	–	P–Regler Deadbeat–Regler	1sec
I_2	$\frac{K_s}{p^2}$	$4 sec^{-2}$	–	–	Deadbeat–Regler	1sec
PT_1	$\frac{K_s}{pT_1 + 1}$	1	2sec	–	Kompensationsregler PI– Regler	1sec
IT_1	$\frac{K_s}{p\,(pT_1+1)}$	$2 sec^{-1}$	1sec	–	Deadbeat–Regler P–Regler	1sec
PT_2	$\frac{K_s}{(pT_1+1)(pT_2+1)}$	1	2sec	1sec	Kompensationsregler Deadbeat–Regler	1sec

Tabelle 7.10: Parameter der Regelstrecken zur Aufgabe 7.4

8 Hinweise zur Installation und Durchführung der Simulationsexperimente mit dem Programm VISU-RT

a. Rechnerausstattung

Zur Benutzung des beigefügten Programms VISU-RT wird folgende Mindestausstattung eines IBM-kompatiblen PCs vorausgesetzt:

- Eine Arbeitsspeicherkapazität des Rechners von 512 K. Die Rechenzeit der Programme hängt selbsverständlich von der benutzten Prozessor-Serie ab. Bei der Entwicklung der Programme wurden effiziente Rechenalgorithmen realisiert, so daß grundsätzlich auch ein langsamer IBM-PC-XT mit dem 8086-Prozessor benutzt werden kann.
- Ein Bildschirm mit einer Grafikkarte, die eine Mindestauflösung von 640x480 Punkten hat. Da die Benutzung von VISU-RT auch mit der HERCULES-Karte unterstützt wird, reicht ein Monochrom-Bildschirm. Allerdings sind Farbgrafiken mit Sicherheit anschaulicher, übersichtlicher und schöner. Zusätzliche hochauflösende Modi der Karten können benutzt werden, wenn die Ansteuerung EGA-kompatibel ist und der Farbmodus mindestens 16 Farben umfaßt.
- Ein Diskettenlaufwerk. Zur Verringerung der Rechenzeit ist es sinnvoll, das Programm in einem Verzeichnis auf der Festplatte zu installieren, weil damit die Zugriffszeiten zu den einzelnen Programmmodulen beträchtlich verringert werden.

Die Rechenergebnisse, die auf dem Bildschirm in graphischer Form dargestellt werden, können in eine Datei in der Grafiksprache HP-GL abgelegt oder direkt zum Plotter übergeben werden. Alle Plotter, die mit HP-GL arbeiten, besonders die der Fa. Hewlett-Packard, beispielsweise die Plotter HP 7475 A und HP 7550 A, können daher direkt angeschlossen werden. Sofern ein Treiber für HP-GL existiert, kann jeder beliebige Plotter benutzt werden. VISU-RT-Benutzer, die keinen eigenen Plotter besitzen, oder denen der direkte Anschluß eines Plotters an ihr Gerät zu aufwendig ist, können die erzeugte HP-GL-Datei auf einen anderen Rechner transferieren und von dort die Ausgabe auf einen Plotter veranlassen. Die Konfiguration von Plotter und Rechner im Falle des direkten Plotteranschlusses entnehmen Sie bitte den entsprechenden Handbüchern. In die Datei AUTOEXEC.BAT muß in diesem Fall der MODE-Befehl mit den richtigen Optionen eingefügt werden.

b. Installation

Ein Installationsprogramm wird auf der Programmdiskette mitgeliefert. Zur Installation ist dieses Programm INSTALL aufzurufen. Auf Ihrer Festplatte müssen mindestens 1 MB Speicherplatz zur Verfügung stehen.

c. Hinweise zur Benutzung von VISU-RT

Mit dem Aufruf von VISU-RT durch eine Tastatureingabe <Pfad> VISURT<Enter> erscheint auf dem Bildschirm ein Titelbild des Programms (Bild 8.1),

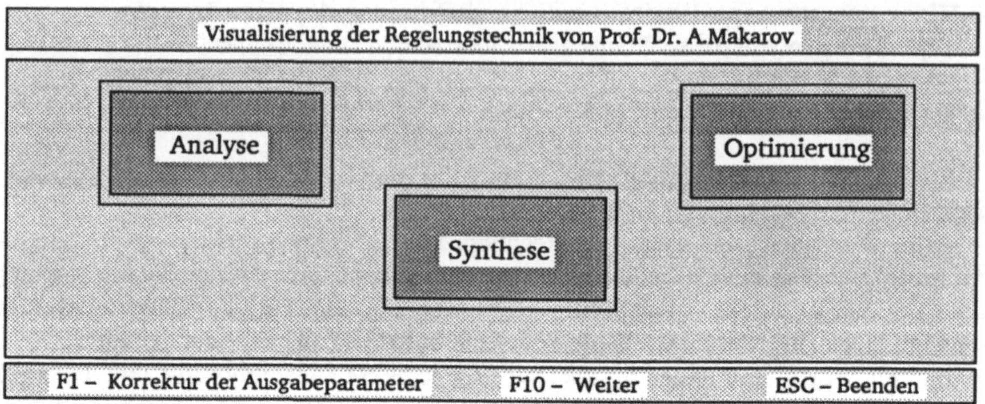

Bild 8.1: Titelbild des Programms VISU–RT

Durch das anschließende Betätigen der Funktionstaste F10 gelangt man zum Hauptmenü mit Themenübersicht oder man wähle F1 zur Einstellung der Ausgabeparameter. Es erscheint eine Maske mit voreingestellten Ausgabeparametern gemäß Bild 8.2.

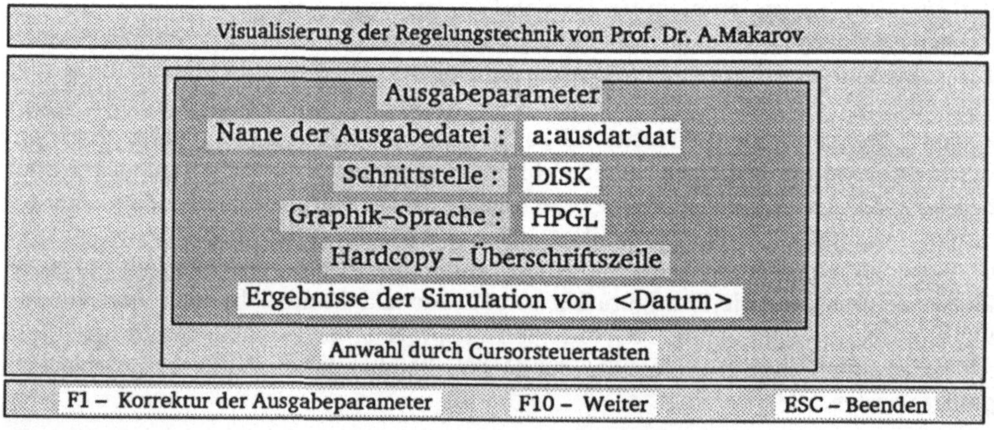

Bild 8.2: Eingabemaske zur Einstellung der Ausgabeparameter

Mit Hilfe der Cursorsteuertasten <↓> und <↑> wechselt man zwischen einzelnen Eingabefeldern.

Die Parameter im Feld 'Schnittstelle' lassen sich durch das Betätigen der Enter–Taste oder der Cursorsteuertasten <←> bzw. <→> ändern.

Im Eingabefeld für Schnittstelle erscheinen dabei nacheinander folgende Bezeichnungen:

DISK COM1 COM2 LPT1 LPT2 LPT3.

Der Inhalt der Eingabefelder mit dem Namen der Ausgabedatei und mit der Überschriftszeile läßt sich durch einfaches Überschreiben ändern.

Nachdem die notwendige Einstellung der Ausgabeparameter vorgenommen wurde, kann mit der Funktionstaste F10 zum Menü mit der Aufzählung der Themen gemäß Bild 8.3 wechseln.

Durch das Drücken der entsprechenden Funktionstaste gelangt man in das gewünschte zum Themenkomplex gehörige Untermenü. Es besteht entweder aus mindestens einer Eingabeseite mit dunkelblauem Hintergrund und hellblauen Eingabefeldern oder einem Struckturbild eines Regelkreises. In die jeweiligen Eingabefelder sind bereits Daten für ein Standardbeispiel eingetragen. Dieses Standardbeispiel wird durch Betätigen der Taste <F10> zur Ausführung gebracht. Damit besteht die Möglichkeit, eventuell vor der Eingabe eigener Daten ein Beispiel zu studieren und sich daran die Funktionsweise des Programms klarzumachen.

Das Vorgehen innerhalb jedes der Themenkomplexe ist in entsprechenden Abschnitten dieses Buches beschrieben. Hier werden die Eingabe und Korrektur der Daten sowie andere wichtige Funktionen des Programms erläutert.

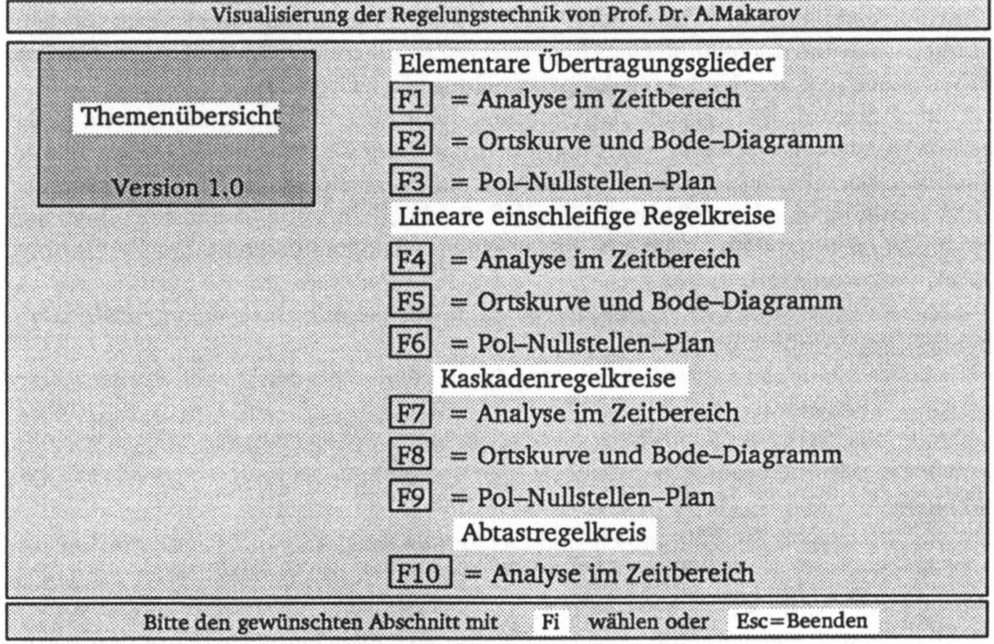

Bild 8.3: Hauptmenü zur Auswahl eines der Themen

Tastenbelegung bei der Dateneingabe in die Eingabefelder

<Escape> – Zurückgehen auf die vorherige Menüebene.

<Enter> – Vorrücken auf die erste Position der folgenden Zeile der Eingabeseite.

<↓> – Rücken auf die erste Position der folgenden Zeile.

<↑> – Rücken auf die erste Position der vorhergehenden Zeile.

<←> – Rücken um eine Position nach links im aktuellen Eingabefeld.

<→> – Rücken um eine Position nach rechts im aktuellen Eingabefeld.

Eingabe von Zahlenwerten

Reelle Zahlen werden mit einem "." geschrieben. Die Eingabe von Zahlen in Exponentialform ist nicht zulässig.

Korrektur von Daten in Eingabefeldern

Die Korrektur der Daten in einzelnen Eingabefeldern erfolgt durch einfaches Überschreiben eines Zeichens nach entsprechendem Vorrücken mit dem Cursor.
Syntaxfehler bei der Eingabe werden vom Programm gemeldet und können korrigiert werden. Dabei erscheint im Eingabefeld ein blinkendes Fragezeichen. In diesem Fall muß das gesamte Eingabefeld (einschließlich Leerzeichen) neu überschrieben werden.

Korrektur der Parameter einzelner Blöcke

Bei der Betätigung der Tasten <F4> bis <F10> im Hauptmenü erscheint auf dem Bildschirm das Blockschaltbild eines Regelkreises. Die einzelnen Blöcke des Regelkreises sind entsprechend der konkreten Aufgabestellung zu korrigieren.

1. Zur Änderung des Typs und der Parameter eines i–ten Übertragungsgliedes ist die Funktionstaste <Fi> zu betätigen. Dabei entspricht i der Nummer des Gliedes im Blockschaltbild. Nach Betätigung der Funktionstaste <Fi > erscheint auf dem Bildschirm die Eingabeseite für das i–te Übertragungsglied. Sie beinhaltet Eingabefenster für seinen Typ und seine Parameter. Das Wechseln zwischen einzelnen Parameterfenstern erfolgt mittels Cusorsteuerungstasten.
2. Zur Änderung des Typs des Gliedes ist seine Bezeichnung *rechtsbündig* in entsprechendes Eingabefeld einzugeben.
3. Um die Wirkung eines Gliedes im Regelkreis zu eliminieren, ist sein Typ als P–Typ und $K_P=1$ anzugeben.
4. Beim Wechseln zwischen einzelnen Abschnitten (z.B. zwischen der Analyse im Zeitbereich und der Analyse im Frequenzbereich) bleiben alle Daten des Regelkreises unverändert.
5. Bei der Analyse im Zeitbereich sind das Simulationsintervall T_{fin} und die Schrittweite h einzustellen. Die Eingabefelder für diese Parameter erscheinen nach der Betätigung der Taste <F1> oder <F2>.

Das Simulationsintervallende T_{fin} ist so zu wählen, daß der Übergangsvorgang für $t=T_{fin}$ als abgeschlossen angesehen werden kann. Es empfielt sich, $T_{fin} = 3T_1$ bis $T_{fin} = 5T_1$ zu wählen.

Die Simulationsschrittweite h ist um ein Vielfaches kleiner als die kleinste Zeitkonstante des zu simulierenden Regelkreises zu wählen.

Beim Vorhandensein der Totzeitglieder im Regelkreis ist die Schrittweite h um ein Ganzzahliges kleiner als die Totzeit zu wählen.

9 Anhang

9.1 Literaturverzeichnis

[1] Ackermann, J.: Abtastregelung. –2. Aufl. – Berlin; Heidelberg: Springer 1983.
[2] Ameling, W.: Laplace–Transformation. –3. Aufl. –Wiesbaden 1984.
[3] Becker, C., Litz, L., Siffling, G.: Regelungstechnik–Übungsbuch. –4. Aufl.– Heidelberg: Hüthig 1993.
[4] Becker, J., Dreyer, H.–J., Haacke, W., Nabert, R.: Numerische Mathematik für Ingenieure. –2. Aufl.– Stuttgart: Teubner 1987.
[5] Beresin, I. S., Shidkow, N. P.: Numerische Methoden. Berlin: Deutscher Verlag der Wissenschaften 1971.
[6] Besekersky, W., Popow, E.: Theorie der Regelungstechnik. Moskau: Nauka 1972.
[7] Böhm, W., Gose, G., Kahmann, J.: Methoden der Numerischen Mathematik. Braunschweig:Vieweg1985.
[8] Bronstein, I. N., Semendjaew, K. A.: Taschenbuch der Mathematik. –25. Aufl. – Frankfurt: Verlag Harri Deutsch 1991.
[9] Burmeister, H.–L.: Theoretische Regelungstechnik. Lehrbriefe. TU Dresden 1973.
[10] Büttner, W.: Digitale Regelungssysteme. –2.Aufl.– Braunschweig: Vieweg 1991.
[11] Doetsch, G.: Anleitung zum praktischen Gebrauch der Laplace–Transformation und der z–Transformation. –5.Aufl.–München Wien: Oldenbourg 1985.
[12] Dörrscheidt, F., Latzel, W.: Grundlagen der Regelungstechnik. Stuttgart:Teubner 1989.
[13] Ebel, T.: Regelunstechnik. –5. Aufl.– Stuttgart 1987.
[14] Engeln–Müllges, G., Reutter, F.: Numerische Mathematik für Ingenieure. 5. Aufl.–Mannheim: BI–Wissenschaftsverlag 1987.
[15] Engeln–Müllges, G., Reutter, F.: Formelsammlung zur Numerischen Mathematik mit Turbo–Pascal–Programmen. –5.Aufl.– Mannheim: BI–Wiss. Verlag 1988.
[16] Föllinger, O.,unter Mitwirk. von F.Dörrscheidt und M.Klittich: Regelungstechnik – Einführung in die Methoden und ihre Anwendung. –7. Aufl.– Heidelberg: Hüthig1992.
[17] Föllinger, O.: Lineare Abtastsysteme. –3. Aufl. –München Wien: Oldenbourg 1986.
[18] Föllinger, O.: Laplace– und Fourier–Transformation.–4.Aufl.–Berlin: Hüthig 1986.
[19] Föllinger, O., Franke, D.: Einführung in die Zustandsbeschreibung dynamischer Systeme. München 1982.
[20] Franklin, G. F., Powell, J. D.: Digital Control of Dynamic Systems. Reading 1980
[21] Gasch, R., Knothe, K.: Strukturdynamik. Bd. 1. Berlin Heidelberg: Springer 1987.
[22] Giloi, W.: Analoge, digitale und hybride Simulation. München: Oldenbourg, 1968.
[23] Gostew, W.: Digitale Regler. Formelsammlung. Kiew: Technika 1990.
[24] Grigorieff, R. D.: Numerik gewöhnlicher Differetialgleichungen. Stuttgart: Teubner1972.
[25] Göldner, K.: Mathematische Grundlagen der Systemanalyse. Frankfurt: Harri Deutsch Verlag 1976.

[26] Hamming, R. W.: Numerical Methods of Scientists and Engineers. Tokio 1973.
[27] Hämmerlin, G., Hoffmann, K.–H.: Numerische Mathematik. Berlin: Springer 1989.
[28] Hostetter, G. H., Savant, C., Stefani, R. T.: Design of Feedback Control Systems. New York 1982.
[29] Hsu, J. C., Meyer, A.: Modern Control Principles and Applications. New York 1978.
[30] Iserman, R.: Digitale Regelsysteme. Bd. 1: Deterministische Regelungen. –2.Aufl.– Berlin Heidelberg: Springer 1987.
[31] Kief, H.B.: NC/CNC–Handbuch. Michelstadt: NC–Handbuch–Verlag 1990.
[32] Kindler, H., Buchta, H., Wilfert, H.H.: Aufgabensammlung zur Regelungstechnik. München: Oldenbourg, 1964.
[33] Koch, W.: Regelungstechnik systematisch programmiert. Mannheim: BI–Wissenschaftsverlag 1989.
[34] Kuo, B. C.: Digital Control Systems. New York 1981.
[35] Landgraf, C.; Schneider,G.: Elemente der Regelungstechnik. Berlin:Springer 1970.
[36] Latzel, W.: Regelung mit dem Prozeßrechner (DDC). Mannheim 1977.
[37] Lauber, R.: Prozeßautomatisierung. Berlin: Springer 1976.
[38] Leonhard, W.: Digitale Signalverarbeitung in der Meß– und Regelungstechnik. Stuttgart 1988.
[39] Leonhard,W.: Einführung in die Regelungstechnik.–5. Aufl.–Braunschweig: Vieweg 1990.
[40] Leonhard, W., Schneider E.: Aufgabensammlung zur Regelungstechnik. –2. Aufl. – Braunschweig: Vieweg 1987.
[41] MacFarlane, A.: Analyse technischer Systeme. Mannheim 1967.
[42] Maier, H., Piotrowski, A.: Messen, Steuern und Regeln mit IBM–kompatiblen PCs. Interest Verlag 1990.
[43] Makarov, A., Baranow, G.: Digitale Simulation komplexer dynamischer Systeme. Kiew: Naukowa Dumka 1986.
[44] Mann, H., Schiffingen, H.: Einführung in die Regelungstechnik.–6.Aufl.–München: Carl Hanser Verlag 1989.
[45] Merz, L., Jaschek, H.: Grundkurs der Regelungstechnik. München: Oldenbourg 1988.
[46] Milne, W. E.: Numerical Solutions of Differential Equations. New York 1970.
[47] Oldenburger, R.: Mathematical Engineering Analysis. New York 1961.
[48] Ortega, J. M., Rheinboldt, W. C.: Iterative Solution of Nonlinear Equations in Several Variables, Academic Press, New York 1970.
[49] Reinisch, K.: Kybernetische Grundlagen und Beschreibung kontinuierlicher Systeme. Berlin 1974.
[50] Reuter, M.: Regelungstechnik für Ingenieure. Braunschweig: Vieweg 1986.
[51] Samal, E.: Grundriß der praktischen Regelungstechnik. Band 1 und 2. München: Oldenbourg 1985.
[52] Schaad, H.–J.: Praxis der digitalen Antriebsregelung. München: Franzis 1992.
[53] Schmidt, G.: Simulationstechnik. München: Oldenbourg 1980.
[54] Schmidt, G.: Grundlagen der Regelungstechnik. –2. Aufl.– Berlin: Springer 1987.

[55] Schönfeld, R.: Digitale Regelung elektrischer Antriebe.–2. Aufl.– Heidelberg: Hüthig 1990.

[56] Schöne, A. : Simulation technischer Systeme. Bd. 1: Grundlagen der Simulationstechnik. Bd. 2: Simulation stetiger Systeme. München 1974.

[57] Schwarz, H.:Einführung in die moderne Systemtheorie. Braunschweig:Vieweg 1969.

[58] Schwarz, H.: Zeitdiskrete Regelungssysteme. Braunschweig: Vieweg 1979.

[59] Schwarz, H. R.: Numerische Mathematik. –2.Aufl.– Stuttgart: Teubner 1988.

[60] Solodovnikow, W.W.: Grundlagen der Theorie der Regelungstechnik. Moskau: Maschinostrojenie 1985.

[61] Stoer, J.: Numerische Mathematik I. –5. Aufl. – Berlin Heidelberg: Springer 1989.

[62] Takahashi, Y., Rabins, M., Auslander, D. M.: Control and Dynamic Systems. Addison–Wesley 1972.

[63] Tröster, R.: Regelungstechnik. Lehrbriefe, FH Furtwangen 1986.

[64] Unbehauen, H.: Regelungstechnik I, II und III.
Bd. 1: Klassische Verfahren zur Analyse und Synthese linearer kontinuierlicher Regelsysteme. –5.Aufl.– Braunschweig: Vieweg 1987.
Bd. 2: Zustandsregelungen, digitale und nichtlineare Regelsysteme. –5.Aufl.– Braunschweig: Vieweg 1989.
Bd. 3: Identifikation, Adaption, Optimierung.3.Aufl.–Braunschweig: Vieweg 1988.

[65] Weber, H.: Laplace–Transformation für Ingenieure der Elektrotechnik. –5. Aufl.– Stuttgart 1987.

[66] Wiener, N.: Kybernetik – Regelung und Nachrichtenübertragung im Lebewesen und in der Maschine. Düsseldorf 1973.

[67] Zurmühl, R.: Matrizen und ihre technische Anwendungen.–4. Aufl. – Berlin Heidelberg: Springer 1964.

[68] Zwicker, E.: Simulation und Analyse dynamischer Vorgänge in den Wirtschafts– und Sozialwissenschaften. Berlin 1981.

[69] Zypkin, J.S.: Theorie der linearen Impulssysteme. München : Oldenbourg 1967.

9.2 Normung

Auswahl einiger zur Zeit in Deutschland gültigen Normblätter

DIN 1301	Einheiten, Kurzzeichen
DIN 1302	Mathematische Zeichen
DIN 1304	Allgemeine Formelzeichen
DIN 1313	Schreibweise physikalischer Gleichungen in Naturwissenschaft und Technik
DIN 1319	Grundbegriffe der Meßtechnik
DIN 1344	Elektrische Nachrichtentechnik. Formelzeichen
DIN 1357	Einheiten elektrischer Größen
DIN 5475	Komplexe Größen
DIN 5483	Zeitabhängige Größen. Formelzeichen
DIN 5486	Schreibweise von Matrizen
DIN 5487	Fourier–Transformation und Laplace–Transformation
DIN 5488	Zeitabhängige Größen. Benennungen der Zeitabhängigkeit
DIN 5489	Vorzeichen– und Richtungsregeln für elektrische Netze
DIN 5493	Logarithmierte Größenverhältnisse. Maße, Pegel in Neper und Dezibel
DIN 5494	Größensysteme und Einheitensysteme
DIN 19221	Formelzeichen der Regelungs– und Steuerungstechnik
DIN 19222	Leittechnik. Begriffe
DIN 19225	Benennung und Einteilung von Regeln
DIN 19226	Regelungs– und Steuerungstechnik
DIN 19227	Bildzeichen und Kennbuchstaben für MSR in der Verfahrenstechnik
DIN 19228	Bildzeichen für Messen, Steuern, Regeln
DIN 19229	Übertragungsverhalten dynamischer Systeme
DIN 19233	Automat. Automatisierung. Begriffe
DIN 19236	Optimierung. Begriffe
DIN 19237	Steuerungstechnik. Begriffe
DIN 19239	Steuerungstechnik. Speicherprogrammierbare Steuerungen
DIN 40110	Wechselstromgrößen
DIN 40146	Begriffe der Nachrichtenübertragung
DIN 44300	Informationsverarbeitung. Begriffe
DIN 65999	Formelzeichen, Größen und empfohlene SI–Einheiten
DIN 66201	Prozeßrechensysteme. Begriffe
DIN 66261	Sinnbilder für Struktogramme nach Nassi–Schneiderman
DIN 74700, T14	Schaltzeichen der Digitaltechnik

VDI/VDE Richtlinien 3526. Benennungen für Steuer– und Regelschaltungen.

9.3 Formelzeichenliste

$\mathbf{A}$ Systemmatrix

A, Fläche, Querschnitt

A_i Konstante

A(p) Charakteristisches Polynom, Nennerpolynom der Übertragungsfunktion

A_r Amplitudenreserve

a_i, b_i Koeffizienten von Differentialgleichungen bzw. von Übertragungsfunktionen

A(z) Charakteristisches Polynom, Nennerpolynom der z–Übertragungsfunktion

$\mathbf{B}$ Eingangsmatrix

B(p) Zählerpolynom der Übertragungsfunktion

B(z) Zählerpolynom der z–Übertragungsfunktion

$\mathbf{C}$ Ausgangsmatrix

C_i Konstante, Fehlerkoeffizient

c_i, d_i Koeffizienten von Differenzengleichungen

$\mathbf{D}$ Durchgangsmatrix

d Dämpfungsgrad

e Regeldifferenz, identisch mit x_d

$F(j\omega)$ Frequenzgang

F(p) Übertragungsfunktion

$F_o(p)$ Übertragungsfunktion des offenen Regelkreises

$F_R(p)$ Übertragungsfunktion des Reglers

$F_s(p)$ Übertragungsfunktion der Regelstrecke

$F_{st}(p)$ Störübertragungsfunktion der Regelstrecke

$F_w(p)$ Führungsübertragungsfunktion des Regelkreises

$F_z(p)$ Störübertragungsfunktion des Regelkreises

F(z) z–Übertragungsfunktion

$F_HF_s(z)$ z–Übertragungsfunktion eines Übertragungsgliedes mit Halteglied

$F_R(z)$ z–Übertragungsfunktion des digitalen Reglers

f Frequenz

f(t) zeitkontinuierliche Funktion

$f(kT), f_k$ zeitdiskrete Funktion, Wertefolgefunktion

$f^*(t)$ Impulsfolgefunktion

f(y,t) Rechter Teil einer Differentialgleichung 1.Ordnung

g(t) Gewichtsfunktion oder Impulsantwort eines Übertragungsgliedes

g Erdbeschleunigung

h Schrittweite, Füllstandhöhe

h(t) Übergangsfunktion oder bezogene Sprungantwort eines Übertragungsgliedes

$h_ü$ Überschwingweite

i,j,k,l Laufvariablen

Im Imaginärteil einer komplexen Größe

K	Verstrkungsfaktor, Übertragungsbeiwert
K_D	Differenzierbeiwert
K_I	Integrierbeiwert
K_{krit}	Kritischer Übertragungsbeiwert
K_o	Übertragungsbeiwert des offenen Regelkreises,identisch mit Kreisverstärkung V
K_P	Proportionalbeiwert
K_R	Reglerübertragungsbeiwert
K_S	Streckenübertragungsbeiwert
$L(\omega)$	Logarithmisches Amplitudenverhältnis in dB
$L\{\ \}$	Operationssymbol für die Laplace–Transformation
$L^{-1}\{\ \}$	Operationssymbol für die Umkehrung der Laplace–Transformation
M	Moment
m, n	Systemordnung
$N(p)$	Polynom allgemein, Nennerpolynom
P	Leistung
p	Bildvariable bei der Laplace–Transformation
p_i	Polstelle
p_V	Versorgungsdruck
Q	Mengenstrom
R	Index für 'Regler'
R_i	Widerstand
Re	Realteil einer komplexen Größe
S	Index für 'Strecke'
t	Zeit
T	Abtastzeit, Abtastperiode
T_D	Differenzierzeit
T_1, T_2	Zeitkonstanten eines Übertragungsgliedes
T_{ep}	Einschwingzeit, Ausregelzeit
T_g	Ausgleichszeit
T_I	Integrierzeit
T_m	Zeit bis zum ersten Maximum der Übergangsfunktion
T_n	Nachstellzeit
T_t	Totzeit
T_u	Verzugszeit
T_V	Vorhaltzeit
U_i	Konstante, Spannung
$u(t)$	Eingangsgröße
$\mathbf{u}(t)$	Eingangsvektor
V	Kreisverstärkung
$w(t)$	Führungsgröße

$x(t)$	Regelgröße
x_k	Zustandsgröße
$x_{k,i}$	Wert der Variable x_k zum Zeitpunkt $t=ih$
$x_{k,i+1}$	Wert der Variable x_k zum Zeitpunkt $t=(i+1)h$
$\mathbf{x}(t)$	Zustandsvektor
$x_r(t)$	erfaßte Regelgröße,
$x_d(t)$	Regeldifferenz, Reglereingangsgröße
$y(t)$	Ausgangsgröße
$\mathbf{y}(t)$	Ausgangsvektor
$y_R(t)$	Stellgröße,Reglerausgangsgröße
$Z\{\ \}$	Operationssymbol für die z–Transformation
$Z^{-1}\{\ \}$	Operationssymbol für die Umkehrung der z–Transformation
$z(t)$	Störgröße
z	Bildvariable bei der z–Transformation
α, β, φ	Winkel
α_i, β_i	Koeffizienten eines Mehrschrittverfahrens
Δ	Differenz, Zuwachs
$\delta(t)$	Impulsfunktion, Dirac–Impuls
$\sigma(t)$	Einheitssprungfunktion
$\varphi(\omega)$	Phasengang
φ_R	Phasenreserve
ω	Kreisfrequenz
ω^*	Kritische Kreisfrequenz
ω_d	Durchtrittskreisfrequenz
ω_e	Eigenkreisfrequenz, Kennkreisfrequenz
ω_T	Abtastkreisfrequenz

9.4 Sachwortverzeichnis

A

B

C

D

E

L

M

N

O

P

Q

R

S

T

U

V

W

Z

Numerik sehen und verstehen

Ein kombiniertes Lehr- und Arbeitsbuch mit Visualisierungssoftware

von Kim Kose, Rolf Schröder und Kornel Wieliczek

1992. IV, 217 Seiten mit Diskette. Gebunden.
ISBN 3-528-05238-4

Aus dem Inhalt: Funktionen – Interpolation – Bézier-Polynome – Chaos bei Differenzengleichungen – Anfangswertaufgaben – Nullstellenprobleme – Nichtlineare Gleichungssysteme Ausgleichsrechnung – Numerische Konstruktion – Last not least: Das Programmpaket MAYA, eine Weiterentwicklung von VISU.

Das Buch ist ein Lehr-/Arbeits-/Softwarepaket in Buchform, das für Studenten gedacht ist, die sich die Numerische Mathematik „experimentell" aneignen wollen. Wie zu einem klugen Experiment in den Naturwissenschaften fundiertes Wissen, sachgerechter Versuchsaufbau und ein Schuß Imagination notwendig ist, so bietet das Werk entsprechendes für die Mathematik. Das Buch stellt die Verfahren und Möglichkeiten der Darstellung vor, die Software lädt den Benutzer dazu ein, sich den Gegenstand durch „Visualisierung und Experiment" anzueignen.

Verlag Vieweg · Postfach 58 29 · 65048 Wiesbaden

Modellbildung und Simulation

Konzepte, Verfahren und Modelle zum Verhalten dynamischer Systeme.
Ein Lehr- und Arbeitsbuch mit Simulations-Software

von Hartmut Bossel

1992. IV, 400 Seiten mit Diskette. Gebunden.
ISBN 3-528-05242-2

Das Buch zeigt, wie mit den Verfahren der Modellbildung das Verhalten dynamischer Systeme simuliert werden kann. Seine Zielsetzung ist vielfältig: Zum einen führt das Buch in die systemtheoretischen Grundlagen ein, zeigt die Verfahren der Modellbildung auf, befaßt sich mit Szenarien- und Pfadanalysen, der Optimierung und Systemstabilisierung. Des weiteren bietet das Buch eine bisher einzigartige Software (SIMPAS), mit der das Verhalten von 50 dynamischen Systemen simuliert werden kann. Alle Programme dienen dem Zweck, am Beispiel Simulationsergebnisse direkt nachvollziehbar werden zu lassen. Durch die durchsichtige Programmierung in Turbo Pascal ist sichergestellt, daß der Anwender eigene Modelle entwickeln kann, um auch bei diesen, Experimente zum Globalverhalten und zur Parameterempfindlichkeit durchführen zu können.

Last not least ist das Buch, das als Lehrbuch wie auch zum Selbststudium geeignet ist, eine Fundgrube für Beispiele, die die Bedeutung der Modellierung dynamischer Systeme in den verschiedensten Gebieten deutlich werden lassen, z. B. in den Wirtschaftswissenschaften, Sozialwissenschaften, der Umweltwissenschaft, Naturwissenschaft und Technik. Wer über die engen Grenzen des eigenen Fachs hinaus eine kompetente Informationsquelle zu einem der faszinierendsten Gebiete überhaupt sucht, findet in diesem Buch mehr, als ein „klassisches" Lehrbuch zu geben vermag.

Verlag Vieweg · Postfach 58 29 · 65048 Wiesbaden

vieweg